全国水利水电类高职高专统编教材

城市水工程建筑物

主　编　张朝晖
副主编　程兴奇　杨　勇
　　　　郭旭新　程　健
主　审　李宗尧

黄河水利出版社
·郑州·

内 容 提 要

本书是全国水利水电类高职高专统编教材，是根据全国水利水电高职教研会制定的《城市水工程建筑物》课程教学大纲编写完成的。全书共分7个项目，主要内容包括绪论、地表水水源工程、地下水水源工程、输水工程、水处理构筑物、水土保持工程、水生态治理工程等。

本书可作为高职高专城市水利专业、水务管理专业、市政工程专业的教材，也可作为其他水利类、城建类专业的教材，同时可供从事水工程建筑物工作的技术人员参考使用。

图书在版编目(CIP)数据

城市水工程建筑物/张朝晖主编．—郑州：黄河水利出版社，2010.8

全国水利水电类高职高专统编教材

ISBN 978-7-80734-863-4

Ⅰ.①城… Ⅱ.①张… Ⅲ.①水工建筑物-高等学校：技术学校-教材 Ⅳ.①TV6

中国版本图书馆CIP数据核字(2010)第137725号

组稿编辑：王路平 电话：0371-66022212 E-mail：hhslwlp@163.com

出 版 社：黄河水利出版社

地址：河南省郑州市顺河路黄委会综合楼14层 邮政编码：450003

发行单位：黄河水利出版社

发行部电话：0371-66026940、66020550、66028024、66022620(传真)

E-mail：hhslcbs@126.com

承印单位：河南地质彩色印刷厂

开本：787 mm×1092 mm 1/16

印张：19.5

字数：450千字 印数：1—4 100

版次：2010年8月第1版 印次：2010年8月第1次印刷

定价：35.00元

前　言

本书是根据教育部《关于加强高职高专教育人才培养工作意见》和《面向21世纪教育振兴行动计划》等文件精神，以及由全国水利水电高职教研会拟定的教材编写规划，报水利部批准，由全国水利水电高职教研会组织编写的水利水电类全国统编教材。

随着我国城市化进程的加快，城市区域的水资源与水环境问题日渐突出，城市供水、防洪、水环境、水生态、水文化以及城市水系综合治理等工程日渐增多，水工程建筑物在城市水利建设工程中应用逐渐广泛。本书按“任务驱动，项目导向”的项目化课程进行编写。本书共分7个项目，包括绪论、地表水水源工程、地下水水源工程、输水工程、水处理构筑物、水土保持工程、水生态治理工程等内容。

本书力求概念清晰，计算方法步骤清楚，深入浅出，理论上以够用为度，不苟求学科的系统性和完整性；力求结合专业培养技能，突出实用性，体现高等职业技术教育的特点，以学生为本，以培养学生的应用能力为主线。每个项目有教学目标和小结，并附有一定量的复习题，以方便学生学习。

本书编写人员及编写分工如下：杨凌职业技术学院张朝晖（项目一）、杨凌职业技术学院郭旭新（项目二，项目七教学单元一、二）、山东水利职业学院程兴奇（项目三）、山西水利职业技术学院杨勇（项目四，项目六）、安徽水利水电职业技术学院程健（项目五，项目七教学单元三）。全书由张朝晖担任主编并负责全书统稿，由程兴奇、杨勇、郭旭新、程健担任副主编，由安徽水利水电职业技术学院李宗尧担任主审。

本书在编写过程中得到了中国水利教学协会高职教研会、各兄弟院校领导和老师及黄河水利出版社的大力支持，全书参考和引用了国内外有关专家的大量文献，在此一并表示最衷心的感谢！

由于作者水平有限，书中难免有疏漏和错误之处，我们恳切地希望各院校的广大师生及其他读者对本书存在的缺点和错误提出批评和指正。

编　者
2010年5月

目　录

项目一　绪　论

学习目标

了解城市水资源开发利用发展过程、城市水利科学发展概况及我国城市水利发展存在的问题和研究展望，熟悉我国城市水利工作的总体目标和城市水利工程建设的任务，掌握本课程的任务和主要内容。

教学单元一　城市水利发展概况

社会的发展和工业化程度的提高，形成农村人口大规模向城市转移的浪潮，使城市人口日益增长。据统计，到2025年，世界城市人口将达到50亿人，占世界总人口的57.5%。我国的城市总数现已达669个，城镇人口则由1978年的17 245万人，增加到2000年的45 594万人，占全国人口的36.1%，平均年增长率为4.5%，城市化的进程十分迅猛。目前在我国和世界上都已出现一批具有数十万、数百万甚至超过1 000万人口的城市，城市面积也急剧膨胀，使城区及其周边区域的自然、文化和生态系统都发生了显著的改变。这种进程也导致对现有水资源和水环境日益增大的压力，在许多地区水资源和水环境已成为制约经济发展和社会进步的重要因素。为了实现社会可持续发展的总体目标，或者说为保证城市的长期继续存在，城市水利问题已成为亟待研究的重要课题，已被列入特别议程。

城市水利是研究城市中与水有关的水资源、水环境、水生态和水灾害等问题的专门技术科学，是水科学中为研究城市化后日益突出的城市水问题而发展起来的一门新兴边缘科学。其目的是通过对城市水资源进行综合评价、合理规划、科学调度、水环境保护和治理、河流整治、防洪除涝、供水兴利、交通航运、旅游景观、改善生存环境等方面的工作，以达到城市有效并能持续开发利用水资源等目标，为城市水利的综合发展提供科学的依据。

一、城市水利的发展概况

水是人类赖以生存的最重要基本要素之一，是人类生活和经济生产不可缺少、也是无可替代的重要物质基础。水和文明是息息相关的，人类的历史是与水的利用紧密联系在一起的。早期文明发源于幼发拉底河、尼罗河、印度河和黄河流域，根据自然条件，趋利避害，在这些流域逐渐产生了人类的最早城市，并且世界上的许多大城市都是坐落在江河湖海的岸边，以便利用天然的港口和渡口，为城市发展提供生产和生活用水，曾经有过城市与水之间的生态平衡。但随着经济的发展和城市规模的扩大，人与城市的关系远非初始时期那样单纯，城市在利用水的同时，也引起天然水文条件的改变，带来诸多不利的影响。水资源贫乏是造成城市环境恶化的重要因素，甚至使城市萎缩和衰亡。就是今天，世界上许多城市的发展前景依旧取决于水这一有限和脆弱的宝贵资源。

(一)城市水资源开发利用的三个阶段

城市水资源是指可供城市发展、公众生活和进行城市基础设施建设利用的地表水和地下水。尽管所有城市的水资源条件不同,经济发展情况各不相同,开发城市的历程也多有差异,但是对每个城市的水资源开发利用过程都可以大体分为三个阶段。

第一阶段是自由开发阶段。在这个阶段,生产力的发展水平和居民生活水平还比较低,只依靠自然状况下的水资源,就可以基本满足人们的需要,因此人们并不认为水是一种有限资源,而且还认为水是自然界无偿提供的资源,是取之不尽、用之不竭的。水的资源属性也不被人们承认。于是人们就毫无顾忌地任意开发,城市水资源既无须保护,也无从管理。可以说,水资源的开发带有盲目性、掠夺性和破坏性,不合理的用水和浪费用水现象随处可见,即采取"随用随弃"(Use and Discard)原则。在排水和排污方面,则把雨水、废水和污水作为负担,通过新建和扩建的城市排水与排污渠道,尽快尽远地排离城市,采取的是"尽快排出了事"(Drainage as Quickly as Possible)的原则。这个阶段经历的时间很长,就现在形成的大多数城市而言,一般是从城市初具规模一直到20世纪中期。

第二阶段是从水资源的供需基本平衡到需求量大于可供水量的阶段。这个阶段大体始于20世纪60年代。第二次世界大战后,世界经济有了一个相对稳定发展的时期,城市工业有了较快发展,人口大量向城市聚集,对水的需求量大幅度增加。但由于水资源在地域和时间上分配的不均匀性,再加之污废水的直接排放,减少了水资源的可利用量,出现了水荒危机。在这种情况下,人们开始认识到水的价值,初步体会到水是一种宝贵资源,而且也是非常有限的,人们普遍采取了蓄水、引水等工程措施以补救本地区水资源的不足。从这一时期开始,人们注意到对水资源进行保护和管理的重要性,逐步采取和完善技术的、经济的、法律的与行政的等各种措施来限制、压缩用水量的增加,以缓解日益严重的缺水压力。

第三阶段是综合开发利用水资源,进行可持续发展的阶段。随着经济生产的进一步发展,民众生活水平的不断提高,我们的文化也在不断增加自然形态水的价值,户外活动、生物环境保护,甚至湖泊河流之美,都使得水的价值开始超过传统的用途。这样在城市水资源的开发利用中,不仅要看重水的使用价值,还必须重视水资源与水环境协调发展的问题。正如1992年联合国环境和发展大会上通过的《21世纪议程》中提到的那样:淡水是一种有限资源,不仅为维持地球上一切生命所必需,且对一切社会经济部门都具有生死攸关的重要意义。人们已开始深刻地认识到只有更合理、更科学地保护、开发、利用和管理水资源,才有可能维持经济的持续增长,人类才有继续生存下去的生态环境。对水资源的可持续发展将变为自觉行动。

就目前我国城市水资源规划管理的现状来看,大部分城市已进入第二阶段和第三阶段之间,也有少数城市开始进入第三阶段。

(二)城市水利科学发展概况

水利科学的起点可以溯源到阿基米德(Archimedes)浮体定律(公元前250年)的发现,经历了中世纪的长期停滞,直到达·芬奇(Da Vinci,1452～1519年)建造船闸等水利工程时提出了阻力规律,1638年伽利略(Galileo,1564～1642年)为建造船闸和水闸进行了梁的强度实验，水利科学才得到进一步的发展。可以说，生产推动了技术进步，技术进步孕育了水利科学。伴随着城市化后日益突出的城市水问题而发展起来的分支科学——城市水利学，开始时只是针对个别地区的个别问题，简单地满足城市规划、设计和管理运用的需要，进行一些简单的分析计算；而后随着城市化的进展和研究工作的不断深入，才逐渐发展形成的。尽管城市水资源的开发利用可以追溯到最早城市的形成阶段，但城市水利学作为一门科学被承认的发展进程大致可以分成三个阶段：19 世纪中叶 ~20 世纪 60 年代为形成城市水利的孕育阶段，基本上是运用一些常规的水利学方法来解决有关城市水利问题。如水力学的谢才（Chezy）公式、堰闸的出流公式等，水文学的降雨径流推理公式、下渗曲线、单位线等方法，并且以城市防洪为主，重点进行河道整治，修建防洪堤坝，但河道水质污染日趋严重。20 世纪 60 ~ 70 年代是城市水利迅速发展、逐渐形成独立学科的阶段。在这期间，建立了一些具有特色的分析方法，先后提出了一些适应于不同问题的、大型的综合性城市水资源模型，以及城市雨洪产汇流模型，并开始重视河流水质污染问题，进行了大规模的污染治理。世界上许多城市都努力使河岸恢复自然状态，使河水变成清澈流动的水。20 世纪 80 年代以来，随着计算机技术的普及，以及系统科学的发展，城市水利科学进入较为定型成熟的阶段。欧美各国主要城市广泛开展了扩大供水、防治污染、雨洪排水等各项工作，重点进行了河流的生态学和美学的建设，提高了水的质量，美化了空间和水边区域，提出了使城市发展接近自然、创造河流文化的重要观点。在这期间，我国也开始重视城市水利问题的研究，比如在 20 世纪 80 年代初河海大学的朱元生教授就开始了城市水文的教学和科研工作，系统地翻译和介绍了大量的国外城市水文方面的研究成果，并结合我国城市的特点研究了城市产汇流规律，建立了城市雨洪计算模型。80 年代末北京水利水电科学研究院的刘树坤教授则专门系统地研究了城市防洪问题，在我国一些城市建立了防洪风险图。2000 年 12 月 25 日，中国水利学会城市水利专业委员会成立，通过组织国内外城市水利领域的学术交流和科技考察活动，进行课题研究，开展技术推广等，将促进城市水利这一具有综合性的学科领域得以完善和发展，为城市的现代化管理和经济社会可持续发展作出积极的贡献。

二、我国城市水利发展存在的问题

（一）水资源

水是一种自然资源，也是一种社会商品，水资源的数量和质量决定了它的使用性质。河川径流和地下水是城市的主要可利用水资源。据 2009 年统计资料，我国的水资源总量在世界各国中占第 6 位，人均占有水资源量却只有世界平均水平的 1/4，在世界银行统计的 153 个国家中排在第 88 位，因此已被列为世界 13 个人均水资源贫水国之一。从而水资源供需关系十分紧张，成为许多城市经济发展中的重要制约因素。

干旱缺水是我国城市水资源面临的主要问题。由于我国各地气候上的差异，使水资源在地区分布上极不平衡，并且与人口的分布极不匹配。全国 4% 的水资源集中分布在长江及其以南地区，而该地区人口占全国的 53.5%，耕地只占全国的 35.2%；长江以北广大地区人口占全国的 46.5%，耕地占全国的 64.8%，而水资源仅占全国的 19.5%。其中，黄河、淮河、海河、辽河四流域耕地面积占全国的 43%，而水资源仅占全国的 9.8%。再加上水资源的分布在年内和年际间变化很大，使得我国水资源供需矛盾更加突出。到20世纪90年代初期，我国的水利工程供水能力已达5 000亿 m^3，其中，89%用于农业，8.5%用于工业，城镇生活用水约1.9%。但因当地水资源不足，或虽不缺水资源，然而供水工程跟不上，不少地区出现水资源供需紧张局面，特别是城市供水问题更为突出。按2005年的统计，全国669个城市中，缺水城市有400多个，其中严重缺水城市就有110多个。按目前经济发展速度，若不开源节流，每年城市缺水将超过200亿 m^3，严重影响了居民生活和经济发展。由于地表水资源供水量不足，北方许多地区不得不强行超采地下水，已经使地下水资源入不敷出，导致地下水位逐年下降，形成大面积的下降漏斗和局部的地面沉降。上海、天津、西安、北京等城市的下降漏斗不断扩大，最大下沉量都在数米以上，比如，目前上海市地面平均沉降1.5 m，有的地方达2.5 m；天津市地面最大沉降已接近3 m，其中塘沽地区地面已在海平面以下，需依靠海堤保护，形势是非常严峻的。

另外，我国城市水资源开发管理方面体制不协调，水行政部门管供水和防洪，建设部门管沿河景观规划，环保部门管排污，各自为政，这严重地阻碍了水资源的综合管理，故有必要进行有效的整治和协调。

由于城市各类用水量的增长在近期仍将继续，因此集中力量提高供水能力，狠抓节水措施，加强水资源的供需管理，特别是针对干旱缺水期间的供需管理问题，是今后城市水利面临的最迫切任务之一。

（二）水环境

水环境问题是由于自然因素和人为影响使水体的水文、资源和环境特征朝着不利于人类利用的主要方向演变所致。我国的城市水环境问题主要是水体污染，越来越多的河流、湖泊和地下含水层正受到生活、工业和农业废物的严重污染。全国七大流域中，太湖、淮河、黄河水质最差，均有70%以上的河段受到污染。海河、松辽河污染也相当严重，污染河段占60%以上。90%以上的城市水域污染严重，近50%的重点城镇集中饮用水源不符合取水标准。目前，全国饮用水源污染的主要城市有近百个，因水源污染而导致城市缺水的占总缺水量的60%～70%。如上海的苏州河、南京的秦淮河等污染问题都很突出。过去城市内的内河和湖塘一般都是旅游景点，但近年以来由于服务行业的大量增加，废水、弃渣和生活垃圾不但淤塞河道，而且还污染环境，使大多水系水色变黑，气味难闻，破坏了自然景观，影响了水资源的开发潜力，直接危害了一些生态系统，导致水生物死亡，水上休闲娱乐活动深受影响，也危害了附近居民的生存健康。许多城市的水质污染现已达到了不能容忍的程度。

河道功能退化、河流枯萎也是城市面临的另一个严重的水环境问题。1972～1997年的26年间，黄河下游共有20年发生断流，并且断流时间越来越长，1997年断流时间近10个月。海河流域由于水资源匮乏，中下游平原地区的河流基本干涸，河口淤积严重。由于河流枯萎，天然径流很小，几乎无自净能力，使邻近城市的河道变成了排污沟，进一步加剧了城市水环境恶化。

受地表水的影响，地下水质也在逐年恶化，尤以工业比较集中的北方城市为重。在全国118个主要城市中，64%的城市地下水受到严重污染，33%的城市地下水受到轻度污染。海河流域地下水资源量为271.6亿 m^3，受到污染的为171.5亿 m^3，占总量的

63.14%,有一半以上的地下水不适宜饮用,其中,占1/3的水资源连农业灌溉的标准都达不到,完全丧失了使用价值。需注意的是,地下水一旦受到污染就很难再净化,重新恢复需要几个世纪的时间。

另外,在我国的城市规划中,出于防洪安全的担心,几乎没有考虑到河流风景的自然环境,总是不断地改变堤岸地带,随便裁弯取直,侵占河道,不停地控制河道水流,肆意改变水流的自然形态,其结果是几乎近90%的水流不再以自然方式流动,而是把水流挤在狭窄的堤坝内,并且这些堤坝仅出于防洪需要,设计单一,很少考虑与自然环境的协调性,严重损害了水对生态和城市的价值,破坏了城市河畔的景观。

面临城市水环境的严峻形势,今后应将改善水环境作为城市经济、社会发展的主要目标,加强治理的科技含量和理论依据,走可持续发展之路,使经济发展水平与资源条件、环境状况相适应,充分体现水在生态学和美学方面的价值,使城市回归自然。

(三)水灾害

城市水灾害主要包括江河两岸城市由于洪水泛滥、决堤或上游溃坝所遭受的洪水灾害,沿海城市由于风暴潮、海啸所造成的海洋灾害,沿湖城市由于湖水高涨排水受阻而造成的内涝灾害,暴雨强度超过城市排水能力所造成的城市积水涝灾,以及山地城市经常遇到的山洪、泥石流、降雨滑坡、崩崖等灾害。其中,洪涝灾害是最普遍和最主要的城市水灾害。

城市化后的热岛作用、建筑物的阻碍作用和空气中尘埃的凝结核作用会使降雨量增大。此外,流域部分地区为屋顶、街道和停车场等不透水表面所覆盖,使得地表蓄水量和入渗量大幅度降低,导致地下径流的减少和地表径流的增加。还有河道的整治,排水系统的管网化,使洪水汇流速度加快,洪量更为集中。也就是说,由于城市化使城市洪涝灾害的致灾因素增多,而人口和财产的增加是城市化的表现之一,因此遭遇同等程度的洪涝灾害其损失程度也要大大增加。另外,洪涝灾害还可能使城市经济和生活紧密依赖的暖气、煤气、供水、通信、交通等网络系统不能正常工作,造成城市运行的瘫痪,带来巨大的经济损失和社会影响。

由于防洪设施建设在很大程度上是社会公益事业,直接的投入没有直接的经济效益,致使各级政府和部门对其投入还很不够,造成防洪工程建设进展缓慢,工程配套落后于城市发展的需要。也就是说,普遍忽视了城市化后的洪涝灾害问题,使得我国目前城市防治水灾害中主要存在以下两个问题:

(1)防洪标准偏低。我国主要江河的防洪标准一般只能防御20~30年一遇的洪水,而一些发达国家及部分发展中国家的主要江河和重要城市的防洪标准一般已达100~200年一遇。在1997年统计的全国640座城市中,只有北京、上海、沈阳、哈尔滨等几个城市的防洪标准达到了100年一遇,大多数城市也只能达到20~50年一遇的标准。其中,621座城市受到不同类型洪水的威胁,在这些有防洪任务的城市中,70%的城市防御能力低于国家规定的标准,10%的城市根本没有任何防洪安全设施。

(2)城市排涝能力不足。许多城市在发展建设过程中忽视排水工程的完善,即使较大城市也只按2年一遇或5年一遇降雨考虑排水系统的设计。这样一旦遇到较大暴雨,城市内雨水积水严重,特别是雨水系统与污水系统未采取分流措施,使污水四溢,造成卫生环境恶化。对于新建的深圳市,1995 年 7 月和 9 月的连续两次暴雨洪水,由于排涝能力不足,造成市区积水,水深达 2 m 以上,很多企业、商店、宾馆、住宅进水,大量物资浸泡,下凹式立交桥全部淹没,交通中断,经济损失惨重。

从近几年城市受灾情况看,我国城市防灾抗灾的能力仍十分脆弱,城市防洪的形势依旧很严峻。无论是在防灾理论上,还是在防灾实践上,都存在着许多薄弱环节。因此,需要根据城市现代化发展的需要,不断研究新情况,更新旧观念,以科学的态度加快城市防灾理论方法的研究,从流域治理规划和城市总体规划的角度,来推动城市防灾建设的全面发展。

三、城市水利的研究展望

城市水利学总的来说是一门比较年轻的学科,它的学科特点在于综合性,因为城市中与水有关的问题涉及水文循环的所有要素:水、土地、空气和能源,即它们与所有的人类活动都有着更加密切的联系。但作为一门学科,它必须有自己独特的理论体系,因而对城市的功能进行综合分析和全面了解城市化的自然过程,是研究城市水利学的基础。在城市水利科学研究中,应根据城市容易造成水资源短缺、水环境恶化和水灾害损失严重等特点,引入新理论、新方法和新技术来解决这些日益突出的城市水利问题。结合我国城市的具体特点,展望和构建城市水利研究的初步体系,其发展战略和研究重点应包括以下几个方面。

(一)城市水利信息系统的研究

加强城市水利信息监测和资料分析、存储和检索水平的研究,开发城市水资源、水环境、水灾害预报模型和经济规划模型,建立城市水利可靠的和交互式的数据库,以及有关的地理信息系统,并应用标准和其他手段以确保数据的兼容性。收集、吸收、分析和显示多部门的有关城市水利信息,同时使决策最优化。进行环境和水灾害时空分布特征的监测和评价,及时提供有关水资源的供需信息和质量状态。

(二)城市水资源评价、利用和管理的研究

把环境、经济和社会的考虑结合起来,加强对全国缺水城市水资源评价和开发策略的研究,使水资源、水环境管理与国民经济持续发展相协调。考虑地表系统水资源、水环境、水灾害的相互作用与转化机理,评估确定城市水资源的极限承载力。探讨气候变化条件下的水资源评价和管理战略。研究干旱情况下的城市水资源管理问题。以城市需要和优先次序为基础,对水资源持续合理的利用、保护和管理进行统筹规划。

通过对城市节水、合理用水及地表水、地下水、淡化海水等多种水源开发利用的研究,探讨节水型经济的标准和管理模式,探讨从经济、技术、法律和行政上全面加强城市合理用水的途径,通过提高公众觉悟、宣传教育方案以及调整水费等经济手段,推广合理用水方法。

城市水资源管理机制中要反映出水作为社会、经济和维持生命的商品作用,考虑水的真正成本和用户的支付能力,通过需求管理、价格机制和调控措施,实施城市水资源的合理分配。对城市地表水和地下水资源进行数量和质量的联合管理,从科学的观点出发整体对待,通过各部门机构的协调合作,高层次地改善城市水资源的综合管理。

（三）城市水资源水环境保护的研究

确定城市可以持续开发的地表水和地下水资源，以及其他可供开发的水源，制订保护和利用这些水资源的计划。注意公众健康，建立饮用水保护区，研究如何控制水生环境中疾病传播的媒介。全面评价地下水资源的现状，划分和确定地下水资源保护区，探讨如何在不同条件下采取必要的有效措施，防止和控制地下水层的污染。

促使城市生活污水和工业废水处理设施的建立。在污染源头采用生物科学等新技术、新产品和改变工艺来减少污染，通过废水再用、循环利用和回收处理，以及环境无害化安全处理，尽量减少和预防水污染。对所有各类污染源坚决实行“污染者付款”的原则，使污染和退化的水体复原，以恢复水生环境和生态系统。

从生态学和美学的角度，研究水在城市规划中的作用，即美化城市水环境，改善城市生活质量，使城市回归自然，创造有特色的城市河流文化。探讨水在休闲娱乐中的作用，以及在维护绿化带中的重要性，使水与城市风光综合起来，体现城市水域的观光游览价值。

（四）城市水灾害的研究

根据城市发展和运行模式，研究城市水灾害发生的原因和规律，以及其未来的发展情势。研究城市化后影响降雨分布和水灾害特征的水文因素、地理因素和人为因素等，及其变化特点，确定这些因素的变化对城市防灾的影响及对城市水灾害模式的影响。

根据城市水灾害的特点，对城市防洪进行全面论证，按水系行洪能力制定统一的城市排水规划，通过防洪事业中投资、效益、损失、风险的相互关系，探讨城市防洪的新思想和新途径。研究洪灾损失统计指标体系和计算方法，发展完善适合我国国情的防洪政策法规和防洪经济理论，建立综合性城市防洪安全社会保障体系。

加强防洪蓄水设施的建设，提高城市对雨洪的调蓄能力。研究城市防洪管理中风险损失与成本效益平衡的非工程措施。通过流域和城市防洪总体规划，建立城市防洪预报预警系统、洪水调度指挥系统和防洪抢险系统，并使之逐步现代化。研究防洪基金集资与使用方法，以及洪灾风险评价方法，发展水灾害保险事业。研究缺水城市的洪水与洪水资源利用问题，探讨防洪兴利兼顾的发展模式。

教学单元二　城市水工程建筑物的研究内容

2006 年《水利部关于加强城市水利工作的若干意见》中指出城市水利工作的总体目标是：保障城市防洪安全、供水安全、水生态与水环境安全，推进节水型社会建设，努力实现人水和谐。到 2010 年，城市防洪标准进一步提高；在流域和区域的统一配置和调度前提下，通过供水工程建设与节水措施，基本满足城市发展的用水需求；加快城市污水处理设施建设，使城市水体质量明显好转，通过水生态系统保护与修复，水环境得以改善。到 2020 年，全国大中型城市基本达到国家规定的防洪标准，水资源供给能力与城市发展相适应，水功能区水质全面达标，水生态状况和水环境质量明显改善，实现人水和谐，环境优美。

一、加快城市水利工程建设

(1)城市水利工程作为城市的重要基础设施,必须适度超前建设。当前,城市水利基础设施建设严重滞后于城市发展,要采取切实有效措施加快城市水利建设步伐,以城市水利的率先发展更好地支撑和保障城市的健康发展。

(2)保障城市供水安全。在制定流域和区域水资源综合规划时,优先考虑和安排城市生活用水,协调好生活、生产经营和生态环境用水。城市供水要协调用水需求,适度超前建设,实现多库串联,水系联网,地表水与地下水联调,优化配置水资源,优先满足城镇饮用水源地的取水。要加强水源地保护,建立和完善水量、水质监测体系,在有条件的地方推行分质供水,建设战略储备水源和应急备用水源,鼓励开发利用非传统水源,切实保障居民生活饮水安全。

(3)加快城市防洪除涝工程建设。在继续实施既定流域、区域性防洪工程建设的同时,根据国家制定的城市防洪标准和城市防洪规划,加快建设城市防洪除涝工程。

(4)整治和完善城市水系。要把城市水系纳入流域、区域水系中统筹规划,在保证河道功能的前提下进行综合治理,实现城市河湖与流域、区域河湖沟通,增强引排能力,建成“挡得住、排得出、引得进、调得活”的城市水系网络。城区河道要体现城市特点、城市历史、城市文化和以人为本、改善人居环境。强化河湖岸线和堤防(包括海堤)的综合治理,推广堤路结合、堤林结合及生态型自然护坡和工程性护坡相结合。

(5)加强城市水生态系统保护与修复。要结合城市水系整治,实施雨污分流、清淤保洁、岸线整治、景观营造、环境美化,真正做到河畅、水清、岸绿、景美,逐步建立城市的水资源循环利用体系,大力发展循环用水系统和中水回用系统。

二、本课程的任务和主要内容

(一)本课程的任务

城市水利建设必须通过工程措施来实现既定目标。本课程的主要任务是使学生掌握城市水利建设中相关建筑物、构筑物的功能、形式、构造及设计计算(基本计算)方法,具备地表水水源工程、地下水水源工程、输水工程、水处理工程、水土保持工程、水生态治理工程等建筑物、构筑物的设计能力,具备城市水利工程管理的基本能力。培养绘制工程图纸,进行建筑物设计计算和编制设计说明书的能力。

(二)本课程的主要内容

本课程的主要内容如下:

(1)地表水水源工程。主要介绍了地表水水源工程的基础知识,河岸引水工程、水利枢纽的等级划分,重力坝、拱坝、土石坝等挡水建筑物,河岸溢洪道及水工隧洞等,固定式、移动式、特种式等地表水取水构筑物等内容。

(2)地下水水源工程。主要介绍了地下水资源的基础知识和开发地下水井群的合理布局,管井、大口井、辐射井、复合井等地下水取水构筑物的构造、适用条件、设计方法及施工工艺、维护管理等内容。

(3)输水工程。包括渠道、输水管道、涵洞、渡槽、倒虹吸管、水闸等建筑物的概念、作用、分类、构造及水力计算等内容。

(4)水处理构筑物。主要介绍了水处理工艺的特点和分类情况,水处理构筑物的类型和构造、适用条件,掌握典型水处理构筑物的构造、设计基本原理。

(5)水土保持工程。主要介绍水土保持工程的基础知识,挡土墙的类型和设计计算,淤地坝、排水工程、护岸护滩工程的类型、特点和构造等内容。

(6)水生态治理工程。主要介绍橡胶坝的类型、特点、坝址选择和布置适用条件及运行维护,水力自控翻板闸的发展历程、工作原理、特点和注意问题,河道整治建筑分类、构造、适用条件等城市水生态治理工程内容。

小　结

本项目介绍了城市水资源开发利用发展过程、城市水利科学发展概况及我国城市水利发展存在的问题和研究展望,指出了我国城市水利工作的总体目标和城市水利工程建设的任务,明确了本课程的任务和主要内容。

复习题

1. 城市水资源开发利用经历了哪些阶段?目前我国城市大多处在哪个阶段?
2. 我国城市水利发展存在哪些问题?
3. 今后我国城市水利发展战略和研究重点包括哪些方面?
4. 我国城市水利工作的总体目标是什么?
5. 简述现阶段我国城市水利工程建设的任务。
6. 简述本课程的任务和主要内容。

项目二　地表水水源工程

学习目标

了解地表水水源工程的组成、河岸引水工程的类型、水利枢纽的等级划分和地表水取水构筑物的分类；了解重力坝、拱坝、土石坝的特点、类型、荷载及其组合、构造等，掌握重力坝、土石坝断面设计方法，能进行重力坝和土石坝断面初拟；了解河岸溢洪道和水工隧洞的形式、位置选择、组成等；了解固定式、移动式、特种式取水构筑物的类型、组成等，掌握它们的适用条件。

教学单元一　概　述

给水水源可分为两大类：地表水源和地下水源。地表水源包括江河、湖泊、水库和海水；地下水源包括潜水（无压地下水）、自流水（承压地下水）和泉水。

大部分地区的地下水受形成、埋藏和补给等条件的影响，具有水质澄清、水温稳定、分布面广，但径流量较小，有的矿化度和硬度较高等特点。地表水通常表现出与地下水相反的特点。例如，河水浑浊度较高（特别是汛期），水温变幅大，有机物和细菌含量高，易受到污染。但地表水一般具有径流量大、矿化度和硬度低、含铁锰量等较低的优点。

在一般情况下，当生活饮用水和某些工业企业用水量较小，且要求水温低、当地又有地下水资源时，可以采用地下水源，但必须征得地方有关部门的同意。对于大城市和工业企业（如冶金、化工、石油、火电厂和核电站等），需要供给大量的生活和工业冷却用水，常采用地表水源。

我国地表水资源非常丰富，如长江、黄河、珠江、淮河、松花江、辽河、海河等河川和湖泊、水库以及海域等，都是城市及工业企业利用水资源的良好的给水水源。在选择水源时，应因地制宜，区别不同用水对象、用水量大小和用水水质的具体要求，进行多方案的技术经济比较和论证来确定，使之达到安全可靠、技术先进、经济适用，并与自然景观相协调。

地表水水源工程一般包括地表水资源开发利用工程和取水工程两大部分。

一、地表水资源开发利用工程

为满足工农业用水、城市给水等要求，常需要从河道取水，并通过渠道等输水建筑物将水送达用户。但是，除在地表水体附近，天然状态下的水体大多数难被人们直接利用。为保证取水的质和量，人类对水资源的利用往往需要修建一系列的水资源开发利用工程。例如，在公元前390年，魏周的西门豹发动民众在邺（今河北临阜）修建了12级低坝引水的引漳十二条渠工程，引漳水进行灌溉，这是我国早期较大的引水灌溉工程。

本项目介绍采用较多的地表水资源利用工程有河岸引水工程和水库工程。

在引水量相对较小、河流水位和流量在年际与年内变化幅度不大时,可以采用岸边直接取水方式引水。河岸引水工程随河流的种类、性质和取水条件不同,从河道中引水通常有两种方式:一是自流引水,二是提水引水。对于自流引水又分为无坝引水和有坝引水两种。

当河流水位和流量在年际与年内变化很大时,往往出现在丰水年组或年内汛期,地表水水量得不到充分利用,而在枯水年组或枯水季节,由于河流流量过小、水位低,无法满足各用水部门对地表水资源的利用要求。为了解决这个矛盾,需要修建蓄水工程——水库来进行径流调节。水库枢纽一般均包括挡水、泄水和引水(或输水)这三类基本建筑物,它们称为水库的"三大件",即挡水建筑物——各种拦河坝,泄水建筑物——溢洪道及泄水隧洞等,引水建筑物——水工隧洞等。

二、取水工程

地表水具有水量丰富、分布广泛的优点,很多城镇及工业企业常以地表水作为供水水源。因地表水水源的种类、性质和取水条件各不相同,所以地表水取水构筑物有多种形式。

(一)地表水取水构筑物的形式

按水源种类的不同,地表水取水构筑物可分为河流取水构筑物、湖泊取水构筑物、水库取水构筑物和海水取水构筑物;按取水构筑物构造的不同,地表水取水构筑物可分为固定式取水构筑物、移动式取水构筑物和山区浅水河流取水构筑物。

1.固定式取水构筑物

固定式取水构筑物有以下几种分类:

(1)按位置分岸边式、河床式和斗槽式;

(2)按结构类型分合建式、分建式和直接吸水式;

(3)按水位分淹没式和非淹没式;

(4)按采用泵型分干式泵房和湿式泵房;

(5)按结构外形分圆形、矩形、椭圆形、斗瓶形和连拱形泵房等。

固定式取水构筑物在全国各地使用最多,取水量一般不受限制,其中岸边式和河床式采用比较普遍。

2.移动式取水构筑物

移动式取水构筑物可分为浮船式和缆车式。

(1)浮船式。浮船式的泵站安放在船上。浮船式按水泵安装位置可分为上承式和下承式,按接头形式可分为阶梯式连接、摇臂式连接、带活动钢引桥的摇臂式连接及综合式连接。

(2)缆车式。缆车式的泵站安放在缆车上。缆车式按坡道形式可分为斜坡式和斜桥式。

移动式取水构筑物适用于水位变化幅度在10~35 m,取水规模以中、小型为主的情况,在长江中、上游地区和南方水库取水中采用较为普遍,黄河流域和东北地区也有采用浮船式取水。

3. 山区浅水河流取水构筑物

山区浅水河流取水构筑物分为低坝式、底拦栅式和综合式。低坝式分为固定式低坝取水和活动式低坝取水，如橡胶坝、水力自控翻板闸、浮体闸等。

山区浅水河流取水构筑物一般适用于山区上游河段，流量和水位变化幅度很大，而且枯水期的流量和水深又很小，甚至局部地段出现断流的情况。

（二）地表水取水构筑物位置的选择

地表水取水构筑物位置的选择是否恰当，直接影响取水的水质和水量、取水的安全可靠性、投资、施工及运行管理等。因此，正确合理选择取水口的位置是地表水取水构筑物设计中的一个十分重要的环节，必须认真做好，为此，应当深入现场，做好调查研究，全面考虑，提出几个可能的取水位置方案，进行经济技术比较。在条件复杂时，还需进行水工模型试验，从中优化方案。在选择地表水取水构筑物位置时，应考虑以下基本要求。

1. 具有稳定的河床和河岸、靠近主流、有足够的水深

在弯曲河段上，取水构筑物宜设在河流的凹岸。凹岸由于横向环流的作用，岸陡，水深，泥沙不易淤积，且主流近岸，水质也较好，是比较理想的取水地点。设在凹岸的取水口一般都是比较成功的，但是凹岸容易受冲刷，需要一定的护岸工程。由于横向环流进入弯道后逐渐加强，在凹岸顶点环流最强，冲刷最剧烈，过凹岸顶点后环流又逐渐减弱。故取水口最好避开水流顶冲点，而设置在顶冲点的稍下游处，但该处冲刷仍较剧烈，护岸工程费用较大。为了减少护岸工程，也可以将取水口设在凹岸顶冲点稍上游处。

河流的凸岸，岸坡平缓，容易淤积，深槽主流离岸较远，一般不宜设置取水口。但是，当凸岸的起点是顺直河段的终点，且主流尚未偏离时，或者在凸岸的起点或终点，主流虽已偏离，但离岸不远有不淤积的深槽时，仍可设置取水口。

在顺直河段上，取水构筑物应设置在河床稳定、深槽主流近岸的地点，通常就是河流较窄、流速较大、水位较深的地点。在取水口处的水深一般要求不小于 2.5 ~ 3.0 m。

应尽量避免在河滩上垂直水流方向开明渠引水，或局部加深河床，设横向低流槽引水。因为洪水期引水渠易被泥沙淤积，特别在河水泥沙较多时，清淤困难，影响取水。

在有沙洲、边滩河段上取水时，应注意了解边滩、沙洲的形成原因、移动趋势和速度。取水口不宜设在移动边滩、沙洲的下游附近，以免日后被泥沙堵塞。

在有支流入口的河段上，由于干支流涨水的幅度和先后不同，容易形成塞水，产生大量泥沙沉积。当干流水位上涨，支流水位不涨时，则对支流造成塞水，致使支流上游泥沙大量沉积。相反，支流水位上涨，干流水位不涨时，又将沉积下的泥沙冲刷下泻，使支流含沙量剧增。在支流入口处，由于流速降低，泥沙大量沉积，形成泥沙堆积锥。因此，取水口应离支流口处上下游有足够的距离，见图 2-1。

2. 设在水质较好的地点

生活和生产污水排入河流将直接影响取水水质。因此，为了避免污染，取得较好的水质，供生活用水的取水构筑物应设在城市和工业企业的上游，设在污水排放口的上游 100 ~ 150 m 以上。当岸边有污水排放，水质不好时，则宜伸入江心水质较好处取水。

取水构筑物应避开河中回流区和死水区，以减少水中泥沙和漂浮物进入和堵塞取

水口。

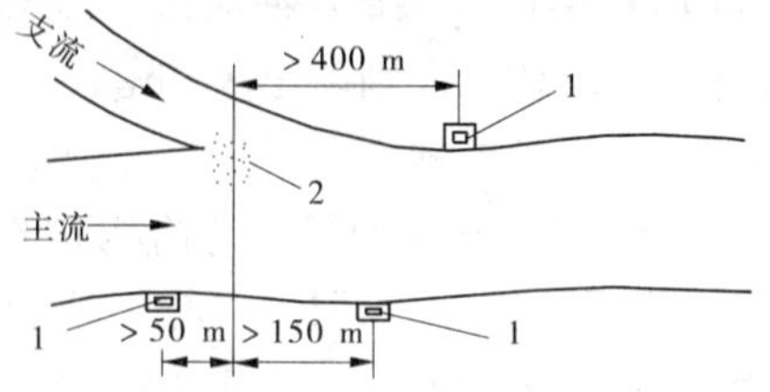

1—取水口;2—堆积锥

图 2-1 取水口布置位置

在沿海地区受潮汐影响的河流上设置取水构筑物时,应考虑咸潮对取水水质的影响,避免吸入咸水。河流入海处,当河水含沙量不大,其密度较海水的小时,则会因密度不同产生异重流,微黄的河水以扇状扩散于海水表面,持续一定距离,海水则沿河底向上游延伸。

其他如农田污水灌溉,农作物及果园施加农药、垃圾堆肥厂、填埋场、有害废料堆场等都可能污染水源,在选择水源时应予以注意。

电厂冷却水要尽可能取温度低的河水。通常水深较大的河流,夏季表层水温较高,底层温度较低。水流缓慢的大河(不受潮汐影响时),河心水温较低,岸边水温较高(相差0.1~0.4 ℃)。因此,为了取得低温水,宜从底层(含沙少时)和河心取水。

当利用河流、湖泊和水库作为天然冷却池时,若底层水和表层水水温相差较大,水较深(4 m以上),流速较小,易形成温差异重流。这时,低温水的密度较大,一般沿底层流动;高温水密度小,一般沿表层流动。因此,可以利用异重流的这一特点,将取水口设在热水排出口附近,从上层排出水温较高的热水,而从底层取得温度较低的冷却水。

3. 具有良好地质、地形及施工条件

取水构筑物应设在地质构造稳定、承载力高的地基上,不宜设在淤泥、流沙、滑坡、风化严重和岩溶发育地段。在地震地区不宜将取水构筑物设置在不稳定的陡坡或山脚下。取水构筑物也不宜设在有宽广河漫滩的地方,以免进水管过长。

选择取水构筑物位置时,要尽量考虑到施工方便。除要求交通运输方便,有足够的施工场地外,还要尽量减少土石方量和水下工程量,以节省投资,缩短工期。

取水泵站可建于岸内或临岸水边,需根据地形、地质、泵站结构形式、施工方案等因素决定。若河岸较陡,地质条件允许,将取水泵站从岸内移至临岸水边,常可减少大量土石方,缩短工期,节约投资,并有利于泵站筒壁的防水处理。但是泵站也不宜突出河岸太多,以免受到水流冲击和使交通引桥过长。

因水下施工困难,而且费用甚高,故在选择取水口位置时,应充分利用地形条件,尽量减少水下施工量。山区河流有时可以利用河中出露的礁石作为进水口或取水头部的支墩,在礁石与河岸之间修筑短围堰,敷设自流管,以减少水下施工量。

4. 靠近主要用水地区

取水构筑物位置选择应与工业布局和城市规划相适应,并从整个给水系统(输水管线、净水厂、二级泵站等)的合理布置全面考虑。在保证取水安全的前提下,取水构筑物应尽可能靠近主要用水地区,以缩短输水管线的长度,减少输水管的投资和输水的电费。这一点对大型取水构筑物更具有重要意义。此外,还要使输水管敷设方便,尽量减少穿过天然河流、谷地等或人工铁路、公路障碍物。

5. 应注意河流上的人工构筑物或天然障碍物对取水口位置选择的影响

河流上常见的人工构筑物有桥梁、码头、丁坝、拦河闸等,它将引起河流水流条件的改变,从而使河床产生冲刷新纪录或淤积,故在选择取水口位置时必须加以注意。

(1)桥梁通常设置在河流最窄处和比较顺直稳定的河段上，取水口位置应避开桥前水流滞缓段、桥后冲刷新纪录和落淤段。根据一般经验，取水口可设在桥前0.5 km或桥后1.0 km以外的地方。

(2)丁坝是常见的河道整治构筑物，由于将主流偏离本岸，逼向对岸，在丁坝附近则形成淤积区。因此，当取水口与丁坝同岸时，则应设在丁坝上游，与坝前浅滩起点相隔一定距离(岸边式取水口不小于150~200 m，河床式取水口可以小些)。取水口也可设在丁坝的对岸(需要有护岸设施)，但不宜设在丁坝同岸的下游，因主流已经偏离，容易产生淤积，位置选择见图2-2。还要注意的是，残留的施工围堰，突出河岸的施工弃土，对河流的作用类似丁坝，也常引起河床的冲刷和淤积。

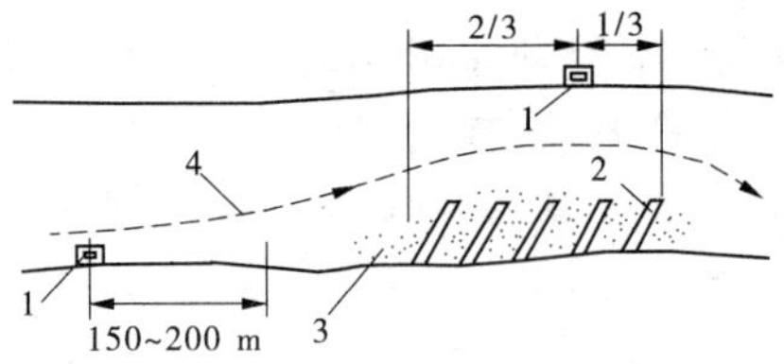

1—取水口;2—丁坝;3—泥沙淤积区;4—主流

图2-2　在有丁坝河道上取水口位置

(3)突出河岸的码头，如同丁坝一样，会阻滞水流，引起淤积，而且码头附近卫生条件也较差。因此，取水口最好离开码头一定距离。当必须设在码头附近时，最好伸入江心取水，以取得较好水质，减少淤积。同时，在码头附近设置取水口时，还应考虑船泊进出码头的航线安全，以免与取水口相碰。取水口至码头的距离应征求航运部门的意见。

(4)拦河坝上游由于水流流速减缓，泥沙容易淤积，设置取水口时应注意河床淤高的影响。闸坝下游，水量、水位和水质都受到闸坝调节的影响。闸坝泄洪或排沙时，下游可能产生冲刷和泥沙增多，取水口宜设在其影响范围之外。

(5)突出河岸的陡崖、石嘴对河流的影响类似丁坝，在其上下游附近往往出现泥沙沉积区，在此区内不宜设置取水口。

此外，取水构筑物本身的设置也应尽量避免束缩水流，以免引起河床的冲刷和淤积。

6. 在北方地区的河流上设置取水口时，应避免冰凌的影响

取水口应设在水内少冰和不受流冰冲击的地点，也不宜设在易于产生水内冰的急流、冰穴、冰洞及支流入口的下游。尽量避免将取水口设在流冰易于堆积的浅滩、沙洲、回流区和桥孔的上游附近。在水内多冰的河段，取水口不宜设在冰水混杂地段，而宜设在冰水分层地段，以便从冰层下取水。

7. 应与河流的综合利用相适应

在选择取水构筑物位置时，应结合河流的综合利用，考虑航运、灌溉、排洪、水力发电等的要求。在通航和流放木筏的河流上设置取水口时，应不影响航船和木筏的通行，必要时应根据航运部门的要求设置航标。应注意了解河流上下游近远期内拟建的各种水工构筑物(水坝、水库、水电站、丁坝等)和整治规划对取水构筑物可能产生的影响。

此外，应尽可能利用地形条件，取水口位置选在能够自流输水处。对灌区的引水渠渠

首、农村修建自来水厂取水，从经济、电力及能源常常间断的特点考虑，尽可能把取水口设在灌区或供水区上游地势较高、地形优越的地点，依靠水头高差自流引水，减少扬升设备。

教学单元二　河岸引水工程及水利枢纽

一、河岸引水工程

由于河流的种类、性质和取水条件各不相同，从河道中引水通常有两种方式：一是自流引水，二是提水引水。对于自流引水又分为无坝引水和有坝引水两种。

（一）无坝引水

无坝引水是最简单的一种引水方式，主要适用于小城镇供水或农业灌溉用水。当小城镇或农业灌区附近的河流水位、流量在一定的设计保证率条件下都能够满足引水要求时，可在河岸上选择适宜的地点，修建取水口和引水渠，直接从河道侧面引水，而不需要修建拦河建筑物，故这种引水方式称为无坝引水，所建工程称为无坝渠首。在丘陵山区，当城镇和灌区位置较高，水源水位不能满足灌溉要求时，亦可从河流上游水位较高地点 *A*（见图 2-3）筑渠引水。这种引水方式的主要优点是可以取得自流水头；主要缺点是引水口一般距用水地点较远，引水渠通常有可能遇到难工险段。

无坝引水渠首一般由进水闸、冲沙闸和导流堤三部分组成。进水闸的主要作用是控制入渠流量；冲沙闸的主要作用是冲走淤积在进水闸前的泥沙；导流堤一般修建在中小河流上，平时发挥导流引水和防沙作用，枯水期可以截断河流，保证引水。渠首工程各部分的位置应统一考虑，以利于防沙取水为原则。由于无坝渠首工程简单，施工容易，投资省，收效快，且对河床演变影响小，与航运、渔业、过木等其他用水部门的矛盾也少，因此在我国应用较广。

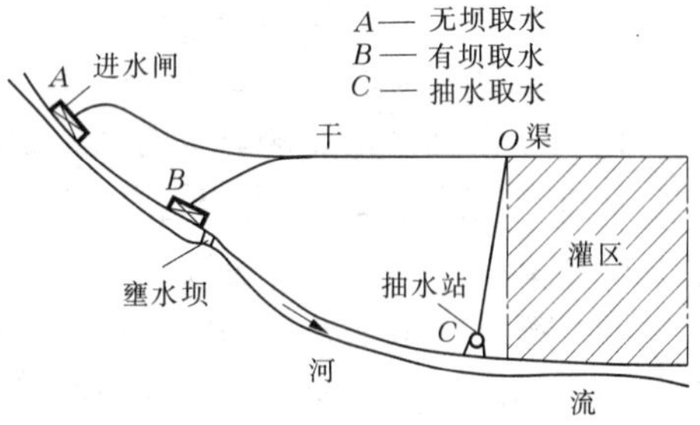

图 2-3　灌溉取水方式平面示意

无坝引水受下列因素影响较大，在设计中必须加以注意。

（1）受河道水位涨落影响较大。在枯水期，由于天然河道中的水位较低，可能引不进所需水量，不能满足供水要求，引水保证率较低。而在汛期，河道中水位较高，含沙量也较大。因此，渠首的结构布置既要适应河水涨落的变化，又要采取必要的防沙措施。

（2）水流转弯的影响。从河床直端的侧面引水时，由于水流的转弯，产生强烈的横向环流，使取水口发生冲刷和淤积。试验表明，水流转弯产生的横向环流会使表层水流与底层水流发生分离，进入取水口的底层水流宽度大于表层水流宽度，大量推移质泥沙随底流进入渠道，并随引水率（引水流量与河道流量的比值）的增大而增大。当引水率达到 50% 时，河道中的底沙几乎全部进入渠道。因此，引水率不得超过 1/4 ~ 1/3。

（3）受河床稳定性的影响较大。若取水口处的河床不稳定，就会引起主流摆动。一旦主流远离取水口，就会导致取水口淤积，使引水不畅，严重时会使取水口被泥沙淹没而报废。所以,在不稳定的河流上引水时应谨慎选择取水口的位置,务必使取水口尽量靠近主流,并对床势变化加以观察,必要时应加以整治,以防河床变迁。

鉴于以上因素,无坝引水一般将渠首位置放在凹岸中点的偏下游处,这里水深且横向环流作用发挥得最为充分,同时避开了凹岸水流冲刷的部位。当用水地点及地形条件受到限制,无法把渠首布置在凹岸而必须放在凸岸时,可以把渠首放在凸岸中点的偏上游处,因为河流的这一部位泥沙淤积较少。

(二)有坝引水

当天然河道的水位、流量不能满足用水要求时,就必须在河道适当地点修建壅水建筑物(拦河坝或闸),以抬高水位,保证引取所需的水量,提高工作可靠性,这种取水形式称为有坝取水,所建工程称为有坝渠首。

在用水地点位置已定的情况下,有坝引水方式与无坝引水方式相比较,虽然增加了拦河坝(闸)工程,但引水口一般距用水地点较近,可缩短输水干渠(管)线路长度,减少工程量,且提高了引水保证率,便于引水防沙与综合利用,故在我国使用也较广(见图 2-3 中的 *BO* 段)。在某些山丘区,洪水季节虽然河流流量较大,水位也能满足无坝自流引水要求。但是,由于河流水位洪枯季节变化较大,为了保证枯水季节能满足引水要求,也需修建临时性的坝拦河引水。

有坝引水枢纽中的拦河坝(闸)虽然有利于控制河道的水位,但也破坏了天然河道的自然状态,改变了水流、泥沙运动的规律,尤其在多泥沙河流上,会引起渠首附近上下游河道的变化,影响渠首的正常运行,因此在设计中也必须加以注意。

(1)对上游河道的影响。上游河道淤积是有坝取水的普遍现象。这是由于上游水位抬高,水流速度减缓,水流挟沙能力相应降低所致。这种淤积发展很快,尤其在多泥沙河流上,往往 1~2 年内,甚至经过一次洪水就可以将坝前淤平。拦河坝淤平后,即失去对主流的控制作用,进水闸处于无坝取水的工作状态,不仅渠首取水得不到保证,而且由于主流的摆动,加剧了上游河岸的冲刷变形,甚至使主流改道,导致工程的失败。此外,拦河坝淤平后,还增加了上游水位的雍高。

(2)对下游河道的影响。拦河坝(闸)的存在,影响了下泄水流的含沙量,因此导致了下游河道的冲刷和淤积。冲刷常发生在有坝渠首的运行初期,大量泥沙在上游淤积后,下泄水流的含沙量较低,故对下游河道造成冲刷;淤积则发生在有坝渠首的运用期,在上游河道淤高,拦河坝淤平后,下泄水流含沙量增大,加之下游河道流量减少,水流的挟沙能力降低,促使下游河道的淤积,严重时甚至会将拦河坝(闸)淹没。

有坝引水枢纽主要由拦河坝(闸)、进水闸及防洪堤等建筑物组成,如图 2-4 所示。

1. 拦河坝

拦河坝是有坝渠首中的主要建筑物,其作用是拦截河道,非汛期能抬高河道水位,以满足自流引水对水位的要求;汛期通过溢流建筑物(如溢流坝)泄流,泄流河道洪水。因此,溢流坝坝顶应有足够的溢流宽度,在宽度受到限制或上游不允许壅水过高的,可降低坝顶高程,采用带闸门的溢流坝或改为拦河闸,以增加泄洪能力。

拦河坝的断面形式常采用 WES 剖面曲线(见图 2-5),它的迎水坡一般垂直地面。背水坡由三段组成,即溢流曲线段 *AB*、直线段 *BC* 和反弧段 *CD*。

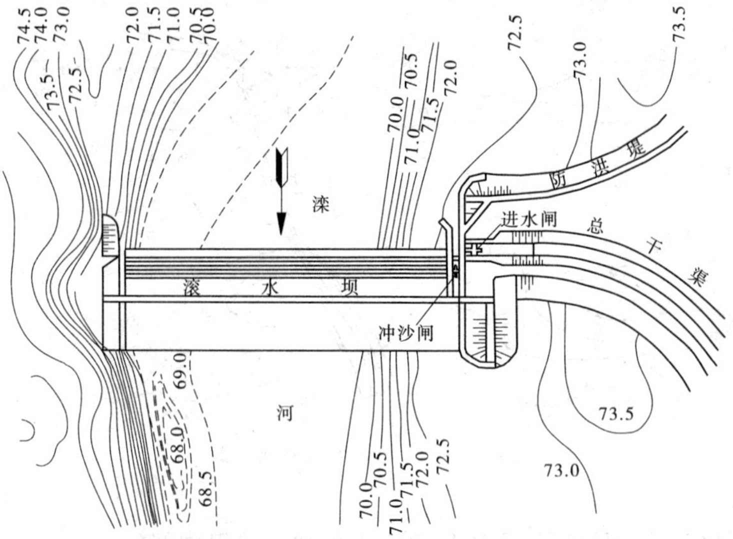

图 2-4　某有坝渠首工程平面布置示意

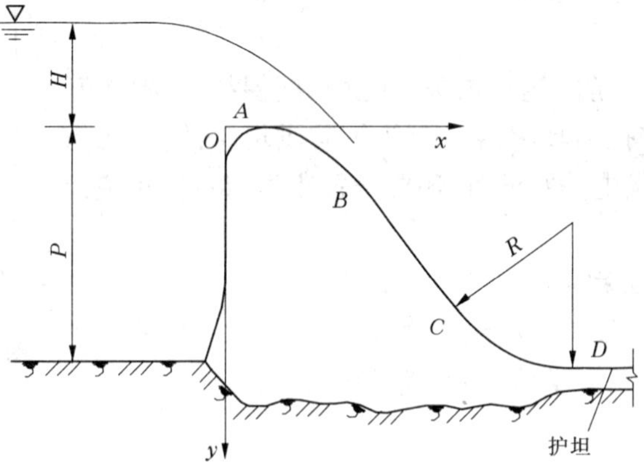

图 2-5　拦河坝的断面形式

2. 进水闸

进水闸的作用是控制引水流量。其平面布置主要有两种形式,一为正面排沙、侧面引水。在这种布置方式下,进水闸沿引水渠水流方向的轴线与河流水流方向正交,例如渭惠渠渠首即是此种布置方式(见图 2-6)。这种渠首布置方式始于印度,也叫印度式,其构造简单,施工简易,造价经济,在我国西北、华北应用很多。但此方式防止泥沙进入渠道的效果较差,一般只用于渠首上下游水头差较小,推移质泥沙颗粒较细的平原或清水河道。二为正面引水、侧面排沙(见图 2-7)。在这种布置方式下,进水闸沿引水渠水流的轴线与河流方向一致或斜交。采用这种取水方式,能在取水口前激起横向环流,促进水流分层。表面清水进入进水闸,而底层含沙水流则涌向冲沙闸排除。这种渠首布置方式适用于推移质泥沙多且颗粒粗的山区河流，在我国新疆、内蒙古修建了许多这种形式的渠首。

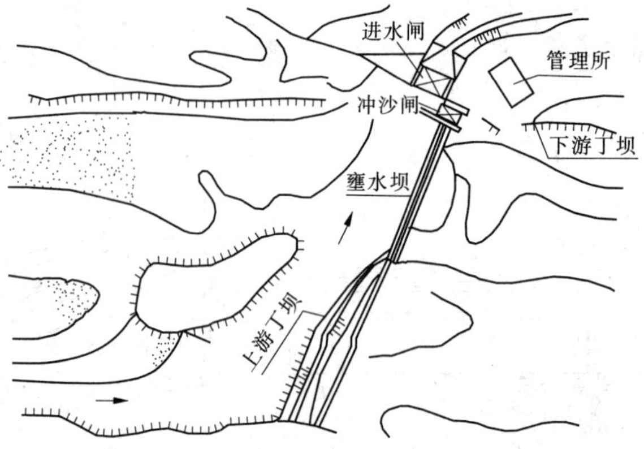

图 2-6　渭惠渠渠首平面布置

3. 冲沙闸

冲沙闸是多泥沙河流低坝引水枢纽中不可缺少的组成部分，它的过水能力一般应大于进水闸的过水能力，能将取水口前的淤沙冲往下游河道。冲沙闸底板高程应低于进水闸底板高程，以保证较好的冲沙效果。

4. 防洪堤

为减少拦河坝上游的淹没损失，在洪水期保护上游城镇、交通的安全，可以在拦河坝上游沿河修筑防洪堤。此外，当有通航、过鱼、过木和发电等要求时，还要设置船闸、鱼道、筏道及水电站等专门建筑物。

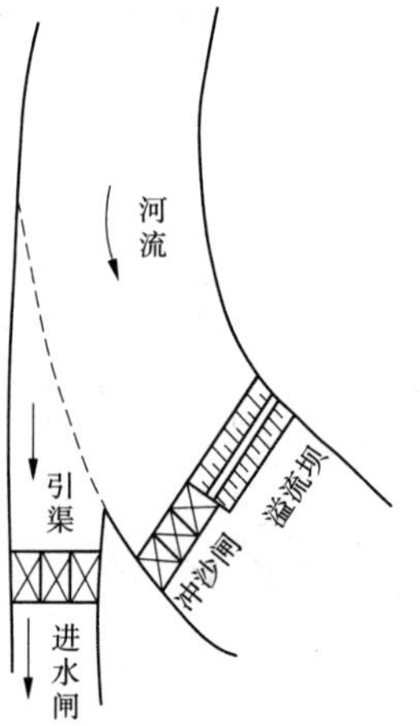

图 2-7　正面引水、侧面排沙工程示意

（三）傍河抽水工程

傍河抽水工程是指直接从江河的岸边、河床或水库利用水泵取水。（详见本项目教学单元六、教学单元七）

二、水利枢纽

在引水量相对较小、河流水位和流量在年际和年内变化幅度不大时，可以采用岸边直接取水方式引水。但是，我国大多数河流，特别是在北方地区，河流水位和流量在年际与年内变化很大，往往出现在丰水年组或年内汛期，地表水水量得不到充分利用，而在枯水年组或枯水季节，由于河流流量过小、水位低，无法满足各用水部门对地表水资源的利用要求。为了解决这个矛盾，需要修建蓄水工程——水库来进行径流调节。水库的作用是改变江河的自然面貌，重新分配河川径流，在汛期拦蓄洪水，削减洪峰，发挥地表水资源的综合效益。水库不但可以按季度与年度重新分配天然径流，防止旱涝灾害，同时还可以利用蓄水和抬高的水位进行灌溉、供水、发电、航运、水产养殖及发展旅游等。

水利枢纽是指为了充分利用水利资源或兼顾防洪而集中兴建、协同运作的若干水工建筑物的群体。一个水利枢纽的功能可以是单一的，如防洪、灌溉、供水、发电等，但多数是兼有以上几种功能的，这种水利枢纽称为综合利用水利枢纽。水利枢纽按其所在地区的地貌形态可分为平原地区水利枢纽和山区(包括丘陵区)水利枢纽；按其承受水头大小可分为高水头水利枢纽、中水头水利枢纽、低水头水利枢纽。高水头水利枢纽多修建在山区峡谷河流上，一般包括挡水、泄水和引水(或输水)这三类基本建筑物，图2-8为丹江口水利枢纽平面布置。低水头水利枢纽多修建于平原河流上，枢纽中一般有较低的重力坝或水闸、水电站厂房、通航和引水等建筑物。

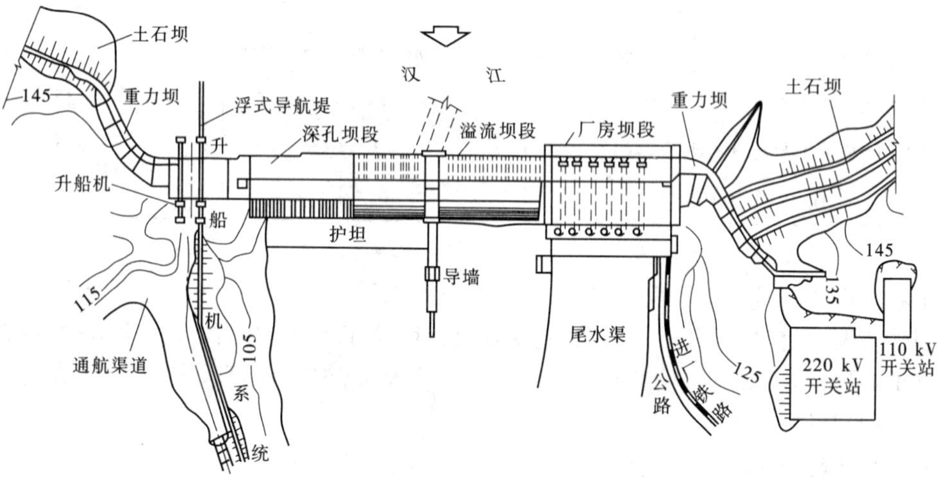

图 2-8　丹江口水利枢纽平面布置

(一)水利水电枢纽工程标准

在开发利用地表水资源的水利工程建设中，必须妥善解决工程安全和经济之间的矛盾。为了正确处理好这对矛盾，需将水利工程及其包含的水工建筑物按其工程规模、效益及其在国民经济中的重要性划分成不同等级，并据此规定不同的技术要求和安全要求，以达到既安全又经济的目的。

水利工程等级指标及其包含的水工建筑物的级别指标，是根据国家的方针、经济政策和水利科学技术的水平制定的(见表2-1、表2-2)。

表 2-1　山区、丘陵区水利水电枢纽工程的等级指标

工程等别	工程规模	分等指标				
		水库总库容(亿 m^3)	防洪		灌溉面积(万亩)	水电站装机容量(万 kW)
			保护城镇及工矿区	保护农田(万亩)		
一	大(1)型	>10	特别重要城市、工矿区	>500	>150	>75
二	大(2)型	10~1.0	重要城市、工矿区	500~100	150~50	75~25
三	中型	1.0~0.1	中等城市、工矿区	100~30	50~5	25~2.5
四	小(1)型	0.1~0.01	一般城市、工矿区	<30	5~0.5	2.5~0.05
五	小(2)型	0.01~0.001			<0.5	<0.05

注：1 亩 = 1/15 hm^2，下同。

表 2-2　平原、滨海地区水利水电枢纽工程的等级指标

工程等别	工程规模	分等指标						
		水库总库容（亿 m^3）	防洪		排涝面积（万亩）	灌溉面积（万亩）	供水（供给城镇及矿区）	水电站装机容量（万 kW）
			保护城镇及工矿区	保护农田（万亩）				
一	大(1)型	>10	特别重要	>500	>200	>150	特别重要	>75
二	大(2)型	10～1.0	重要	500～100	200～60	150～50	重要	75～25
三	中型	1.0～0.1	中等	100～30	60～15	50～5	中等	25～2.5
四	小(1)型	0.1～0.01	一般	30～5	15～3	5～0.5	一般	2.5～0.05
五	小(2)型	0.01～0.001		<5	<3	<0.5		<0.05

水利工程特别是水库工程的失事，将会给下游人民的生命财产和经济建设带来灾难性的损失。因此，在进行水利工程勘测、规划、设计、施工及管理时都要慎重对待，按科学规律办事，妥善解决安全与经济的矛盾。在正常情况下，按设计要求发挥效益；在特殊情况下，采取非常措施，以确保工程安全。

表 2-1 及表 2-2 中总库容是指校核洪水位以下的水库库容，灌溉面积等均指设计面积。对于综合利用的工程，当按表 2-1、表 2-2 中指标分属几个不同等别时，整个枢纽的等别应以其中的最高等别为准。挡潮工程的等别可参照防洪工程的规定，在潮灾特别严重的地区，其工程等别可适当提高。供水工程的重要性应根据城市及工矿区和生活区供水规模、经济效益和社会效益分析决定。分等指标中有关防洪、灌溉两项，是指防洪或灌溉工程系统中的重要骨干工程。

枢纽中的水工建筑物按其所属枢纽工程的等级及其在工程中的作用和重要性分为五级，见表 2-3。

表 2-3　水工建筑物分级指标

工程等别	永久性建筑物级别		临时性建筑物级别
	主要建筑物	次要建筑物	
一	1	3	4
二	2	3	4
三	3	4	5
四	4	5	5
五	5	5	

表 2-3 中永久性建筑物是指枢纽工程运行期间使用的建筑物，根据其重要性又分为主要建筑物和次要建筑物。前者指失事后将造成下游灾害或严重影响工程效益的建筑物，如坝、水闸、泄洪建筑物、电站厂房等。后者指失事后不致造成下游灾害或对工程效益

影响不大并易于修复的建筑物，如挡土墙、护岸、导流墙等。临时性水工建筑物是指枢纽工程施工期间使用的建筑物，如导流建筑物、施工围堰等。

按表 2-3 确定水工建筑物级别时，对仅有一种用途的水工建筑物，根据所属工程在该项用途中的等别确定其级别；对具有几种用途的建筑物，则应根据所属工程的最高等别确定其级别。

对于二至五等工程，在下列情况下经过论证可提高其主要建筑物级别：当水库大坝较高，超过表 2-4 的规定，或当建筑物的工程地质条件特别复杂，或采用实践经验较少的新坝型、新型结构时，可提高 1 级，但洪水标准不予提高；工程位置特别重要，失事后将造成重大灾害者，其重要建筑物级别可适当提高，洪水标准也要相应提高；对综合利用工程，当按库容和不同用途的分等指标有两项接近同一等别的上限时，其共用的主要建筑物可提高 1 级。对于临时性建筑物，当其失事后将造成严重灾害或严重影响施工时，视其重要性和影响程度，可提高 1 ~ 2 级。对于低水头工程或失事后损失不大的工程，其水工建筑物级别可适当降低。

表 2-4　水库大坝提级的指标

坝的原级别	坝高（m）	
	土坝、堆石坝、干砌石坝	混凝土坝、浆砌石坝
2	90	130
3	70	100
4	50	70
5	30	40

对不同级别的水工建筑物，在抗御洪水能力、结构强度和稳定性、建筑材料及运行可靠性方面应有不同的要求。即使同一级别的水工建筑物，当采用不同形式时，其要求也有所不同。

（二）洪水标准

洪水标准分为正常运用（设计）和非常运用（校核）两种情况。正常运用洪水标准应根据工程规模、重要性和基本资料按表 2-5 中规定的幅度内分析确定，非常运用洪水标准的确定主要是保证工程失事后对下游不致造成较大灾害，可参照表 2-6 中规定的数值确定。

表 2-5　永久性水工建筑物正常运用的洪水标准

建筑物级别	1	2	3	4	5
洪水重现期（年）	2 000 ~ 500	500 ~ 100	100 ~ 50	50 ~ 30	30 ~ 20

（三）水利枢纽布置的一般原则和要求

枢纽布置是根据枢纽任务确定枢纽建筑物的组成，并有机而妥当地安排各建筑物的位置、形式和布置尺寸。由于自然条件及枢纽任务不尽相同，枢纽布置时要考虑的因素很多，涉及面较广，因此应深入研究当地条件，并从设计、施工、运行管理、经济等方面进行全面论证和比较，最后从若干个比较方案中选定最优方案。下面仅介绍水利枢纽布置时应当遵守的一般原则与要求。

表 2-6　永久性水工建筑物非常运用的洪水标准下限值

不同坝型的枢纽工程	建筑物级别的洪水重现期(年)				
	1	2	3	4	5
土坝、堆石坝、干砌石坝	10 000	2 000	1 000	500	300
混凝土坝、浆砌石坝和其他水工建筑物	5 000	1 000	500	300	200

(1)运用要求。枢纽建筑物的布置应保证在一般条件下能正常地工作，避免运用时相互干扰。例如城市供水与灌溉取水建筑物，应保证在各时期均能按需要引进设计流量，航运建筑物进、出水口水流应顺畅、流速小、水位平稳，发电取水口应使水流平顺、水头损失小、下游尾水平稳，泄水、排沙、过木、过鱼等建筑物均要有所保证。凡要求具有一定水流条件的建筑物，应采取必要的布置措施和考虑不同方案，使之相互协调，满足对水流条件的要求。

(2)技术经济条件。枢纽布置应当在技术可能的条件下，尽量做到经济上最优。在不影响运用条件且不互相矛盾的前提下，为了节约投资，尽量使一个建筑物担负多种任务。例如灌溉、供水与发电相结合，泄水与排沙、放空水库相结合等。当具备采用当地土石料筑坝条件时，应当尽量优先采用，以减少水泥、钢材和木材的使用量，应尽早地考虑将枢纽投入运转或部分运转的布置方案，使之早日发挥工程的经济效益，相应地降低工程造价，同时增加国民经济收入。

(3)综合效益与工程总投资。枢纽布置应从防洪、灌溉、供水、发电、航运、养殖、林业、环境卫生、生态平衡及旅游等方面的要求出发，尽可能发挥最大的综合效益。还必须考虑建库后对附近地区的各种影响，以及水库的淤积和下游河床的演变等，在保证枢纽发挥其正常功能的前提下，力求减小淹没、浸没损失，并使工程总投资最小。

(4)施工安排。坝址、坝轴线选择和枢纽布置应当与施工导流、施工方式和施工期限密切结合，力求施工方便，技术落实，工期短，劳动力省，力求做到以最小的投资在最短时间内顺利完成施工任务。

(5)美化环境。枢纽工程的布置应当在外形上力求美观，特别是有旅游条件的，应当尽量使枢纽的外观与周围的环境相协调。

教学单元三　挡水建筑物

挡水建筑物是指用以拦截或约束水流，雍高水位，调蓄水量的各种水工建筑物。如蓄水或雍水的各种拦河坝、堤防、水闸、施工围堰等。该部分仅介绍以拦河坝为主体的挡水建筑物。

挡水建筑物按结构受力特点可分为重力式和拱式两种。重力坝、支墩坝属于重力式结构。土石坝存在一个边坡稳定问题，但从力学性质上讲仍属于重力式结构。各种形式的拱坝（如单曲拱坝、双曲拱坝、空腹拱坝等）属于拱式结构。按筑坝的材料可分为混凝土坝、钢筋混凝土坝、浆砌石坝、土石坝、橡胶坝等。对混凝土坝按施工方法可分为常态混凝土坝和碾压混凝土坝及装配式坝。现仅介绍最为常见的重力坝、拱坝和土石坝。

一、重力坝

重力坝是一种古老且应用广泛的坝型，它因主要依靠坝体自重产生的抗滑力维持稳定而得名。19 世纪以前，重力坝基本上都采用浆砌毛石修建；19 世纪后期，逐渐采用混凝土筑坝；进入 20 世纪，逐渐形成了现代的混凝土重力坝。目前，世界上最高的重力坝是瑞士的大狄克桑斯坝，坝高 285 m。由于重力坝的结构简单，施工方便，抗御洪水能力强，抵抗战争破坏等意外事故的能力也较强，工作安全可靠，至今仍被广泛采用。其中，浆砌石重力坝的设计计算方法与混凝土重力坝基本相同，所以本教学单元仅介绍混凝土重力坝。

（一）重力坝的工作原理及特点

1. 工作原理

重力坝的工作原理是，在水压力及其他荷载的作用下，主要依靠坝体自身重量在滑动面上产生的抗滑力来抵消坝前水压力，以满足稳定的要求；同时，也依靠坝体自重在水平截面上产生的压应力来抵消由于水压力所引起的拉应力，以满足强度的要求。其基本剖面为上游面近于垂直的三角形剖面，且沿垂直轴线方向常设有永久伸缩缝，将坝体分成若干独立工作的坝段（如图 2-9 所示），坝体剖面较大。

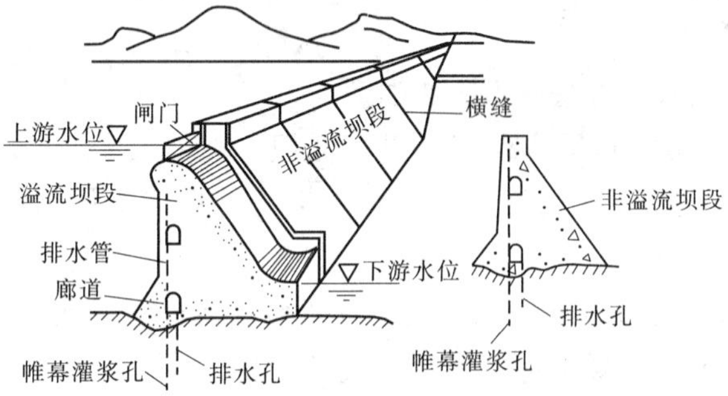

图 2-9　混凝土重力坝示意图

2. 特点

与其他坝型比较，重力坝具有以下主要特点。

1）泄洪和施工导流容易解决

由于重力坝的断面大，筑坝材料抗冲刷能力强，适用于在坝顶溢流和坝身设置泄水孔。在施工期可以利用坝体或底孔导流，一般不需要另设河岸溢洪道或泄洪隧洞。在偶然的情况下，即使从坝顶少量过水，一般也不会致使坝体失事，不像土坝那样一旦洪水漫顶很快就会溃坝成灾，这是重力坝的一个最大优点。在坝址河谷较窄而洪水流量又大的情况下，重力坝可以较好地适应这种自然条件。

2)安全可靠,结构简单,施工技术容易掌握

重力坝的坝体放样、立模和混凝土浇筑、振捣都比较方便,有利于机械化施工,而且由于剖面尺寸大,筑坝材料强度高,耐久性好,因而抵抗水的渗透、冲刷及地震和战争破坏能力都比较强,安全性较高。据统计,重力坝在各种坝型中,失事率是较低的。但是,从另一方面看,由于剖面尺寸大,坝体内部应力一般比较小,坝体材料强度不能充分发挥。

3)对地形、地质条件适应性强

地形条件对重力坝的影响不大,几乎任何形状的河谷均可修建重力坝。因为坝体作用于地基面上的压应力不高,所以对地质条件的要求也较低。重力坝对地基的要求虽比土石坝高,但低于拱坝及支墩坝,对于无重大缺陷的一般强度的岩基均可满足要求,较低的重力坝可建在软基上。另外,由于重力坝沿坝轴线方向被横缝分成若干个独立的坝段,适应不均匀沉陷能力强,因此能较好地适应各种非均质地基。

4)受扬压力影响大

坝体和坝基在某种程度上都是透水的,渗透水流将对坝体产生扬压力。由于坝体和坝基接触面较大,受扬压力影响也大。扬压力的作用方向与坝体自重的方向相反,会抵消部分坝体的有效重力,对坝体的稳定和应力情况不利,应该采取有效的防渗排水措施,减小扬压力的作用,以节省坝体工程量。

5)坝体体积大,水泥用量多,温度控制要求严格

由于混凝土重力坝体积大,水泥用量多,施工期混凝土的水化热和硬化收缩将会产生不利的温度应力和收缩应力,一般均需采取温控散热措施。许多工程因温度控制不当而出现裂缝,有的甚至形成危害性裂缝,从而削弱坝体的整体性能。

(二)重力坝的类型

重力坝按照不同的分类方法有不同的类型。

(1)按坝的高度分类,可分为高坝、中坝、低坝。坝高大于 70 m 的为高坝,坝高在 30~70 m 的为中坝,小于 30 m 的为低坝。坝高指的是坝体最低面(不包括局部深槽或井、洞)至坝顶面的高度。

(2)按照筑坝材料分类,可分为混凝土重力坝和浆砌石重力坝。一般情况下,较高的坝和重要的工程经常采用混凝土重力坝,中、低坝则可以采用浆砌石重力坝。

(3)按照坝体是否过水分类,可分为溢流坝和非溢流坝。坝体内设有泄水底孔的坝段和溢流坝段统称为泄水坝段,非溢流坝段也可称做挡水坝段,见图 2-9。

(4)按照施工方法分类,可分为浇筑式混凝土重力坝和碾压式混凝土重力坝。

(5)按照坝体的结构形式分类,可分为实体重力坝(见图 2-10(a))、宽缝重力坝(见图 2-10(b))、空腹重力坝(见图 2-10(c))。

实体重力坝的结构形式简单,设计施工比较方便,但其缺点是扬压力大,工程量较大,而且混凝土材料抗压强度不能充分发挥。宽缝重力坝、空腹重力坝则可以利用宽缝和空腹排除坝基的渗透水流,有效地减小扬压力,较好地利用材料的抗压强度,从而可减少工程量 10%~30%。空腹重力坝还可以将水电站厂房设置在空腹内,减少了电站厂房的开挖工程量,也可从厂房顶部泄水,解决在狭窄河谷中布置电站厂房和泄水建筑物的困难。

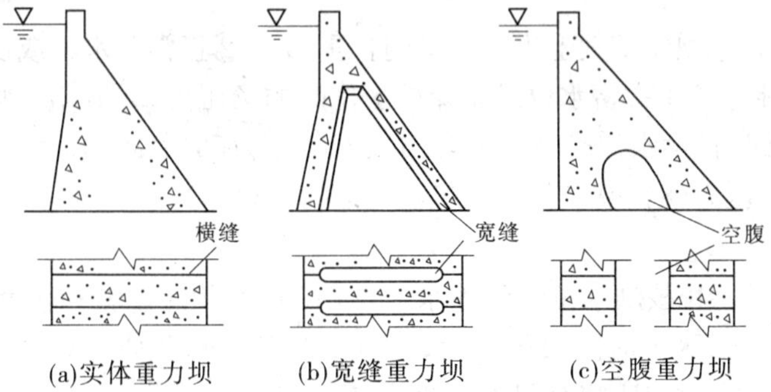

图 2-10　重力坝的形式

20 世纪 70 年代以前,宽缝重力坝在中国应用的比较多。在坝高 50 m 以上的重力坝中大约有 40% 以上的是宽缝重力坝,其中,新安江、丹江口和潘家口均为宽缝重力坝,坝高分别为 105 m、97 m 和 107 m,石泉水电站为空腹重力坝,坝高 65 m。空腹重力坝、宽缝重力坝与实体重力坝相比,缺点是施工比较复杂,模板用量大,不适合大型机械化施工。

(三)重力坝的荷载及其组合

重力坝上的主要荷载有坝体自重、上下游坝面上的水压力、扬压力、浪压力或冰压力、泥沙压力以及地震荷载等。设计重力坝时应根据具体的运用条件确定各种荷载及其数值,并选择不同的荷载组合,用以验算坝体的稳定和强度。

作用在重力坝上的各种荷载,除坝体自重外,都有一定的变化范围。例如,在正常运行、放空水库、设计或校核洪水等情况下,其上下游水位就不相同。当水位发生变化时,相应的水压力、扬压力亦随之变化。又如,在短期宣泄最大洪水时,就不一定会同时发生强烈地震。再如,当水库水面封冻,坝面受静冰压力作用时,波浪压力就不存在。因此,在进行坝的设计时,应该把各种荷载根据它们同时出现的概率,合理地组合成不同的设计情况,然后用不同的安全系数进行核算,以妥善解决安全和经济的矛盾。

作用在坝上的荷载见图 2-11,按其性质可分为基本荷载和特殊荷载两种(见表 2-7)。

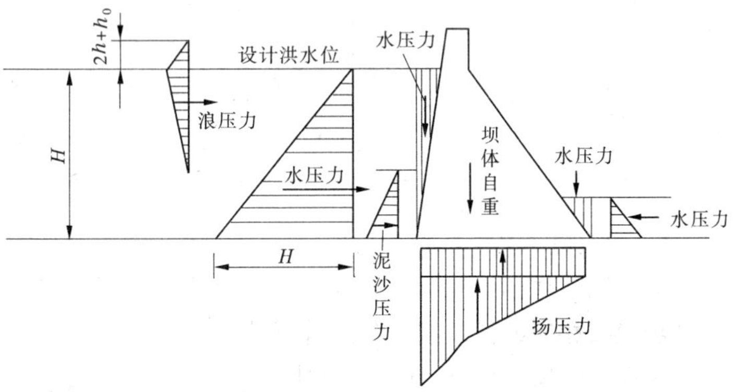

图 2-11　重力坝上的荷载示意图

1. 基本荷载

基本荷载包括:①坝体及其上永久设备的自重(1);②正常蓄水位或设计洪水位时的静水压力(2);③相应于正常蓄水位或设计洪水位时的扬压力(3);④泥沙压力(4);⑤相应于正常蓄水位或设计洪水位时的浪压力(5);⑥冰压力(6);⑦土压力(7);⑧相应于设计洪水位时的动水压力(8);⑨其他出现机会较多的荷载(9)。

2. 特殊荷载

特殊荷载包括:①校核洪水位时的静水压力(10);②相应于校核洪水位时的扬压力(11);③相应于校核洪水位时的浪压力(12);④相应于校核洪水位时的动水压力(13);⑤地震荷载(14);⑥其他出现机会很少的荷载(15)。

荷载组合情况分为两大类:一类是基本组合,指水库处于正常运用情况下可能发生的荷载组合,又称设计情况,由基本荷载组成;另一类是特殊组合,指水库处于非常运用情况下的荷载组合,又称校核情况,由基本荷载和一种或几种特殊荷载所组成。

进行荷载组合时,应根据各种荷载同时作用的实际可能性,按表 2-7 选用(表中数字即荷载的序号),必要时还可考虑其他的不利组合。

表 2-7　荷载组合

荷载组合	主要考虑情况	荷载									说明
		自重	静水压力	扬压力	泥沙压力	浪压力	冰压力	地震荷载	动水压力	土压力	
基本组合	正常蓄水位情况	1	2	3	4	5	—	—	—	7	土压力根据坝体处是否有填土而定(下同)
	设计洪水位情况	1	2	3	4	5	—	—	8	7	
	冰冻情况	1	2	3	4	—	6	—	—	7	静水压力及扬压力按相应季节库水位计算
特殊组合	校核洪水位情况	1	10	11	4	12	—	—	13	7	
	地震情况	1	2	3	4	5	—	14	—	7	静水压力、扬压力和浪压力按正常蓄水位计算,有论证时可另作规定

进行荷载组合时应注意以下几个问题:

(1)应根据各种荷载同时作用的实际可能性,选择计算中最不利的荷载组合。

(2)分期施工的坝应按相应的荷载组合分期进行计算。

(3)施工期的情况应作必要的核算,作为特殊组合。

(4)根据地质和其他条件,当考虑运用时排水设备易于堵塞,需要经常维修时,应考虑排水失效的情况作为特殊组合。

（四）重力坝的安全分析

岩基上的重力坝常见的失稳破坏形式有两种：一种是沿坝体抗剪能力不足的软弱结构薄弱层面产生滑动，包括坝体与坝基的接触面滑动和坝基岩体内有连续的断层破碎带软弱结构而产生的滑动；另一种是在各种荷载作用下，上游坝踵出现拉应力使之产生裂缝，或下游坝址压应力过大、超过坝基岩体或坝体混凝土的允许强度而压碎，从而产生倾覆破坏。当重力坝满足抗滑稳定和应力要求时，通常不必校核抗倾覆的安全性。

1. 重力坝的抗滑稳定分析

抗滑稳定分析是重力坝设计中的一项重要内容，其目的是核算坝体沿坝基面或沿地基深层软弱结构面抗滑稳定的安全性能。因为重力坝沿坝轴线方向用横缝分隔成若干个独立的坝段，假设横缝不传力，所以稳定分析可以按平面问题进行，取一个坝段或单位宽度作为计算单元。但对于地基中存在多条互相切割交错的软弱面构成空间滑动体或位于地形陡峻的岸坡段，则应按空间问题进行分析。

以往一般采用单一安全系数法进行抗滑稳定分析，把建筑物抵抗滑动的力与滑动力之比称做抗滑稳定安全系数。其分析方法有以下两种。

（1）摩擦公式。

$$K_s = \frac{f(\sum W - U)}{\sum P} \tag{2-1}$$

式中 $\sum W$——滑动面以上的总铅直力，kN；

$\sum P$——滑动面以上的总水平力，kN；

U——作用在滑动面上的扬压力，kN；

f——滑动面间的摩擦系数。

在各种荷载组合情况下，其抗滑稳定安全系数的控制标准参见表 2-8。

表 2-8 抗滑稳定安全系数 K_s

荷载组合		坝的级别 1	坝的级别 2	坝的级别 3
基本组合		1.10	1.05	1.05
特殊组合	校核洪水位情况	1.05	1.00	1.00
	地震情况	1.00	1.00	1.00

（2）抗剪断公式。

$$K_s'' = \frac{f'(\sum W - U) + c'A}{\sum P} \tag{2-2}$$

式中 f'——抗剪断摩擦系数；

c'——抗剪断黏聚力，kN/m^2；

A——坝基与地基接触面的面积，m^2。

采用抗剪断公式进行抗滑稳定分析时，其安全系数 K_s 的控制标准，不分工程级别，基本组合采用3.0，特殊组合校核洪水位情况采用2.5，特殊组合地震情况不小于2.3。

当坝体混凝土与基岩接触良好、坝基内不存在可能导致深层滑动的软弱面时，应按抗剪断公式计算；对中、小型工程的中、低坝，也可按摩擦公式计算。

《混凝土重力坝设计规范》(DL 5108—1999)规定，重力坝的抗滑稳定验算应采用概率极限状态设计原则，以分项系数极限状态设计表达式代替原规范的单一安全系数设计表达式。该方法反映了坝体上的作用(荷载)的不定性和变异性，荷载均为随机变量。分项系数极限状态法的基本原理来源于可靠度理论，包括承载能力极限状态和正常使用极限状态。对抗滑稳定分析只按承载能力极限状态设计校核，即

$$\gamma_0 \Psi S(\gamma_G G_K, \gamma_Q Q_K, \alpha_K) \leqslant \frac{1}{\gamma_d} R(\frac{f_K}{\gamma_m}, \alpha_K) \tag{2-3}$$

式中 γ_0——结构重要性系数；

Ψ——设计状况系数；

$S(\cdot)$——作用效应函数；

$R(\cdot)$——结构及构件抗力函数；

γ_G——永久作用分项系数；

γ_Q——可变作用分项系数；

G_K——永久作用标准值；

Q_K——可变作用标准值；

α_K——几何参数的标准值(可作为定值处理)；

f_K——材料性能的标准值；

γ_m——材料性能分项系数；

γ_d——基本组合结构系数。

对于坝体混凝土与基岩接触面的抗滑稳定极限状态，作用效应函数为

$$S(\cdot) = \sum P_R \tag{2-4}$$

抗滑稳定抗力函数为

$$R(\cdot) = f'_R \sum W_R + c'_R A_R \tag{2-5}$$

式中 $\sum P_R$——坝基面上全部切向作用力之和，kN；

f_R'——坝基面抗剪断摩擦系数；

c_R'——坝基面抗剪断黏聚力，kN/m^2；

A_R——坝基面截面面积，m^2；

$\sum W_R$——坝基面上全部法向作用力之和，kN。

2. 重力坝的应力分析

应力分析的目的是检验大坝在施工期和运用期是否满足强度要求，并根据应力分布情况进行坝体混凝土强度等级分区，也为研究坝体某些部位的应力集中和配筋等提供依据。应力分析的过程是：首先进行荷载计算和荷载组合，然后选择适宜的方法进行应力计算，最后检验坝体各部位的应力是否满足强度要求。

重力坝的应力分析方法可归结为理论计算和模型试验两大类，这两类方法是彼此补

充、互相验证的,其结果都要受到原型观测的检验。对于中小型工程,一般可只进行理论计算。近代由于电子计算机的出现,理论计算中的数值解法发展很快,对于一般的平面问题,常常可以不做试验,主要依靠理论计算解决问题。目前常用的几种应力分析方法综述如下。

1)模型试验法

目前,常用的模型试验方法有光测方法和脆性材料电测方法及地质力学模型试验方法等。光测方法有偏光弹性试验和激光全息试验,主要解决弹性状态应力问题。脆性材料电测方法除能进行弹性应力分析外,还能进行破坏试验。而地质力学模型试验方法可以进行复杂地基的试验。此外,利用模型试验还可进行坝体温度场和动力分析等方面的研究。目前,模型试验方法在模拟材料特性、施加自重荷载和地基渗流体积力等方面仍存在一些问题,有待进一步研究和改进。

2)材料力学法

材料力学法是应用最广、最简便的方法,也是重力坝设计规范中规定采用的计算方法。材料力学法不考虑地基的影响,假定水平截面上的铅直正应力 σ_y 按直线分布,按材料力学的偏心受压公式计算其大小。计算结果在地基附近约 1/3 坝高范围内,与实际情况不符。但长期的实践经验和多年的工程实践证明,对于中等高度的坝,应用这一方法是可以保证工程安全的;对于较高的坝,特别是在地基条件比较复杂的情况下,还应该同时采用其他方法进行应力分析。

3)弹性理论的解析法

弹性理论的解析方法在力学模型和数学解法上都是严格的,但目前只有少数边界条件简单的典型结构才有解答,所以其在工程设计中应用较少。由于通过对典型构件的计算,可以检验其他方法的精确性。因此,弹性理论的解析方法仍是一种很有价值的分析方法。

4)弹性理论的有限单元法

弹性理论的有限单元法在力学模型上是近似的,在数学解法上是严格的,它是 20 世纪 50 年代中期随着电子计算机的出现而产生的一种计算方法。有限单元法可以处理复杂的边界,包括几何形状、材料特性和静力条件。60 年代以后,有限单元法的应用从求解应力场扩大到求解磁场、温度场和渗流场等。它不仅能解决弹性问题,还能解决弹塑性问题;不仅能解决静力问题,也能解决动力问题;不仅能计算单一结构,还能计算复杂的组合结构,因此有限单元法已成为一种综合能力很强的计算方法。

重力坝的应力状态非常复杂,与很多因素有关,如坝体剖面尺寸、静力荷载、地质条件、施工过程、温度变化及地震特性等。在应力分析中,还不能确切考虑各种因素。因此,无论采用哪种方法得出的成果,都不同程度地带有一定的近似性。

(五)重力坝的断面设计

1. 非溢流重力坝断面设计的原则

重力坝断面设计应当在满足稳定、强度要求前提下,力求工程量小、外形轮廓简单、便于施工、运用方便等。

2. 基本断面

由于作用于坝上游面的水压力呈三角形分布，与此作用相适应的坝体的基本断面必为三角形（见图2-12）。因此，重力坝的基本断面一般是指在水压力（水位与坝顶齐平）、自重和扬压力等主要荷载作用下，满足稳定、强度要求的最小三角形断面。

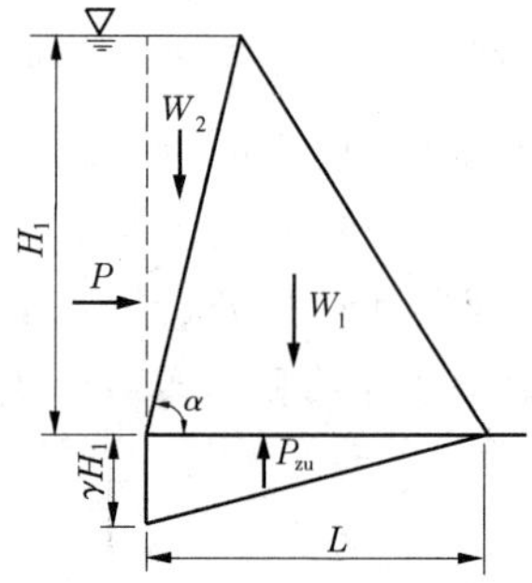

图2-12 重力坝的基本断面

从满足强度要求来看，对基本三角形的要求如下。

当 $\alpha>90°$，上游面为倒坡时（见图2-13(a)），在库空的情况下，三角形重心超出底边的三分点，在下游面会产生拉应力，而且倒坡也不便施工。

当 $\alpha<90°$ 时，可以利用上游面的水重增强稳定（见图2-13(b)）。但 α 小到一定程度，在库满时合力可能超出底边的三分点，在上游面会产生拉应力。因此，上游面坡角 α 也不宜太小。

一般情况下，常将上游面做成铅直的（见图2-13(c)），即 $\alpha=90°$。当抗剪断面系数 f_R' 较低时，可适当减小 α 值，以便利用上游面的水重维持稳定。根据工程经验，重力坝基本断面的上游坡度宜采用1:0.2～1:0，下游面的坡度宜采用1:0.8～1:0.6，坝底宽一般为坝高的0.7～0.9倍。

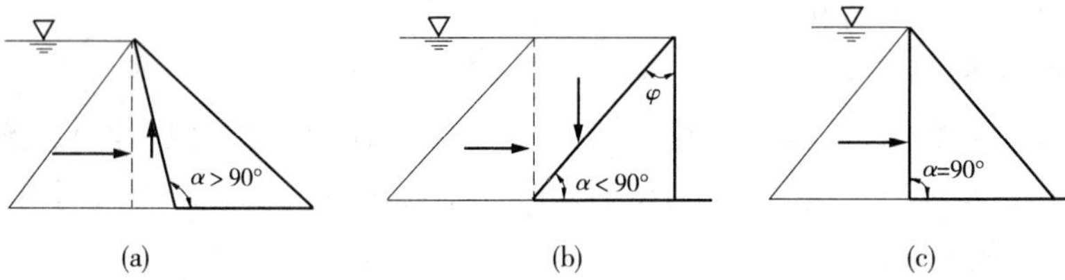

图2-13 不同 α 角的坝体断面

3. 实用断面

上述坝体基本断面是在简化条件下求得的，为了便于施工、运用，还需对基本断面进行修正，拟定出实用断面。

1）坝顶宽度

一般根据运用和交通要求确定，当无特殊要求时，坝顶宽度可采用坝高的8%～10%，并不小于2 m。当有交通要求时，坝顶宽度应按交通规定拟定。

当有较大的冰压力或漂浮物撞击力时，坝顶最小宽度还应满足强度要求。

2）坝顶高程

由于三角形基本断面的顶点与上游最高水位齐平，因此实用断面必须要有安全超高 Δh。Δh 由式(2-6)计算。

$$\Delta h = h_{1\%} + h_z + h_c \tag{2-6}$$

式中 Δh——防浪墙顶至正常蓄水位或校核洪水位的高差，m；

$h_{1\%}$——波高，m；

h_z——波浪中心线高出静水位的高度，m；

h_c——取决于坝的级别和计算情况的安全超高,按表 2-9 取用。

表 2-9　安全超高 h_c　　（单位:m）

相应水位	坝的级别		
	1	2	3
正常蓄水位	0.7	0.5	0.4
校核洪水位	0.5	0.4	0.3

在计算 $h_{1\%}$、h_z 时,正常情况和校核情况应采用不同的计算风速值,坝顶高程(或坝顶上游防浪墙顶高程)按式(2-7)计算,并选用其中的较大值。

$$\left.\begin{aligned}\text{坝顶高程} &= \text{正常蓄水位} + \Delta h_{\text{正}}\\ \text{坝顶高程} &= \text{校核洪水位} + \Delta h_{\text{校}}\end{aligned}\right\} \tag{2-7}$$

式中,$\Delta h_{\text{正}}$ 和 $\Delta h_{\text{校}}$ 分别按式(2-6)的要求考虑。对于 1、2 级的坝,如果按照可能最大洪水校核,坝顶高程不得低于相应静水位,防浪墙顶高程不得低于波浪顶高程。防浪墙高度一般为 1.2 m,应与坝体在结构上连成整体,墙身应有足够的厚度,以抵挡波浪及漂浮物的冲击。

常用的实用断面形式一般有图 2-14 所示的几种。

(1)上游面铅直的坝面(见图 2-14(a)),该形式适用于坝基抗剪断参数较大,由强度条件控制坝体断面的情况。同时,该断面形式便于坝内布设泄水孔或泄水管道的闸门和拦污设备等。

(2)上游面向上游倾斜的坝面(见图 2-14(b)),此形式适用于混凝土与基岩之间抗剪断参数较小的情况。倾斜的上游坝面可增加坝体自重和利用部分水重,以满足抗滑稳定要求。有时为了控制库空或低水位时下游面出现的拉应力值,常采用此种形式。上游坝面上部铅直、下部倾斜既可利用部分水重来增加坝的稳定性,又便于节省进口设备,是实际工程中经常采用的一种实用断面形式。一般起坡点在坝高的 1/3 ~ 2/3 附近。由于起坡点处断面突变,故应对该截面进行强度和稳定校核。

坝体断面可参照条件相近已建工程的经验,结合本工程的实际情况,先行拟定,然后根据稳定和应力分析进行必要的修正。

4. 实用断面的优化设计

工程设计的基本任务就是寻找安全、适用而经济的设计方案。传统的水工设计一般采用方案比较法,即根据经验,通过必要的水力计算、结构强度、稳定性校核,拟定若干个安全、适用的可行方案,然后比较工程量、造价等经济指标,从而择优选定实用方案。这种方法受工程人员的主观因素影响较大,比较方案的个数有限,故选用的方案只能说是有限个可行方案中较优的,而未必是所有方案中最优的。因此,水工建筑物的优化设计主要是指选择结构的体形、尺寸和材料时,如何从所有安全、适用和技术上可行的方案中寻求一个经济上最合理的方案。而该方案只有通过计算机和适当的计算程序才能实现。对于重力坝而言,就是在满足现行设计规范要求和通用设计准则的前提下求出其造价最低或混凝土方量最小的断面,即最优断面。

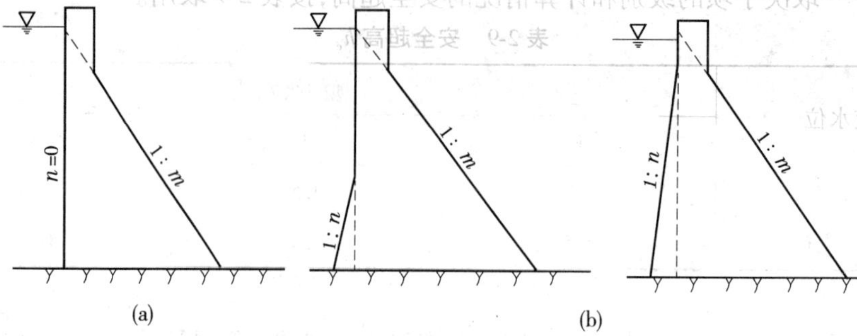

图 2-14　非溢流坝断面形态

随着数学规划和运筹学的进展,优化的方法归结为数学中的极值解法,即一方面将工程问题抽象为优化的数学模型,然后对该模型加工求解。优化的目的就是寻找构成该模型若干要素的最佳组合。关于具体计算方法,可参考有关书籍。

(六)重力坝的材料及构造

1. 混凝土的性能

重力坝建筑材料主要是混凝土。重力坝除要求材料有足够的强度外,还要有一定的抗渗性、抗冻性、抗侵蚀性、抗冲耐磨性及低热性等。

1)强度

混凝土的强度等级应由按照标准方法制作养护边长为150 mm 的立方体试件,在28 d 龄期用标准试验方法测得的具有95%保证率的抗压强度标准值确定,用符号C(N/mm^2)表示。对用于大坝的大体积混凝土,其立方体抗压强度则是由在90 d 龄期用标准试验方法测得的具有80%保证率的抗压强度标准值确定。

2)耐久性

混凝土的耐久性包括抗渗性、抗冻性、抗冲耐磨性、抗侵蚀性等。

(1)抗渗性是指混凝土抵抗水压力渗透作用的能力。抗渗性可用抗渗等级表示,抗渗等级是按28 d 龄期的标准试件所测定的,分为W2、W4、W6、W8、W10和W12六级。对于承受侵蚀水的建筑物,其抗渗等级应进行专门的试验研究,但不得低于W4。坝体内部混凝土若无特殊要求,抗渗等级定为W2。

(2)抗冻性是表示混凝土在饱和状态下能经受多次冻融循环而不被破坏,同时也不严重降低强度的性能。混凝土抗冻性用抗冻等级表示。抗冻等级是按28 d 龄期的试件采用快冻试验测定的,分为F50、F100、F150、F200、F300五级。在具体施工时,应根据建筑物所在地区的气候分区、冻融循环次数、表面局部小气候条件、水分饱和程度、结构构件重要性和检修的难易程度等因素选用抗冻等级。

抗冻性好的混凝土,其抗温度变化和干湿变化的能力也较强。因此,在温暖地区为了使混凝土具有抗风化能力,也应提出一定的抗冻性要求。

(3)抗冲耐磨性是指混凝土抗高速水流或挟沙水流的冲刷、磨损的性能。目前,对于抗冲耐磨性尚未制定出明确的技术标准。根据经验,使用高等级硅酸盐水泥或硅酸盐大坝水泥拌制成的高等级混凝土,其抗磨性较强,且要求骨料坚硬、振捣密实。

(4)抗侵蚀性是指混凝土抵抗环境侵蚀的性能。当环境水有侵蚀的情况时,应选择抗侵蚀性能较好的水泥,外部水位变化区及水下混凝土的水灰比,可比常态混凝土的水灰比减少0.05。为了降低水泥用量并提高混凝土的性能,坝体混凝土内可适量掺加粉煤灰掺合料及引气剂、塑化剂等外加剂。

为了减少工程造价,合理利用水泥,通常将坝体混凝土按不同部位、不同工作条件对混凝土性能的不同需求进行分区,采用不同的强度等级。

2. 重力坝的构造

重力坝的构造包括坝顶结构、坝体分缝、防渗、排水、廊道系统等内容。这些构造的科学合理选型和布置,可以改善重力坝的工作状态,提高坝体的稳定性,减小坝体应力,满足运用和施工要求。

1)分缝

由于地基不均匀沉降和温度变化,施工时期的温度应力及施工浇筑能力等原因,一般要对坝体进行分缝。有一些缝是永久性的,它们的存在不影响坝体的整体性和坝的正常运行;有些缝是临时性的,只在施工时设置,它们的存在将影响坝的整体性,使坝的正常工作受到影响,因而要对这种缝加以处理,使各个块体结合成整体。

按缝的作用可把缝分为沉降缝、伸缩缝及工作缝。沉降缝是将坝体沿长度分段,以适应地基的不均匀沉降,避免由此而引起坝体裂缝。伸缩缝是将坝体分块,以减少坝体伸缩时地基对坝体的约束和新旧混凝土之间的约束而产生的裂缝。工作缝主要是便于分期浇筑、装拆模板及混凝土的散热而设的临时缝。按缝的位置可分为横缝、纵缝及水平缝。横缝多为永久缝,纵缝及水平缝皆为临时缝,图2-15所示为重力坝的分缝示意图。

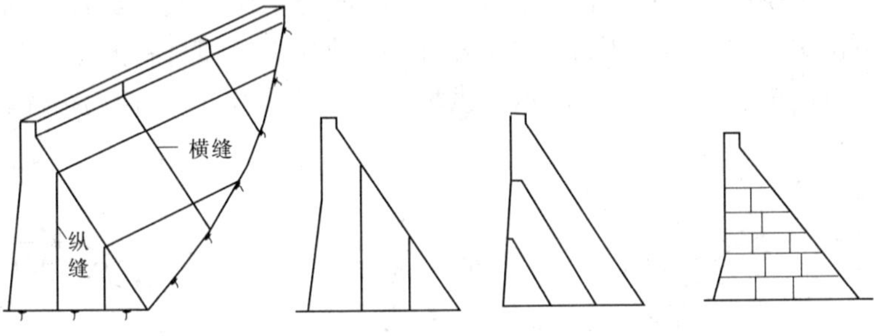

图2-15 重力坝的分缝示意图

2)坝体防渗、排水和廊道系统

为了减少坝体渗透压力,靠近上游坝面应设排水管幕,将渗入坝体的水由排水管排入廊道,再由廊道汇集于集水井,由抽水机排到下游。一般要求排水管距上游坝面的距离不小于坝前水头的1/25~1/15,且不小于2 m,以使渗透坡降在允许范围以内。排水管的间距为2~3 m,上、下层廊道之间的排水管应布置成垂直或接近于垂直方向,不宜有弯头,以便检修。

为了满足施工运用要求,如灌浆、排水、观测、检查和交通的需要,须在坝体内设置各种廊道,这些廊道互相连通,构成廊道系统。

（七）重力坝的地基处理

重力坝承受较大的荷载，对地基的要求较高。重力坝对地基的要求介于拱坝和土石坝之间。除少数较低的重力坝可建在土基上以外，一般都需要建在岩基上。然而，由于天然基岩经受长期地质构造运动及外界因素的作用，多少存在着风化、节理、裂隙、破碎等缺陷，在不同程度上破坏了基岩的整体性和均匀性，降低了基岩的强度和抗渗性能。因此，必须对地基进行适当的处理，以满足重力坝对地基的要求。

重力坝对地基的要求主要有以下几点：

（1）具有足够的强度，以承受坝体的压力；

（2）具有足够的整体性、均匀性，以满足坝基抗滑稳定和减少不均匀沉陷；

（3）具有足够的抗渗性，以满足渗透稳定，控制渗透流量；

（4）具有足够的耐久性，以防止岩体性质在水的长期作用下发生恶化。

根据统计资料，重力坝的失事中有 40% 是因为地基问题造成的，中国在这方面也有很多经验教训。因此，在重力坝设计中，必须十分重视对地基的勘测研究及处理，这是一项关系大坝安全、经济和建设速度的极为重要的工作。

地基处理主要包含两个方面的工作：一是防渗，二是提高基岩强度。一般情况下，地基处理包括坝基开挖清理，对基岩进行固结灌浆和防渗帷幕灌浆，设置基础排水系统，对特殊地质构造（如断层、破碎带和溶洞等）进行专门的处理等。

二、拱坝

拱坝是平面上凸向上游、三向固定的空间壳体挡水建筑物，它能把上游坝面水压力等荷载的大部分通过拱的作用传给两岸岩体，而将小部分水压力通过悬臂梁的作用传至坝底基岩。它不像重力坝那样利用自重维持稳定，而是利用筑坝材料的抗压强度和两岸拱端岩体来支承拱端推力，如图 2-16 所示。拱坝是一种经济性、安全性均很优越的坝型。

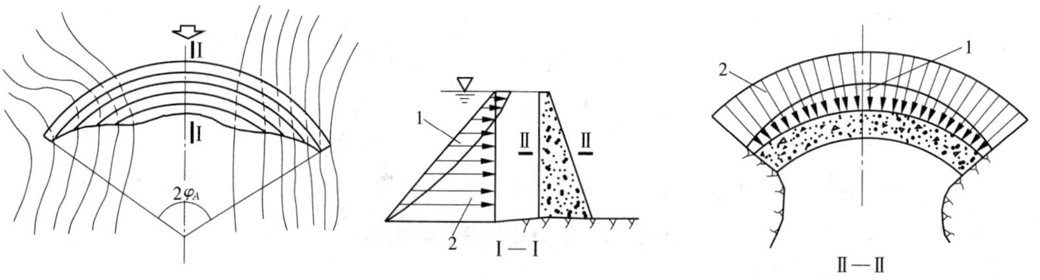

(a)平面图　　(b)铅直(悬臂梁)剖面图　　(c)水平(拱)剖面图

1—拱荷载；2—梁荷载

图 2-16　拱坝平面及剖面

早在一两千年以前，人们就已意识到拱结构有较强的拦蓄水流的能力。13 世纪末，伊朗就建了一座高 60 m 的砌石拱坝。进入 20 世纪 70 年代，随着计算机技术的发展，有限单元法和优化设计技术的逐步采用，拱坝设计变得更为经济合理。水工及结构模型试验技术、混凝土施工技术、大坝安全监控技术的不断提高，也为拱坝的工程技术发展和改进创造了条件。目前,世界上已建成的最高拱坝是苏联英古里(HHryPh)双曲拱坝,高271.5 m,坝底厚度86 m,厚高比为0.17。据不完全统计,截至1985年底,我国(不包括台湾省)已建坝高15 m以上的各种拱坝达800余座,约占全世界已建拱坝总数的1/4。中国在拱坝设计理论、计算方法、结构形式、泄洪消能、施工导流、地基处理及枢纽布置等方面都有很大进展,积累了丰富的经验。目前,我国2009年建成的最高拱坝小湾双曲拱坝,坝高292 m,是世界之最,这标志着我国在高拱坝的勘测、设计、施工和科研方面已达到一个新的水平。

(一)拱坝的特点

与其他坝型相比较,拱坝具有如下一些特点:

(1)利用拱的结构特点,充分发挥材料强度。拱坝是一种推力结构,在外荷载作用下,只要设计得当,拱圈截面上主要承受轴向压应力,弯矩较小,有利于充分发挥混凝土或浆砌石材料抗压强度。拱作用发挥得愈大,材料的抗压强度愈能充分利用,坝体的厚度也愈薄。对适宜修建拱坝和重力坝的同一坝址,相同坝高的拱坝与重力坝相比,拱坝体积可节省1/3~2/3。因而,拱坝是一种比较经济的坝型。

(2)利用两岸岩体维持坝体稳定。与重力坝利用自重维持坝体稳定的特点不同,拱坝将外荷载的大部分通过拱作用传至两岸山体,主要依靠两岸坝肩岩体维持稳定,坝体自重对拱坝的稳定性影响不大。因此,拱坝对坝址地形地质条件要求较高,对地基处理的要求也较为严格。尽管目前对修建拱坝的坝址条件有所放宽,但充分了解坝基地质情况,进行细致分析并认真进行地基处理仍然是必要的。

(3)超载能力强,安全度高。拱坝通常属周边嵌固的高次超静定结构,当外荷载增大或某一部位因拉应力过大而发生局部开裂时,能自行调整拱梁作用系统的荷载分配,改变应力分布状态,不会因局部开裂而使整体丧失承载能力。在两岸有坚固岩体支承的条件下,坝的破坏主要取决于压应力是否超过筑坝材料的抗压强度极限。一般混凝土均有一定的塑性和徐变特性,在局部应力特大的部位,在变形受限制的情况下,经过一段时间,混凝土的徐变变形增大,使特大应力有所降低。由于上述原因,使拱坝在合适的地形地质条件下具有很强的超载能力。如意大利的瓦依昂(Vajont)双曲拱坝,1961年建成,坝高261.6 m,是当时世界上最高的双曲拱坝,1963年10月9日晚,由于水库左岸大面积滑坡,使2.7亿m^3的滑坡体以28 m/s的速度滑入水库,掀起150 m高的涌浪,涌浪溢过坝顶,使1 925人丧生,水库被填,但拱坝并未失事,仅在两岸坝肩附近的坝体内发生两三条裂缝。据估算,拱坝当时承受了相当于8倍设计荷载的作用,由此可见拱坝的超载能力是相当大的。

(4)抗震性能好。由于拱坝是整体性空间结构,厚度薄,富有弹性,因而其抗震能力较强。如中国河北省邢台地区峡沟水库浆砌石拱坝,坝高78 m,在满库情况下遭受1966年3月的强烈地震,震后检查坝体未发现裂缝和损坏。

(5)荷载特点。由于拱坝坝体不设永久性伸缩缝,其周边通常固接于基岩上,因而温度变化、地基变形等对坝体应力有显著影响,但是坝体自重和扬压力对拱坝应力的影响较小。坝体越薄,上述特点越明显。

(6)坝身泄流布置复杂。由于拱坝坝体单薄,坝身开孔或坝顶溢流会削弱水平拱和顶拱作用，并使孔口应力复杂化；坝身下泄水流的向心集中易造成河床及岸坡冲刷。但随着修建拱坝技术水平的不断提高，通过合理的布置不仅能安全泄流，而且还可开设大孔口泄洪。

（二）拱坝的地形、地质条件

1. 地形条件

由于拱坝的结构特点，拱坝的地形条件往往是决定坝体结构形式、工程布置和经济性的主要因素。所谓地形条件是针对开挖后的基岩面而言的，常用坝顶高程处的河谷宽度和坝高之比（称为宽高比 L/H）及河谷断面形状两个指标表示。

河谷的宽高比 L/H 值愈小，说明河谷愈窄深，拱坝水平拱圈跨度相对较短，悬臂梁高度相对较大，即拱的刚度大，拱作用容易发挥，可将荷载大部分通过拱的作用传给两岸，坝体可设计得薄些。反之，L/H 值愈大，河谷愈宽浅，拱作用愈不易发挥，荷载大部分通过梁的作用传给地基，坝断面就要设计得厚些。根据经验，当 $L/H<1.5$ 时，可修建薄拱坝；当 $L/H=1.5\sim3.0$ 时，可修建中厚拱坝；当 $L/H=3.0\sim4.5$ 时，可修建厚拱坝。L/H 更大的条件下，一般认为拱的作用就不明显了。但随着拱坝技术水平的不断提高，上述界限已被突破。如中国安徽陈村重力拱坝，坝高 76.3 m，$L/H=5.6$；美国的奥本（Auburn）三圆心拱坝，坝高 210 m，$L/H=6.0$。目前，河谷宽高比最大的拱坝是法国的穆瓦林·里保实验坝，坝高 13.8 m，L/H 已达 12。

河谷的断面形状是影响拱坝体形及其经济性的更为重要的因素。不同河谷即使具有同一宽高比，断面形状也可能相差很大。图 2-17 所示为宽高比相同河谷形状不同的两种情况（V 形和 U 形），在水荷载作用下拱梁间的荷载分配及对拱坝体形的影响。对左右岸对称的 V 形河谷，拱圈跨度自上而下逐渐减小，刚度逐渐增强，尽管水压强度自上而下逐渐加大，因拱作用得以充分发挥，坝厚仍可做得薄些；对 U 形河谷，由于拱圈跨度自上而下几乎不变，拱刚度不增加，为抵挡随深度而增加的水压力，需增加梁的刚度（亦即增加坝体厚度），故坝体需做得厚些。梯形河谷断面坝体受力情况介于 V 形和 U 形之间。

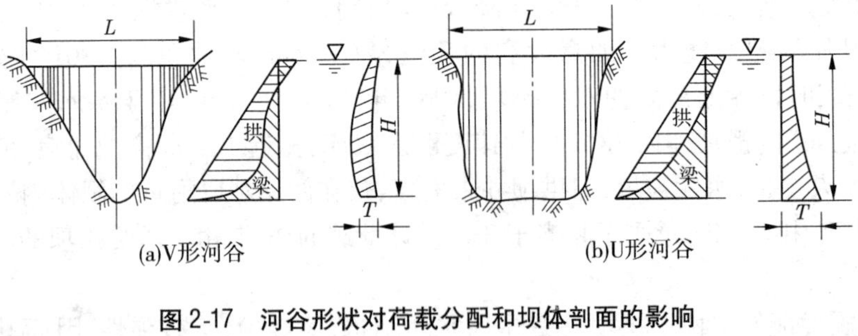

图 2-17　河谷形状对荷载分配和坝体剖面的影响

河谷在平面上应呈喇叭口状，以使两岸拱座下游有足够厚的岩体来维持坝体的稳定。图 2-18所示为 $A—A'$ 和 $B—B'$ 两个坝址，$B—B'$ 坝址虽然河谷比较狭窄，但位于向下游扩散的喇叭口处，两岸拱座单薄，对稳定不利；而 $A—A'$ 坝址两岸拱座厚实，拱轴线与等高线接近垂直，故选 $A—A'$ 坝址对稳定有利。

形状复杂的河谷断面对修建拱坝是不利的。拱跨沿高程急剧变化将引起坝体应力集中，需采取适宜的工程措施来改善河谷的断面形状。

2. 地质条件

地质条件的好坏直接影响拱坝的修建，这是因为拱坝是高次超静定整体结构，地基的过大变形对坝体应力有显著影响，甚至会引起坝体破坏。因此，拱坝对地质条件的要求比其他混凝土坝严格得多。较理想的地质条件是岩石均匀单一，有足够的强度，透水性小，耐久性好；两岸拱座基岩坚固完整，边坡稳定，无大的断裂构造和软弱夹层，能承受由拱端传来的巨大推力而不致产生过大的变形，尤其要避免两岸边坡存在向河床倾斜的节理裂隙或构造。

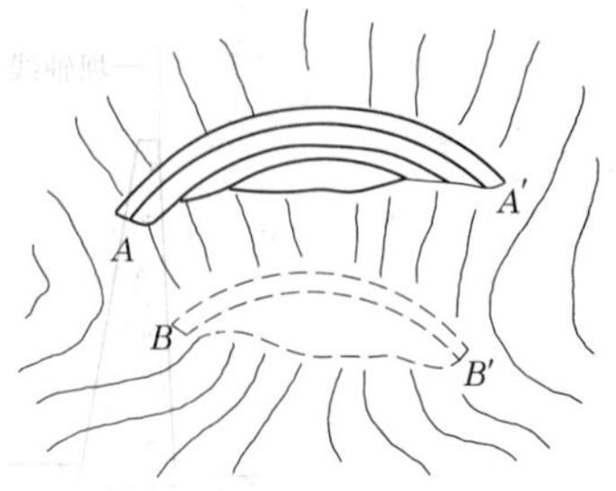

图 2-18　坝址地形比较

在实际工程中，理想的地质条件是少见的，天然坝址或多或少会存在某些地质缺陷。建坝前需弄清地基地质情况，采取相应合理有效的工程措施进行严格处理。随着拱坝技术水平的提高和基础处理方法的改进，目前国内外已有不少拱坝成功地修建在坝基岩石强度较低或断层、夹层较多或风化破碎较深的不理想坝址上。如中国青海省的龙羊峡重力拱坝，坝高 178 m，坝址区的岩体经多次的构造运动，断裂极为发育，坝区被较大断层或软弱带所切割，经过认真严格的基础处理，工程于 1987 年 9 月开始发电，运行良好。又如贵州乌江渡重力拱坝，坝高 165 m，坝基岩溶发育，钻探发现大量溶洞，总体积达 8.2 万 m^3，采用大规模帷幕防渗，帷幕长 1 020 m，总面积 18 万 m^2，河床部位帷幕深达 80 m，渗漏监测结果表明帷幕防渗效果良好。

（三）拱坝的类型和轴线布置

1. 拱坝的类型

拱坝的分类不同于其他坝型，按其固有特征（厚高比、坝体形态）来分，可分为薄拱坝、一般拱坝、厚拱坝（或称重力拱坝）；按拱坝垂直向曲率可分为单曲拱坝、双曲拱坝等。

厚高比是指拱坝最大坝高断面坝底厚度（T_B）和坝高的比值。当 $T_B/H<0.2$ 时，为薄拱坝；当 $T_B/H=0.2\sim0.35$ 时，为一般拱坝；当 $T_B/H>0.35$ 时，为厚拱坝。

单曲拱坝只在水平截面上呈拱形，而竖向悬臂梁断面的上游面是铅直的。在接近矩形或较宽的梯形断面河谷中，河谷宽度从坝顶到坝底相差不大，各高程拱圈中心角相接近，上游坝面拱弧半径在各高程内保持不变，仅改变下游拱弧半径，以适应随水深变化坝厚相应增厚的需要，这种坝型上游面为铅直的圆筒型，不同高程各拱圈的内外拱弧圆心位于同一条铅直线上，这就形成了定圆心、等半径拱坝（见图 2-19）。如中国 1956 年开始修建的响洪甸水电站就是采用这种形式。

双曲拱坝在水平和铅直方向上均呈拱形，这样可避免 V 形河谷或上宽下窄河谷采用定半径式拱坝因底部中心角小而产生的拉应力。此时水平拱圈的半径从上（层）到下（层）逐渐减小，中心角不变或作相应变化，当中心角不变时，即形成等中心角变半径双曲拱坝（见图 2-20），常称为定角式拱坝；当中心角随河谷形状或为满足应力要求作相应变化时，即形成变圆心变半径双曲拱坝（见图 2-21）。由于各层的半径和中心角都是变化的，上游面不再是铅直的，而是具有一定的曲率，曲率大小由河谷形状和应力条件经不断布置和计算调整得出。变半径变中心角双曲拱坝更能适应河谷形状的变化。如格鲁吉亚

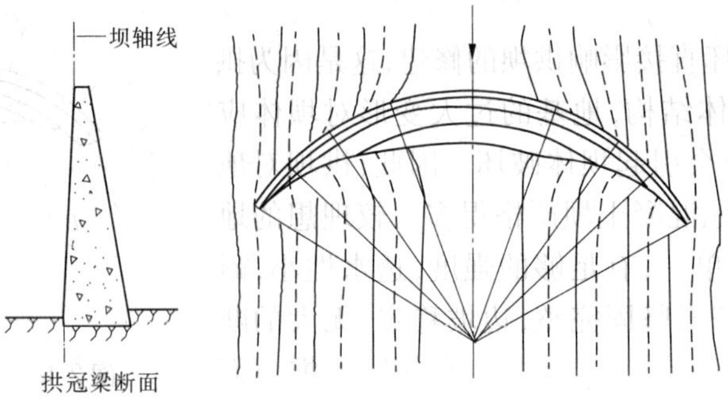

图 2-19　定圆心、等半径拱坝

的英古里拱坝($H=271.5$ m)、法国的托拉拱坝($H=88$ m,$T_B/H=0.0227$)和中国的二滩拱坝($H=240$ m)都采用双曲体形。

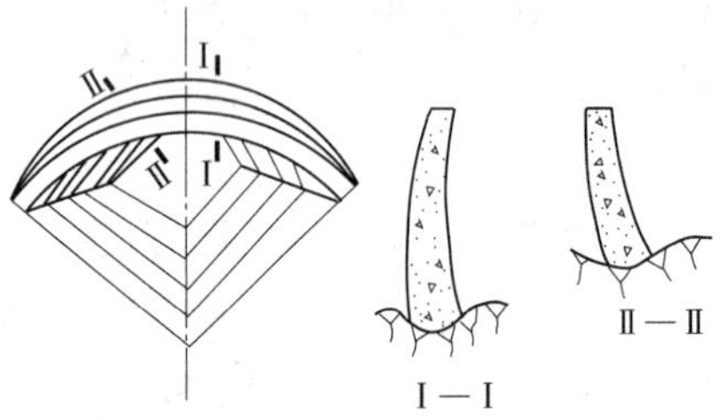

图 2-20　等中心角变半径双曲拱坝

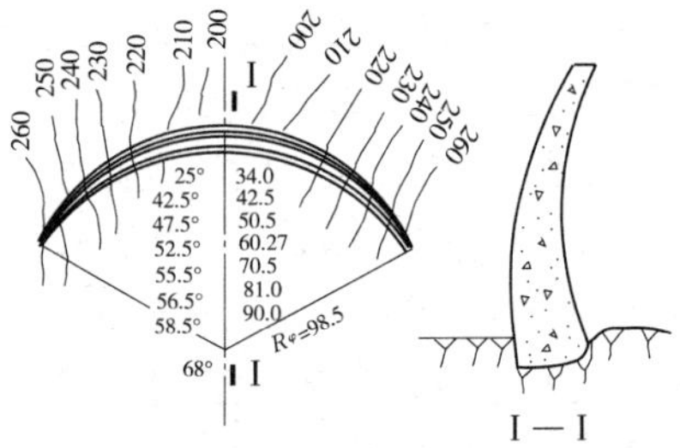

图 2-21　变圆心变半径双曲拱坝　(单位:m)

2. 拱坝的布置

1)布置原则

拱坝布置需根据具体地形及地质条件,综合考虑枢纽布置、坝肩稳定、坝体应力等要求,经多方案技术经济比较确定。由于拱坝体形比较复杂,剖面形状又随地形、地质情况而变化,因此拱坝的布置并没有一成不变的固定程序,而且是一个由粗到细反复调整和修改的过程。拱坝坝身的布置原则是:在满足安全和运用要求的条件下,坝体轮廓力求简单,基岩面、坝面变化平顺,避免突变,使坝体材料得到充分发挥,施工方便,节省总工程量。拱端的布置原则是:拱端应嵌入开挖后的坚实基岩内,拱端与基岩的接触面原则上应做成半径向的,使拱端推力接近垂直于拱座面,拱端下游面与可利用岩面线的夹角 $\varphi \geqslant 30°$。

2)布置程序

拱坝布置一般按初步拟定的拱坝断面尺寸进行平面布置,确定各高程拱圈的中心角、半径、圆心位置和厚度等参数,然后按拟定的方案进行应力和稳定分析,通过检查分析,对设计形状作适当修改以改善应力分布,再给出修改后的布置图。重复以上步骤直至使坝体应力分布均匀合理,各点的压应力大小尽可能接近规定的容许值,坝肩稳定性好,坝体混凝土方量较省,施工方便,并满足泄洪、发电等运用的要求。

3)拱圈形式

合理的拱圈形式应当是压力线接近拱轴线,使拱截面的压应力分布趋于均匀。

常用的拱圈形式有:单心圆弧拱、三圆心拱、椭圆拱和抛物线拱。①单心圆弧拱因其设计和施工均较方便,狭窄的 U 形河谷大多采用单心圆弧拱。②三圆心拱是由三段不同半径的圆弧组成的水平拱圈,两侧圆弧的半径可以比中间圆弧半径大,也可以小。两侧半径大时,改变了拱端推力方向,对稳定有利。中间弧段曲率加大,中心角增加,有利于减小中间弧段截面弯矩,这种布置还可以减小坝体倒悬度,有利于施工。中国白山重力拱坝采用三圆心拱应力情况比单心圆弧拱普遍减小约 10%;紧水滩三圆心双曲变厚拱坝比原单心等厚拱坝方案节省混凝土 4.0 万 m^3。两侧半径小时,有利于改善拱端应力,适用于喇叭口明显、坝肩下游侧有较厚岩体维持稳定的情况。③椭圆拱也是一种三心拱,取椭圆短轴一侧的弧线构成的水平拱与三圆心拱的两侧半径大的情形类似。取椭圆长轴一侧的弧线构成的水平拱与三圆心拱两侧半径小的情形相类似,前者应用得较多。目前,采用椭圆拱圈的拱坝,以瑞士 1956 年建成的康特拉(Contra)双曲拱坝为最高,坝高 222 m。④抛物线拱是一种更为扁平的变曲率拱,适用于河谷较宽、河谷不对称或两岸开挖较多的特殊地形。如日本的集览寺拱坝,坝高 82 m,两岸山头单薄,采用了拱的最大中心角在 75°以下的抛物线形扁拱的双曲拱坝后,坝肩稳定得到了改善。中国贵州省的东风(坝高 166 m)和四川省的二滩(坝高 240 m)等拱坝,为改善坝肩稳定条件都采用了抛物线拱。

4)倒悬度控制

在拱圈布置中,由于上、下层拱圈半径及中心角的变化,而造成坝体上游面不能保持直立,如上层坝面凸出下层坝面,就形成了坝面的倒悬。上、下层的错动距离与其间高差之比称之倒悬度(见图 2-20 和图 2-21)。这种倒悬不仅增加了施工上的困难,而且在封拱前,由于自重作用很可能使倒悬的另一侧面产生拉应力甚至开裂,布置时应尽量减小坝面的倒悬度。按一般施工经验,砌石拱坝倒悬度可控制在 1/10 ~ 1/6,混凝土拱坝可控制在 1/3 左右。

(四)拱坝的荷载及应力分析

1. 拱坝的荷载

作用在拱坝上的荷载有静水压力、动水压力、温度荷载、自重、扬压力、泥沙压力、浪压力、冰压力和地震荷载等。由于拱坝的受力特点,与重力坝相比,坝体自重和扬压力对拱坝应力的影响程度减小,但是由于拱坝周边通常固接于基岩上,坝体为高次超静定结构,温度变化、地基变形等对坝体应力有显著影响,因此温度荷载是拱坝设计中的主要荷载之一。

温度荷载的大小与封拱温度和气温变化有关,封拱温度的高低对温度荷载的影响很大。封拱前,拱坝的温度应力问题属于单独浇筑块的温度问题,与重力坝相同。封拱后,拱坝形成整体,当坝体温度高于封拱温度时,即温度升高,拱圈伸长并向上游位移,由此产生的弯矩、剪力的方向与库水位产生的相反,但轴力方向相同;当坝体温度低于封拱温度时,即温度降低,拱圈收缩并向下游位移,由此产生的弯矩、剪力的方向与库水位产生的相同,但轴力方向相反。因此,一般情况下,温降对坝体应力不利,温升对坝肩稳定不利。封拱温度的确定,可选用下游坝面的年平均气温和上游坝面的年平均水温作为边界条件,求出其坝体的温度场,据此定出坝体各区的封拱温度。实际工程中,一般选在年平均气温或略低于年平均气温时进行封拱。

2. 拱坝应力分析

拱坝是一个空间壳体结构,其几何形状和边界条件都很复杂,难以用严格的理论计算确定坝体的应力状态。在工程设计中,根据问题的侧重点常做一些假定和简化,使计算成果能满足工程需要。拱坝应力分析的常用方法有圆筒法、纯拱法、拱梁分载法(包括多拱多梁法和拱冠梁法)、有限单元法和结构模型试验法等。

1)圆筒法

圆筒法是把拱坝当做是铅直圆筒的一部分,采用圆筒公式进行计算。它是拱坝计算中使用最早、最简单的方法,只适用于承受均匀外水压力的等截面圆弧拱圈,只能粗略地求出径向截面上的均匀应力。它不考虑拱在两岸的嵌固条件,不能计入温度及地基变形的影响,因而不能反映拱坝的真实工作情况。

2)纯拱法

纯拱法假定拱坝由一系列各自独立互不影响的水平拱圈叠合而成,每层拱圈可简化为两端固结的平面拱,用结构力学方法求解拱的应力。该方法虽然可以计入每层拱圈的基础变位、温度、水压力等的作用,但忽略了拱坝的整体作用,求得的拱应力偏大,也不符合拱坝的真实工作情况,但该法计算简便,概念明确,对于在狭窄河谷中修建拱坝,不失为一种简单实用的计算方法。同时,纯拱法也是拱梁分载法的重要组成部分,分配给拱的荷载需要用它来计算水平拱圈的应力。

3)拱梁分载法

拱梁分载法是当前用于拱坝应力分析的基本方法,它把拱坝看成由一系列水平拱圈和铅直梁所组成,荷载由拱和梁共同承担,各承担多少荷载由拱梁交点处变位一致条件决定。荷载分配后,梁按静定结构计算应力,拱按纯拱法计算应力。确定拱梁荷载分配的方法可以用试载法,也可以用计算机求解联立方程组来代替试算。

拱梁分载法包括多拱多梁法和拱冠梁法,前者将拱坝看成由一系列水平拱和一系列铅直梁组成,拱梁荷载分配时需考虑拱、梁每个交点处的变位协调;而后者只取拱冠处一根悬臂梁,根据各层拱圈与拱冠梁交点处径向变位一致的条件求得拱梁荷载分配,且拱圈所分配到的径向荷载从拱冠到拱端为均匀分布,认为拱冠梁两侧梁系的受力情况与拱冠梁一样。由此可见,多拱多梁法可较好反映拱坝的受力情况,但计算工作量较大;拱冠梁法因仅考虑一根梁,计算工作量较多拱多梁法大大减少,但计算精度也相对降低,适用于河谷狭窄和对称的中小型工程,对大型工程,为减少计算工作量,也可用于可行性研究和初步设计阶段的坝型选择。

4)有限单元法和结构模型试验法

有限单元法和结构模型试验法与重力坝相同。

总之,拱坝作为空间壳体结构,其边界条件和作用荷载都很复杂,尤其是当坝基、坝肩存在复杂的地质构造时,用现有的原理计算求解应力难免存在一定的近似性。因此,中国的混凝土拱坝设计规范规定:拱坝的应力分析一般以拱梁分载法的计算结果作为衡量强度安全的主要指标。对于1级、2级建筑物或比较复杂的拱坝,当用拱梁分载法计算不能取得可靠的应力成果时,应进行有限单元法计算或用结构模型试验法加以验证,必要时可用两者同时进行验证。

(五)坝肩稳定分析及地基处理

拱坝结构本身的安全度很高,但必须保证两岸坝肩基岩的稳定。按照现代设计理论修建的拱坝,只要两岸坝肩基岩稳定,拱坝一般不会从坝内或坝基接触面上发生滑动破坏,保持坝肩稳定是拱坝建设中一个非常重要的问题。因此,在完成拱坝平面布置和应力计算之后,需要对坝肩两岸岩体进行抗滑稳定分析。在坝肩稳定分析前,应先进行以下几项工作:①深入了解两岸岩体的工程地质和水文地质勘探资料;②了解岩体结构面及其充填物的岩石力学特性和试验参数;③研究和确定作用在拱座上的空间力系;④研究选择合理的分析方法。

评价坝肩稳定的方法有两类:一类是数值计算法,它包括刚体极限平衡法和有限单元法;另一类是结构模型试验法,它包括线弹性结构应力模型试验和地质力学模型试验。在实际工程中,常用刚体极限平衡法来判断坝肩岩体的稳定性(见图2-22)。该方法假定滑移体为刚体,不考虑其中各部分之间的相对位移,只考虑滑移体上力的平衡,不考虑力矩的平衡,因此计算结果比较粗略。然而其概念明确,方法简便易掌握,已有长期的工程实践经验,而且和目前勘测试验所得到的原始数据的精度相比较也是相当的。目前,国内外仍沿用它作为判断坝肩岩体稳定的主要手段。当然对于大型重要工程或复杂的地质情况,应辅以结构模型试验和有限单元分析。

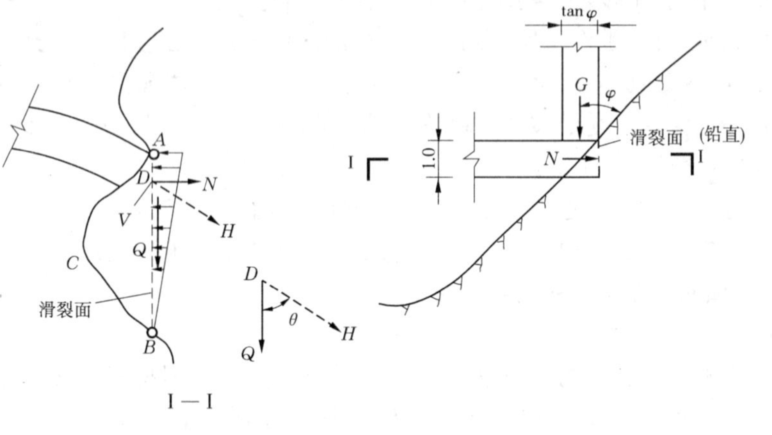

图2-22 坝肩岩体的稳定性分析简图 (单位:m)

通过拱座稳定分析,若发现不能满足要求,可采取以下改善措施:

(1)加强地基处理,对不利的节理等进行有效地冲洗并进行固结灌浆,必要时可采用预应力锚固措施,以提高其抗剪强度。

(2)加强坝肩岩体的灌浆和排水措施,减少岩体的渗透压力。

(3)将拱端向岸壁深挖嵌进,以扩大下游的抗滑岩体,也可避开不利的滑裂面。这种做法对增加拱座的稳定性较有效。

(4)改进拱圈设计,如采用三心圆拱、抛物线拱等形式,使拱端推力尽可能趋向正交于岸坡。

(5)若拱端基岩承载能力较差,可局部扩大拱端或设置推力墩等。

三、土石坝

土石坝是由当地土料、石料或土石混合料填筑而成的坝，又称当地材料坝。土石坝是历史最为悠久、应用最为广泛的一种坝型。随着大型土石方施工机械、岩土理论和计算技术的发展，由于缩短了建坝工期，放宽了筑坝材料的使用范围，土石坝成为当今世界坝工建设中发展最快的一种坝型。据统计，至20世纪80年代末期，世界上兴建的百米以上高坝中，土石坝的比例已达75%以上。目前，世界上最高的大坝——塔吉克斯坦的罗贡坝（坝高335 m）就是土石坝。中国已建的黄河小浪底水库（坝高154 m）、红水河天生桥一级水电站（坝高178 m）和清江水布垭水电站（坝高241 m）均为土石坝。

（一）土石坝的特点

土石坝在实践中之所以能被广泛采用并得到不断发展，与其自身的优越性是密不可分的。同混凝土坝相比，它的优点主要体现在以下几方面：

（1）筑坝材料来源直接、方便，能就地取材，材料运输成本低，还能节省大量的钢材、水泥和木材等建筑材料。

（2）适应地基变形的能力强。土石坝为土料或石料填筑的散粒结构，能较好地适应地基的变形，对地基的要求在各种坝型中是最低的。

（3）构造简单，施工技术容易掌握，便于组织机械化施工。

（4）运用管理方便，工作可靠，寿命长，维修加固和扩建均较容易。

同其他的坝型类似，土石坝自身也有其不足的一面，主要体现在以下几方面：

（1）坝顶不能溢流。受散粒体材料整体强度的限制，土石坝坝身通常不允许过流，因此需在坝外单独设置泄水建筑物。

（2）施工导流不如混凝土坝方便，因而相应地增加了工程造价。

（3）坝体填筑工程量大，且土料填筑质量受气候条件的影响较大。

（二）土石坝的工作条件和设计要求

1. 土石坝的工作条件

（1）稳定影响。土石坝的基本剖面形状为梯形。由于筑坝材料为散体土料，抗剪强度低，上下游坝坡平缓，坝体体积和重量都较大，所以在水平水压力的作用下不会产生水平整体滑动。土石坝失稳的形式主要是坝坡的滑动或坝坡连同部分坝基一起滑动。

（2）渗流影响。当坝体挡水时，在上下游水位差的作用下，水流将通过坝身和坝基（包括两岸）向下游渗透。渗透水流在坝体内的自由水面叫浸润面，它与垂直坝轴线的剖面的交线称为浸润线。浸润线以上有一毛管水上升区，区内的土料处于湿润状态。毛管水层以上的水为自由含水区，浸润线以下为饱和渗流区，见图2-23。被饱和的土体承受上浮力和渗透动水压力，降低了抗剪强度指标，对坝坡稳定不利。此外，当渗透流速和渗透坡降超过一定数值时，还会引起渗透破坏。设计时应采取防渗、排水措施，以消除或减轻渗流的不利影响。

（3）冲刷影响。一方面，雨水自坡面流至坡脚，会对坝坡造成冲刷，还可能渗入坝身内部，降低坝体的稳定性。另一方面，库内波浪对坝面也将产生冲击和淘刷作用。

（4）沉陷影响。由于坝体及坝基土体的孔隙率较大，在自重和外荷载作用下，因压缩

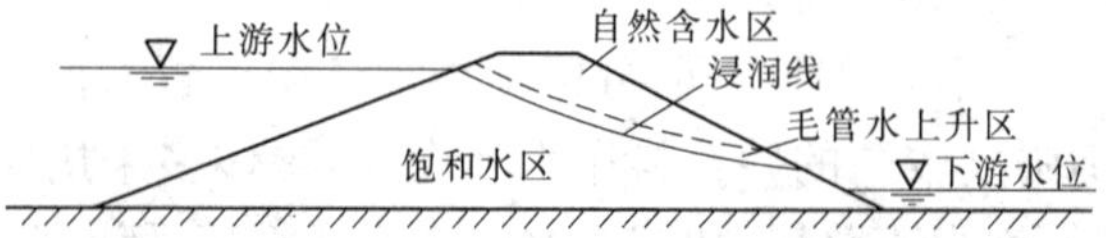

图 2-23　土石坝坝体渗流示意图

而产生坝体沉陷。沉陷量过大会造成坝顶高程不足,过大的不均匀沉陷会导致坝体开裂或使防渗体结构遭到破坏。

(5)其他影响。除上面提及的影响外,还有其他一些不利因素,如气候变化引起冻融和干裂,地震引起坝体失稳和液化,动物(如白蚁、獾子等)在坝身内筑造洞穴而形成集中渗流通道,等等。

2. 土石坝设计的一般要求

根据土石坝的特点和工作条件,在土石坝设计中必须满足如下要求:

(1)坝体和坝基在施工期及各种运行条件下都应当是稳定的。设计时需要合理地确定坝体基本剖面尺寸和施工填筑质量要求,采取有效的地基处理措施等。国内外土石坝的失事约有 1/4 是由滑坡造成的。

(2)土石坝通常不允许坝顶过流。设计时首先应保证泄水建筑物具有足够的泄洪能力,能满足规定的运用条件和要求;另外,需合理确定波浪要素,充分估计坝体沉陷量,并预留足够的超高。根据对国内外土石坝事故资料分析,因库水漫顶而导致大坝失事的约占大坝失事的 30%。

(3)设置良好的防渗及排水设施以控制渗流。设计时应根据“上堵下排”的原则,确定合理的防渗体形式,加强坝体与坝基、岸坡及其他建筑物连接处的防渗效果,布置有效的排水及反滤设施,确保工程施工质量,避免大坝发生渗流破坏。

(4)对坝顶和边坡采取适当的防护措施,防止波浪、冰冻、暴雨及气温变化等不利的自然因素对坝体的破坏作用。

(5)合理进行大坝安全监控系统设计,布置观测设备,监控大坝的安全运行。

(三)土石坝的类型

土石坝常按坝体高度、施工方法和筑坝材料分类。

1. 按坝体高度分

按坝体高度可分为高坝、中坝和低坝,其中低坝的高度为 30 m 以下,中坝的高度为 30 ~ 70 m,高坝的高度为 70 m 以上。土石坝的坝高应从坝体防渗体(不含混凝土防渗墙、灌浆帷幕、截水墙等坝基防渗设施)底部或坝轴线部位的建基面算至坝顶(不含防浪墙),取其大值。

2. 按施工方法分

按施工方法可分为碾压式土石坝、抛填式土石坝、水力冲填坝和定向爆破堆石坝等。其中,应用最为广泛的是碾压式土石坝,按土料在坝体中的配置和防渗体所用的材料又可分为均质坝、分区坝和人工防渗材料坝等。

(1)均质坝。均质坝的坝体主要由一种材料组成,同时起防渗和稳定作用,不再另设专门的防渗体,如图 2-24(a)所示。均质坝结构简单,施工方便,当坝址附近有合适的土料且坝高不大时可优先采用。

(2)分区坝。分区坝与均质坝不同,分区坝在坝体中设置专门起防渗作用的防渗体。采用透水性较大、抗剪强度较高的砂石料作为坝壳,防渗体多采用防渗性能好的黏性土,其位置设在坝体中间的称为心墙坝,如图2-24(b)、(c)所示;稍向上游倾斜的称为斜心墙坝,如图2-24(d)所示;将防渗体设在坝体上游面的或接近上游面的称为斜墙坝,如图2-24(e)、(f)、(g)所示。心墙坝由于心墙设在坝体中部,施工时要求心墙与坝体大体同时填筑,因而相互干扰大,影响施工进度;斜墙坝的斜度支承在坝体上游面,施工干扰小,但斜墙坝的抗震性能和适应不均匀沉陷的能力不如心墙坝。

(3)人工防渗材料坝。人工防渗材料坝的防渗体采用混凝土、沥青混凝土、钢筋混凝土、土工膜或其他人工材料制成,其余部分用土石料填筑而成。其中,防渗体在上游面的称为斜墙坝(或面板坝),如图2-24(h)所示;防渗体在坝体中央的称为心墙坝,如图2-24(i)所示。

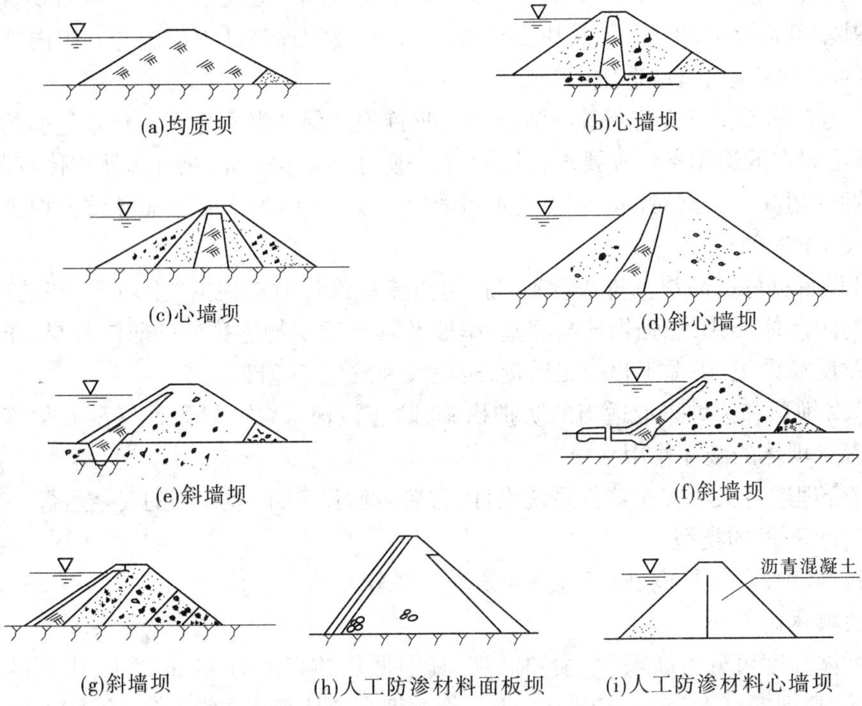

(a)均质坝　(b)心墙坝　(c)心墙坝　(d)斜心墙坝　(e)斜墙坝　(f)斜墙坝　(g)斜墙坝　(h)人工防渗材料面板坝　(i)人工防渗材料心墙坝

图2-24　碾压式土石坝的类型

3.按筑坝材料分

按筑坝材料所占比例分为土坝、土石混合坝、堆石坝。

(1)土坝。土坝的坝体材料以土和砂砾为主。

(2)土石混合坝。当两类材料均占相当比例时,称为土石混合坝。根据坝体防渗体位置和材料的不同,可分为心墙坝和斜墙坝。

(3)堆石坝。以石渣、卵石、爆破石料为主,除防渗体外,坝体的绝大部分或全部由石料堆筑起来的坝称为堆石坝。按防渗体布置形式,同样也有斜墙坝、心墙坝两种。钢筋混凝土刚性斜墙堆石坝也称为钢筋混凝土面板堆石坝。

（四）土石坝的基本剖面及构造

1. 坝顶和坝坡

1）坝顶高程

根据正常运用和非常运用的静水位加相应的超高，即可确定坝顶高程。如图 2-25 所示。

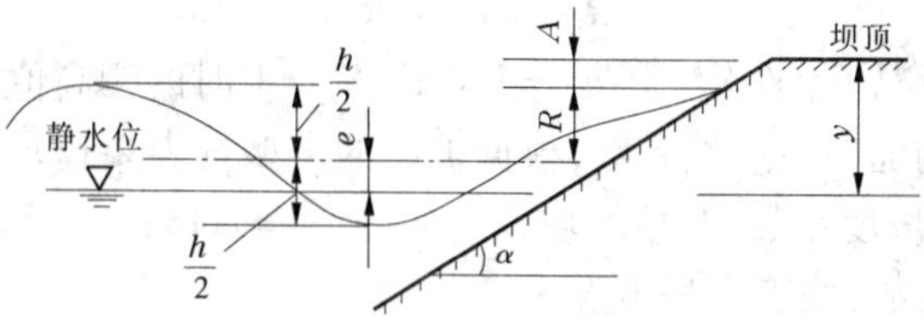

图 2-25　坝顶超高计算

$$y = R + e + A \tag{2-8}$$

$$e = \frac{Kv_0^2 D}{2gH_m}\cos\beta \tag{2-9}$$

式中　y——坝顶超高，m；

R——波浪在坝坡上的最大爬高，m；

e——最大风壅水面高度，m；

H_m——坝前水域平均水深，m；

K——综合摩阻系数，一般取 $K = 3.6 \times 10^{-6}$；

β——风向与水域中线（或坝轴线法线）的夹角，(°)；

v_0——计算风速，m/s，正常运用条件下的 1 级、2 级坝，采用多年平均最大风速的 1.5～2.0 倍，正常运用条件下的 3 级、4 级和 5 级坝，采用多年平均年最大风速的 1.5 倍，非常运用条件下，采用多年平均年最大风速；

D——风区长度，m；

A——安全加高，m，按表 2-10 确定。

表 2-10　安全加高 A　（单位：m）

运用情况		坝的级别			
		1	2	3	4、5
设计		1.50	1.00	0.70	0.50
校核	山区、丘陵区	0.70	0.50	0.40	0.30
	平原、滨海区	1.00	0.70	0.50	0.30

波浪爬高 R 是指波浪沿建筑物坡面爬升的垂直高度（由于风壅水面算起），如图 2-25 中的 R。它与坝前的波浪要素（波高和波长）、坝坡坡度、坡面糙率、坝前水深、风速等因

素有关。波浪爬高的计算，土石坝设计规范推荐采用莆田试验站的公式，其具体计算方法如下。

(1)平均爬高 R_m。当坝坡系数 $m=1.5\sim5.0$ 时

$$R_m = \frac{K_\Delta K_w}{\sqrt{1+m^2}}\sqrt{h_m L_m} \tag{2-10}$$

当 $m\leqslant1.25$ 时

$$R_m = K_\Delta K_w R_0 h_m \tag{2-11}$$

式中 R_0——无风情况下，平均波高 $h_m=1.0$ m，$K_\Delta=1$ 时的爬高值，可查表 2-11；

K_Δ——斜坡的糙率渗透性系数，根据护面的类型查表 2-12；

m——单坡的坡度系数，若单坡坡角为 α，则 $m=\cot\alpha$；

K_w——经验系数，按表 2-13 确定；

h_m、L_m——平均波高和波长，m。

当 $1.25<m<1.5$ 时，可由 $m=1.25$ 和 $m=1.5$ 的值按直线内插求得。

表 2-11 R_0 值

M	0	0.5	1.0	1.25
R_0	1.24	1.45	2.20	2.50

表 2-12 糙率渗透性系数 K_Δ

护面类型	K_Δ	护面类型	K_Δ
光滑不透水护面(沥青混凝土)	1.00	砌石护面	0.75~0.80
混凝土板护面	0.90	抛填两层块石(不透水基础)	0.60~0.65
草皮护面	0.85~0.90	抛填两层块石(透水基础)	0.50~0.55

表 2-13 经验系数 K_w

$\frac{v_0}{\sqrt{gH}}$	≤1	1.5	2.0	2.5	3.0	3.5	4.0	>5.0
K_w	1	1.02	1.08	1.16	1.22	1.25	1.28	1.33

注：H 为坝迎水面前水深。

波高和波长计算采用莆田试验站的公式。

(2)设计爬高 R。不同累计频率的爬高 R_P 与 R_m 的比可根据爬高统计分布表(见表 2-14)确定。设计爬高值按建筑物的级别而定，对 1 级、2 级、3 级土石坝，取累计频率 $P=1\%$ 的爬高值 $R_{1\%}$；对 4 级、5 级土石坝，取累计频率 $P=5\%$ 的爬高值 $R_{5\%}$。

当风向与坝轴线的法线成一夹角 β 时，波浪爬高应乘以折减系数 K_β，K_β 值可由表 2-15确定。

坝顶高程等于水库静水位与超高之和，应按下列四种情况计算，并取其中最大值：①设计洪水位＋正常情况的坝顶超高；②正常蓄水位＋正常情况的坝顶超高；③校核洪水位＋非常情况的坝顶超高；④正常蓄水位＋非常情况的坝顶超高＋地震安全加高。

表 2-14 爬高统计分布(R_P/R_m 值)

h_m/H	P(%)									
	0.1	1	3	4	5	10	14	20	30	50
<0.1	2.66	2.23	2.07	1.90	1.84	1.64	1.53	1.39	1.22	0.96
0.1~0.3	2.44	2.08	1.94	1.80	1.75	1.57	1.48	1.36	1.21	0.97
>0.3	2.13	1.86	1.76	1.65	1.61	1.48	1.39	1.31	1.19	0.99

表 2-15 斜向坡折减系数 K_β

β(°)	0	10	20	30	40	50	60
K_β	1	0.98	0.96	0.92	0.87	0.82	0.76

坝顶设防浪墙时,超高值 y 是指静水位与墙顶的高差。要求在正常运用条件下,坝顶应高出静水位 0.5 m,在非常运用条件下,坝顶不应低于静水位。

应该指出:坝顶高程是坝顶沉降稳定后的数值,竣工时的坝顶高程还应有足够的预留沉陷值。对施工质量好的土石坝,坝顶沉陷值约为坝高的 1%。

2)坝顶宽度

坝顶宽度应根据构造、施工、运行和抗震等因素确定。若无特殊要求,高坝可选用 10~15 m,中、低坝可选用 5~10 m。同时,坝顶宽度必须充分考虑心墙或斜墙顶部及反滤层、保护层的构造需要。

3)坝坡

土石坝的坝坡确定,直接影响坝体稳定性和工程量大小。因此,应当结合实际,按以下几方面的规律综合进行选择。

(1)上游坝坡常缓于下游坝坡。上游坝坡长期处于水下饱和状态,水库水位也可能快速下降,为了保持坝坡稳定,一般应比下游坝坡缓,但堆石坝上、下游坝坡坡率的差别要比砂土料坝为小。

(2)上游坝坡斜墙坝较心墙坝缓,而下游坝坡心墙坝较斜墙坝缓。土质防渗体斜墙坝上游坝坡的稳定受斜墙土料特性控制。所以,斜墙的上游坝坡一般较心墙坝为缓。而心墙坝,特别是厚心墙坝的下游坝坡,因其稳定性受心墙土料特性的影响,一般较斜墙坝为缓。

(3)坝坡的上部较陡下部较缓。黏性土料的稳定坝坡为一曲面,上部坝坡较陡,下部较缓,所以可沿竖直方向分段,一般每段 10~30 m,自上而下逐渐放缓,相邻坡率差值取 0.25 或 0.5,砂土和堆石的稳定坝坡为一平面,可采用均一坡率。由于地震荷载一般沿坝高呈非均匀分布,所以砂土和石料坝有时也设成变坡形式。

(4)当坝基或坝体土料沿坝轴线分布不一致时,应分段采用不同坡率,在各段时间设过渡区。

(5)由粉土、砂、轻壤土修建的均质坝,透水性较大,为了保持渗流稳定,一般要适当放缓下游坝坡。

初选土石坝的坝坡,可参照工程实践经验进行,见表2-16。

表2-16　坝坡经验值

类型			上游坝坡	下游坡坡
土坝(坝高)(m)	<10		1∶2.00～1∶2.50	1∶1.50～1∶2.00
	10～20		1∶2.25～1∶2.75	1∶2.00～1∶2.50
	20～30		1∶2.50～1∶3.00	1∶2.25～1∶2.75
	>30		1∶3.00～1∶3.50	1∶2.50～1∶3.00
分区坝	心墙坝	堆石(坝壳)	1∶1.70～1∶2.70	1∶1.50～1∶2.50
		土料(坝壳)	1∶2.50～1∶3.50	1∶2.00～1∶3.00
	斜墙坝		石质比心墙坝缓0.2,土质缓0.5	取值比心墙坝可适当偏陡
人工材料面板坝			1∶1.40～1∶1.70	1∶1.30～1∶1.40(堆石) 1∶1.50～1∶1.60(卵石)
沥青混凝土面板坝			不陡于1∶1.7	

为了拦截雨水,防止坝面被冲刷,同时便于交通、检修和观测,并且利于坝坡稳定,碾压式土石坝上下游坝坡常沿高程每隔10～30 m设置一条马道,其宽度不小于1.5 m,马道一般设在坡度变化处。碾压堆石坝下游坝坡常设1～2条马道,土质防渗体分区坝和均质坝上游坡宜少设马道,非土质防渗体面板坝上游不宜设马道。

2. 土石坝构造

1)坝顶构造

坝顶一般都做护面,护面的材料可采用碎石、单层砌石或混凝土,4级以下的土坝也可采用草皮护面。若有交通要求,还应满足公路路面的有关规定。

通常在坝顶上游侧设置防浪墙,且应与坝体防渗体严密结合;浆砌块石、混凝土和钢筋混凝土防浪墙,墙顶应高于坝顶1.00～1.20 m;墙的基础应牢固埋入坝内,当土坝设有防渗体时,防浪墙还应与防渗体牢固结合。为了排除雨水,坝顶应向一侧或两侧倾斜,呈2%～3%的坡度。下游坝肩处有时设路肩石或栏杆,如图2-26所示。

2)坝体防渗体

防渗体是土石坝的重要组成部分,其作用是防渗。防渗体必须满足降低坝体浸润线、降低渗透坡降和控制渗流量的要求,另外还需满足结构和施工上的要求。常见的防渗体形式有心墙、斜墙、斜墙+铺盖、心墙+截水墙、斜墙+截水墙等。

土石坝的防渗体包括土质防渗体和人工材料防渗体(沥青混凝土、钢筋混凝土、复合土工膜),其中已建工程中以土质防渗体居多。

各种防渗体的布置和构造如下:

(1)心墙一般布置在坝体中部,有时稍偏向上游,以便同防浪墙相连接,通常采用透水性很小的黏性土筑成。心墙顶部高程应高于正常蓄水位0.3～0.6 m,且不低于非常运

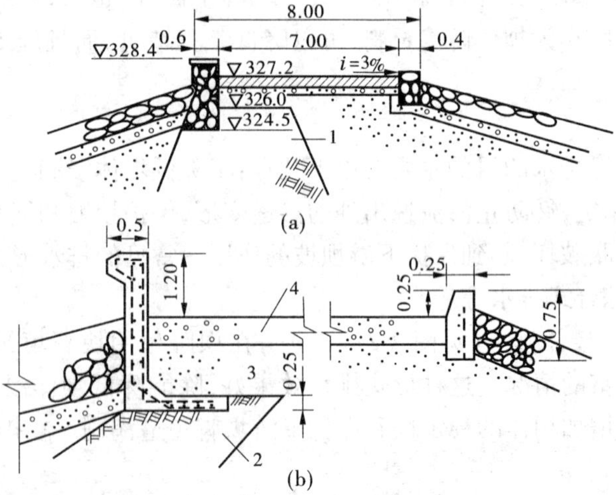

1—心墙;2—斜墙;3—回填土;4—路面

图 2-26 坝顶构造 (单位:m)

用情况下的静水位。为了防止心墙冻裂,顶部应设砂性土保护层,厚度按冰冻深度确定,且不小于 1.0 m。心墙自上而下逐渐加厚,两侧边坡一般为 1∶0.15 ~ 1∶0.30;顶部厚度按构造和施工要求常不小于 2.0 m;底部厚度根据土料的允许渗透坡降来定,应不小于 3 m。

(2)斜墙位于坝体上游面,对土料的要求及尺寸确定原则与心墙相同。斜墙顶部高程应高于正常运用情况下的静水位(正常蓄水位或设计洪水位)0.6 ~ 0.8 m,且不低于非常运用情况下的静水位。斜墙底部的水平厚度应满足抗渗稳定的要求,一般不宜小于水头的 1/5。斜墙上游坡应满足稳定要求,其内坡一般不陡于 1∶2。为了防止斜墙遭受冲刷、冰冻和干裂影响,上游面应设置保护层,保护层可采用砂砾、卵石或块石,其厚度应不小于冰冻深度且不小于 1.0 m,一般取 1.5 ~ 2.5 m。

同心墙相比,斜墙防渗体在施工时与坝体的相互干扰小,坝体上升速度快;但斜墙上游坡缓,填筑工程量比心墙大。此外,斜墙斜“躺”在坝体上,对坝体沉陷变形的影响较敏感,易产生裂缝,抗震性能亦不如心墙。

为了克服心墙坝可能产生的拱效应和斜墙坝对变形敏感等问题,有时将心墙设在坝体中央向上游倾斜,成为斜心墙。

(3)用混凝土作防渗体,其抗渗性能较好,但由于其刚度较大,常常因与坝体及坝基间变形不协调而发生裂缝。为降低混凝土的弹性模量,可在集料中加入沥青,成为沥青混凝土,这样可有效地改善混凝土的性能,使之具有较好的柔性和塑性,又可降低防渗体造价,且施工简单,因而在工程中得到了广泛的应用。

(4)土工膜是土工合成材料的一种,包括聚乙烯、聚氯乙烯、氯化聚乙烯等。土工膜具有很好的物理、力学和水力学特性,其渗透系数一般都小于 10^{-8} ~ 10^{-12} cm/s,高密度聚乙烯薄板的渗透系数可以小于 10^{-13} cm/s,具有很好的防渗性。对 2 级及其以下的低坝,经论证可采用土工膜代替黏土、混凝土或沥青等,作为坝体的防渗体材料。在土工膜的单侧或两侧热合织物的复合材料称为复合土工膜。复合土工膜既可防止膜在受力时被石块棱角刺穿顶破,也可代替砂砾石等材料起反滤和排水作用。复合土工膜适应坝体变形的能力较强，作为坝体的防渗材料，它可设于坝体上游面，也可设在坝体中央充当坝的防渗体。利用土工膜作为坝体防渗材料，可以降低工程造价，而且施工方便快速，不受气候影响。

3）排水体

土石坝设置坝身排水的目的主要有以下几点：①降低坝体浸润线及孔隙压力，改变渗流方向，增加坝体稳定；②防止渗流逸出处的渗透变形，保护坝坡和坝基；③防止下游波浪对坝坡的冲刷及冻胀破坏，起到保护下游坝坡的作用。常见的排水形式有棱体排水、贴坡排水、褥垫排水和综合式排水等。

（1）棱体排水。棱体排水（见图2-27（a））是在坝趾处用块石填筑堆石棱体，多用于下游有水和石料丰富的情况。这种形式排水效果好，除能降低坝体浸润线防止渗透变形外，还可支撑坝体、增加坝体的稳定性和保护下游坝脚免遭淘刷。在排水棱体与坝体及坝基之间需设反滤层。

（2）贴坡排水。贴坡排水（见图2-27（b））又称表层排水，是在坝体下游坝坡一定范围内设置1~2层堆石。它不能降低浸润线，但能提高坝坡的抗渗稳定性和抗冲刷能力。这种排水结构简单，便于维修。贴坡排水的厚度（包括反滤层）应大于冰冻深度。顶部应高于浸润线的逸出点和下游最高壅水位，并满足抗冻要求。贴坡排水底脚处需设置排水沟或排水体，其深度应能满足在水面结冰后下部仍具有足够的排水断面的要求。

（3）褥垫排水。这种形式的排水体伸入坝体内部，并能有效地降低坝体浸润线，但对增加下游坝坡的稳定性作用不明显，常用于下游水位较低或无水的情况。褥垫排水伸入坝体的长度由渗透坡降确定，一般不超过1/4~1/3坝底宽度，褥垫厚度一般为0.4~0.5 m，且应使用较均匀的块石，四周需设置反滤层以满足排水反滤要求。褥垫排水如图2-27（c）所示。

（4）组合式排水。在实际工程中，常根据具体情况将上述几种排水形式组合在一起，组合式排水兼有各种单一排水形式的优点，如图2-27（d）、（e）、（f）所示。

4）护坡

为保护土石坝坝坡免受波浪淘刷、冰层和漂浮物的损害、降雨冲刷，防止坝体土料发生冻结、膨胀和收缩以及人畜破坏等，需设置护坡结构。土石坝护坡结构要求坚固耐久，能够抵抗各种不利因素对坝坡的破坏作用，还应尽量就地取材，方便施工和维修。上游护坡常采用堆石、干砌石或浆砌石、混凝土或钢筋混凝土、沥青混凝土等形式。下游护坡要求略低，可采用草皮、干砌石、堆石等形式。

土石坝护坡的范围，对上游面应由坝顶护至最低水位以下一定距离，一般取为2.5 m左右；对下游面应自坝顶护至排水设备，无排水设备或采用褥垫式排水时则需护至坡脚。

（1）堆石护坡。堆石护坡不需人工铺砌，将适当尺寸的石块直接倾倒在坝面垫层上。堆石应具有足够的强度，其厚度一般为0.5~0.9 m，底部还需设不小于0.4~0.5 m厚的砂砾石垫层。堆石护坡多用于石料丰富的地区。

（2）砌石护坡。砌石护坡要求石料比较坚硬并且耐风化，可采用干砌或浆砌两种方法由人工铺砌，如图2-28所示。砌石应力求嵌紧，石块大小和铺砌厚度应根据波浪大小计算确定。通常干砌石厚度为0.2~0.6 m，底部设0.15~0.25 m厚的垫层，当有反滤要

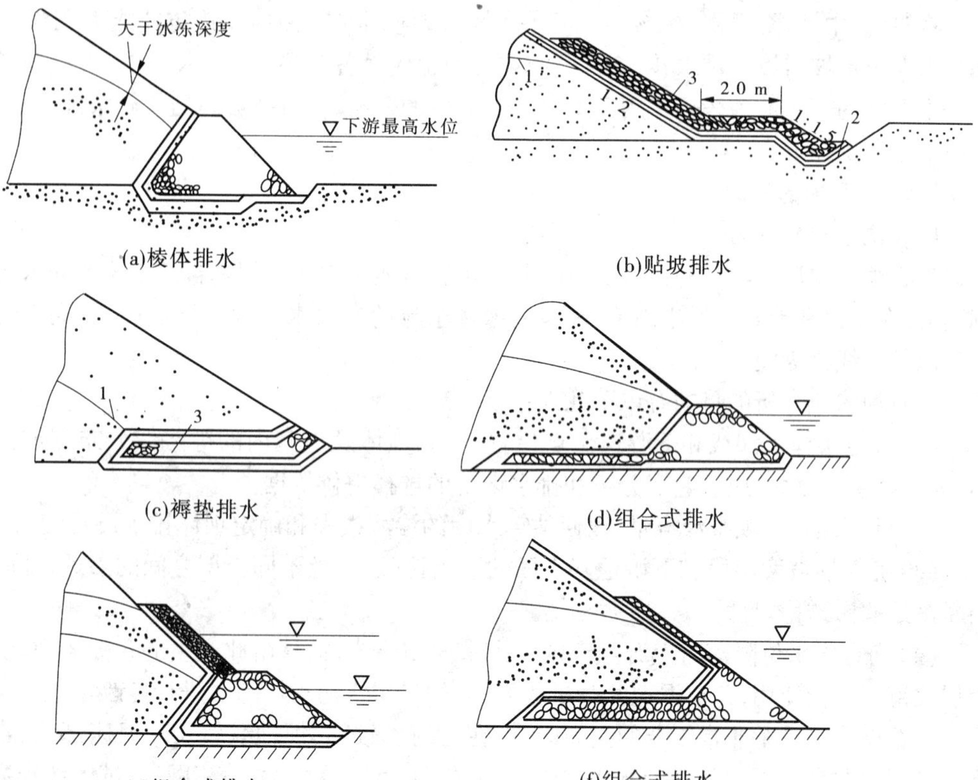

(a)棱体排水　(b)贴坡排水

(c)褥垫排水　(d)组合式排水

(e)组合式排水　(f)组合式排水

1—浸润线;2—排水沟;3—反滤层

图 2-27　土石坝坝体排水设施主要形式

求时,垫层应适当加厚并按反滤要求设计。浆砌石护坡厚度一般为 0.25 ~0.4 m,另需预留一定数量的排水孔,并每隔 2 ~4 m 设置变形缝以防止发生裂缝。

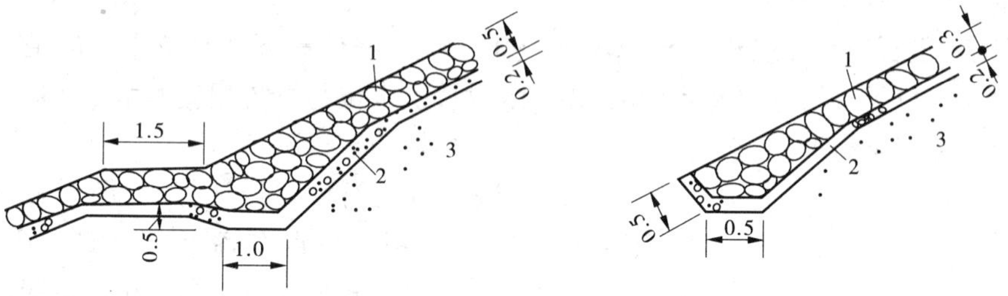

(a)马道　(b)护坡坡脚

1—干砌石;2—垫层;3—坝体

图 2-28　砌石护坡构造　(单位:m)

(3)其他形式的护坡。当筑坝地区缺乏石料时,可采用混凝土或钢筋混凝土护坡。混凝土板厚一般为 0.15 ~0.2 m,可采用现浇或预制方式,板下设砂砾石、砾石或土工织物垫层。

将粗砂、中砂、细砂掺入 7% ~15% 的水泥，做成水泥土护坡，其防冲能力和柔性较好。水泥土护坡需设置排水孔，底部与土体之间也应设置垫层。

土石坝的下游坡一般可采用 0.1 ~0.15 m 厚的碎石、砾石护坡。当气候条件适宜时，还可采用草皮护坡。

（五）土石坝的渗流分析

1. 渗流分析的目的

土石坝挡水后，在上下游水位差作用下，水流将通过坝体和坝基自高水位侧向低水位侧运动，在坝体和地基内产生渗流，坝体内渗透水流的自由水面称为浸润面，浸润面与坝体剖面的交线称为浸润线。

土石坝渗流分析的目的有以下几点：

(1)确定坝体浸润线和下游逸出点位置，绘制坝体及地基内的等势线分布图或流网图，为坝体稳定核算、应力应变分析和排水设备的选择提供依据。

(2)计算坝体和坝基渗流量，以便估算水库的渗漏损失和确定坝体排水设备的尺寸。

(3)确定坝坡逸出段和下游地基表面的逸出比降，以及不同土层之间的渗透比降，以判断该处的渗透稳定性。

(4)确定库水位降落时上游坝壳内自由水面的位置，估算由此产生的孔隙压力，供上游坝坡稳定分析使用，并根据这些分析成果，对初步拟定的坝体断面进行修改。

土石坝渗流是个非常复杂的空间问题，在对河谷较宽、坝轴线较长的河床部位，常简化为平面问题来分析。其分析方法主要有：流体力学法、水力学法、流网法、试验法和数值解法。流体力学法只有在边界条件非常简单的情况下才有解答。水力学法是在一些假定基础上的近似解法，其计算简单，能满足工程精度要求，所以在实践中被广泛采用。流网法是通过流网求解渗流场内各点的渗流要素，流网可由手绘和试验得出。近年来，随着计算机的快速发展，数值解法在渗流分析中得到了广泛的应用，对于复杂和重要的工程，多采用数值解法来分析。

2. 渗流分析的方法

《碾压式土石坝设计规范》(SL 274—2001)规定，需计算下列水位组合的情况：①上游正常蓄水位与下游相应的最低水位；②上游设计洪水位与下游相应的水位；③上游校核洪水位与下游相应的水位；④库水位降落时上游坝坡稳定最不利情况。

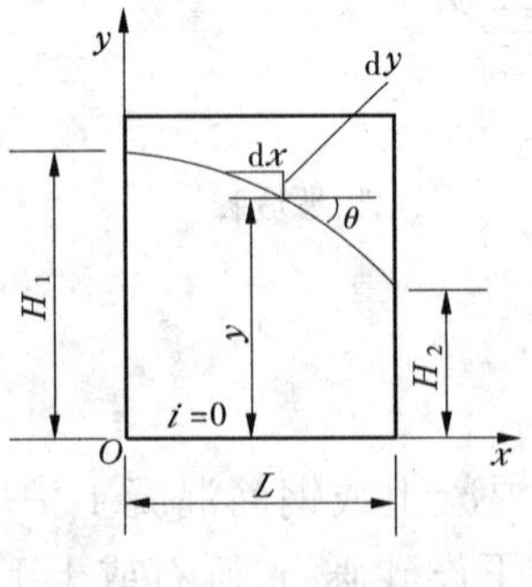

图 2-29　矩形土体渗流计算

用水力学法进行土石坝渗流计算时，做了三个假定：①坝体土是均质的，坝内各点在各个方向的渗透系数相同；②渗流是层流，符合达西定律；③渗流是渐变流，过水断面上各点的坡降和流速是相等的。

如图 2-29 所示不透水地基矩形土体内的渗流满足上述三个假定，建立坐标轴 xOy。

应用达西定律，渗流流速 $v = KJ$，K 为土体渗透系数，J 为渗透坡降，q 为单宽流量。

$$v = -K\frac{dy}{dx} \tag{2-12}$$

$$q = vy = -Ky\frac{dy}{dx} \tag{2-13}$$

将式(2-13)变为

$$ydy = -\frac{q}{K}dx \tag{2-14}$$

等式两端积分，x 由 0 至 L，y 由 H_1 至 H_2，则渗流量方程为

$$q = \frac{K}{2L}(H_1^2 - H_2^2) \tag{2-15}$$

x 由 0 至 x，y 由 H_1 至 y 积分，则得浸润线方程

$$y = \sqrt{H_1^2 - \frac{2q}{K}x} \tag{2-16}$$

由式(2-16)可知，浸润线是一个二次抛物线。式(2-15)和式(2-16)为渗流基本公式，当渗流量 q 已知时，即可绘制浸润线，若边界条件已知，即可计算单宽渗流量。

3. 渗透变形及防止措施

1）渗透变形的分类与特点

在渗透水流的物理或化学作用下，土石坝坝身及地基中的土体颗粒流失，土壤发生局部破坏的现象，称为渗透变形。渗透变形的形式及其发生、发展过程，与土料性质、土粒级配、水流条件及防渗、排水措施等因素有关，一般有管涌、流土、接触冲刷和接触流失等类型。工程中以管涌和流土最为常见。

(1)管涌。在渗流作用下，坝体或坝基中的无黏性土细颗粒被渗透水流带走并逐步形成渗流通道的现象称为管涌。管涌多发生在坝的下游坡或闸坝下游地基表面的渗流逸出处。黏性土因颗粒之间存在凝聚力且渗透系数较小，所以一般不易发生管涌破坏；而在缺乏中间粒径的非黏性土中极易发生管涌破坏。

(2)流土。在渗流作用下产生的土体浮动或流失现象称为流土。发生流土时，土体表面会出现隆起、断裂或剥落。它主要发生在黏性土及均匀非黏性土体的渗流出口处。

(3)接触冲刷。当渗流沿着两种不同土层的接触面流动时，沿层面带走细颗粒的现象称为接触冲刷。

(4)接触流失。当渗流垂直于渗透系数相差较大的两相邻土层的接触面流动时，把渗透系数较小土层中的细颗粒带入渗透系数较大的土层中的现象称为接触流失。

据统计，国内土石坝由于渗透变形造成的大坝失事约占失事总数的45%。

2）防止渗透变形的工程措施

土体发生渗透变形的原因主要取决于渗透坡降、土颗粒的性质，因此防止渗透变形应从两方面考虑，一是在渗流的上游或源头采用防渗措施，拦截渗水或延长渗径，从而减小渗透流速和渗透压力，降低渗透比降；二是在渗流的出口段采用排水减压措施和渗透反滤保护措施，提高渗流出口段抵御渗透变形的能力。

一般采用的工程措施有：

(1)设置垂直或水平防渗设施，如截水墙、斜墙、心墙和水平铺盖等。

(2)设置排水设施。

(3)盖重压渗措施。

(4)设置反滤层。

反滤层是提高坝体抗渗破坏能力、防止各种渗透变形特别是防止管涌的有效措施。在任何渗流流入排水设施处一般都要设置反滤层。反滤层设置应满足如下要求:①结构合理。层面应尽量与渗流方向垂直,沿渗流方向粒径逐层增大。②材料质量要好。质地坚硬抗风化能力较强。③级配合理。反滤层应有足够的渗透性,能通畅地排除渗透水流;使被保护的土层不发生渗透变形,即被保护的土料(包括反滤层砂石料)不得穿越下一层反滤料的孔隙;反滤层不致被淤塞而失效。

(六)土石坝稳定分析

1. 失稳的形式

稳定分析是确定坝的设计剖面经济安全的主要依据。土石坝的体积和重量都比较大,一般不会在水平水压力的作用下发生整体滑动。其失稳形式主要是坝坡或坝坡与地基一起滑动。土石坝稳定分析的目的是保证土石坝在自重、孔隙压力和外界荷载作用下,坝坡安全经济。

坝坡稳定计算时,应先确定滑动面的形状,土石坝滑坡的形式与坝体结构、土料和地基的性质及坝的工作条件等密切相关。图 2-30 所示为可能滑动的各种形式,大体可归纳为如下几种。

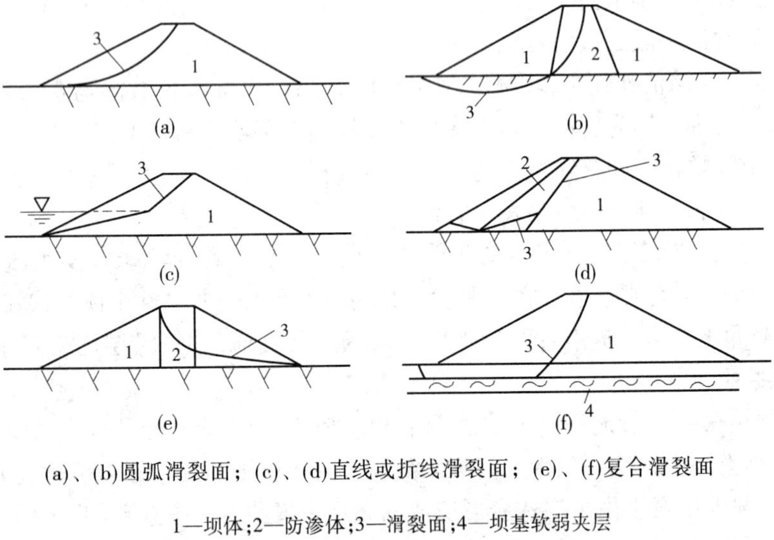

(a)、(b)圆弧滑裂面;(c)、(d)直线或折线滑裂面;(e)、(f)复合滑裂面

1—坝体;2—防渗体;3—滑裂面;4—坝基软弱夹层

图 2-30　土石坝坝坡滑裂面的形状

(1)圆弧滑裂面。当滑裂面通过黏性土的部位时,其形状常是上陡下缓的曲面,由于曲线近似圆弧,因而在实际计算中常用圆弧代替,如图 2-30(a)、(b)所示。

(2)直线或折线滑裂面。滑裂面通过无黏性土时,滑裂面的形状可能是直线或折线形。当坝坡干燥或全部浸入水中时呈直线形;当坝坡部分浸入水中时呈折线形(见图 2-30(c))。斜墙坝的上游坡失稳时,通常是沿着斜墙与坝体交界面滑动,如图 2-30(d)所示。

(3)复合滑裂面。当滑裂面通过性质不同的几种土料时,可能是由直线和曲线组成的复合形状的滑裂面,如图2-30(e)、(f)所示。

2. 荷载组合及稳定安全系数标准

1)荷载

土石坝稳定计算必须考虑的荷载有自重、渗透动水压力、孔隙压力和地震惯性力。

(1)自重。坝体自重一般在浸润线以上的土体按湿重度计算,浸润线以下、下游水位以上的土体按饱和重度计算,下游水位以下的按浮重度计算。

(2)渗透动水压力。动水压力的方向与渗透方向相同,作用在单位土体上的渗透动水压力为 γJ(γ 为水的重度,J 为该处的渗透坡降)。

(3)孔隙压力。这是黏性土体中常存在的一种力。它的产生有两种情况:一种是土体内由于水的渗流在土的孔隙内形成的孔隙压力;另一种是黏性土在外荷载作用下产生压缩时,由于土内空气和水来不及排除,外荷载便由土粒及孔隙中水和空气共同承担。

孔隙压力的存在使土的抗剪强度降低,对于黏性填土或坝基,在施工期和水库水位降落期必须计算相应的孔隙压力,必要时还要考虑施工末期孔隙压力消散的情况。

孔隙压力的大小及消散速度,主要随土料性质、填土含水量、填筑速度、坝内各点荷载和排水不同而异,随时间变化,因而孔隙压力的计算一般较为复杂。

(4)地震惯性力。沿土石坝高度作用于质点 i 的水平向及竖向地震惯性力可按式(2-17)及式(2-18)计算。

$$Q_i = \alpha_h \xi G_{Ei} \alpha_i / g \tag{2-17}$$

$$V_i = \frac{2}{3} \alpha_h \xi G_{Ei} \alpha_i / g \tag{2-18}$$

式中 Q_i、V_i——作用于质点 i 的水平向和竖向地震惯性力代表值;

α_h——水平向设计地震加速度代表值,应根据设计烈度按表2-17取值;

ξ——地震作用的效应折减系数,一般取0.25;

G_{Ei}——集中在质点 i 的重力标准值;

α_i——质点 i 的动态分布系数,可按表2-18取值,表中 α_m 在设计烈度为7、8、9度时,分别取3.0、2.5和2.0。

表2-17 水平向设计地震加速度代表值

设计烈度	7	8	9
α_h	0.1g	0.2g	0.4g

注:g = 9.81 m/s^2。

2)稳定计算情况

根据规范,应对以下几种荷载组合情况进行稳定计算。

(1)正常运用情况。①上游为正常蓄水位,下游为最低水位(上下游水位差最大),或上游为设计洪水位,下游为相应最高水位,坝内形成稳定渗流时,上、下游坝坡稳定验算;②水库水位处于正常水位和设计水位与死水位之间范围内的正常性降落,上游坝坡稳定验算。

(2)非常运用情况Ⅰ。①施工期,考虑孔隙压力时的上、下游坝坡稳定验算;②水库水位非常降落,如自校核洪水位降落至死水位以下,以及大流量快速泄空等情况下的上游

表 2-18　土石坝动态分布系数 α_i

坝高 $H \leqslant 40$ m	坝高 $H > 40$ m
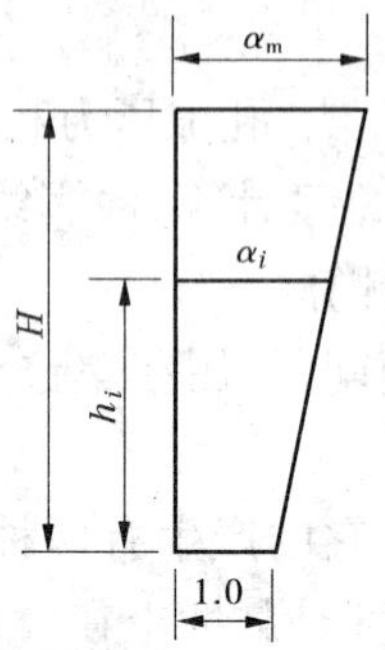	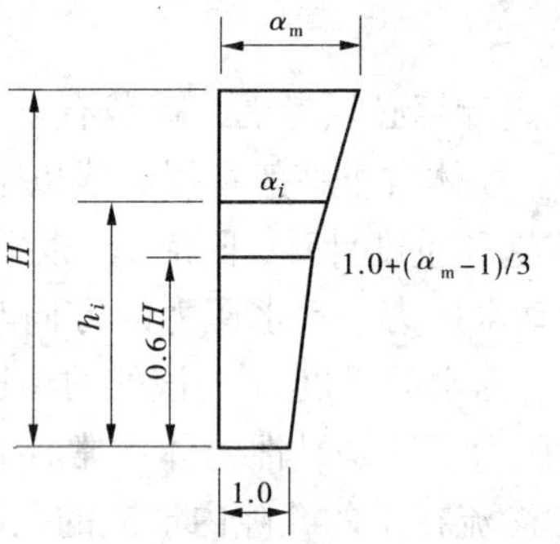

坝坡稳定验算；③校核洪水位下有可能形成稳定渗流时的下游坝坡稳定验算。

(3)非常运用情况Ⅱ。正常运用情况遇地震时上、下游坝坡稳定验算。

3)稳定安全系数

采用计入条块间作用力的计算方法时，坝坡的抗滑稳定安全系数应不小于表 2-19 所规定的数值。采用不计条块间作用力的瑞典圆弧法计算坝坡稳定时，对 1 级坝，正常运用条件下最小安全系数应不小于 1.30，其他情况应比表 2-19 中规定降低 8%。

表 2-19　容许最小抗滑稳定安全系数

运用条件	工程等级			
	1	2	3	4、5
正常运用	1.50	1.35	1.30	1.25
非常运用Ⅰ	1.30	1.25	1.20	1.15
非常运用Ⅱ	1.20	1.15	1.15	1.10

3. 稳定分析方法

现行的边坡稳定分析方法基本上都属于刚体极限平衡法。首先判断破坏面的形式，然后再选取可能的最危险的破坏面，求出最小安全系数即为土石坝的安全系数。这里只介绍圆弧滑动面的稳定计算方法。

基本原理：假定滑动面为圆柱面，将滑动面内土体看做刚体脱离体，土体绕滑动面的圆心转动即为边坡失稳。分析时在坝轴线方向取单位坝长 1 m 按平面问题研究。工程实践中常采用条分法：将脱离体按一定的宽度分成若干铅直土条，分别计算各土条对圆心的抗滑力矩 M_r 和滑动力矩 M_s，再求和，最后即得该滑动面的安全系数 $K = \sum M_r / \sum M_s$。

目前最常见的有瑞典圆弧法和简化的毕肖普法。瑞典圆弧法计算简单，但理论上有缺陷，且当孔隙压力较大和地基软弱时误差较大。简化的毕肖普法计算比瑞典圆弧法复杂，但由于计算机的广泛应用，目前应用较多。

1)不计条块间作用力的瑞典圆弧法

以渗流稳定期下游坝坡有效应力法为例说明如下。

(1)将土条编号。土条宽度常取半径 R 的 1/10,即 $b=0.1R$。各块土条编号的顺序为:首先以过圆心垂线为零号土条的中心线,向上游(对下游)坝坡各土条的顺序为 1、2、3、…,往下游的顺序为 −1、−2、−3、…,如图 2-31 所示。

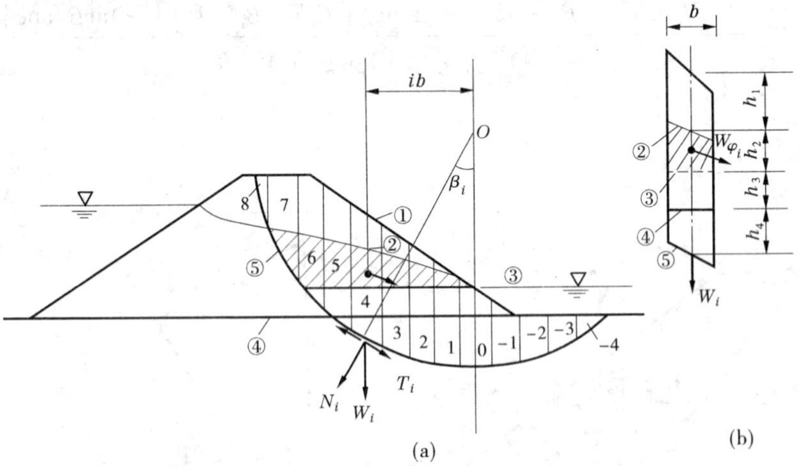

①—坝坡线;②—浸润线;③—下游水面;④—地基面;⑤—滑裂面

图 2-31　圆弧滑动计算简图

(2)土条的重量 W_i。计算抗滑力时,浸润线以上部分用实际重,浸润线以下部分用浮重;计算滑动力时,下游水面以上部分用实际重,下游水面以下用浮重。

(3)安全系数。计算公式为

$$K=\frac{\sum\{[(W_i \pm V)\cos\beta_i - ub\sec\beta_i - Q\sin\beta_i]\tan\varphi_i' + C_i' b\sec\beta_i\}}{\sum[(W_i \pm V)\sin\beta_i + M_C/R]} \tag{2-19}$$

式中　W_i——土条重量;

Q、V——水平和垂直地震惯性力(向上为负,向下为正);

u——作用于土条底面的孔隙压力;

β_i——条块重力线与通过此条块底面中点的半径之间的夹角;

b——土条宽度;

C_i'、φ_i'——土条底面的有效应力抗剪强度指标;

M_C——水平地震惯性力对圆心的力矩;

R——圆弧半径。

用总应力法分析坝体稳定时,略去公式含孔隙压力 u 的项,并将 C_i'、φ_i' 换成总应力强度指标。

2)简化的毕肖普(Bishop)法

瑞典圆弧法不满足每一土条力的平衡条件,一般计算出的安全系数偏低。毕肖普法在这方面作了改进,近似考虑了土条间相互作用力的影响,其计算简图如图 2-32 所示。图中 E_i 和 X_i 分别表示土条间的法向力和切向力;W_i 为土条自重,在浸润线上、下分别按湿重度和饱和重度计算;Q_i 为水平力,如地震力等;N_i 和 T_i 分别为土条底部的总法向力和总切向力，其余符号意义如图 2-32 所示。

为使问题可解，毕肖普假设置 $X_i = X_{i+1}$，即略去土条间的切向力，使计算工作量大为减少，而成果与精确法计算的仍很接近，故称为简化的毕肖普法。安全系数计算公式为

$$K = \frac{\sum\{[(W_i \pm V)\sec\beta_i - ub\sec\beta_i]\tan\varphi'_i + C'_i b\sec\beta_i\}[1/(1 + \tan\beta_i\tan\varphi'_i/K)]}{\sum[(W_i \pm V)\sin\beta_i + M_C/R]} \tag{2-20}$$

式中符号意义同上。

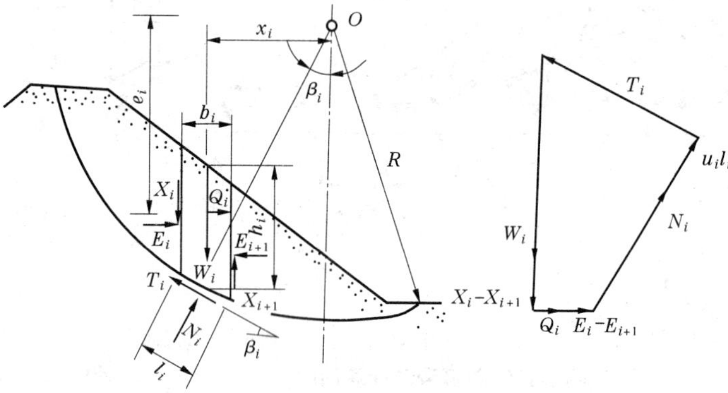

图 2-32　简化的毕肖普法

（七）土石坝的沉陷问题

土体是由土粒、空气、水三部分组成。在上部荷载作用下，坝基及坝体土孔隙中的水逐渐排出，孔隙缩小，土体被压实，这个过程称为固结。饱和土体的固结过程则是土体中孔隙水逐渐排出的过程。孔隙水排出快慢与土体的渗透性能有关，黏性土渗透系数小、排水慢，固结需要的时间较长，而砂性土则快于黏性土。

排水或固结均会使坝体和坝基产生沉陷，沉陷量的大小决定于土体的密实程度、土层厚度、土体的渗透性能和上部荷载的大小。坝基土层越厚、修建的坝体越高，其沉陷量就越大；土体渗透越小，土体固结和沉陷持续的时间越长。坝基若是砂性土壤，大部分的沉陷将在施工期间完成，对工程影响不大；如果坝基中有较厚的可压缩土层（如黏土、黏壤土、淤泥），而且透水性又很小，则大部分沉陷将发生在竣工之后。较大的不均匀沉陷会使坝体产生裂缝，甚至危及大坝的安全。因此，设计时应进行沉陷量分析，施工时要预留坝高，防止坝顶高程不足而发生洪水漫顶。

（八）土石坝地基处理

土石坝是由散粒材料填筑而成，对地基变形的适应性比混凝土坝好。进行地基处理主要是为了满足渗流控制（包括渗透稳定和控制渗流量）、坝坡稳定及容许沉降量等方面的要求，以保证坝的安全运行。

土石坝既可建在岩基上，也可建在土基上。总的来说，土石坝进行地基处理在强度和变形方面的要求要比混凝土坝低，而在防渗方面的要求则与混凝土坝基本相同。下面以

三种典型地基为例介绍土石坝地基处理的基本方法。

1. 砂卵石地基的处理

土石坝修建在砂卵石地基上时，地基的承载力通常是足够的，而且地基因压缩产生的沉降量一般也不大。总的来说，对砂卵石地基的处理主要是解决防渗问题，通过采取上堵、下排相结合的措施，达到控制地基渗流的目的。

土石坝渗流控制的基本方式有垂直防渗、水平防渗和排水减压等。前两者体现了上堵的基本原则，后者则体现了下排的基本原则。垂直防渗常采取黏性土截水槽、混凝土防渗墙、水泥黏土灌浆帷幕、高压喷射灌浆等基本形式，水平防渗常用防渗铺盖。

坝基垂直防渗设施宜设在坝体防渗体底部位置，对均质坝来说，则可设于距上游坝脚1/3～1/2坝底宽度处。垂直防渗设施能可靠而有效地截断坝基渗透水流，解决坝基防渗问题在技术条件可能而又经济合理时，应优先采用。

如果在透水地基表层存在黏性土层时，由于渗流出口排水不畅，使渗透压力增加，有可能引起坝基发生渗透破坏，影响坝体的稳定。可在下游坝基设置排水减压设施。坝基排水设施有水平排水层、反滤排水沟、排水减压井和透水盖重等形式。

2. 软黏土地基的处理

地基中的软黏土及淤泥层，由于天然含水量高、土体渗透系数小、承载后难以固结，因此抗剪强度低、承载力小，影响坝基的稳定。如果其分布范围不大、埋藏较浅，宜将其全部挖除；如果淤泥层较薄，能在短时间内固结的，也可不必清除。当厚度较大和分布较广，且难以挖除时，必须采取措施予以处理。具体处理措施有：①进行预压排水以提高强度和承载力；②通过铺垫透水材料（如土工织物）和设置砂井、插塑料排水带等加速土体排水固结，使大部分沉降在施工期发生；③调整施工速度，结合坝脚压重，使荷载的增长与地基土强度的增长相适应，以保证地基的稳定。

3. 其他地基的处理

对于湿陷性黄土地基，其主要问题是遇水湿陷、沉陷量较大，可能引起坝体的失稳和开裂。处理方法是：可全部或部分挖除、翻压、强夯等，以消除其湿陷性；经过论证也可采用预先浸水的方法处理。

对于饱和的疏松砂土及无黏性土，在地震等动力荷载的作用下，土壤颗粒有振密的趋势，但此时土体孔隙全部被水充满，从而引起孔隙水压力增加。由于土体的渗透小，孔隙水不能及时排出，上升的孔隙水压力来不及消散，因而使土的有效压力减少，抗剪强度降低。随着孔隙水压力不断上升，最终使土体的有效应力变为零，孔隙水出现流动状态，达到完全液化。

由此可见，此类地基的处理关键是防止土体液化。处理方法是尽量采取挖除或换土措施，当挖除比较困难或很不经济时，可采取加密及排水措施。对于浅层疏松砂土及少黏性土宜用表面振动压密；对于深层则采用振冲、强夯等方法加密；还可以结合振冲处理设置砂石桩，加强坝基排水，以及采取盖重等防护措施。

（九）碾压式混凝土坝及面板堆石坝

1. 碾压式混凝土坝

碾压式混凝土坝是用水泥含量比较低的超干硬性混凝土经碾压建成的混凝土坝。它从根本上改变了常规混凝土的浇捣方法，是将土石坝碾压设备和技术应用于混凝土坝施工的一种新坝型。与常规混凝土坝相比，其主要优点是：

(1)施工工艺程序简单，可快速施工，缩短工期，提前发挥工程效益。

(2)胶凝材料(水泥+粉煤灰+矿渣等)用量少，一般为120~160 kg/m^3，其中水泥用量一般为60~90 kg/m^3。

(3)由于水泥用量少，结合薄层大仓面施工，坝体内部混凝土的水化热减小，散热面大，温升可大大降低，从而简化了温控措施。

(4)不设纵缝，节省了模板及接缝灌浆等费用。

(5)可适用大型通用施工机械设备，提高混凝土运输和填筑工效。

(6)降低工程造价。

碾压式混凝土坝的剖面设计在体形上应该力求简单，便于施工。坝顶最小宽度为5 m，上游坝面宜采用铅直面或斜面，应尽量避免折面。

抗滑稳定分析的计算内容应包括沿坝基面和基础深层的抗滑稳定计算。当坝体不设置横缝时，应计算整体抗滑稳定。碾压式混凝土坝抗滑稳定分析方法与常规混凝土坝相同，水力计算、强度分析与常规混凝土坝也相同，但在材料、构造与施工工艺等方面需要适应碾压式混凝土坝的特点。

为了保证坝体的抗渗、抗冻、抗冲、耐磨等性能要求，一般在坝基、上下游面及坝顶部位仍采用常规混凝土，内部用碾压混凝土，即所谓的“金包银”结构。坝体上游面2~3 m范围内采用常规混凝土做防渗体，为减少温度应力和防止不均匀沉降，防渗体也要设置横缝，与坝体的横缝相通，缝内设置止水。当采用富胶凝材料碾压混凝土做防渗层时，其厚度和抗渗等级应满足坝体的防渗要求。

由于碾压式混凝土坝采用通仓碾压，故一般不设纵缝。但为了适应温度伸缩和地基不均匀沉降，仍应设置横缝，间距一般为15~20 m。坝体排水管可设置在防渗层的下游侧。为了减少施工干扰，增大施工作业面，坝内廊道的层数可适当减少，构造应尽可能简化。

施工时，表层常规混凝土与内部混凝土同步上升。碾压混凝土分层摊铺，每层厚为30 cm，碾压后间隔一定时间，先进行层面处理，然后再填筑上层。

由于碾压混凝土坝具有施工简单、速度快、工期短、投资省等优点，近20年来有长足的发展。据统计，与常规混凝土坝相比，投资可节省15%~30%，国外有的超过50%；总工期可缩短10%~30%。随着科学水平的不断提高和经验的积累，今后碾压混凝土坝从数量到规模必将得到更快的发展。

2. 混凝土面板堆石坝

混凝土面板堆石坝是以堆石体为支承结构，采用混凝土面板作为坝的防渗体，并将其设置在堆石体上游面，如图2-33所示。

混凝土面板堆石坝的优点是：混凝土面板堆石坝的坝坡较陡(一般为1∶1.3~1∶1.4)，可比混凝土斜墙堆石坝节省较多的工程量；防渗面板对堆石体施工没有干扰，混凝土面板可用滑动模板浇筑，大大提高了施工速度；不受雨季影响。同时，由于坝坡陡，坝底宽度小，可缩短坝内埋管的长度。在面板浇筑前对堆石坝坡进行适当保护后，可宣泄部分施工期的洪水。因此，造价省、工期短是混凝土面板堆石坝的突出优点，近年来其得到了快速发展。

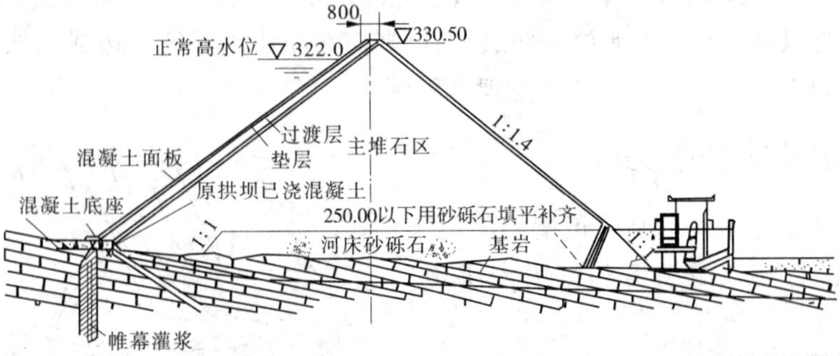

注：垫层厚度为 400 cm；过渡层厚度为 300 cm

图 2-33　混凝土面板堆石坝断面　（单位：高程，m；尺寸，cm）

面板堆石坝剖面由混凝土面板与趾板、垫层、过渡层及主、次堆石区等组成。主堆石区是面板坝的主体，是承受水压力的主要部分，它将面板所受到的水压力传递到地基，该区石料既要具有足够的强度和较小的压缩量，还要有一定的透水性和耐久性。次堆石区承受水荷载较小，其压缩性对面板变形影响较小，该区在坝体底部下游水位以下部分，应采用能自由排水的、抗风化能力较强的石料填筑；水位以上部分，可以采用较低的压实标准，或质量较差的石料，如各种软岩料、风化石料等。混凝土面板是坝体的重要防渗设施，支承在压实的碎石垫层上，并将水压力传递给堆石坝体。趾板的主要作用是将坝身防渗体与地基防渗结构紧密结合起来，提供地基灌浆的压重，同时也可作为面板底部的支撑和面板滑模施工的起始点。垫层直接位于面板之下，其主要作用是支撑面板将作用于面板上的库水压力较均匀地传给堆石体，同时又缓和其下游堆石体变形对面板的影响，以改善面板内部的应力状态。过渡层介于垫层和主堆石区之间，起过渡作用，材料的粒径、级配和密实度要介于两者之间。由于垫层很薄，过渡层实际上是与垫层共同担负面板传力作用。此外，当面板开裂或止水失效而漏水时，过渡层还具有防止垫层内细颗粒流失的反滤作用，并保持自身的抗渗稳定性。

由于面板堆石坝的防渗面板设于坝体上游面，其后堆石体透水性大，因而堆石体内浸润线很低，不存在水的渗透压力和孔隙水压力等问题。

混凝土面板堆石坝的稳定分析通常可采用折线法，通过试算求出最危险滑动面及最小安全系数，其计算方法同土石坝。计算所得坝坡抗滑稳定安全系数需满足规范要求。

对于高坝或地形地质条件复杂的坝，可采用有限单元分析方法，对混凝土面板及坝体进行应力和变形分析；对于低坝，可用经验方法估算其变形。

教学单元四　岸边溢洪道

在水利枢纽中必须设置泄水建筑物，以宣泄规划所确定的库容不能容纳的多余水量，防止洪水漫溢坝顶，保证大坝安全。泄水建筑物有溢洪道和深式泄水建筑物两类。

溢洪道按位置不同,可分为河床式和岸边式两种类型,前者就是溢流坝。这里只介绍岸边溢洪道。

对于土坝、堆石坝及某些轻型坝,一般不允许从坝身溢流或大流量溢流;当河谷狭窄、泄洪量大而难以经混凝土坝泄放全部洪水时,则需在坝体以外的岸边或天然垭口处建造溢洪道(通常称为岸边溢洪道)或开挖泄水隧洞。

一、岸边溢洪道的形式

岸边溢洪道的形式主要有正槽溢洪道、侧槽溢洪道、竖井式溢洪道和虹吸溢洪道等。

(一)正槽溢洪道

这种溢洪道的过堰水流与泄水槽轴线方向一致。它结构简单,施工方便,工作可靠,泄水能力大,故在工程中应用广泛(见图2-34)。

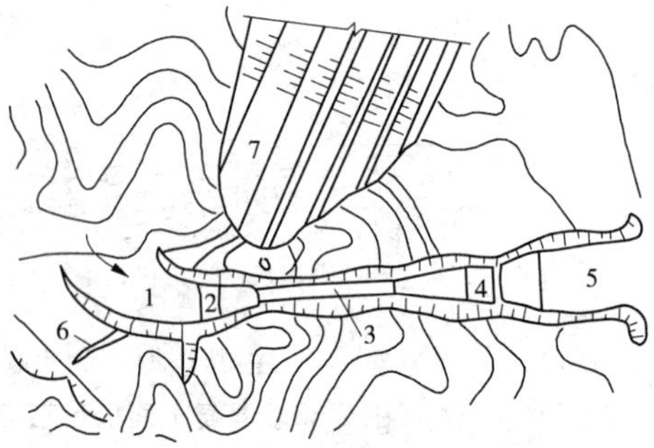

1—引水渠;2—溢流堰;3—泄槽;4—消力池;5—尾水渠;6—非常溢洪道;7—土石坝

图2-34 正槽溢洪道示意图

(二)侧槽溢洪道

这种溢洪道的泄水槽轴线与溢流堰轴线接近平行,即水流过堰后,在很短距离内约转弯90°,再经泄水槽泄入下游。侧槽溢洪道多设置在较陡的岸坡上,沿着等高线设置溢流堰和泄水槽。此种布置形式可以加大堰顶长度,减小溢流水深和单宽流量,而且不需要大量开挖山坡。但该种布置形式对岸坡的稳定性要求较高,特别是位于坝头的侧槽,直接关系到大坝安全,对地基要求也更严格。侧槽内的水流比较紊乱,要求侧壁有较坚固的衬砌(见图2-35)。

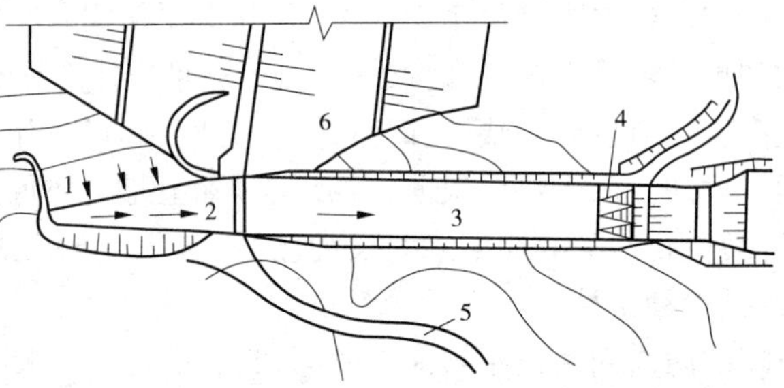

1—溢流堰;2—侧槽;3—泄水槽;4—出口消能段;5—上坝公路;6—土石坝

图2-35 侧槽溢洪道示意图

(三)竖井式溢洪道

这种溢洪道在平面上进水口为一环形的溢流堰,水流过堰后,经竖井和出水隧洞流入下游(见图2-36)。竖井式溢洪道适用于岸坡陡、地质条件良好的情况。若能利用一段导流隧洞,采用此种形式比较有利。它的缺点是水流条件复杂,超泄能力小,泄小流量时易产生振动和空蚀。

(四)虹吸溢洪道

这种溢洪道利用虹吸作用,使溢洪道在较小的堰顶水头下可以得到较大的单宽流量。

水流出虹吸管后，经泄槽流入下游（见图2-37）。它的优点是不用闸门就能自动地调节上游水位；缺点是构造复杂，泄水断面不能过大，水头较大时，超泄能力不大，工作可靠性差。虹吸溢洪道多用于水位变化不大而需随时调节的水库（如日调节水库），以及水电站的压力前池和灌溉渠道等。

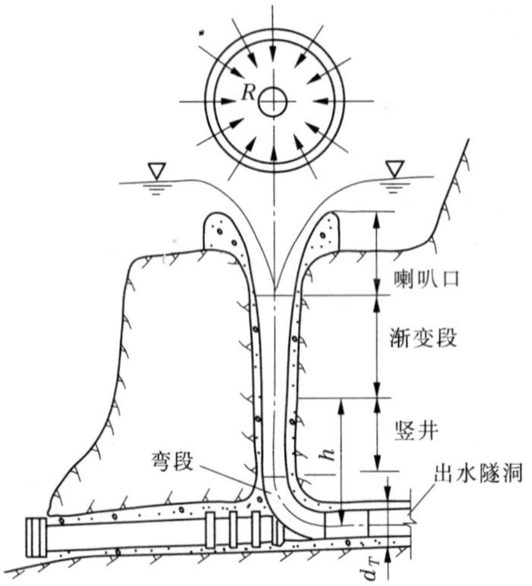

图2-36　竖井式溢洪道示意图

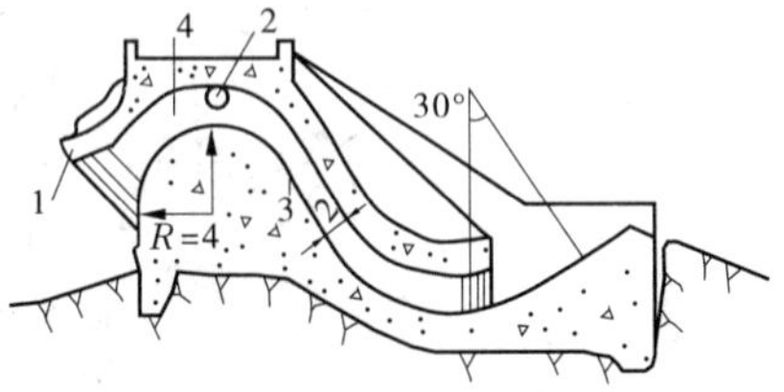

1—遮檐；2—通气孔；3—挑流鼻坎；4—曲管

图2-37　虹吸溢洪道示意图　（单位：m）

二、岸边溢洪道位置的选择

岸边溢洪道在枢纽中的位置取决于地形、地质、枢纽总体布置、施工和运行等因素的综合影响，应通过技术经济比较确定。

布置溢洪道应选择有利的地形，如合适的垭口或岸坡，以减少工程量，并应尽量避免深挖形成的高边坡（特别是对于不利的地质条件），以免造成边坡失稳或处理困难。溢洪道应布置在稳定的地基上，并应考虑岩层及地质构造的性状，还应充分注意建库后水文地质条件的变化及其对建筑物与边坡稳定的不利影响。土基必须进行适宜的地基处理和护砌。

在土石坝枢纽中，溢洪道的进口不宜距土石坝太近，以免冲刷坝体。同时，溢洪道应和其他建筑物（如坝、电站等）综合起来一起考虑，使各建筑物运用灵活可靠，当溢洪道靠近坝肩时，其与大坝连接的导墙、接头、泄槽边墙等必须安全可靠。

从施工方面考虑，溢洪道出渣路线及堆料场布置要相互适宜，并尽量利用开挖出的土石方上坝。

图2-38为某土石坝枢纽布置示意图，它由土石坝、溢洪道、引水隧洞、压力管、水电站等几部分组成。坝址附近地形狭窄，左岸山坡陡峻，右岸山坡在坝顶高程附近比较平缓，但没有高程适宜的垭口。根据以上地形特点，在比较平缓的右岸设置正槽式河岸溢洪道，其进口有曲线形引渠，出口离坝脚有较大距离，而且出口方向与原河道大致平行，使泄水不会危及对岸。

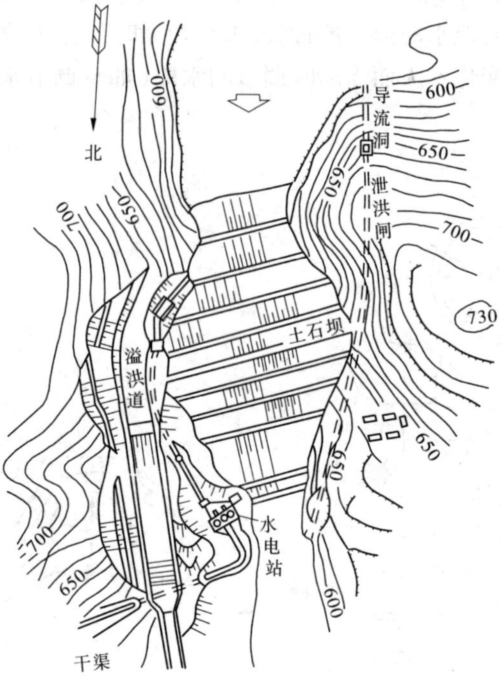

图 2-38　某土石坝枢纽布置示意图

三、正槽溢洪道

正槽溢洪道包括进水渠、闸室控制段、泄水槽、消能防冲设施和出水渠等五部分，如图 2-39所示。

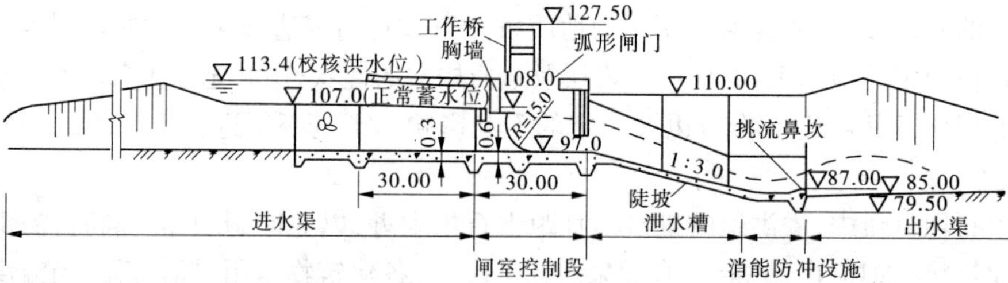

图 2-39　正槽溢洪道的组成部分　（单位：m）

（一）进水渠

进水渠的作用是将水库的水平顺地引至溢流堰前。其设计原则是：在合理开挖方量的前提下，尽量减少水头损失，以增加溢洪道的泄水能力。

（二）闸室控制段

溢洪道的闸室控制段包括溢流堰（闸）和两侧连接建筑物，是控制溢洪道泄流能力的关键部位，因此必须合理选择溢流堰段的形式和尺寸。

（三）泄水槽

洪水经溢流堰后，多用泄水槽与消能防冲设施连接。由于落差大、纵坡陡，槽内水流速度往往超过 16～20 m/s，以致形成高速水流。高速水流有可能带来掺气、空蚀、冲击波和脉动等不利影响，因此设计时必须考虑以上问题，并在布置和构造上采取相应的措施。

（四）消能防冲设施及出水渠

溢洪道泄洪水一般单宽流量大，流速高，能量集中。若消能措施考虑不当，高速水流与下游河道的正常水流不能妥善衔接，下游河床和岸坡就会遭受冲刷，甚至危及大坝和溢洪道自身的安全。

溢洪道出口的消能方式与溢流重力坝基本相同。

尾水渠是将经过消能后的水流，比较平顺地泄入原河道。尾水渠应尽量利用天然冲沟或河沟，当无此条件时，则需人工开挖明渠。当溢洪道的消能设施与下游河道距离很近时，也可不设出水渠。

四、非常泄洪措施

在建筑物运行期间，可能会出现超过设计标准的洪水，由于这种洪水出现机会极少，所以可用构造简单的非常溢洪道来宣泄洪水。一旦发生超过设计标准的洪水，即可启用非常溢洪道泄洪，只要求能保证大坝安全、水库不出现重大事故即可。

非常溢洪道一般分漫流式、自溃式和爆破引溃式三种。

（一）漫流式

这种溢洪道将堰顶建在准备开始溢流的水位附近，且任其自由溢流。这种溢洪道的溢流水深一般取得较小，因而溢流堰较长，多设于垭口或地势平坦之处，以减少土石方开挖量。

（二）自溃式

自溃式非常溢洪道是利用一般低矮的副坝，使其在水位达到一定高程时自行溃决，以宣泄特大洪水。按溃决方式可分为漫顶自溃式和引冲自溃式，如图 2-40 所示。自溃式非常溢洪道应远离主坝及其他枢纽建筑物，以免一旦溢流失控，危及枢纽安全。自溃式坝体构造与一般土坝相同。

漫顶自溃式的优点是构造简单，管理方便；缺点是泄流缺口的位置和规模具有偶然性，无法进行人工控制，可能造成溃坝的提前或延迟。因此，漫顶自溃式溢流一般只适用于自溃坝高度较低、分担泄洪量不大的情况。

引冲自溃式的特点是在自溃坝的适当位置设置引冲槽，当库水位达到启溃水位后，水流即漫过引冲槽，冲刷下游坝坡形成口门，并逐渐向两侧发展，使之在较短时间内溃决。其优点是在溃决过程中，泄量是逐渐增加的，对下游防护有利，因此引冲自溃式溢流在工程中应用较广泛。

（三）爆破引溃式

爆破引溃式是利用炸药的爆炸能量，使非常溢洪道进口的副坝坝体形成一定尺寸的爆破缺口，起引冲槽作用，并将爆破缺口范围以外的土体炸松、炸裂，然后通过坝体引冲槽作用使其溃决，从而达到溢洪的目的。爆破引溃式在我国一些大中型水库上得到重视和利用，这是因为爆破准备工作可在安全条件下从容进行，一旦出现异常情况，可迅速破坝，

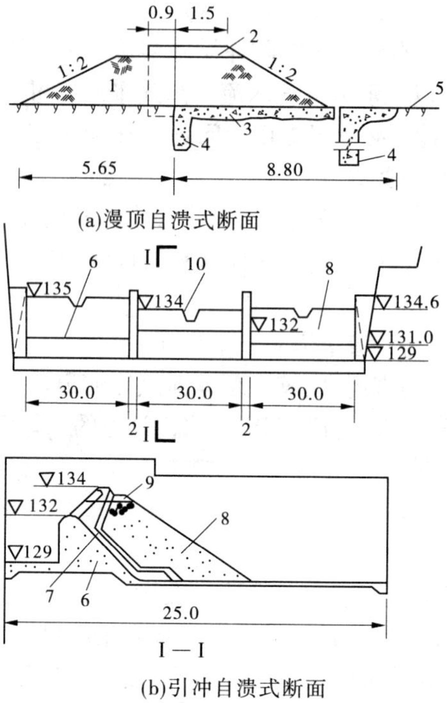

1—土堤;2—隔墙;3—混凝土护面;4—混凝土截水墙;5—草皮护面;
6—混凝土溢流堰;7—黏土斜墙;8—子埝;9—引冲槽底;10—引冲槽

图 2-40　自溃式非常溢洪道示意图　(单位:m)

坝体溃决有可靠保证。图 2-41 为沙河水库副坝药室及导洞布置示意图。

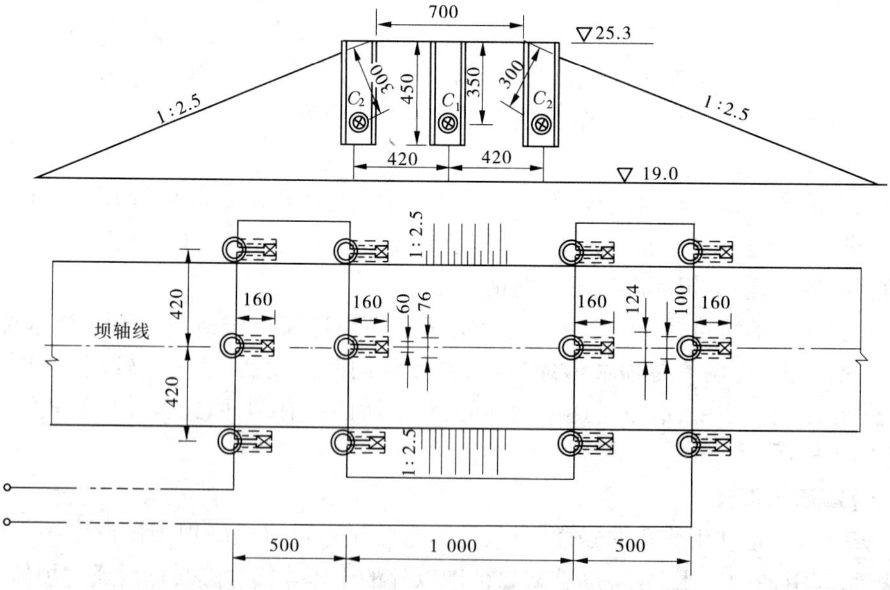

图 2-41　沙河水库副坝药室及导洞布置示意图　(单位:高程,m;尺寸,cm)

教学单元五　水工隧洞

一、水工隧洞的作用和类型

为了满足水利工程各项任务而设置的隧洞称为水工隧洞，水工隧洞的作用主要有以下几个方面：

(1)配合溢洪道宣泄洪水，有时也可作为主要泄洪建筑物使用；

(2)供水，或为了灌溉、发电、航运等目的输水；

(3)排放水库泥沙，延长水库使用年限，有利于水电站的正常运行；

(4)放空水库，用于战备或检修建筑物；

(5)在水利枢纽施工期间用来施工导流。

按上述功用，水工隧洞可以分为泄洪隧洞、输水隧洞、施工导流隧洞、排沙隧洞和放空隧洞。

根据隧洞内的水流状态，又可将其分为有压隧洞和无压隧洞。

在设计水工隧洞时，应按照枢纽的设计规划，采用一洞多用的原则，尽量设计多用途的隧洞，以降低工程造价。

二、水工隧洞的工作特点

(一)水流特点

输水隧洞的水流流速一般较低，但这类隧洞一般要求有光滑的外形，还要尽量减小水头损失，从而保证隧洞出口的水头。但泄水隧洞其流速一般很高，如果体形设计不当或施工存在缺陷，可能引起空蚀破坏，且由于出口单宽流量大，能量集中，会造成下游冲刷。为此，应采取适宜的防止空蚀和消能措施。

(二)结构特点

隧洞为地下结构，开挖后破坏了原来岩体内的应力平衡，引起应力重分布，导致围岩产生变形甚至崩塌。因此，常需设置临时支护和永久性衬砌，以承受围岩压力。承受较大内水压力的隧洞，要求围岩具有足够的厚度和进行必要的衬砌，否则一旦衬砌破坏，内水外渗，将危害岩坡稳定及附近建筑物的正常运行。很大的外水压力也可使埋藏式压力钢管失稳。故应做好勘探工作，使隧洞尽量避开不利的地质、水文地质地段。

(三)施工特点

隧洞是地下结构，而且断面小，洞线长，工序多，干扰大。因此，虽然工程量不一定很大，但因施工条件差、工作面受限制，往往工期较长，尤其是兼作导流用的隧洞，其施工进度往往控制整个工程的工期。因此，改善施工条件、改进施工方法、加快施工进度、提高施工质量是隧洞建设的重要课题。

三、水工隧洞的组成

水工隧洞一般由下面3个主要部分组成(见图2-42)：

(1)进口段。进口段位于隧洞进口部位。进口形状为喇叭口，在此处设置有拦污栅、

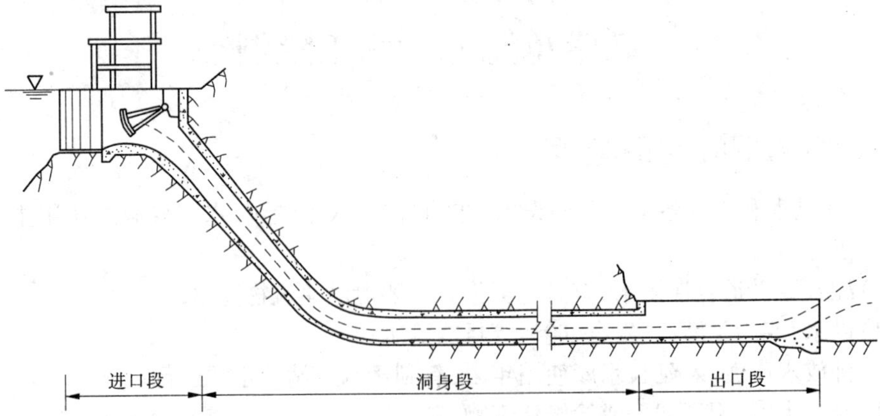

图 2-42　水工隧洞的组成

闸门室及渐变段。

(2)洞身段。洞身段在岩石内开挖而成,用于输送水流。

(3)出口段。泄水隧洞出口段设消能建筑物,发电隧洞末端则由高压管道通入发电厂房。压力泄水隧洞的出口段也设有渐变段及工作闸门室。

四、水工隧洞的布置及线路选择

(一)总体布置

隧洞的总体布置,应该在枢纽建筑物总体规划的基础上进行,一般应注意以下几个方面的问题:

(1)在枢纽中如果同时采用岸边溢洪道和泄水隧洞,一般应将其分别布置在枢纽的两岸,以便施工和运行。

(2)隧洞进出口的位置选择应当注意地形、地质和水流条件,保证施工和运行安全及水流顺畅。出口还应注意水流的消能问题。

(3)洞身主要选择其纵坡、断面形状和尺寸。选择时除要注意地形、地质情况外,还应考虑泄流量、水位变化情况等。

(二)线路选择

泄水隧洞的线路选择是设计中的重要内容,关系到隧洞的造价、施工难易、施工安全、工程进度和运用可靠性等,因此必须在认真勘测的基础上拟定不同的方案,考虑各种因素,进行技术经济比较后确定。影响隧洞线路选择的因素很多,如地形、地质、施工条件等。下面介绍隧洞选线时应注意的一般原则。

(1)隧洞的线路在平面上应尽可能布置为直线,以形成良好的水流条件,减少水头损失和工程量,并便于施工。

(2)隧洞线路应尽量避开不利的地质构造,如断层、破碎带和可能发生滑坡的不稳定地段,同时应尽量避开山岩压力很大、地下水头和渗水量很大的岩层。

(3)隧洞的纵坡应根据运用要求、用途、上下游衔接及施工和检修条件等,通过技术经济比较选定。隧洞坡度主要涉及隧洞泄流能力、压力分布、过水断面、工程量、空蚀特性及工程安全。

(4)隧洞要有足够的埋藏深度,洞顶岩体覆盖厚度或隧洞岩边一侧的岩体厚度统称为隧洞的围岩厚度。一般围岩厚度不小于1倍洞径。

(5)对于长隧洞,洞线选择时还应考虑设置施工支洞问题,以便于增加施工工作面,这样有利于改善施工条件,加快施工进度。

(三)闸门在隧洞中的布置

水工隧洞一般需要设置工作闸门和检修闸门,其作用和布置方式与坝身泄水孔闸门基本相同。

五、进口段

(一)进水口的形式

进口建筑物按其布置及结构形式不同,可分为竖井式、塔式、岸塔式和斜坡式等。

1. 竖井式进口

隧洞进口附近的岩体中开挖竖井,井壁一般进行衬砌,闸门安置在竖井中,竖井的顶部布置启闭机及操纵室(见图2-43(a)),渐变段之后接隧洞洞身,这种布置称为竖井式进口。其优点是结构比较简单,不受风浪和冰冻的影响,受地震影响也较小,比较安全可靠。缺点是竖井之前的隧洞段不便检修,竖井开挖也较困难。竖井式进口适用于工程地质条件较好、岩体比较完整、山坡坡度适宜、易于开挖平洞和竖井的情况。

设置弧形闸门的竖井,井后即为无压洞段,故井内无水,称为“干井”;压力隧洞设置平面闸门的竖井,井内有水,称为“湿井”,只在检修时井内才无水。

2. 塔式进口

当进口处山岩较差,而岸坡又比较平缓时,可采用塔式进口。进水塔独立于岸坡或坝体,用工作桥与河岸或坝顶相连。塔的横断面一般为矩形封闭结构或框架结构(见图2-43(b)),塔顶设操纵平台和启闭机室。由于其不涉及岸边自然条件,明挖又较少,只要库底有足够的承载力就可以建塔,所以应用很普遍。刘家峡、走马庄泄水洞进口均为塔式结构。其缺点是结构受风浪、冰冻、地震的影响大,稳定性相对较差,需要桥梁与库岸或大坝相接,运行管理交通不便。

3. 岸塔式进口

当隧洞进口处地质条件较好,但岸坡较陡时,若开挖竖井工程量比较大,可以采用岸塔式进口,即将进口段、闸门段和闸门竖井均布置在山岩之外,形成一个单独的靠在开挖后洞脸岩坡上的进水塔。此种进水塔可以是直立的或倾斜的,如图2-43(c)所示。岸塔式进口的稳定性较塔式好,施工、安装工作也比较方便,且不需桥梁与岸坡连接,因此在地形地质条件适合时,应尽量采用岸塔式进口。

4. 斜坡式进口

斜坡式进口是指在较为完整的岩坡上进行平整开挖、护砌而成的进水口,如图2-43(d)所示。闸门的轨道直接安装在斜坡的护砌上,其优点是结构简单、施工安装方便、稳定性好、工程量小;缺点是如果隧洞进口段过于倾斜,则闸门面积要加大,关门时不易依靠自重下降,需另加关门力。斜坡式进口一般只用于中小型工程,或仅作为安装检修闸门的进口。

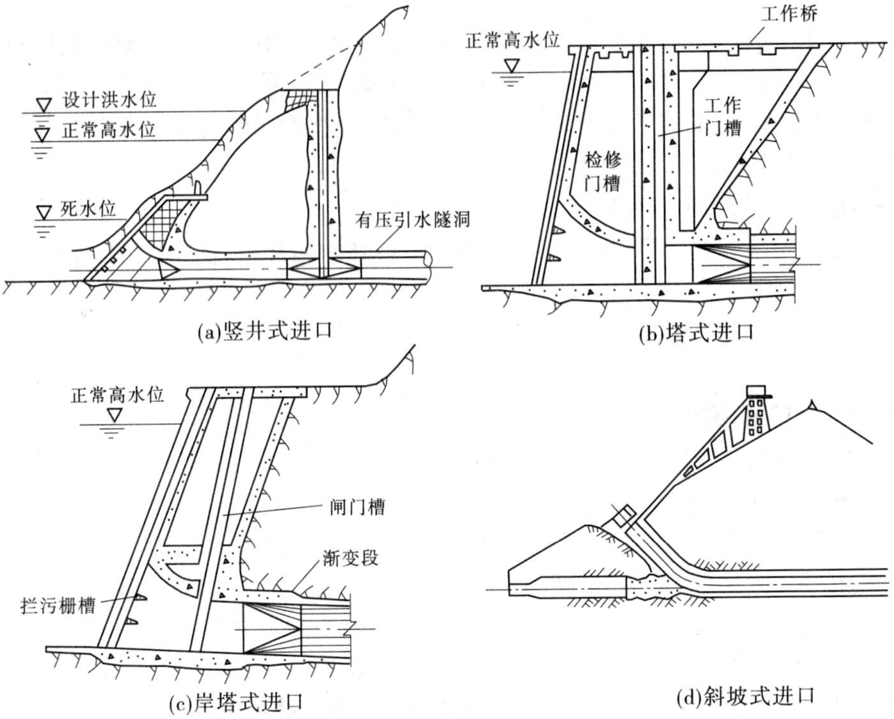

图 2-43　进水口的类型

(二)进口段的组成

进口段一般由进水喇叭口、通气孔、拦污栅、闸门段、渐变段和平压管等几部分组成。

1. 进水喇叭口

隧洞的进水口常采用顶板和边墙顺水流方向三方面收缩的平底矩形断面,其体形应符合孔口泄流的形态,避免产生不利的负压和空蚀破坏,同时还应尽量减少局部损失,以提高泄流能力。

2. 通气孔

在泄水隧洞闸门之后应设通气孔,其作用是承担补气和排气任务。通气孔对改善流态和避免运行事故起着重要的作用,其布置和设计要求与坝身泄水孔相同。

3. 拦污栅

泄水隧洞一般不设拦污栅,当需要拦截水库中较大的漂浮物时,可在进口设置固定的栅梁或粗拦污栅。引水发电的有压隧洞进口应设细栅,其作用是防止污物阻塞和破坏阀门及水轮机叶片。

4. 闸门段、渐变段及平压管和通气孔

1) 闸门段

在坝身泄水孔中最常采用的闸门是弧形闸门和平面闸门。弧形闸门不设门槽,水流平顺,这对于坝身泄水孔是一个很大的优点,因为泄水孔中的空蚀常常发生在门槽附近;弧形闸门的另一个优点是启门力较平面闸门小,运用方便。弧形闸门的缺点是闸门结构复杂,整体刚度差,门座受力集中,闸门启闭室所占的空间较大。而平面闸门则具有结构简单,布置紧凑,启闭机可布设在坝顶等优点。平面闸门的缺点是启门力较大,门槽处边界突变,易产生负压引起空蚀,图 2-44 是门槽附近的水流流态和形式。对于尺寸较小的泄水孔,可以采用阀门,目前常用的是平面滑动阀门,闸门和启闭机连在一起,操作方便,抗震性能好,启闭室所占的空间也小。

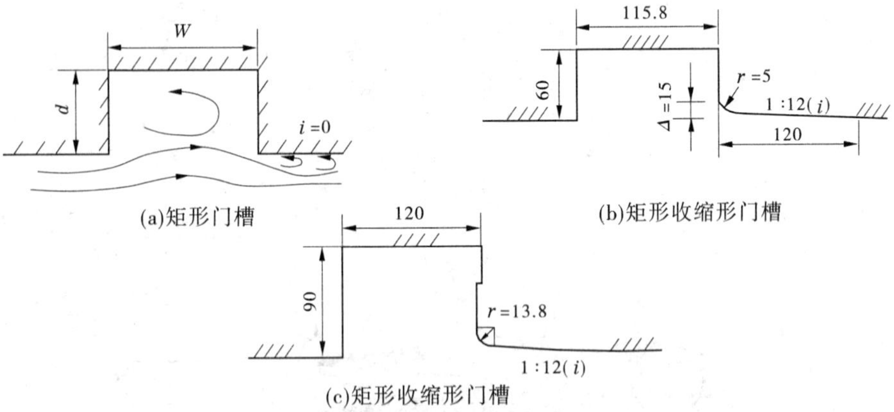

图 2-44　平面闸门门槽附近的水流流态和门槽形式　(单位:cm)

2)渐变段

泄水孔进口一般都做成矩形,以便布置进口曲线和闸门。当有压泄水孔断面为圆形时,在进口闸门后需设渐变段,以便水流平顺过渡,防止负压和空蚀的产生。渐变段可采用在矩形四个角加圆弧的办法逐渐过渡,见图 2-45(a);当工作闸门布置在出口时,出口断面也需做成矩形,因此在出口段同样需要设置渐变段,见图 2-45(b)。

3)平压管和通气孔

(1)平压管。为了减小检修闸门的启门力,应当在检修闸门和工作闸门之间设置与水库连通的平压管。开启检修闸门前先在两道闸门中间充水,这样就可以在静水中启吊检修闸门。平压管直径应根据规定的充水时间确定,控制阀门可布置在廊道内。当充水量不大时,也可将平压管设在闸门上,充水时先提起门上的充水阀,待充满后再提升闸门。

(2)通气孔。当工作闸门布置在进口,提闸泄水时,门后的空气被水流带走形成负压,因此在工作闸门后需要设置通气孔。在向两道闸门之间充水时,需将空气排出,因此有时在检修闸门后也需设通气孔。

六、洞身段

泄水隧洞的体形设计,除考虑结构的稳定性和强度外,水力学问题常常构成极为重要的控制因素。

选择合理的洞身断面是为了减少阻力、减少磨损、防止气蚀破坏,以增加泄量,改善作用在结构上的荷载条件,并尽可能地防止和消除水流对结构的破坏作用。但水流状态与结构的破坏状态又是相互影响的,即水流可能会导致结构的破坏,而结构破坏又会使水流状态进一步恶化。

洞身断面形式取决于水流状态、地质条件、施工条件和运行要求等。

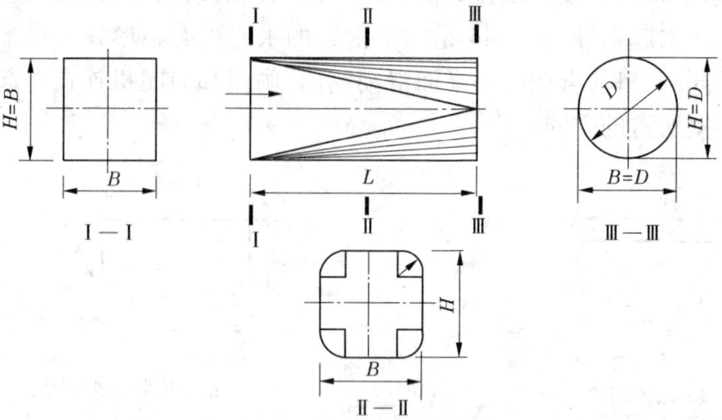

(a)进口渐变段

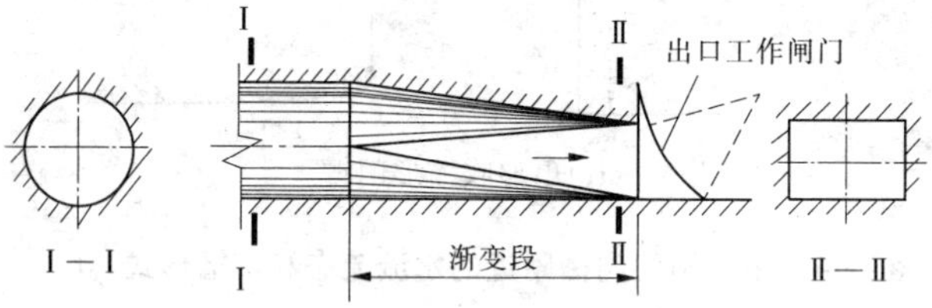

(b)出口渐变段

图 2-45　渐变段

(一)洞身的断面形式

1. 无压隧洞的断面形式

无压隧洞的特点是在整个建筑物内水流自始至终保持着自由水面,山岩压力是其衬砌上的主要荷载,往往对断面形状有决定性的影响。当岩层坚硬、垂直山岩压力较大而侧向山岩压力较小时,断面形式采用圆拱直墙形(城门洞形)比较合适。这种形式不仅受力条件好,而且结构简单,便于开挖和衬砌,在国内得到广泛采用,其断面形状见图 2-46(d)、(i),顶拱中心角多为 90°~180°。垂直山岩压力愈大,选用的中心角也应愈大。断面的宽高比一般为 1∶1~1∶1.5,当洞内水位变化较大时,宜采用较小的宽高比。

为了减小或消除作用在边墙上的侧向围岩压力,也可把边墙做成倾斜的(见图 2-46(e))。若围岩条件较差,还可以采用马蹄形断面(见图 2-46(f)、(h))。当围岩条件差又有较大的外水压力时,也可采用圆形断面。

2. 有压隧洞的断面形式

有压隧洞的断面多为圆形,如图 2-46(a)、(b)、(c)、(g)所示,因为圆形的水力条件好,适于承受均匀内水压力。当围岩条件好且洞径和内水压力不大时,也可采用较圆形断面更便于施工的其他断面形状。

(二)洞身衬砌

1. 衬砌的作用

为了保证水工隧洞安全有效的运行,通常需要对隧洞进行衬砌。衬砌的作用主要有以下几个方面:

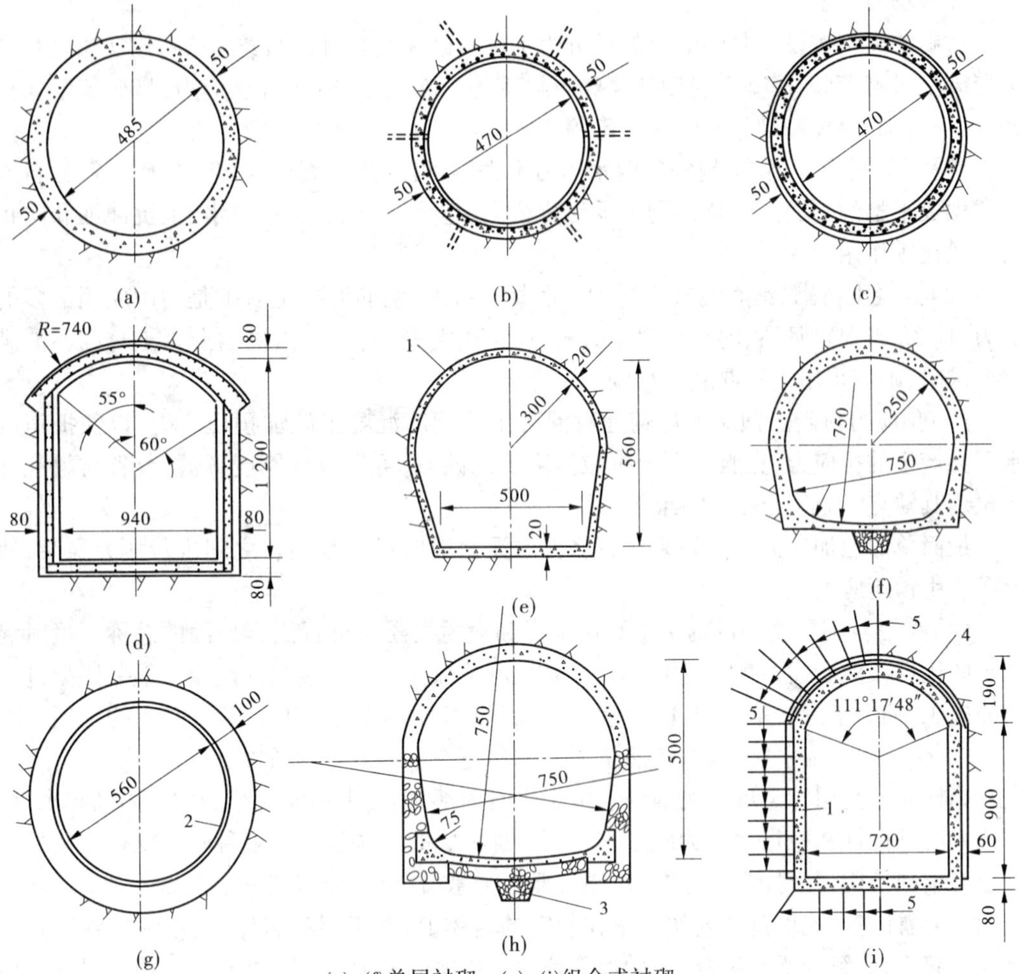

(a)~(f)单层衬砌；(g)~(i)组合式衬砌

1—喷混凝土；2—$\delta = 16$ mm 钢板；3—$\phi = 25$ cm 排水管；4—20 cm 钢筋网喷混凝土；5—锚筋

图 2-46　隧洞的典型断面　(单位：cm)

(1)承受荷载。衬砌承受山岩压力、内水压力等各种荷载。

(2)加固围岩，共同承受内、外水压力和其他荷载，使围岩保持稳定，不至于塌落。

(3)减小表面糙率。由衬砌形成的光滑、平整的表面，可以减小隧洞的糙率和水头损失，改善水流条件。

(4)保护围岩。衬砌可以防止水流、空气、温度、湿度变化等对围岩的冲刷、风化和侵蚀等破坏作用。

(5)防止渗漏。当围岩坚硬完整、开挖不需要支护、岩石抗风化能力强、透水性较小时，有些导流隧洞也可以不做衬砌或只在开挖表面喷混凝土。当在水流及其他因素长期作用下，岩石不致遭到破坏时，引水隧洞也可考虑不衬砌。但是，不衬砌的隧洞糙率大，水头损失增加，往往需要加大断面尺寸。因此，不衬砌的隧洞是否经济合理，需要经过技术经济论证确定。

2. 衬砌的类型

衬砌的类型按设置衬砌的目的可分为平整衬砌和受力衬砌两类。按衬砌所用材料分为混凝土衬砌、钢筋混凝土衬砌和浆砌石衬砌等。除此之外，还有预应力衬砌、装配式衬砌、喷锚衬砌、限裂衬砌和非限裂衬砌等。

(1)平整衬砌。当围岩坚固、内水压力不大时，可以用混凝土、喷浆、浆砌石等材料或方式做成平整的护面。平整衬砌不承受荷载，只起减小糙率、防止漏水、抵抗冲蚀和防止岩石风化等作用。

(2)混凝土衬砌、钢筋混凝土衬砌。混凝土衬砌、钢筋混凝土衬砌是中国应用最多的受力衬砌。当围岩坚硬、内水压力不大时，可采用混凝土衬砌；当采用混凝土衬砌不能满足要求时，则应采用钢筋混凝土衬砌。

(3)预应力衬砌。预应力衬砌是对混凝土或钢筋混凝土施加预压应力，以便抵消内水压力产生的拉应力，克服混凝土抗拉强度低的缺点，可使衬砌厚度减薄，节省材料和开挖量。其缺点是施工复杂，工期较长。

最简单的预加应力方法是采用膨胀性水泥浆液向衬砌与围岩之间进行压力灌浆，使衬砌产生预压应力。

(4)喷锚衬砌。喷锚衬砌是指利用锚杆和喷射混凝土进行围岩加固的总称。喷射混凝土的优点如前所述，对于坚固完整的围岩，可单独使用。由于喷射混凝土能紧跟掘进工作面施工，缩短了围岩暴露时间，使围岩的风化、潮解和应力松弛等不致有大的发展。因此，它不仅可以做成平整衬砌，还能给围岩的自身稳定创造有利条件。

锚杆支护是用特定形式的锚杆锚定于岩石内部，把原来不够完整的围岩固结起来，增加围岩的整体性和稳定性。为施工安全而施加的临时喷锚设施一般称喷锚支护。锚杆支护也可单独使用，其对围岩的加固作用可概括为悬吊、组合和固结三个方面。对于块状围岩，利用锚杆将可能塌落的岩块悬吊在稳定的岩体上；对于层状岩体，利用锚杆将围岩组合在一起，形成组合梁或组合拱，增加其抗弯和抗剪的能力；对于软弱岩体，通过锚杆的加固作用，使其形成整体。

七、出口段的结构布置

在有压隧洞的出口，绝大多数设有工作闸门和启闭机室，闸门前设有渐变段，将洞身从圆形断面渐变为矩形孔口，出口之后即为消能设施。图2-47(a)为冯家山水库右岸有压泄洪洞的出口段结构示意图。

有压泄水隧洞由于自由出流时，主流下跌，在出口段一定长度范围内洞顶会出现负压。因此，为了防止出口段出现负压，出口断面应该收缩，若沿程边界无显著变化，出口收缩比可采用0.85 ~0.9。

无压隧洞的出口段仅设有门框，以防洞脸及其上部岩石崩塌，并与消能设施的两侧边墙相衔接。图2-47(b)为陆浑水库无压泄洪洞的出口段结构示意图。

八、隧洞的消能设施

泄水隧洞大多采用挑流消能和底流消能。泄水隧洞出口的消能方式和岸边溢洪道相

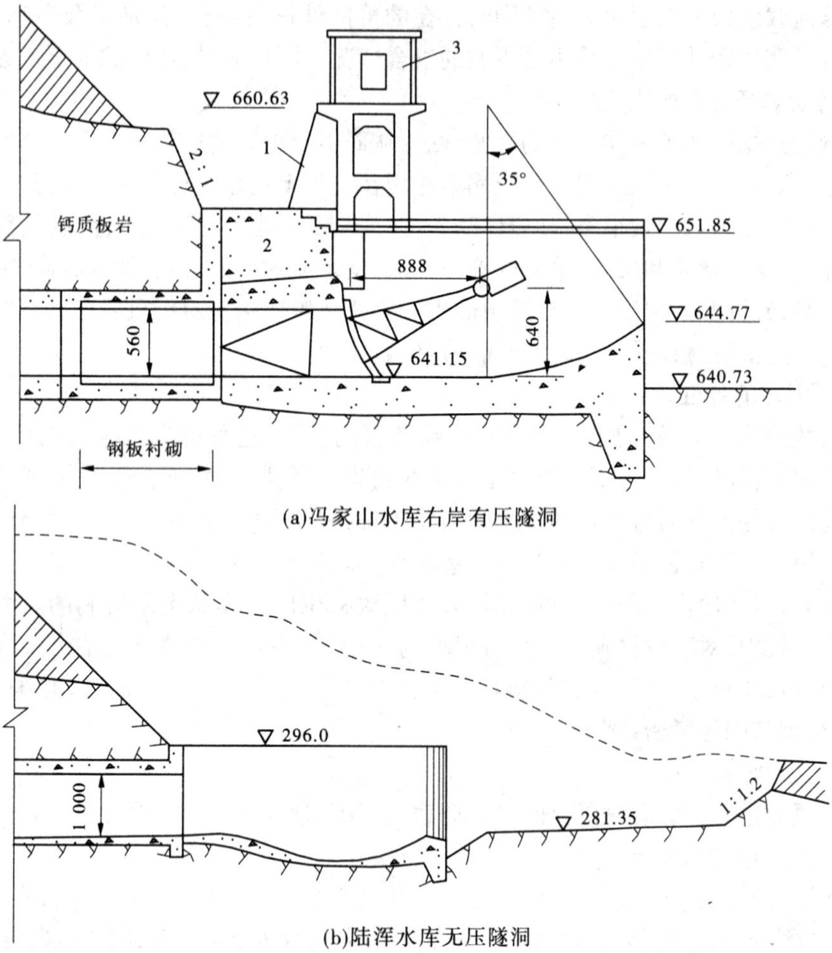

(a)冯家山水库右岸有压隧洞

(b)陆浑水库无压隧洞

1—钢梯;2—混凝土压重;3—启闭机室

图 2-47　隧洞出口段结构示意图　(单位:高程,m;尺寸,cm)

似,只是隧洞出口宽度小、单宽流量大、能量集中,故常在出口后设置扩散段,以扩散水流,减小单宽流量。

九、隧洞衬砌上的荷载及其组合

作用在衬砌上的荷载,按其作用的情况分为基本荷载和特殊荷载两类。基本荷载有:围岩压力、衬砌自重、设计水位洞内的静水压力、稳定渗流情况下的地下水压力等长期的经常作用的荷载;特殊荷载有:校核水位时的内水压力和相应的地下水压力、施工荷载、温度应力、灌浆压力及地震荷载等出现机会较少的不经常作用的荷载。

所有荷载中,衬砌自重和内水压力可以做较精确的计算,地下水压力(亦称外水压力)、温度应力及干缩力、灌浆压力、地震力等常假定一些基本数据,然后可做近似的计算。至于岩石和衬砌之间的作用力(围岩压力和岩层对衬砌的弹性抗力),则因地质条件、衬砌形式和施工条件的不同而不同,目前还不能做十分精确的计算。

计算荷载应根据上述两类荷载同时存在的可能性进行组合，分别组合为基本组合和特殊组合。在衬砌计算中应采用最不利的组合情况，并分别采用不同的安全系数。

（一）山岩压力（围岩压力）

隧洞的开挖破坏了岩体本来的平衡状态，从而引起围岩的应力重分布，并随之产生相应的变形。隧洞开挖后因围岩变形或塌落作用在支护上的压力称为山岩压力。

影响山岩压力的因素很多，如岩体的强度、岩层的产状、裂缝的组合、风化程度、地下水状况、隧洞断面形状和尺寸、采用的施工方法、支护或衬砌的方式及时间等。因此，这是一个错综复杂的问题，很难用一个简单的理论公式予以概括。对于重要的、地质条件复杂的工程，应尽可能通过现场试验和观测确定山岩压力。

（二）围岩的弹性抗力

在荷载的作用下，衬砌向外变形时受到围岩的抵抗，这种围岩抵抗衬砌变形的作用力，称为围岩的弹性抗力。围岩压力是作用在衬砌上的主动力；而弹性抗力则是被动力，并且是有条件的。围岩考虑弹性抗力的重要条件是岩石本身的承载能力，而充分发挥弹性抗力作用的主要条件是围岩与衬砌的接触程度。弹性抗力的作用表明围岩能与衬砌共同承受荷载，从而使衬砌的内力得以减小，所以对衬砌的工作状态是有利的。因此，充分地估计岩石抗力，对减少衬砌工程量有很大的作用，但如果对弹性抗力估计过高，则将导致不适当地减弱衬砌设计。同时，对围岩弹性抗力的大小必须认真研究，并采取适当措施，保证衬砌与围岩紧密结合。

（三）内、外水压力

内水压力是有压隧洞衬砌上的主要荷载。当围岩坚硬完整、且洞径小于6 m时，可只按内水压力进行衬砌的结构设计。

外水压力也是水工隧洞的基本荷载之一，其数值取决于水库蓄水后形成的地下水位线，而这个水位线又与地形、地质、水文地质条件及防渗、排水等措施有关，因此很难准确计算。

工程设计中，当与内水压力组合时，外水压力常用偏小值；当隧洞放空时，采用偏大值。

（四）灌浆压力

隧洞衬砌施工时，由于岩石和模板的变形及混凝土干缩，顶部衬砌与围岩间常存在孔隙，需进行回填灌浆。为了提高围岩的整体性和弹性模量，常对围岩进行固结灌浆，在灌浆过程中浆液对衬砌产生的压力就称为灌浆压力。灌浆压力的大小与地质条件和施工方法有关。

（五）温度荷载和地震荷载

隧洞衬砌一般较薄，散热条件好，因此混凝土的水化热很容易散发，一般可不考虑温度荷载的作用，而主要通过衬砌分缝、养护、保温等构造措施和施工措施予以处理。

隧洞衬砌因埋置在地下，受地震影响很小，设计中一般可不考虑地震作用。如1976年唐山大地震时，地面建筑物破坏严重，而开滦煤矿井巷混凝土棚架和喷锚支护的完好率达95%～100%。

（六）荷载组合

进行衬砌计算时，应根据荷载特点及不同荷载同时作用的可能性，按不同情况进行组合。

(1)正常运用情况:围岩压力+衬砌自重+宣泄设计洪水时的内水压力+外水压力。

(2)施工、检修情况:围岩压力+衬砌自重+可能最大外水压力。

(3)非常运用情况:围岩压力+衬砌自重+宣泄校核洪水时的内水压力+外水压力。

正常运用情况和非常运用情况均可能有几种不同组合,在设计计算中可根据具体情况分析确定。正常运用情况属于基本组合,用以设计衬砌的厚度、材料强度等级和配筋量,其他情况用作校核。

十、水工隧洞的构造

(一)衬砌的分缝和止水

在混凝土及钢筋混凝土衬砌中,一般设有施工工作缝和永久性的横向变形缝。

设置变形缝的目的是防止不均匀沉陷,其位置应设在由于荷载大小、断面尺寸和地质条件等因素发生变化而容易产生不均匀沉陷的部位。缝面不需凿毛,缝内贴沥青毡并做好止水,其构造如图2-48所示。

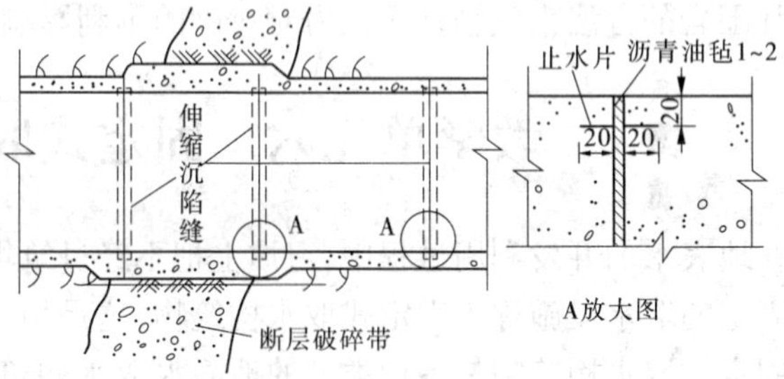

图2-48 衬砌变形缝 (单位:cm)

围岩地质条件比较均一的洞身段,只需设置施工缝。按结构的不同,施工缝可分为纵向与横向两种。无压隧洞的横向施工缝一般不设止水,混凝土也不凿毛,分布钢筋可不穿过横向施工缝。对有压隧洞和有防渗要求的无压隧洞,横向缝应根据具体情况采取必要的接缝处理措施。

纵向工作缝的位置及数目则应根据结构形式及施工条件决定,一般应设在内力较小的部分。无论是无压隧洞还是有压隧洞,其纵向施工缝均必须凿毛处理,还可设一些插筋以加强其整体性,必要时还可设置止水片(见图2-49)。

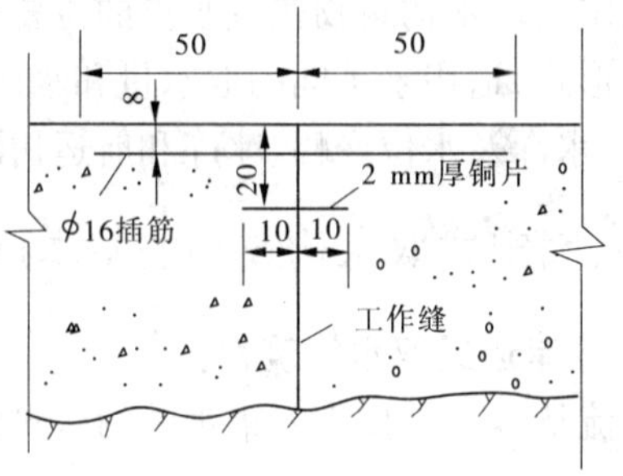

图2-49 工作缝构造 (单位:cm)

(二)隧洞灌浆与排水

1. 灌浆

隧洞灌浆有回填灌浆和固结灌浆两种。

回填灌浆的目的是将衬砌与围岩之间的孔隙充填密实,改善衬砌结构的传力条件,以便衬砌与围岩共同承受荷载。对于混凝土和钢筋混凝土衬砌,回填灌浆一般在顶拱中心角90°~120°范围内进行。灌浆是由预埋管进行的,灌浆时应加强观测,防止衬砌产生不容许的变形。

固结灌浆的目的是提高围岩的强度和整体性,从而得到可靠的弹性抗力,以改善衬砌结构的受力条件，并减少渗漏。

2. 排水

设置排水的目的是降低作用在衬砌上的外水压力。

对于无压隧洞衬砌，当地下水位高时，外水压力可能成为衬砌的主要荷载，为此，可在洞内水面线以上通过衬砌设置排水孔，将地下水直接引入洞内(见图2-50)。排水孔的间距、排距和孔深一般为2～4 m。

有压隧洞是否需要采取排水措施，可根据外水压力是否控制衬砌的承载能力来考虑。

当围岩中软弱面充填物有被水溶解和带走的危险并影响围岩稳定时，则不宜设置排水设施。这时可用固结灌浆加强围岩的方法来减轻外水压力对衬砌的不利影响。

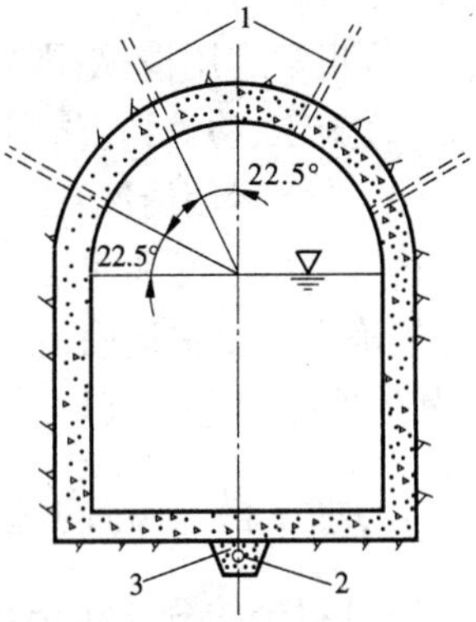

1——径向排水孔；
2—纵向排水管；3—填小石

图2-50 无压隧洞排水

教学单元六 固定式取水构筑物

在地表水的开发利用过程中，习惯上把不经过筑坝拦蓄河水而在岸边或河中直接修建的固定的取水设施称为固定式取水构筑物，这是相对于移动式取水构筑物而言的。

固定式取水构筑物是各种类型的地面水取水构筑物中应用广泛的一种，具有取水安全可靠、维修管理方便、适应范围较广等优点。其主要缺点是当河水水位变化较大时，构筑物的高度需相应地增加，因而工程投资较多，水下工程量较大，施工期长。

固定式取水构筑物按取水点的位置和特点，可分为岸边式、河床式及斗槽式。不同的构筑物形式，适用于不同的取水量和水质要求、不同的河床地形及地质，适用于不同的河床变化、水深及水位变幅、冰冻和航运情况，以及施工条件、投资和设备供应等情况。

一、固定式取水构筑物的基本形式及特点

(一)岸边式取水构筑物

水流从岸边直接进入集水井的构筑物称为岸边式取水构筑物，由集水井和泵站两部分组成。

按照集水井和泵站的相对位置，岸边式取水构筑物可分为合建式和分建式两类。

1. 合建式岸边取水构筑物

合建式岸边取水构筑物将集水井和泵站合建在一起，如图2-51所示。水流经过装有格栅的进水孔进入集水井的进水间，再经过格网进入吸水间，然后由水泵抽走。

合建式岸边取水构筑物的的特点是设备布置紧凑，总建筑面积小，吸水管路短，运行安全，维护方便；但土建结构复杂，施工较困难。适用于河岸坡度较陡、岸边水流较深且地质条件较好、水位变幅流速较大的河流。在取水量大、安全性要求较高时，多采用此种形式。

合建式取水构筑物根据具体情况，可布置成三种形式。图2-51所示的构筑物，集水井与泵房底板呈阶梯布置。当具有岩石基础或其他较好的地质条件时，这样布置可利用水泵吸水高度以减小泵房深度，利于施工和减少投资；但此时泵房需设真空泵，而且启动

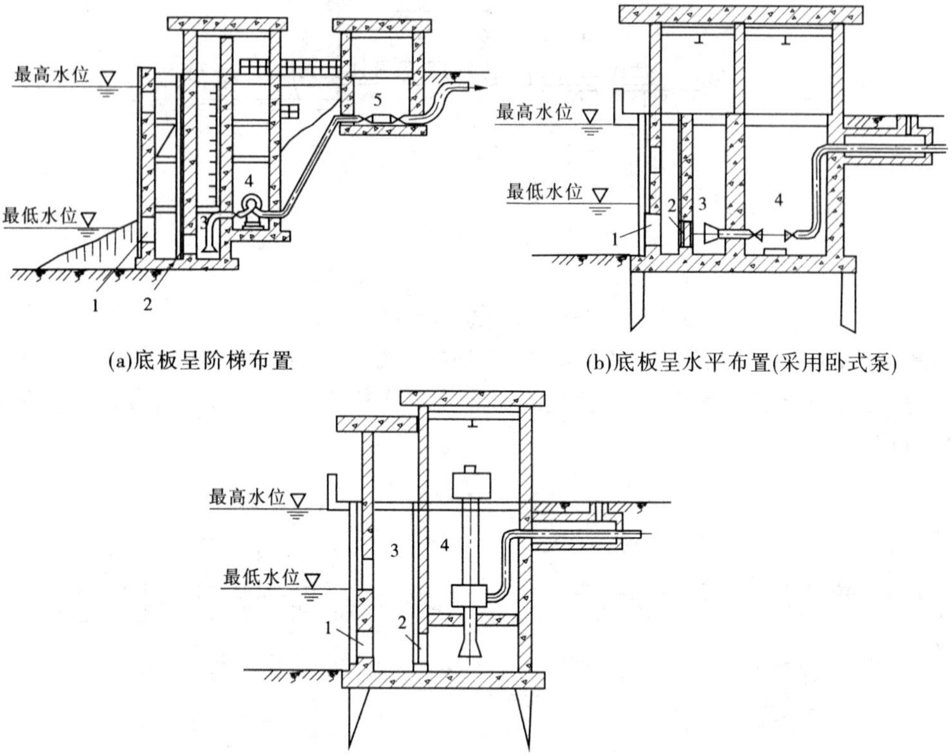

(a)底板呈阶梯布置　　(b)底板呈水平布置(采用卧式泵)

(c)底板呈水平布置(采用立式泵)

1—进水口;2—格网;3—集水井;4—泵房;5—阀门井

图 2-51　合建式岸边取水构筑物

时间较长。在地基条件较差、不宜按阶梯形布置或安全性要求较高、取水量较大时,应将集水井与泵房底板布置在同一高程上,如图 2-51(b)所示。底板水平布置可避免产生不均匀沉降,水泵可自灌式启动;但由于泵房较深,造价较大,且通风防潮条件较差,操作管理不便。为了缩小泵房面积,降低基建投资,在河道水位较低、泵站深度较大时,可采用立式泵(或辅流泵)取水,也可将吸水间设在泵房的下面,如图 2-51(c)所示。这种布置可将电气设备置于泵房的上层,操作方便,通风条件好;但检修条件差。

2. 分建式岸边取水构筑物

当河岸处地质条件较差、不宜合建或水下施工有困难及建造合建式取水构筑物对河道断面和航道影响较大时,宜采用分建式岸边取水构筑物,如图 2-52 所示。由于将集水井和泵房分开建造,泵房可离开岸边建于地质条件较好处,因此可使土建结构简单,较易施工;但吸水管较长,增加了水头损失,维护管理不太方便,运行安全性较差。

(二)河床式取水构筑物

从河心进水孔取水的构筑物称为河床式取水构筑物。当河岸较平坦、枯水期主流离岸较远、岸边水深不足或水质不好而河心有足够水深或较好水质时,宜采用这种形式。

河床式取水构筑物由取水头部、进水管、集水井及泵房组成,如图 2-53、图 2-54 所示。河水经取水头部上带格栅的进水孔,沿进水管流入集水井的进水间,然后经格网

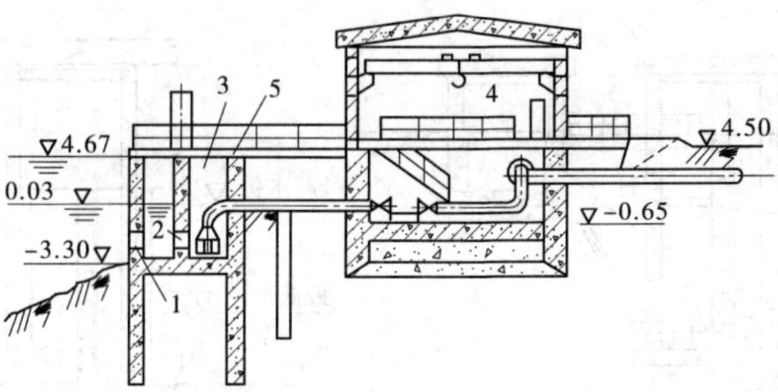

1—进水口;2—格网;3—集水井;4—泵房;5—引桥

图 2-52　分建式岸边取水构筑物　(单位:m)

进入集水井的吸水间,最后由水泵抽走。和岸边式取水构筑物一样,集水井和泵房可以合建,也可以分建。图 2-53 为合建的河床式取水构筑物,图 2-54 为分建的河床式取水构筑物。

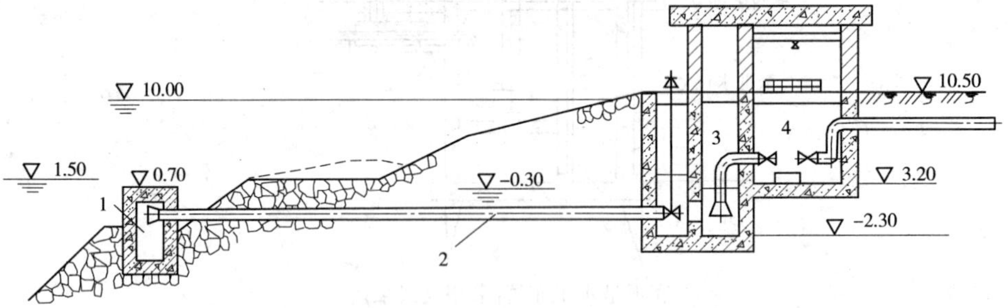

1—取水头部;2—进水管;3—集水井;4—泵房

图 2-53　合建的河床式取水构筑物　(单位:m)

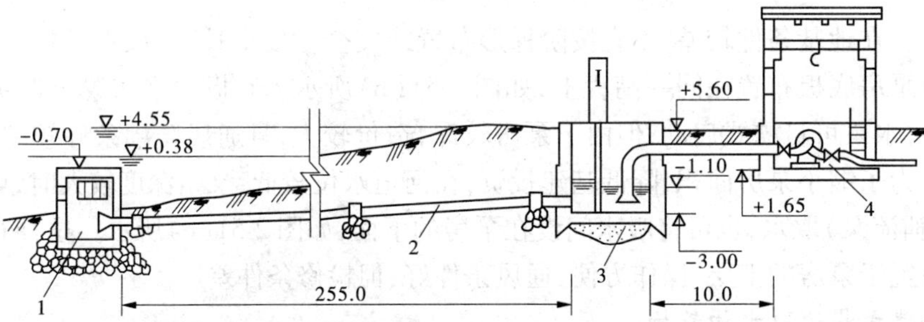

1—取水头部;2—自流管;3—集水井;4—泵房

图 2-54　分建的河床式取水构筑物　(单位:m)

河床式取水构筑物的特点是适应范围较广,集水井和泵房建在河岸上,可不受水流冲刷和冰凌碰击,也不影响河道水流。当河床变迁后,进水管可相应地伸长或缩短,冬季保温、防冻条件比岸边式好。但取水头部和进水管经常淹没在水下,清洗和检修不方便。

按照进水管的形式,河床式取水构筑物可分为自流管式、虹吸管式、水泵直接吸水式、桥墩式;按照取水泵房的结构和特点,河床式取水构筑物可分为湿井式和淹没式。

1. 自流管式

河水进入取水头部后经自流管靠重力流入集水井,这种取水构筑物称为自流管式取水构筑物。图 2-55 所示即为自流管式取水构筑物。这种形式由于自流管淹没在水中，河水靠重力自流，工作较为可靠。但敷设自流管的土方量较大。故宜在自流管埋深不大或河岸可以开挖隧道时采用。

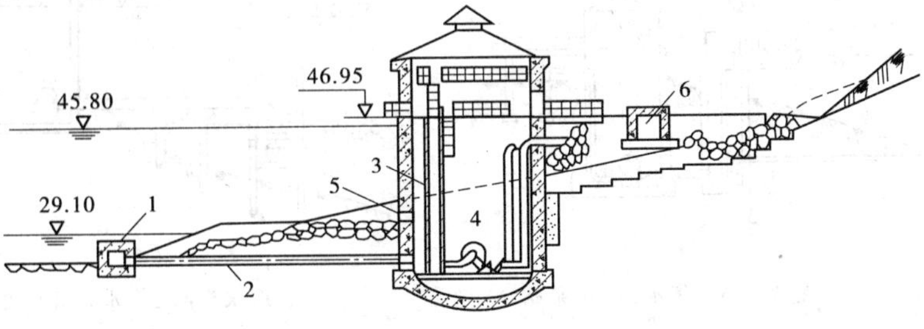

1—取水头部；2—自流管；3—集水井；4—泵房；5—进水孔；6—阀门井

图 2-55 自流管式取水构筑物 （单位：m）

自流管式取水构筑物在洪水期河流底部泥沙较多，水质较差，集水井中常沉积大量的泥沙，不易清除。因此，在水位变幅较大、洪水期历时较长、水中含沙量较高的河流取水时，应在集水井井壁上开设高位进水孔，如图 2-55 所示。在非洪水期，利用自流管取得河心较好的水，而在洪水期则利用集水井上的进水孔取得上层含沙量较少的水。这种形式比单用自流管进水安全、可靠。也可以通过设置高位自流管实现分层取水。

2. 虹吸管式

河水进入取水头部后经虹吸管流入集水井，该种取水构筑物称虹吸管式取水构筑物，如图 2-56 所示。当河滩宽阔、河岸高、自流管埋深很大或河岸为坚硬岩石及管道需穿越防洪堤时，宜采用虹吸管式取水构筑物。由于虹吸高度最大可达 7 m，故可大大减少水下施工工作量和土石方量，缩短工期，节约投资。但是虹吸管必须保证严密、不漏气，因此对管材及施工质量要求较高。另外，需要设一套真空管路系统和设备。当虹吸管管径较大、管路较长时，启动时间长，运行不便。可见，其工作可靠性比自流管式取水构筑物差。

3. 水泵直接吸水式

在取水量小、河中漂浮物较少、水位变幅不大时，可不设集水井，利用水泵吸水管直接伸入河中取水，如图 2-57 所示。这种形式的构筑物利用了水泵的吸水高度，使泵房的埋深减小，且不设集水井，因此施工简单、造价低，在中小型取水工程中采用较广泛。但要求施工质量高，不允许吸水管漏气；在河流泥沙颗粒粒径较大时，水泵叶轮磨损较快；且由于没有集水井和格网，漂浮物易堵塞取水头部和设备。

4. 桥墩式

在取水量较大、岸坡较缓、岸边不宜建泵站、河道内含沙量较高、水位变幅较大、河床地质条件较好等情况下，将整个取水构筑物建在江心，在集水井进水间的井壁上开设进水孔，从江心取水，构筑物与岸之间架设引桥，这种取水方式称为桥墩式取水构筑物，如图 2-58所示。这种形式的构筑物由于缩小了水流断面，造成附近河床冲刷，故基础埋设较深，施工复杂，造价高，维护管理不便，且影响航运。

5. 湿井式泵房

泵房下部为集水井，上部（洪水位以上）为电动机操作室，采用防沙深井泵取水，这就

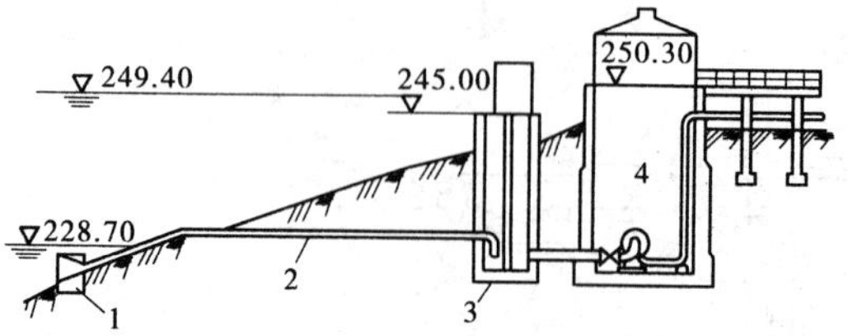

1—取水头部;2—虹吸管;3—集水井;4—泵站

图 2-56 虹吸管式取水构筑物 （单位:m）

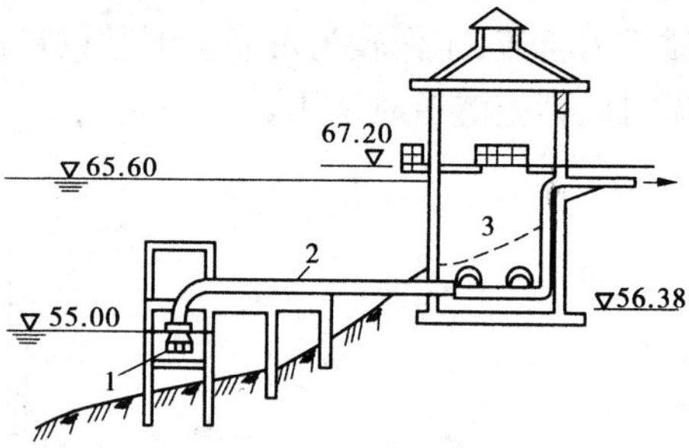

1—取水头部;2—水泵吸水管;3—泵站

图 2-57 直接吸水式取水构筑物 （单位:m）

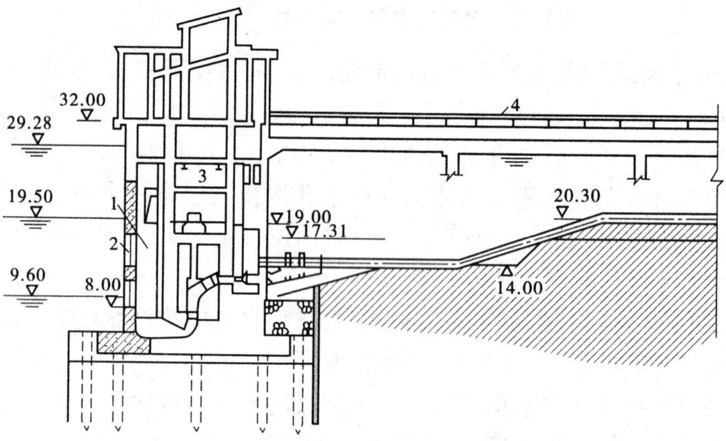

1—进水井;2—进水孔;3—泵房;4—引桥

图 2-58 桥墩式取水构筑物 （单位:m）

是湿井式泵房,如图 2-59 所示。这种形式的泵站适用于水位变幅大于 10 m,尤其是骤涨骤落(水位变幅大于 2 m/h)、水流流速较大的情况,在我国西南地区采用较多,如四川省的大溪沟水厂就是采用此种形式来取用长江水。这种泵房取水的特点是采用深井泵,泵房面积小,对集水井防渗、抗浮的要求低,可降低基建成本,且电动机和操作室的通风及防潮条件较好,运行管理方便。但是水泵检修时需要吊装全部泵管,拆卸安装工作量甚大。

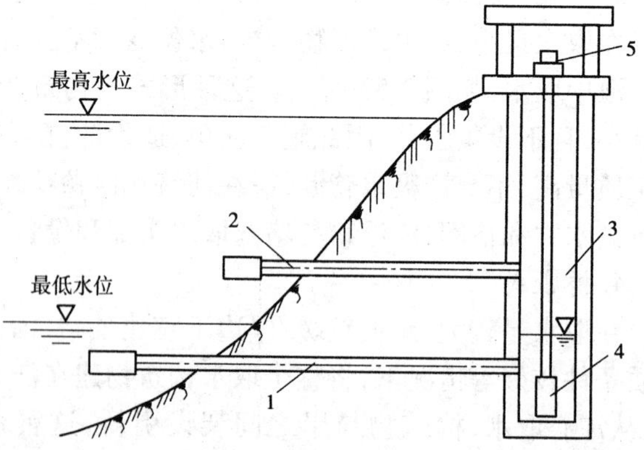

1—低位自流管;2—高位自流管;3—集水井;4—深井泵;5—水泵电动机

图 2-59 湿井式泵房

6. 淹没式泵房

集水井、泵站位于常年洪水位以下，洪水期处于淹没状态，称淹没式取水泵站，如图2-60所示。这种形式适用于在河岸地基较稳定、水位变幅较大、洪水期历时较短、长时期为枯水期水位、含沙量较少的河流取水，如长江中上游地区。其特点是泵房深度浅，土石方量小，构筑物所受浮力小，结构简单，造价较低；但泵站的通风和采光条件差，泵房潮湿，对电机运行不利，且噪音大，操作管理及设备检修、运输不方便，结构防渗要求高，洪水期格栅难以起吊、冲洗。

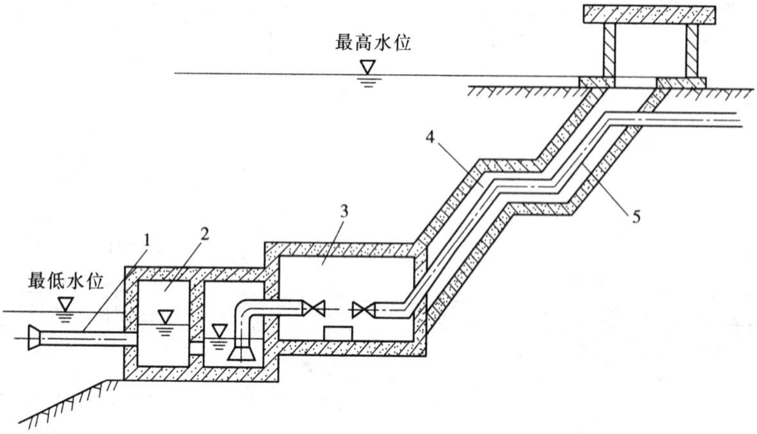

1—自流管；2—集水井；3—泵房；4—交通廊道；5—出水管

图2-60 淹没式泵房

（三）斗槽式取水构筑物

斗槽式取水构筑物由进水斗槽和岸边式取水构筑物组成，即在岸边式取水构筑物取水处的河流岸边用堤坝围成斗槽，利用斗槽中流速较小、水中泥沙易于沉淀、潜冰易于上浮的特点，减少泥沙和冰凌进入取水口，从而进一步改善水质。当河流含沙量大、冰凌严重时，宜采用斗槽式取水构筑物。

斗槽的类型按其水流补给的方向可分为顺流式斗槽、逆流式斗槽、侧坝进水逆流式斗槽和双向式斗槽。

1. 顺流式斗槽

斗槽中水流方向与河流流向基本一致，称为顺流式斗槽，如图2-61（a）所示。由于斗槽中流速小于河水的流速，当河水正面流入斗槽时，其动能迅速转化为势能，在斗槽进口处形成壅水和横向环流，使大量的表层水进入斗槽，大部分悬移质泥沙由于流速减小而下沉，河底推移质泥沙随底层水流出斗槽，故进入斗槽的泥沙较少，但潜冰较多。因此，顺流式斗槽适用于含沙量较高但冰凌不严重的河流。

2. 逆流式斗槽

逆流式斗槽中水流方向与河流流向相反，如图2-61（b）所示。当水流顺着堤坝流过时，由于水流的惯性，在斗槽进水口处产生抽吸作用，使斗槽进口处水位低于河流水位，于是河流的底层水大量进入斗槽，故能防止漂浮物及冰凌进入槽内，并能使进入斗槽中的泥沙下沉、潜冰上浮。这种形式的斗槽适用于冰凌情况严重、含沙量较少的河流。

3. 侧坝进水逆流式斗槽

在逆流式斗槽渠道的进口端建两个斜向的堤坝，伸向河心，如图 2-61(c)所示。斜向外侧堤坝能被洪水淹没，内侧堤坝不能被洪水淹没。在有洪水时，洪水流过外侧堤坝，在斗槽内产生顺时针方向旋转的环流，将淤积于斗槽内的泥沙带出槽外，另一部分河水顺着斗槽流向取水构筑物。这种形式的斗槽适用于含沙量较高的河流。

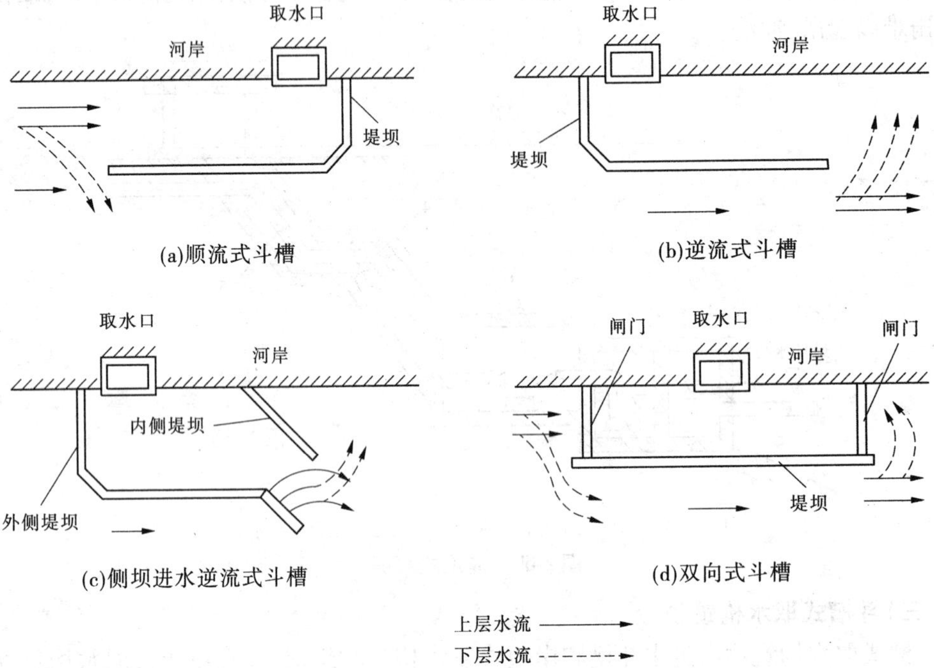

图 2-61　斗槽式取水构筑物

4. 双向式斗槽

双向式斗槽是顺流式和逆流式的组合，兼有二者的特点，如图 2-61(d)所示。当夏秋汛期河水含沙量大时，可打开上游端闸门，利用顺流式斗槽进水；当冬春季冰凌严重时，可打开下游端闸门，利用逆流式斗槽进水。这种形式的斗槽适用于冰凌严重且泥沙含量高的河流。按照斗槽伸入河岸的程度，可分为以下几种：

(1)斗槽全部设置在河床内。适用于河岸较陡或主流离岸较远及岸边水深不足的河流，如图 2-61 所示。

(2)斗槽全部设置在河岸内，如图 2-62(a)所示。这种形式适用于河岸平缓、河床宽度不大、主流近岸或岸边水深较大的河流。

(3)斗槽部分伸入河床，如图 2-62(b)所示。其适用特点和水流条件介于以上二者之间。

斗槽工作室的大小应根据在河流最低水位时能保证取水构筑物正常工作、使潜冰上浮、泥沙沉淀、水流在槽中有足够的停留时间及清洗方便等要求进行设计。槽中最大设计流速根据取水量确定，当取水量为 5～15 m^3/s 时，最大设计流速为 0.10～0.25 m/s，取水量大时可取大值。水在槽中的停留时间应不小于 20 min(按最低水位及沉积层为最大的

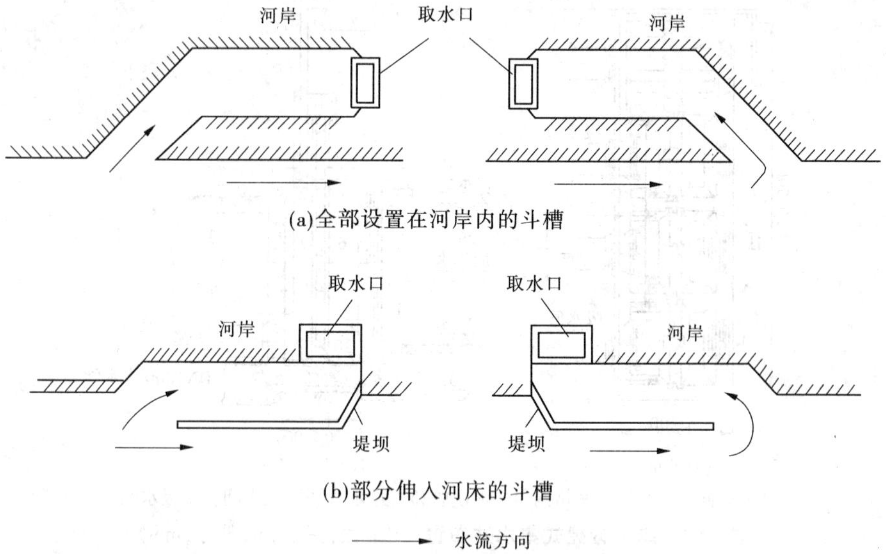

图 2-62　斗槽与河床的位置

情况计算)。槽底泥沙淤积高度一般为 0.5 ~ 1.0 m,槽中的冰盖厚度一般为河流冰盖厚度的 1.35 倍。为使取水口进水均匀,斗槽长度宜为 5 倍以上宽度(在最高水位时)。

二、固定式取水构筑物的构造

固定式取水构筑物由集水井(岸边式和河床式)、取水泵站(岸边式和河床式)、取水头部(河床式)、进水管(河床式)等部分组成。现分别介绍各部分的结构。

(一)集水井

河床式取水构筑物和岸边式取水构筑物的集水井的形状、构造及尺寸确定基本相同,其差别只是河床式取水构筑物集水井的进水间前壁设有进水孔,而岸边式取水构筑物集水井的进水间前壁不设进水孔或只设高水位进水孔,代之以进水管。

集水井一般由进水间、格网和吸水间三部分组成,进水间和吸水间用纵向隔墙分开,在分隔墙上可以设置平板格网。集水井顶部设操作平台,安装格栅、格网、闸门等设备的起吊装置。图 2-63 为岸边分建式集水井的布置。

集水井有半淹没式和非淹没式两种。非淹没式集水井在最高洪水位时仍露出水面,操作管理方便,在漂浮物多的洪水期可以及时清洗格网,供水较安全,因此采用较多。这种集水井的平台上缘应在设计最高水位以上 0.5 m。

集水井和取水泵房可以合建,也可以分建。分建时,集水井的平面形状可为圆形、矩形、椭圆形等。圆形集水井结构合理,水流阻力小,便于沉井施工,但不便于布置设备;矩形集水井安装滤网、吸水管、水泵和管线较为方便,但造价较高。通常当集水井深度不大、可用大开槽施工时,采用矩形集水井,否则宜用圆形。

1. 进水间

岸边式取水构筑物集水井的进水间,其外壁开有进水孔,孔上设有格栅及闸门槽。进水孔一般做成矩形,其面积应根据设计流量和进水流速进行计算(详见格栅计算部分)。

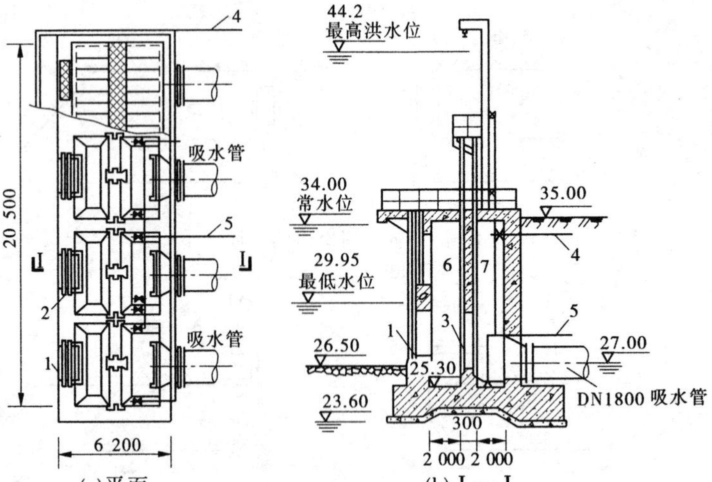

(a)平面 (b) I—I

1—格栅;2—闸板;3—格网;4—冲洗管;5—排水管;6—进水间;7—吸水间

图 2-63 岸边分建式集水井布置 (单位:高程,m;尺寸,mm)

根据运行的安全性及检修、清洗、排泥等要求,进水间通常用隔墙分成可独立工作的若干分格,其分格数目应按水泵的台数和容量大小及格网的类型确定,一般不少于两格。大型取水工程可采用一台泵一个分格,小型取水工程可采用数台泵一个分格。

一般每一分格布置一个进水孔。进水孔的高宽比应尽量符合标准设计的格栅和闸门尺寸。进水孔的下缘应高出河底 0.5 m 以上,上缘应在设计最低水位以下,不小于 0.3 m (有冰盖时从冰盖下缘算起)。当孔口高度受河流最低水位和进水间底板标高限制时,可将孔口宽度加大,也可并列布置两个或两个以上进水孔。

当河水水位变幅大于 6 m 时,可采用两层或三层的分层进水孔,以便在洪水时能取得表层含泥沙较少的水。下层进水孔的上缘一般应在设计最低水位以下 0.3 m,下缘高于河底 0.5 m 以上;上层进水孔的上缘一般在设计洪水位以下 1.0 ~ 1.25 m。

进水间的平面尺寸应根据进水孔、格网和闸板的尺寸及安装、检修和清洗等要求确定,同时应保证进水均匀、平稳。

2. 吸水间

吸水间用来安装水泵吸水管。进入吸水间内的水流要求顺畅、速度小、分布均匀、不产生旋涡。吸水间的长度一般与进水间相同,宽度应根据吸水管的布置要求确定,离心泵吸水间的尺寸通常按吸水喇叭口间距确定,如图 2-64 所示。各部分尺寸确定如下:

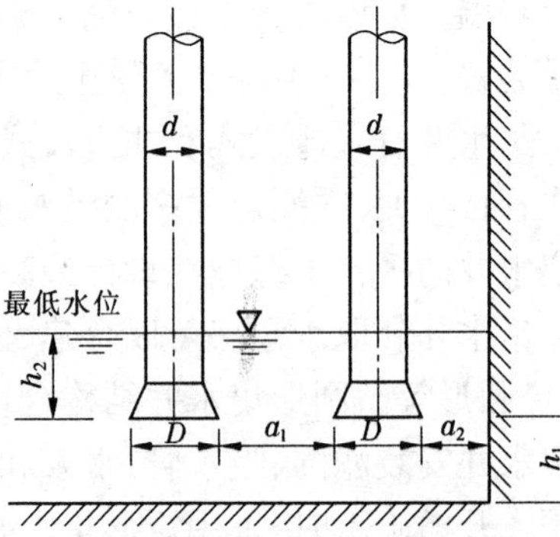

图 2-64 离心泵吸水间布置

(1)吸水喇叭口直径 D 一般采用:

$$D = (1.3 \sim 1.5)d$$

式中 d——吸水管直径,mm。

(2)喇叭口净间距 a_1 和喇叭口与井壁间的净间距 a_2 可采用:

$$a_1 = (1.5 \sim 2.0)D$$

$$a_2 = (0.75 \sim 1.0)D$$

(3)吸水喇叭口的最小悬空高度(喇叭口与井底间距)h_1 和最小淹没深度 h_2 可采用:

$$h_1 = (0.6 \sim 0.8)D, 且\ h_1 \geqslant 0.5\ \text{m}$$

$$h_2 = 0.5 \sim 1.0\ \text{m}$$

(4)吸水间进水长度 L 的确定:多台水泵的吸水间应有一定的进水流程以便调整水流,使其顺直、均匀地流向各吸水管。因此,格网出水至吸水喇叭口中心的流程长度 L 应不小于吸水喇叭口直径 D 的3倍。

3. 格栅

格栅设在进水孔上,用来拦截水中粗大的漂浮物及鱼类等。

格栅由金属框架和栅条组成,框架的外形应与进水孔形状一致。格栅一般按可拆卸设计,并考虑有人工或机械清除的措施。栅条断面形状有矩形、扁圆形和圆形等多种。图2-65为格栅标准图,图中 B、B_1、H、H_1 根据设计要求按S321格栅标准设计的规格确定。格栅的水头损失一般取0.05~0.10 m。

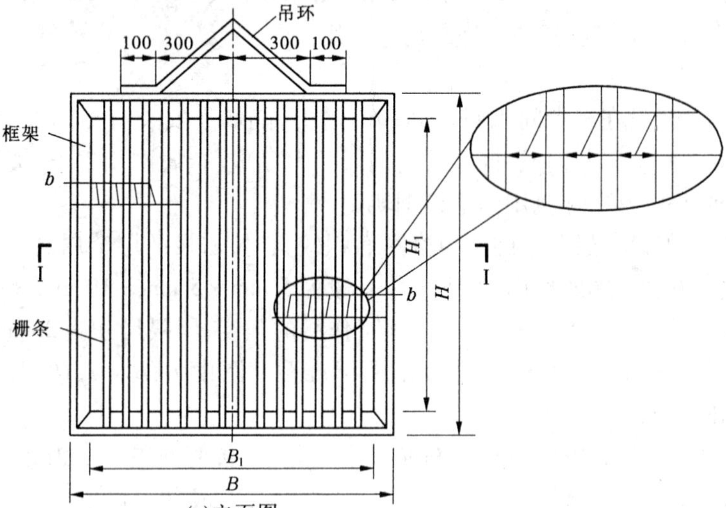

(a)立面图

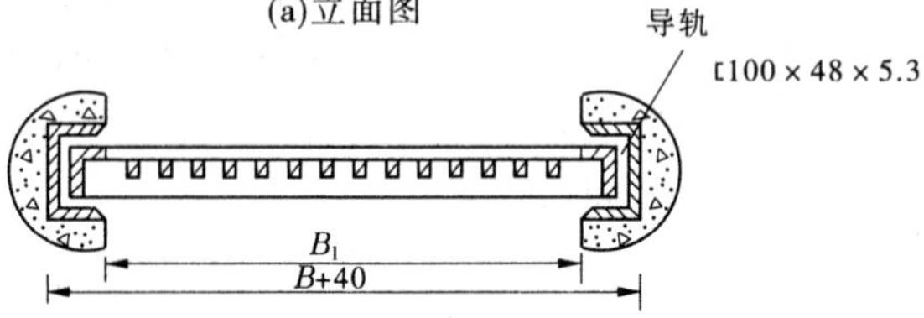

(b) I — I 剖面图

图2-65　格栅　(单位:mm)

格栅的面积可按式(2-21)计算,即

$$F_1 = \frac{Q}{v_1 K_1 K_2} \tag{2-21}$$

式中　F_1——格栅面积,m^2;

　　Q——设计流量,m^3/s;

K_1——栅条的堵塞系数,取 0.75;

K_2——栅条的面积减小系数;

v_1——过栅流速,m/s,对于岸边式取水构筑物,当水中有冰絮时为 0.2 ~ 0.6 m/s,无冰絮时为 0.4 ~ 1.0 m/s,对于河床式取水构筑物,当水中有冰絮时为 0.1 ~ 0.3 m/s,无冰絮时为 0.2 ~ 0.6 m/s,当取水量小、江河流速小、泥沙和冰絮严重时,应采用较小流速。

栅条面积减小系数 K_2 可用下式计算,即

$$K_2 = \frac{b}{b + s}$$

式中 b——栅条净间距,mm,视河中漂浮物情况而定,一般为 30 ~ 50 mm;

s——栅条厚度或直径,mm,一般为 10 mm。

4. 格网

格网设在进水间和吸水间之间,用以拦截水中细小的漂浮物。格网有平板格网和旋转格网两种形式,应根据水中漂浮物数量、每台水泵的出水量等因素加以选择。通常,当每台泵出水量小于 1.5 m^3/s 时,采用平板格网;出水量大于 3.0 m^3/s 时,采用旋转格网;出水量在 1.5 ~ 3.0 m^3/s 时,两种格网均可采用。

1) 平板格网

平板格网直接设在进水间和吸水间的隔墙上,隔墙上安装有专门放置格网的导轨。平板格网由框架和金属网构成,框架用槽钢或角钢制成,金属网用铜丝、镀锌钢丝或不锈钢丝等耐腐蚀材料制成,导轨用槽钢或钢轨制成。

平板格网一般设一层金属网。当格网面积较大时,需设两层金属网。其中一层为工作网,起拦截水中漂浮物的作用,网眼尺寸一般为 5 mm × 5 mm ~ 10 mm × 10 mm,网丝直径为 1 ~ 2 mm;另一层是支撑网,用以增加工作网的强度,网眼尺寸为 25 mm × 25 mm,金属丝直径为 2 ~ 3 mm。图 2-66 为平板格网标准图。图中 B、B_1、H、H_1 根据设计要求按 S321 格网标准设计的规格确定。

格网堵塞时应及时冲洗,以免格网前后水位差过大,使网破裂。因此,应设压力冲洗水管,水压为 0.25 ~ 0.3 MPa。为保证取水的安全性,一般平行设置两道平板格网,其中一道作为备用。当格网工作一段时间需要提起清洗时,先将备用的格网放下,然后将工作的格网吊起到操作平台上进行冲洗。废水经排水槽排往河道下游。

平板格网的面积可按式(2-22)计算,即

$$F_2 = \frac{Q}{v_2 \varepsilon K_1 K_2} \tag{2-22}$$

式中 F_2——平板格网的面积,m^2;

Q——设计流量,m^3/s;

v_2——过网流速,一般取 0.3 ~ 0.5 m/s;

ε——水流收缩系数,一般取 0.64 ~ 0.8;

K_1——格网堵塞后面积减小系数,一般取 0.5;

K_2——因网丝引起的面积减小系数。

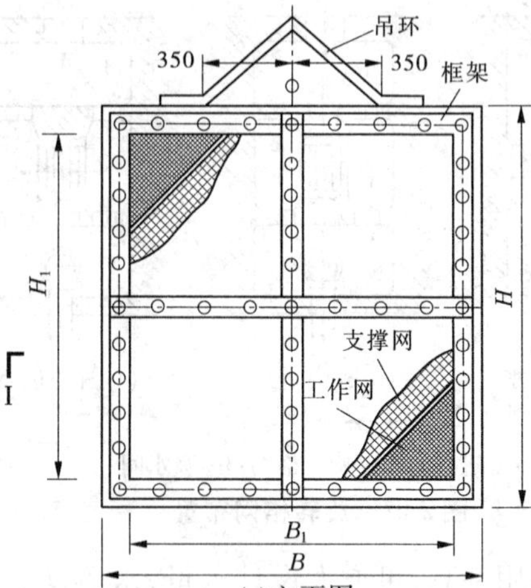

(a)立面图

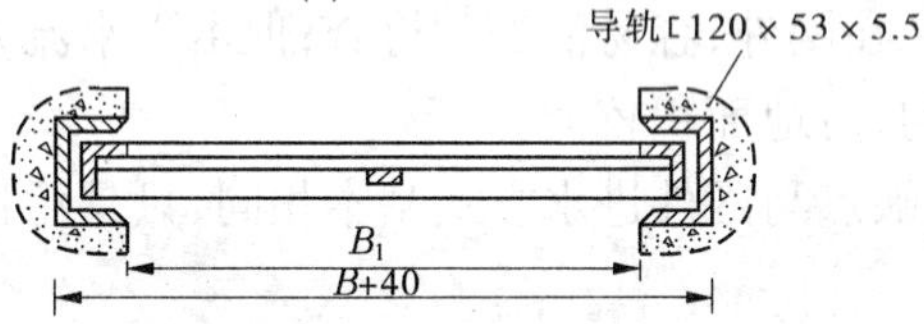

(b) I — I 剖面图

图 2-66 平板格网 （单位:mm）

K_2 的计算公式为

$$K_2 = \frac{b^2}{(b+d)^2}$$

式中 b——网眼尺寸,一般为 5 ~ 10 mm;

d——网丝直径,一般为 1 ~ 2 mm。

平板格网的水头损失一般取 0.10 ~ 0.20 m。

平板格网具有构造简单、不单独占用面积、可缩小集水井的尺寸等优点,在中小水量、漂浮物不多时采用较广。但平板格网冲洗麻烦,网眼尺寸不能太小,因而不能拦截较细小的漂浮物。

2) 旋转格网

当采用旋转格网时,应在进水间和吸水间之间设置格网室。

旋转格网是绕在上下两个旋转轮上、由电动机带动的连续网板。网板包括金属框架和金属网。网眼尺寸视水中漂浮物数量和大小而定,一般为 4 mm × 4 mm ~ 10 mm × 10 mm,网丝直径为 0.8 ~ 1.0 mm。因为旋转格网是连续清洗的,因此其转动速度也应根据河中漂浮物的多少确定,一般为 2.6 ~ 6.0 m/min。旋转格网采用压力水通过穿孔管或喷嘴冲洗,冲洗后的污水沿排水槽排走。

旋转格网的布置有直流进水、网内进水和网外进水三种方式,如图 2-67 所示。

直流进水方式水力条件较好,格网上水流分配均匀,水经过两次过滤,水质较好,和其余两种布置方式相比,占地面积较小;但格网工作面积利用率低,网上未冲净的污物有可能被带入吸水室。

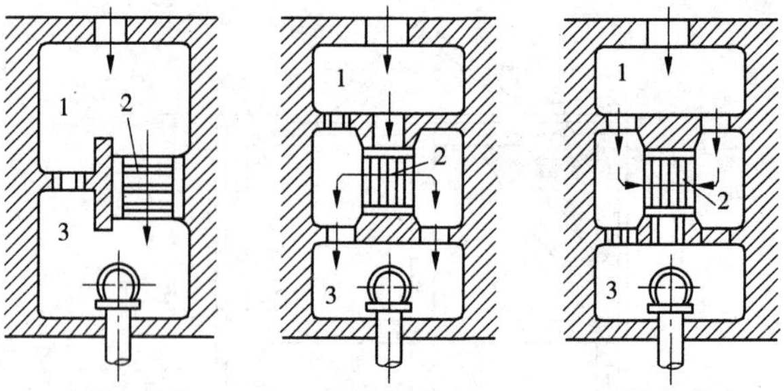

图 2-67　旋转格网布置

网外进水方式格网面积利用率高,可增大设计水量,水质良好,网上未冲净的污物不会带入吸水室,污物拦截在网外,容易清洗和检查;但由于水流方向与网面平行,故水力条件较差,格网负荷不均匀,占地面积较大。

网内进水方式的优缺点与网外进水方式基本相同,只是污物被截留在网内,不易清除和检查,故采用较少。

旋转格网所需面积按式(2-23)计算

$$F_3 = \frac{Q}{v_3 \varepsilon K_1 K_2} \tag{2-23}$$

式中　F_3——水面以下的格网面积,m^2;

v_3——过网流速,一般取 0.7 ~ 1.0 m/s,不大于 1.0 m/s;

K_1——格网阻塞和框架引起的面积减小系数,取 0.56;

其余符号意义同前。

格网在最低水位下的深度可按下式计算:

网外或网内两侧进水时
$$H = \frac{F_3}{2B} - R \tag{2-24}$$

直流进水时
$$H = \frac{F_3}{B} - R \tag{2-25}$$

式中　H——格网在水下部分的深度,即下部旋转轴至水面的距离,m;

R——格网下部弯曲半径,目前使用的标准滤网 R = 0.73 m;

B——格网宽度,目前通用的设计宽度有 1.5 m、2.0 m、3.0 m 三种规格;

F_3——旋转格网的面积,m^2。

格网最低点宜高于进水间底板 0.4 ~ 0.5 m,其间不得设置挡板。

旋转格网的水头损失为 0.15 ~ 0.30 m。

旋转格网构造较复杂,占地大,但冲洗较方便,拦污效果好,可以拦截较细小的杂质,故适宜在水中漂浮物较多、取水量较大时采用。

5. 集水井的排泥和冲洗

进水间和吸水间中的水流速度较小,当河水中含泥沙较多时,集水井中会沉积泥沙,因此需设排泥、冲洗装置以便及时清理排除。在大型取水构筑物中可设排污泵（常用 PWA 型），小型取水构筑物中或泥沙淤积情况不严重时，可采用射流泵。为了冲动底部沉积的泥沙，大型取水构筑物可在池底设 4 ~6 个高压喷嘴，小型的可用水龙带冲洗，当水泵抽水时，泥沙即可随水流带走。

6. 防冰措施

在北方有冰冻的河流上取水时，可采取下列措施以防止进水孔格栅堵塞：

（1）降低进水孔流速。减小进水孔的流速，使其在 0.05 ~0.1 m/s 的范围内，可以减少带入进水孔的潜冰量。但减小流速势必会加大进水孔的面积，因此在实际应用中受到限制。

（2）加热格栅。利用电、蒸汽或热水加热格栅，以防冰冻。电加热格栅是将格栅的栅条当做电阻，通电后使栅条发热；蒸汽或热水加热格栅是将蒸汽或热水通入空心栅条中，再从栅条上小孔喷出，使栅条得到加热。加热格栅的方法比较有效，因此应用较广。

（3）利用废热水。当有洁净的工厂废热水（如电厂排水）时，可将其引至进水孔前，简易有效。

（4）其他。其他方法有机械清除、反冲洗、在进水孔上游设挡冰木排等。

（二）取水泵站

取水泵站又称一级泵站或水源泵站，可与集水井、出水闸门井合建或分建。合建时集水井可放在泵房内、泵房外或泵房底部，但需尽量减小泵房面积和吸水管长度。由于河流水位经常变化，所以取水泵房常常建得较深，以保证枯水位时水泵能吸水，而洪水位时不被淹没。

1. 取水泵房的平面形状

泵房平面有圆形、矩形、椭圆形等。矩形泵房便于布置水泵及管路，常用于水泵台数较多(4 台以上)、泵房深度小于 10 m 的情况。圆形泵房受力条件较好，便于沉井施工，当水位变幅较大、泵房较深时，比矩形泵房更经济，因此当深度大于 10 m 时，常采用圆形泵房，但水泵台数宜小于 4 台。

2. 取水泵房的平面布置

泵房内除水泵机组外，还有变配电、控制、采暖通风、起重、排水等附属设备。

取水泵的台数不宜过多，一般采用 3 ~4 台（包括备用泵）。台数过多将增大泵站面积，增加土建造价，台数过少又不易调度。当供水量变化较大时，可考虑大小泵搭配，以利调节。

在满足操作、检修要求的基础上，水泵机组、管路及附属设备的布置应尽量紧凑，以缩小泵房面积。例如，卧式水泵机组采用顺转、倒转双行排列，进出水管直进直出；一台水泵的进出水管加套管穿越另台水泵的基础；大中型泵房水泵压水管上的单向阀和转换阀布置在泵房外的阀门井内；尽量采用小尺寸管件；将真空泵、配电设备等安装在不同高度的平台上等。

泵房布置应考虑远期发展，可适当增大水泵机组和墙壁的净距，留出小泵换大泵或另行增加水泵所需的位置。

3. 取水泵房的高程布置

在江河边取水的泵房，其 ±0.00 层高程或非淹没式进水间的顶层操作平台高程，应为百年一遇的设计最高水位加浪高再加 0.5 m。

进水间最低动水位等于河流最枯水位减去取水头部到进水间（包括格栅）的水头损失；吸水间的最低动水位等于进水间的最低动水位减去进水间至吸水间（包括格网）的水头损失；吸水间底部高程等于吸水间最低动水位减去格网高度，再加 0.3 ~ 0.5 m 的安全高度。

在计算卧式离心泵安装高度时，应考虑到水泵因抽吸浑水磨损泵壳、叶轮和管道所造成的输水阻力变化，确定吸水高度时应留有一定的剩余水头。

立式离心泵的叶轮应安装在最低水位下部 0.5 ~ 1.0 m 以下。

轴流泵的吸水室（进水流道）和水泵层的高度按照水泵样本的要求进行布置和确定。

4. 泵房的起吊、通风及抗浮、防渗

取水泵房内的起吊设备有一级起吊和二级起吊两种。中小型泵房和深度不大的大型泵房，一般采用单轨吊车、桥式吊车等一级起吊。深度大于 20 ~ 30 m 的大中型泵房，因起吊高度大，宜在泵房顶层设电动葫芦或电动卷扬机作为一级起吊，在泵房底层设桥式吊车作为二级起吊，并注意二者位置的衔接，以免偏吊。

取水泵房往往较深，因此需考虑通风。泵房深度不太大时可采用自然通风，深度较大又位于酷热地区时可用机械通风。机械通风一般多采用自然进风、机械排风，或自然进风、风管系统与电机热风排出口直接密闭相接的机械排风装置。

取水泵房受到河水或地下水的浮力作用，因此在设计时必须考虑抗浮。另外，泵房外壁受水压作用，必须注意混凝土的级配和施工质量，以免渗水。

（三）取水头部

取水头部是河床式取水构筑物的组成部分之一，具有多种形式。

1. 取水头部设计的一般要求

（1）取水头部应设在稳定河床的主流深槽处，有足够的取水深度。

（2）取水头部的形状对取水水质及河道水流有较大的影响，因此应选择合理的外形和较小的体积，以避免对周围水流产生大的破坏和扰动，同时防止取水头部受冲刷，甚至被冲走。

（3）任何形式的取水头部均不同程度地使河道水流发生变化，引起局部冲刷，因此应在可能的冲刷范围内抛石加固，并将取水头部的基础埋在冲刷深度以下。

（4）取水头部至少应分成两格，或分设两个取水头部，以便清洗和检修。在漂浮物或泥沙多的河流中，相邻的取水头部应有较大的间距，一般沿水流方向的间距应不小于头部最大尺寸的 3 倍。

（5）取水头部应防止冰块堵塞和冲击，并防止船只、木筏碰撞。

2. 取水头部的形式和构造

取水头部分为固定式取水头部和移动式取水头部。固定式取水头部有管式取水头部、蘑菇式取水头部、鱼形罩式取水头部、箱式取水头部、桥墩式取水头部、桩架式取水头部、斜板式取水头部及活动式取水头部等。

1)管式取水头部

管式取水头部是一个设有格栅的金属喇叭管,安装在虹吸管、自流管或水泵吸水管上。这种取水头部构造简单、造价低、施工方便,适用于江河水质较好、洪水期浊度不大、水位变幅较小的中小型取水构筑物。当河流中漂浮物较多时,易堵塞格栅,因此应设反冲或清洗设施。

喇叭口可以布置成顺水流式、水平式、垂直向上式和垂直向下式,如图 2-68 所示。顺水流式用于泥沙和漂浮物较多的河流,水平式一般用于水深较浅和纵坡降较小的河流,垂直向上式一般用于河岸较陡、水深且无冰凌、漂浮物较少、推移质较多的河流,垂直向下式则用于小型取水构筑物的泵房直接取水。

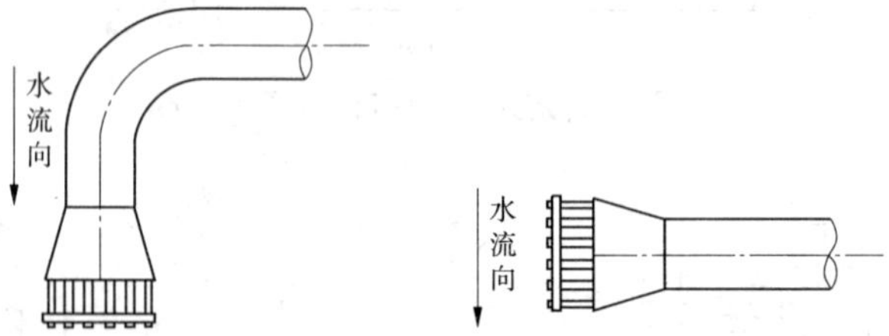

(a)顺水流式　(b)水平式

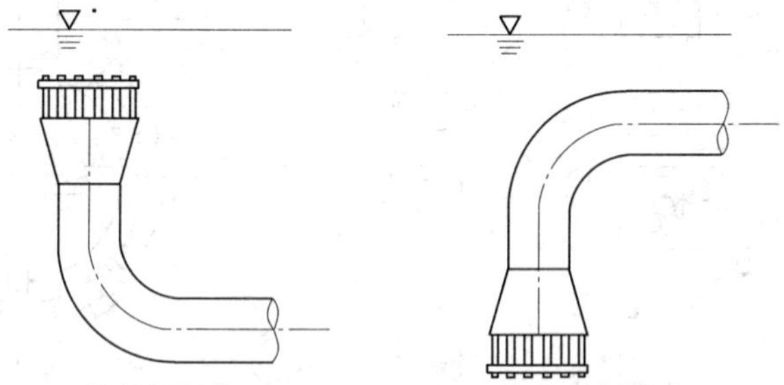
(c)垂直向上式　(d)垂直向下式

图 2-68　管式取水头部的布置

2)蘑菇式取水头部

蘑菇式取水头部是一个向上的喇叭管,上面加一金属帽盖,河水由帽盖底部格栅曲折流入(见图 2-69),因此带入的泥沙及漂浮物比管式取水头部少,但施工安装较麻烦。为便于装卸和检修,帽盖可做成装配式。这种形式的取水头部适用于中小型取水构筑物,因蘑菇头较高,所以要求在枯水期仍有 1.0 m 以上的水深。

3)鱼形罩式取水头部

鱼形罩式取水头部是由钢板卷焊、两端带有圆锥体的圆筒,圆筒表面和背水的圆锥体表面上开设圆形进水孔,如图 2-70 所示。孔眼的进水流速比河水流速小,以防漂浮物堵塞。鱼形罩式取水头部外形圆滑,水流阻力小,漂浮物难以吸附在罩上,加上进水孔流速小,因此适用于水泵直接吸水的中小型取水构筑物,鱼形罩可焊在吸水管上,或安装在吸水管的喇叭口外。为减少杂草堵塞,需设冲洗和清理设施。

4)箱式取水头部

箱式取水头部由钢筋混凝土箱和设在箱内的喇叭管组成,箱的侧面或顶部开设进水口,进水口上设格栅,如图 2-71 所示。箱体为预制箱体,可整体下沉或分段拼装。箱的平

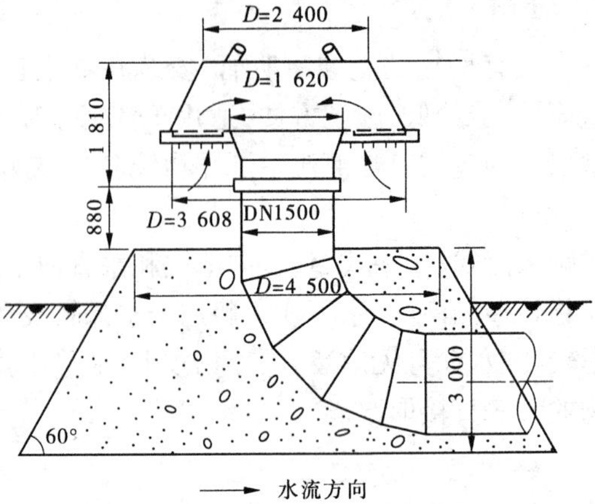

图 2-69　磨菇式取水头部　（单位:mm）

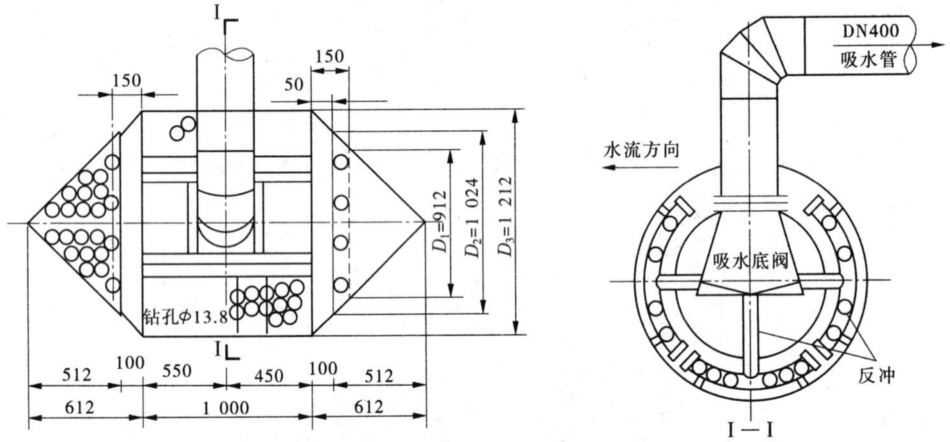

图 2-70　鱼形罩式取水头部　（单位:mm）

面为矩形、圆形或菱形等。主流方向可能变动的河流常采用圆形;菱形的锥角宜取 60° ~ 90°,这样水力条件较好;矩形取水头部的水力条件稍差。因菱形箱式取水头部可采用分段预制、水下拼装的方法,施工和设备安装较方便,故在我国中南地区含沙量较小的河流上采用较多。

箱式取水头部适用于水深较小、含沙量小、冬季潜冰较多的河流。取水头部的长轴应尽可能和洪水期水流方向一致,以减少对水流的阻力,并避免引起河床冲刷。

5)桥墩式取水头部

桥墩式取水头部有淹没式和半淹没式两种,如图 2-72 所示。这种形式的取水头部适用于中小型的取水构筑物和水深较小、船只通航不频繁的河流。因取水头部的基础深入河床,产生局部冲刷,使泥沙不易淤积,故可取得较好的水质,保持一定的取水深度,但对周围河床须采取防护措施。取水头部长轴应尽量与洪水期水流方向一致,以免水流阻力过大。

淹没桥墩式取水头部具有带格栅的喇叭口,与进水管焊接后整体吊装,在水下浇灌混

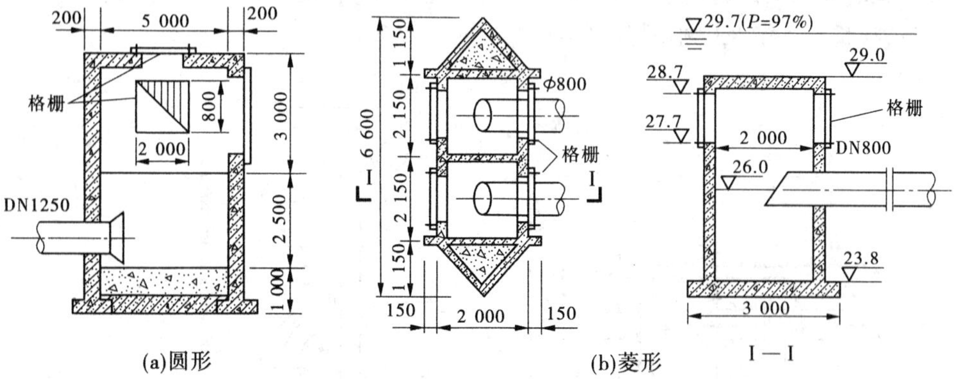

(a)圆形　　(b)菱形

图 2-71　箱式取水头部　(单位:高程,m;尺寸,mm)

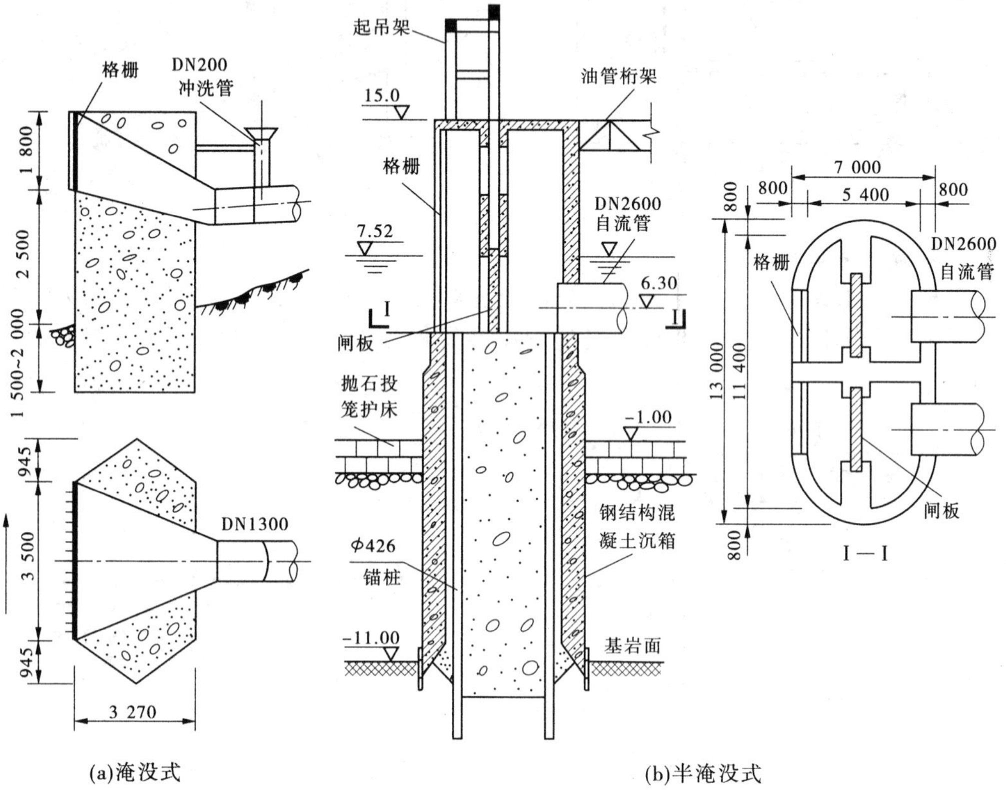

(a)淹没式　　(b)半淹没式

图 2-72　桥墩式取水头部　(单位:高程,m;尺寸,mm)

凝土,头部高度较小,稳定性较好,构造简单。半淹没桥墩式取水头部采用钢模沉井施工,在低水位时露出、洪水位时淹没。头部上设有上、下两层进水孔,装有油压启闭的平板闸门。高水位时由上层进水孔取得含沙量较小的水。

6)桩架式取水头部

桩架式取水头部如图 2-73 所示,用钢筋混凝土桩或用木桩打入河底,支承取水头和管道;桩架四周可设置格栅,以拦截漂浮物。取水头部附近河床用抛石护底,防止冲刷。

这种形式的取水头部适用于流速较小、水位变化不大、有足够水深、河床可打桩且无流冰的河流，在长江下游及中小型取水构筑物中应用较多。

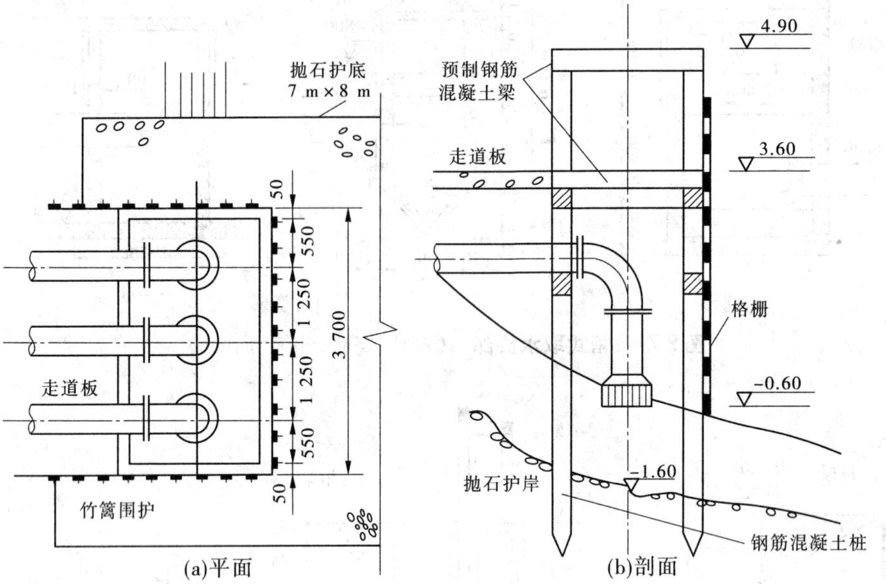

图 2-73　桩架式取水头部　（单位：高程，m；尺寸，mm）

7）斜板式取水头部

斜板式取水头部如图 2-74 所示。河水经过斜板时，粗颗粒泥沙即沉淀在斜板上，并滑落至河底，被河水带走，从而减轻管道内粗沙淤积和水泵磨损，有利于取水构筑物的运行。

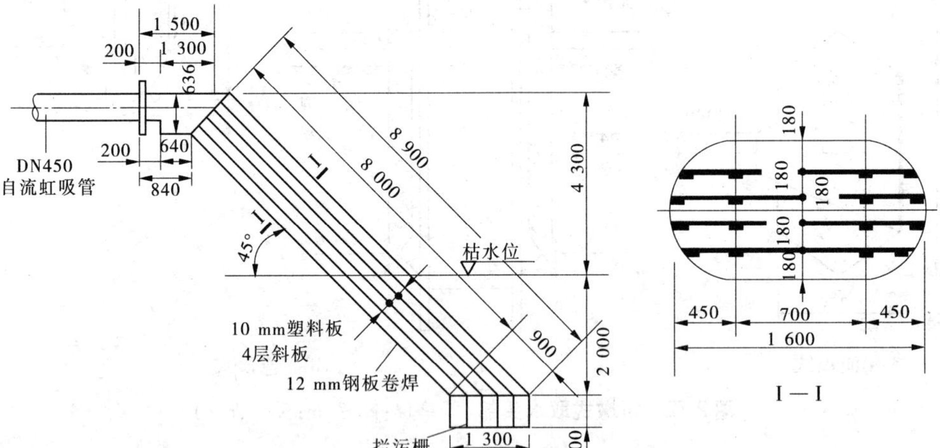

图 2-74　斜板式取水头部　（单位：mm）

斜板常采用上向流式，斜板间距为 100～200 mm，间距太小易被杂草堵塞，太大则使斜板长度增加。斜板内水流上升流速为 0.05～0.15 m/s，倾角应大于 45°，以保证自动排沙，一般为 45°～60°。对于粒径为 0.1～1.0 mm 的泥沙，去除率可达 70%～80%。这种形式的取水头部适用于含沙量大、粗颗粒泥沙占一定数量、枯水期仍有较大水深和较大流速的河段,在我国西南地区采用较多,对从山区河流取水的小型工程也较适用。

8)活动式取水头部

活动式取水部由浮筒、取水头和胶管组成,一个浮筒带两个取水头,胶管一端与取水头相连,另一端接入钢制的叉形三通,三通焊接在自流管进口的喇叭口上,如图2-75所示。浮筒带着取水头部随河流水位涨落而升降,因此在主流深槽、凸岸、浅滩、浅水等条件下始终可以取得含沙量较少的水。取水头部的进水流速在0.1~0.5 m/s。为减少漂浮物和杂草进入,可设计成鱼形罩式。为保证枯水期取水,取水头下缘距河底至少0.5 m以上。这种形式的取水头部适用于枯水期水深较浅、洪水期底部含沙量较大的山区河流,在中小取水量(100~1 400 m^3/h)时采用。

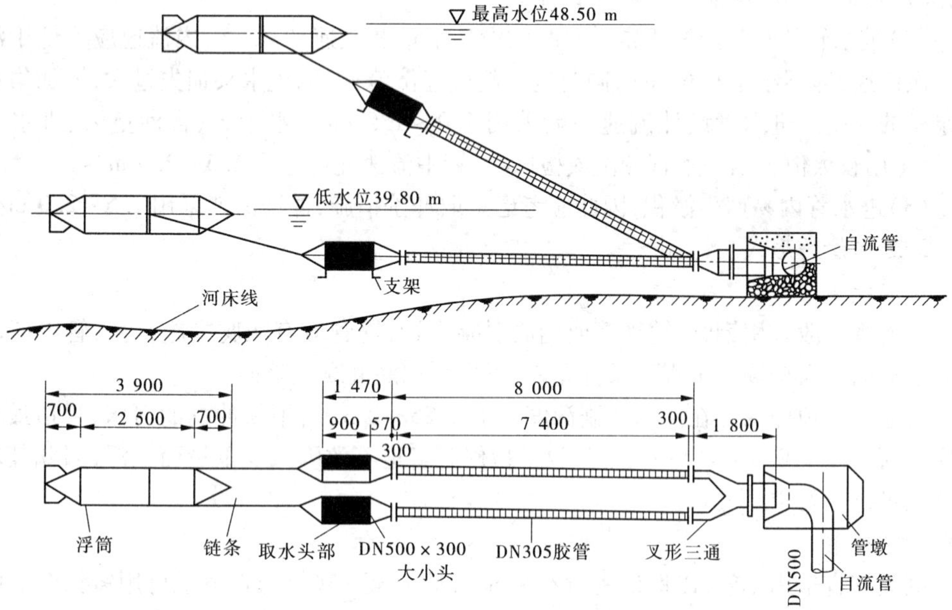

图2-75 活动式取水头部 (单位:mm)

3.取水头部进水孔的设计

进水孔的位置和方向应根据水流中含泥沙、漂浮物及冰凌等情况确定,多朝向下游或与水流方向垂直。漂浮物和泥沙较少的河流,可在取水头部下游侧开进水孔;有漂浮物或流冰的河流,应在侧面设进水孔,以免水面旋涡吸入漂浮物;河床为易冲刷的土壤、含沙量大且竖向分布不均匀的河流,当漂浮物或流冰少时,可在取水头部的顶部设进水孔;一般不宜在迎水面设进水孔。

为了避免吸入推移质泥沙,侧面进水孔的下缘应高出河床0.5 m以上;水深较小、水质较清、取水量不大时,可减小到0.3 m。淹没的侧面进水孔上缘在设计最低水位时(结冰时应从冰层下缘算起)的淹没深度应不小于0.3~0.5 m,顶部进水孔应高出河床1.0~1.5 m,并在最低水位以下不小于0.5~1.0 m。另外,应考虑进水流速大时产生旋涡对淹没深度的影响。

斜板式取水头部,进水管口一般应高于河床2.0 m以上,浅水河流可降到1.0 m。

虹吸管进水和水泵直接吸水时,为避免吸入空气,在最低水位时的淹没深度一般不宜小于1.0 m。水体封冻或取水量少时，可适当降低管端的淹没深度至0.5 m。

进水孔流速的选择应使泥沙和漂浮物进入量减到最小，同时不使取水头部的造价太高。因此，流速应适宜。进水流速过大容易吸进泥沙、杂草和冰凌；流速过小会增大进水孔和取水头部的尺寸，且增加投资和水流阻力。

进水孔处需设格栅，过栅流速及栅条净距等与集水井中进水格栅相同。

(四)进水管

进水管有自流管和虹吸管两种。

1.进水管设计的一般要求

(1)为了提高进水的安全性和便于清洗、检修，进水管一般不少于两根。当一根停止工作时，其余管仍能保证70%的设计流量。

(2)进水管的管径应按正常洪水时的设计水量及流速计算。管内流速应不低于泥沙的不淤流速，即不小于0.6 m/s；同时应不超过经济流速，以免水头损失过大，增加集水井和泵站的深度。进水管设计流速一般采用1.0～1.5 m/s，水量大、含沙量大、进水管短时，可采用较大值。当一条管冲洗或检修时，管中流速允许达到1.5～2.0 m/s。

(3)进水管内易产生淤积，因此应考虑采取冲洗措施，冲洗流速采用1.5～2.0 m/s。

2.进水管的形式

1)自流管

自流管一般采用钢管、铸铁管或钢筋混凝土管，钢管应有防腐措施，铸铁管内应用水泥砂浆衬涂。大型取水工程如条件允许，可采用钢筋混凝土暗渠。

自流管管顶埋深应在河床冲刷深度以下0.25～0.3 m；不易冲刷的河床，管顶最小埋深应在河床以下0.5 m。另外，考虑放空检修时管道不致因减少重量而上浮，因此其埋深必须满足抗浮要求。

2)虹吸管

虹吸管宜采用钢管，以保证密封不漏气。埋在地下部分的管道也可用铸铁管。虹吸管应有能迅速形成真空的抽气系统，且每条管线设单独的抽真空系统，以免相互影响。抽真空多采用真空泵。

虹吸管的进水端在设计最低水位下的淹没深度应不小于1.0 m，出水端应伸入集水井最低动水位以下1.0 m。虹吸管应向集水井方向上升，其坡度一般为0.001～0.005。虹吸高度可采用4.0～6.0 m，最大不超过7.0 m。

3.进水管的冲洗

管中流速较小或管长期停用及漂浮物进入等原因可能使进水管产生泥沙淤积和漂浮物堵塞，因此需进行冲洗。进水管的冲洗有正向冲洗和反向冲洗。

1)正向冲洗

正向冲洗指冲洗时管内水流方向与正常运行时的水流方向一致。冲洗方法为：

(1)在河流水位较高时，先关闭进水管末端闸门，将进水间的水抽出至最低水位，然后迅速打开闸门，利用较大的水位差进行冲洗。

(2)关闭另外几根进水管，利用欲冲洗的一根管来供应全部水量，使该管流量增加、流速加大来进行冲洗。

正向冲洗法泥沙不易冲走，效果较差。

2）反向冲洗

反向冲洗指冲洗时管内水流方向与正常运行时方向相反，即泥沙流向河床。冲洗方法为：

（1）将进水间的一个分格充水至最大高度，然后迅速打开进水管上的闸门，利用进水间与河流形成的较大水位差进行冲洗。此法宜在河流水位较低时进行。

（2）将进水管与压力输水管或冲洗水泵连接进行冲洗，这种方法水量充足、压力高，使用灵活，效果较好。

虹吸管的冲洗也可利用破坏虹吸的方法。

教学单元七　移动式取水构筑物

当河水水位变幅较大而取水量又较小或供水要求紧迫时，可以考虑采用移动式取水构筑物。移动式取水构筑物主要有缆车式和浮船式两种，它们具有水下工程量少、施工方便、工程投资少、灵活机动，但操作管理较复杂，需经常随河水水位的变化将缆车或浮船移位及更换输水斜管的接头，运行不够安全等特点。建设移动式取水构筑物要求河床比较稳定，岸坡有适宜的倾角，河流漂浮物少、无冰凌，且取水构筑物不易受漂木、浮筏、船只撞击，河段顺直，靠近主流。

一、缆车式取水构筑物

缆车式取水构筑物是建造于岸坡截取河流表层水的取水构筑物，由泵车（安装水泵机组的车辆）、泵车轨道、输水斜管和牵引设备等组成，其特点是泵车随着江河水位的涨落，通过牵引设备沿岸坡轨道上下移动，如图 2-76 所示。因缆车受风浪的影响较小，故采用较多。

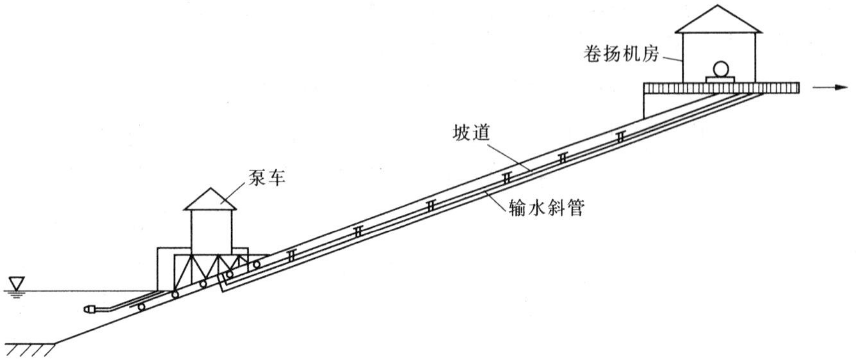

图 2-76　缆车式取水构筑物

缆车式取水构筑物的适用条件为河流水位变幅大（10 ~ 35 m）、涨落速度小于 2 m/h，同时河岸岸坡稳定、地质条件好、岸坡倾角在 10° ~ 28°之间。如果河岸太陡，所需牵引设备过大，移车较困难；如果河岸太缓，则吸水管架太长，容易发生事故。

（一）泵车

1. 泵车的结构

泵车的上部为钢木混合的车厢，用来布置水泵机组；下部为型钢组成的空间桁架结构的车架，在主桁架的下节点处装有2对至6对滚轮，可沿坡道移动。车厢的净高在无起吊设备时，采用2.5～3.0 m；当设备重0.5 t以上、设置手动吊车时，采用4.0～4.5 m。小型泵车的面积为10～20 m^2，大中型泵车的面积为20～40 m^2。

2. 设备选择和布置

泵车的数量应根据供水量大小、供水保证率要求确定。取水量小时，可用一部泵车；取水量大、供水要求高时，用两部泵车。因牵引设备限制，每部泵车的取水流量一般应小于10万 m^3/d，同时采用三部泵车的较少。

每部泵车上可设两台或三台水泵，一用一备或两用一备，每台泵有单独吸水管。选用的水泵要求吸水高度不小于4 m且 $Q \sim H$ 特性曲线较陡。也可以根据水位更换叶轮，以适应水位的变化。

泵车上水泵机组的布置除满足布置紧凑、操作检修方便外，还应特别注意泵车的稳定和振动问题。为了减少振动，设备应尽量对称布置，使机组与泵车重心在轴线上重合。为了降低重心，增加泵车的稳定性，减少桁架腹杆的长度，泵车在竖向上可布置成阶梯式。

根据水泵类型、泵轴旋转方向及泵车构造可将水泵机组布置成各种形式，如图2-77所示。

图2-77(a)为水泵平行布置，适用于中小型泵车，桁架受力好，运转时振动小。图2-77(b)为水泵垂直布置，适用于大中型泵车，布置较紧凑，泵车接近正方形；其中一台水泵反转，泵车稳定性较好。图2-77(b)的布置即为阶梯形布置，泵车重心降低，稳定性增加。

当坡道平缓、要求一定吸水深度时，因吸水管较长，需设尾车。尾车长度不宜超过15 m，以保证安全。尾车有悬臂平设和沿坡斜设两种，如图2-78所示。悬臂平设尾车结构复杂，但取水水质好；沿坡斜设尾车结构简单，但当坡道上积泥较多时，吸水水质差。

（二）坡道

坡道上除设有供泵车升降的轨道外，还有输水斜管、安全挂钩座、电缆沟、接管平台及人行道等。坡道的面宽应根据泵车宽度及上述坡道设施布置确定。坡道上的轨距由吸水管直径确定，当吸水管直径为300～500 mm时，轨距一般为2.8～4.0 m；当直径小于300 mm时，轨距为1.5～2.5 m。泵车轨道一般用 P_{24}、P_{38}、P_{43} 钢轨，基础采用钢筋混凝土轨枕或轨道梁及条石轨枕。

坡道一般有斜坡式和斜桥式两种。当岸坡地质条件较好、倾角适宜时，可利用天然地形做成斜坡式（见图2-76），在河岸上直接浇筑钢筋混凝土基础，基础顶面高于原河岸0.5 m左右。这种形式工程量小，联络管接头拆装较方便，但轨道上易积泥。此时常在尾车上设置冲沙管及喷嘴，在岸上设置冲洗水泵或利用泵车水压力进行冲洗的设施。

当岸坡较陡或河岸地质条件较差时，可做成斜桥式钢筋混凝土坡道。一般整个坡道用一个坡度，坡道顶面高出地面约0.5 m，以防积泥。图2-79为斜桥式坡道的缆车取水构筑物。这种形式的坡道其坡度不受地形条件限制，吸水管可直接装在泵车两侧，但结构复

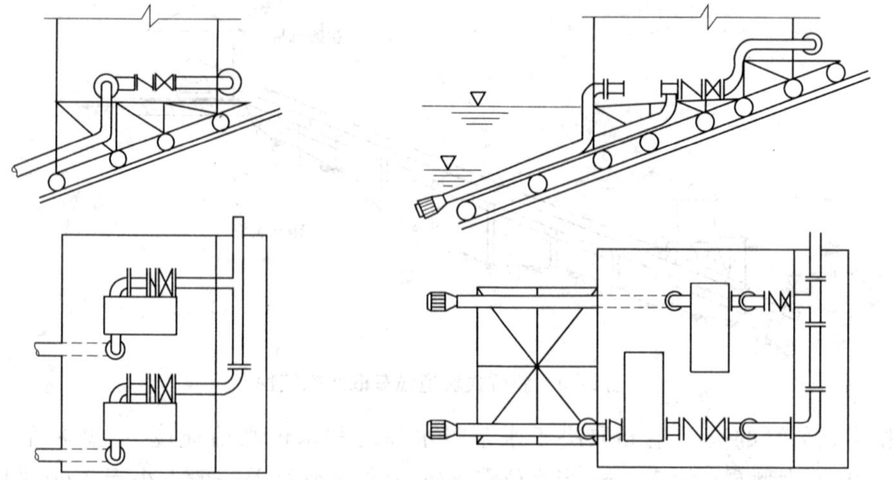

(a)水泵平行布置　　　　(b)水泵垂直布置

图 2-77　水泵机组的布置

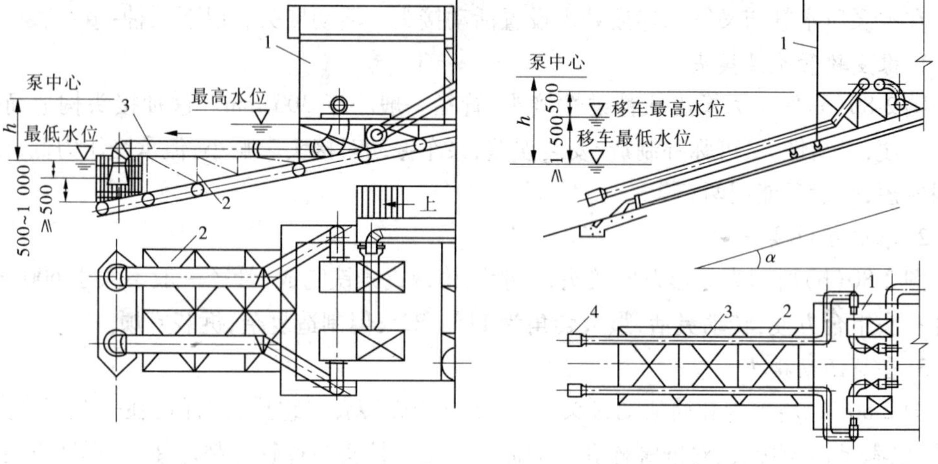

1—泵车;2—悬臂桁架;3—吸水管
(a)尾车悬臂平设

1—泵车;2—尾车;3—吸水管;4—吸水头
(b)尾车沿坡斜设

图 2-78　泵车尾车布置　(单位:mm)

杂,工程量大,造价高,联络管拆装不方便。

当岸坡不规则时,也可采用斜桥式和斜坡式相结合的取水构筑物,以减少工程量,防止泥沙淤积。

泵车坡道上端标高应为最高水位、浪高、吸水喇叭口到泵车层高度之和再加 1.5 m 安全高度;下端标高应为最低水位减去保证吸水的 1.5 m 安全高度。

(三)输水斜管

输水斜管沿斜坡或斜桥敷设,通常一部泵车设一条输水斜管;管径较大、接头连接不便时,可改用输水能力相同的两条小管。输水斜管一般采用铸铁管,当管径大于 500 mm 时,宜采用焊接钢管。斜管上每隔一定距离设置一个正三通或斜三通叉管,以便与水泵压

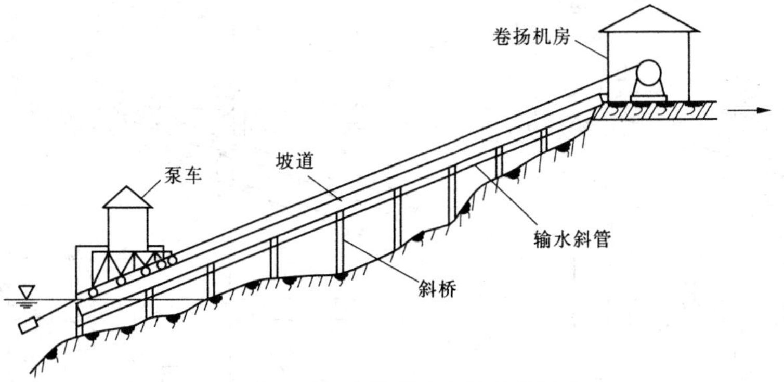

图 2-79　斜桥式坡道缆车取水构筑物

水管相连。叉管的高差主要取决于水泵吸水高度和水位涨落速度，小型泵车常采用 0.6～1.0 m，大型泵车为 2.0 m；当水位涨落较快时，叉管高差一般不小于 2 m；采用曲臂式连接时，高差可为 2～4 m。叉管的布置宜先在每年持续时间最长的低水位处放置一根，然后根据水位的涨落速度向上、向下布置。最高和最低的叉管位置均应高于最高和最低水位时的泵车底板。当采用两部泵车、两根输水管时，叉管布置应错开。

在水泵压水管与叉管的连接处需设置活动接头。活动接头有以下几种：

1. 橡皮软管柔性接头

图 2-80(a)所示为橡皮软管柔性接头，管径一般小于 300 mm。这种接头构造简单，拆装方便，灵活性大，可弥补制造、安装误差，泵车振动对接头影响小；但承受压力低，使用年限较短，一般只能用两三年。

2. 球形万向接头

图 2-80(b)所示为球形万向接头，一般用铸钢或铸铁制成，管径一般不大于 600 mm。这种接头组合方便，转动灵活，最大转角为 11°～22°；但制造复杂，拆装麻烦。

3. 套筒活动接头

图 2-80(c)所示为套筒活动接头，由一至三个旋转套筒组成，这样可在一至三个方向旋转，以满足拆换接头、对准螺栓孔眼的需要。这种接头各种管径都能使用，拆装方便，寿命较长。

4. 曲臂式活动接头

曲臂式活动接头由三个竖向套筒及两根联络短管组成，如图 2-80(d)所示。在联络短管中间点设托轮，可沿已定的弯曲轨道移动，因而可在较大幅度内移车，当坡道坡度较小或水位涨落速度较大时，可大大减少换接头的次数。但它需要较大的回转面积，因此增加了泵车的面积和重量。

(四)牵引设备及安全设施

缆车取水多采用电动滚筒式卷扬机，每部泵车一台卷扬机。卷扬机房设在最高水位以上，正对泵车轨道。

卷扬机上应有电磁制动器和手动制动器。泵车上广泛采用钢杆安全挂钩和钢丝绳套挂钩等安全装置。

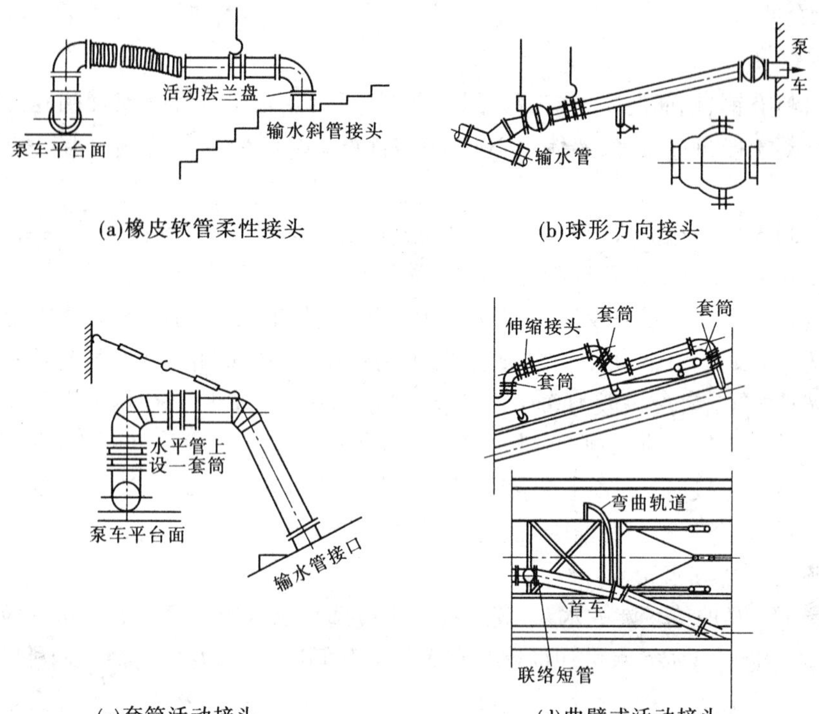

(a)橡皮软管柔性接头　(b)球形万向接头

(c)套筒活动接头　(d)曲臂式活动接头

图 2-80　活动接头

二、浮船式取水构筑物

浮船式取水构筑物由浮船、锚固设备、联络管及输水斜管等部分组成,见图 2-81,其适用条件为河流水位变幅在 10 ~ 40 m 或更大,水位变化速度不大于 2 m/h,取水点有足够的水深(小型浮船大于 1.0 m,取水量大时应在 2.0 m 以上),河道水流平稳、流速和风浪较小、停泊条件好,河床较稳定、岸坡有适当的倾角(20° ~ 60°)。当联络管采用摇臂式接头或钢桁架形式时,岸坡越陡越有利,一般应大于 45°。浮船式取水构筑物的特点是无水下工程、投资省、上马快,有较高的适应性,但船体受风浪影响大,操作管理不便,安全性差。

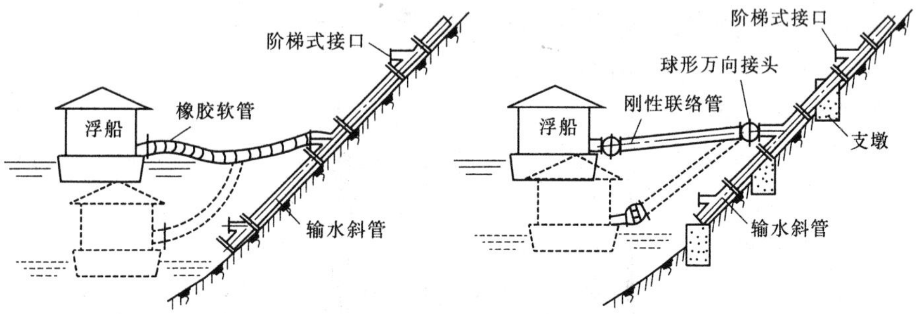

(a)柔性联络管连接　(b)刚性联络管连接

图 2-81　阶梯式连接的浮船式取水构筑物

(一)浮船

1. 浮船的构造

浮船材料有铜、钢筋混凝土或钢丝网水泥等,因钢船较贵且存在腐蚀问题,故较少采用。钢筋混凝土船自重较大,船体重心低,稳定性好,易于浇注,抗撞击性强,因此使用较普遍。

浮船一般做成平底形式,包括泵房间和船首尾两部分。泵房间内布置水泵、电机、配电设备和工作室,船首尾设置绞盘、导缆钳、系缆桩等设备,两侧为走道。

浮船的尺寸应根据设备及管路布置、操作及检修要求、浮船的稳定性等因素确定。浮船的平面为矩形,长宽比一般为3:1,吃水深度为0.6~1.0 m,船体深度为1.2~1.5 m,船宽一般为8 m左右,干舷一般为0.6~1.2 m,浮船首尾甲板长度一般均不小于2~3 m。

浮船的数量应根据供水规模、供水安全程度等因素确定。允许间断供水或有调节水池及采用摇臂式连接时,可用一条浮船,此时按最大设计水量考虑。取水量大且不允许断水时,至少应设两条浮船,每船供水能力按事故水量设计,即设计水量的70%。

2. 设备的选择与布置

宜选择 $Q\sim H$ 曲线较陡的水泵,其最高效率应选在取水历时最长的取水水位,并保证在最低水位也能满足所需水量和扬程。在水位涨落幅度大的地区,可使用两种叶轮,以提高运行效率。水泵吸水管管径小于200~300 mm时用底阀,管径较大时用真空泵引水。吸水喇叭口上一般可采用圆形拦污格栅罩,并考虑定时冲洗。喇叭口的淹没深度应考虑风浪的影响,距河底的高度不小于吸水管直径的1.5倍。吸水管向水泵的上升坡度宜为1%。

浮船上设备的布置需保证船体的平衡与稳定的因素有:各设备的重力、水流的冲击力、进出水管内的动水压力、风浪等,设计时应综合考虑。为了保证运行安全,浮船在各种情况下(正常运转、风浪作用、移船、设备装运时)均应能保持平衡与稳定。首先应注意水泵、电机、进出水管等设备的布置,力求浮船在不增加附加荷重的情况下达到平衡。在其他情况下,可用平衡水箱或压舱重物来调整平衡。在移船和风浪作用时,要求浮船的最大横向倾角不超过7°~8°。根据浮船经常摇摆和倾斜的特点,所有管道和附件应焊接或用螺栓固定在船体上。

水泵机组应通过公用底座将重量传到甲板梁上,不允许直接放在甲板上。水泵一般采用单排布置,有纵向布置和横向布置两种,如图2-82所示。纵向布置较适用于大泵,如SH型泵,管线转弯较少,操作管理方便,水力条件较好,但水泵台数不宜过多,以免增加船体长度。此时,水泵机组的中心应稍偏于吸水管一侧,使压水管一侧有较宽的工作通道。机组横向布置较紧凑,船体宽大,稳定性好,多用于单级单吸卧式离心泵,如IS泵的布置,缺点是管路复杂,操作不便,水力条件差。

水泵可以安装在甲板上(上承式),也可以安装在船体骨架上(下承式),如图2-83所示。上承式设备安装和操作方便,船体结构简单,通风条件较好,适用于各种船体,采用较多;但船体重心高,稳定性较差,振动较大。下承式的水泵一般采用立式泵,交通方便,重心低,稳定性好,振动小;但对船体结构要求高,仅适用于钢结构的船体。

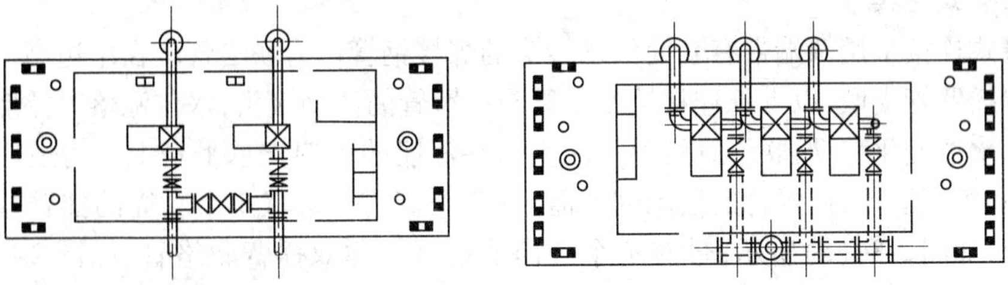

(a)纵向布置泵房　　(b)横向布置泵房

图 2-82　泵房布置

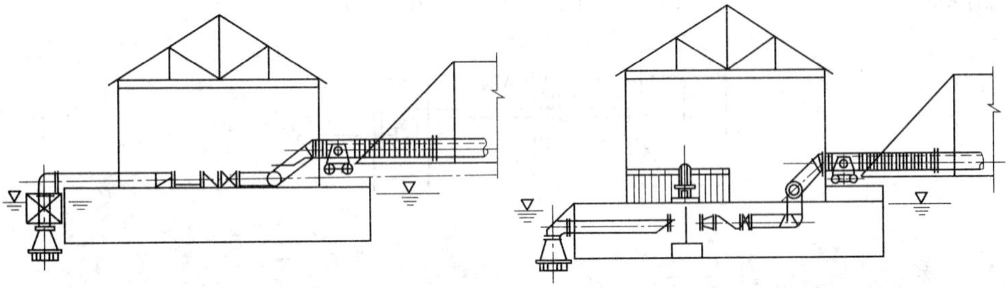

(a)上承式浮船布置　　(b)下承式浮船布置

图 2-83　浮船的竖向布置

(二)联络管

联络管为浮船总出水管与岸坡固定输水管之间的连接管段,管的两端采用胶管接头、球形万向接头、套筒活动接头等连接,以适应浮船随河流水位涨落及风浪作用产生的水平移位、竖向移位、水平摆动及颠簸等情况。常用的连接方式有阶梯式、摇臂式和钢桁架式。

1. 阶梯式连接

1)柔性联络管连接

图 2-81(a)所示为柔性阶梯式联络管连接,采用两端带有法兰接口的橡胶软管作为联络管,适用于小型给水,管径一般小于 300 mm,管长为 6 ~ 12 m。由于橡胶管具有一定的柔性,因此可适应浮船在一定范围内的移动。当水位变化较大时,需更换接头,使橡胶管对准相应的叉管。橡胶软管使用灵活,接口方便,但承压较低(一般为 4. 9 MPa),寿命较短。

2)刚性联络管连接

图 2-81(b)所示为刚性阶梯式联络管连接,采用两端各设一个球形万向接头的焊接钢管作为联络管,管径一般在 350 mm 以下,管长为 8 ~ 12 m。钢管承压力高,使用年限长,球形万向接头转动灵活,因此刚性连接可在岸坡较陡和水位变化较大时采用。但由于球形万向接头加工复杂,重量大,起吊和移船困难,因而限制了它的使用。

阶梯式活动连接结构简单、施工方便、造价低。但由于受联络管长度和球形万向接头转角的限制,在水位涨落超过一定范围时,需要移船和换接头,尤其在洪水期,移船频繁,操作管理麻烦,并需短期停水,供水安全性差,仅适用于小型或临时给水,不适用于水位瞬时变化较大的河流。

2. 摇臂式连接

摇臂式连接采用两端带有套筒活动接头的焊接钢管作为联络管。在岸边高于中常水位处设置摇臂管支墩，以支承连接输水干管与摇臂管的活动接头，水位涨落时浮船以该点为轴心随水位变化移动；联络管的另一端支承在浮船的钢架支承平台上。为适应浮船垂直、水平和摇摆运动，摇臂管的活动部件需 5 ~7 个套筒。带有 5 个套筒的摇臂管称单摇臂联络管，如图 2-84(a)所示；带有 7 个套筒的摇臂管称双摇臂联络管，如图 2-84(b)所示。图中套筒 1 ~4 的作用是水位涨落时可使浮船灵活起落；套筒 5 可使船体绕摇臂管轴线转动，以适应浮船的摇摆，在水流湍急的河段非常有用；套筒 6 ~7 可使浮船水平移位，使浮船能靠近岸边，免受洪水主流或浮筏、漂木的冲击。

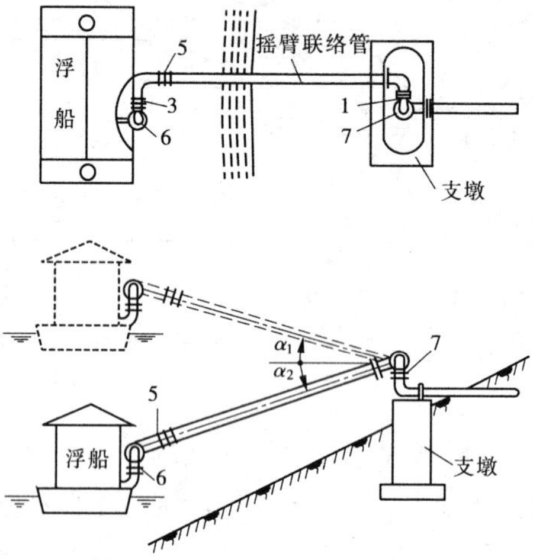

(a)单摇臂联络管连接

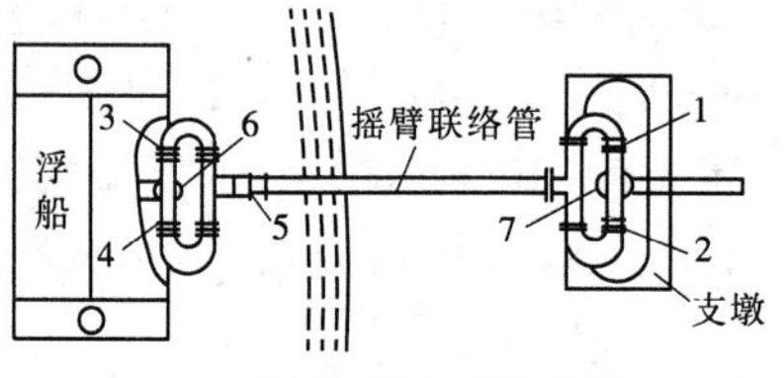

(b)双摇臂联络管连接

1 ~7—套筒

图 2-84　摇臂式连接的浮船取水构筑物

单摇臂联络管由于联络管偏心，致使两端套筒接头受到较大的扭力，接头易因填料磨损而漏水，从而降低接头转动的灵活性与严密性，故只适宜在水压较低、水量较小时采用。

双摇臂联络管接头处受力较均匀，增加了接头转动的灵活性与严密性，故能适应较高的水压和较大的水量。

摇臂式联络管的长度一般为 20 ~25 m，目前直径已达到 1 200 mm，最大水位差可为 27 m。设计时应使洪水期联络管的上张角略小于枯水期的下张角。这种形式的连接适用于水位涨落幅度大、岸坡较陡的河流，由于不需拆换接头，供水安全性好，管理方便，因此采用较为普遍。

3. 钢桁架式铠装法兰橡胶管连接

如图 2-85 所示，钢性联络管两端用铠装法兰橡胶管连接，钢桁架一端固定在中高水位的支墩或框架上，另一端固定于浮船上的支座上，两端的滚轮支座都有轨道和一定的调节距离，能适应浮船的位移和颠簸。

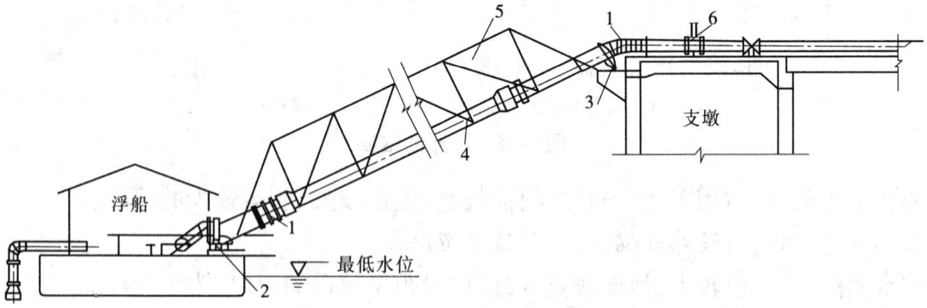

1—铠装法兰橡胶管；2—船端滚轮绞接支座；3—岸端滚轮支座；4—联络管；5—钢桁桥；6—双口排气阀

图 2-85　钢桁架式铠装法兰橡胶管连接的浮船取水构筑物

这种连接运用于江面宽阔、水位涨落幅度大的河流，在长江中游采用较多。随着大口径铠装法兰橡胶管的生产和管道耐压力的提高，已作为永久性取水的一种形式。和摇臂式连接相比，其操作更方便，运行更安全，但结构较复杂，且对航运有一定影响。

（三）输水斜管

阶梯式连接的输水斜管一般沿岸坡敷设。岸坡变化大且有淤积时，可隔一定距离设支墩，管道固定在支墩上。输水斜管上端设排气阀，在适当部位设止回阀。

采用摇臂式连接且水泵扬程小于 25 m 时，输水斜管上可不设止回阀。

采用阶梯式连接时，输水斜管上每隔一定距离设置叉管。在河水水位涨落速度快、河岸坡度陡、联络管短、拆换接头需要较长时间、接头有效转角大等情况下，叉管的间距应较大；反之则较小。根据重庆市的经验，叉管高差在洪水期、平水期和枯水期分别为 1.0 m、1.0～2.0 m 和 2.0～3.0 m。通常应先在常年低水位处布置第一个叉管，然后按高差布置其余叉管。当有两条以上输水斜管时，叉管位置应错开。叉管接头处的法兰盘孔可做成椭圆孔，便于拆装。

（四）浮船的锚固

浮船采用锚、缆索、撑杆等加以固定，称为锚固。锚固可使浮船在风浪等外力作用下仍能平衡安全地停泊在取水位置，进行正常生产；同时可以借助锚固设备较方便地移动浮船的位置。锚固方式有以下几种。

1. 岸边系留加支撑杆

浮船用系留缆索和支撑杆固定在岸边，如图 2-86（a）所示。支撑杆可以防止浮船因风浪作用向岸边移动，避免联络管受压，但不便于浮船向江心移位。这种方式适宜在岸坡较陡、河水较深、水面较窄、航运频繁及河床抛锚无抓力的河段使用。

2. 船首尾抛锚与岸边系留结合

浮船用锚和系留缆索固定，如图 2-86（b）所示。这种方式锚固更可靠，同时便于浮船

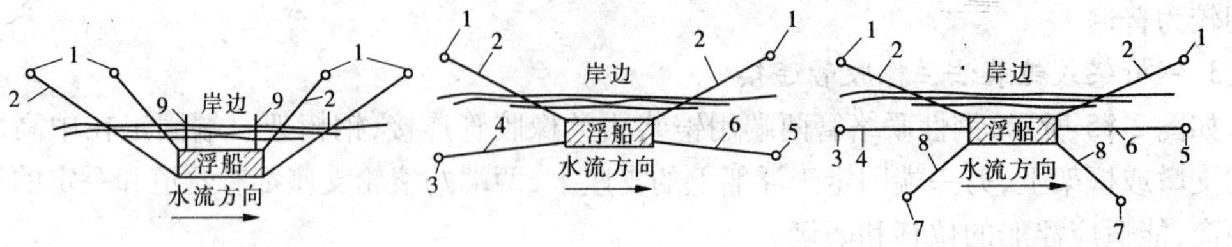

(a)岸边系留加支撑杆　(b)船首尾抛锚与岸边系留结合　(c)船首尾抛锚,增设外开锚,并与岸边系留结合

1—岸上固定系缆桩;2—系留缆索;3—首锚;4—首锚链;5—尾锚;
6—尾锚链;7—角锚;8—角锚链;9—支撑杆

图 2-86　浮船的锚固

向江心或岸边移动,适用于河岸较陡、河面较宽、流速较大、航运较少的河段。

3. *船首尾抛锚,增设外开锚,并与岸边系留结合*

在水流湍急、风浪较大、河面较宽、停泊位置距岸较远的河段,为了将浮船牢固可靠地锚固在停泊位置,在船首尾抛锚与岸边系留结合的基础上再增设外开锚,如图 2-86(c)所示。此时浮船的移位操作较灵活安全,但布置形式较复杂。

教学单元八　山区浅水河流取水构筑物

一、山区浅水河流的特性、利用特点及取水方式

(一)山区浅水河流的特性

(1)山区浅水河流多属河流的上游段,河床坡降大,河狭流急。但河床多为粗颗粒的卵石、砾石或基岩,稳定性较好。

(2)河流径流量变化及水位变幅很大。雨后水位猛涨、流量猛增,但历时很短。枯水期的径流量和水位均较小,甚至出现多股细流和局部地表面断流现象。洪、枯水期径流量之比常达数十倍、数百倍甚至更大。

(3)河水的水质变化十分剧烈。枯水和一般平水季节水质清澈见底,含泥沙量较小。在雨天,由于水位猛涨,流域内大量地表风化物质被冲入河流,使河水水质骤然变浑浊,含沙量大,漂浮物多,底层水流中具有大量推移质,其中可携带直径 1 m 以上的大滚石,很容易破坏河中的构筑物。雨过天晴后,水质很快又变清。

(二)山区浅水河流的利用特点及取水方式

鉴于上述特性,山区浅水河流河水资源的开发利用有如下特点:

(1)工矿企业或农业的用水量常常占河水枯水径流量的很大比重,有的高达 70% ~ 80%,因此需要考虑采取合理的措施,如采用夏季直流供水、冬季循环使用等供水方案。例如,四川省某化工厂位于某河旁,河水最枯流量为 0.12 m^3/s,而该厂所需生产、生活用水量为 500 m^3/h,即 0.14 m^3/s,河水在枯水期不满足直流供水需要,因此采用在天然河槽中筑坝蓄水的办法进行调节,夏季直流供水,冬季用水循环使用(冷却废水排水口设成夏季排至拦河坝下游,冬季排至拦河坝上游的方式)。

(2)山区浅水河流的枯水期水层浅薄(有的河流只有几十厘米水深),往往不能满足一般取水构筑物吸水深度的要求,因此需要在天然河道中修筑低坝抬高水位、增加水深,或者采用底部进水等方式解决。

(3)在山区浅水河流的开采利用中,既要考虑到使河水中的推移质能顺利排除,不致大量堆积,又要考虑到使取水构筑物不被大颗粒推移质损坏。

因此,适合于山区浅水河流的取水构筑物形式有:低坝取水、底栏栅取水、渗渠取水及开渠引水等。下面仅对低坝和底栏栅取水构筑物的基本构造进行扼要的介绍。

二、低坝式取水构筑物

当山区河流枯水期流量特别小、取水量为枯水量的30%~50%以上或取水深度不足时,在不通航、不放筏、推移质不多的情况下可在河流上修筑低坝以抬高水位和拦截足够的水量。低坝式取水构筑物有固定式低坝和活动式低坝两种。

(一)固定式低坝

固定式低坝取水构筑物通常由拦河低坝、冲沙闸、进水闸或取水泵房等部分组成,其布置如图2-87所示。固定式低坝用混凝土或浆砌块石做成溢流坝式,坝高应能满足设计取水深度的要求,通常为1~2 m。由于修筑低坝抬高了上游水位,使水流速度变小,泥沙易沉积,因此在靠近取水口进水闸处设置冲沙闸,并根据河道情况,修建导流整治设施,其作用是利用上下游的水位差,将坝上游沉积的泥沙排至下游,以保证取水构筑物附近不淤积。进水闸的轴线宜与冲沙闸轴线成较小的夹角(30°~60°),使含沙量较少的表层水从正面进入进水闸,含泥沙较多的底层水从侧面由冲沙闸排至下游,从而取得水质较好的水。当河流水质常年清澈时,可不设冲沙闸。

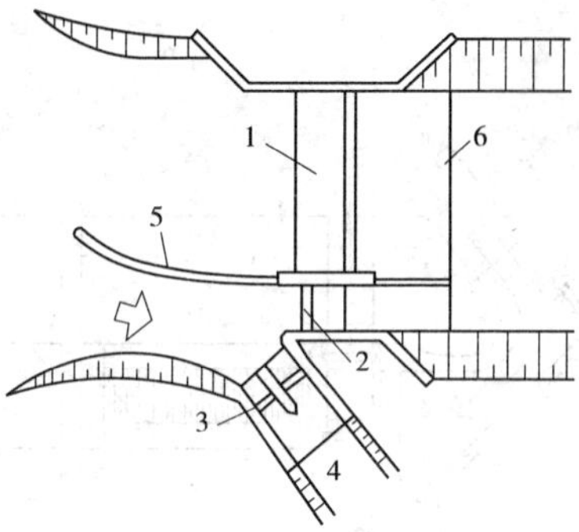

1—溢流坝(低坝);2—冲沙闸;3—进水闸;
4—引水渠;5—导流堤;6—护坦

图2-87 固定式低坝

为了防止河床受冲刷,保证坝基安全稳定,一般在溢流坝、冲沙闸下游一定范围内需用混凝土或块石铺砌护坦,护坦上设消力墩、齿槛等消能设施。

筑坝时应清除河床中的砂卵石,使坝身直接落在不透水的基岩上,以防止水流从上游坝下向下游渗透。如果砂卵石太厚难以清除,则需在坝上游的河床内用黏土或混凝土做防渗铺盖。黏土铺盖上需设置厚30~50 cm的砌石层加以保护。进水闸和冲沙闸的流量可按宽顶堰计算。

固定式低坝常发生坝前泥沙淤积，威胁取水安全。

(二)活动式低坝

活动式低坝是新型的水工构筑物，枯水期能挡水和抬高上游的水位，洪水期可以开启，故能减少上游淹没的面积，并能冲走坝前沉积的泥沙，因此采用较多，但维护管理较复杂。近年来，广泛采用的新型活动坝有橡胶坝、水力自控翻板闸门及浮体闸等，将在项目七中介绍。

三、底栏栅式取水构筑物

(一)底栏栅式取水构筑物的构造

在河床较窄、水深较浅、河床纵坡降较大(一般 $i \geq 0.02$)、大粒径推移质较多、取水百分比较大的山区河流取水，宜采用底栏栅式取水构筑物。这种构筑物通过坝顶带栏栅的引水廊道取水，由拦河低坝、底栏栅、引水廊道、沉沙池、取水泵站等部分组成，其布置如图2-88所示。拦河低坝用以抬高水位，坝与水流方向垂直，坝身一般用混凝土或浆砌块石筑成。在拦河低坝的一段筑有引水廊道，廊道顶盖有栏栅，栏栅用于拦截水流中大颗粒推移质及树枝、冰凌等漂浮物，引水廊道则汇集流进栏栅的水并引至岸边引水渠或沉沙池。栏栅堰顶一般高于河床0.5 m，若需抬高水位，可建1.2～2.5 m高的壅水坝。在河流水力坡降大、推移质泥沙多、河坡变缓处的上游，栏栅的堰顶可高出河床1.0～1.5 m，河水流经坝顶时，一部分通过栏栅流入引水廊道，其余河水经坝顶溢流，随时带走漂浮物及大粒径的推移质。为了在枯水期及一般平水季节使水流全部从底栏栅上通过，坝身的其他部分可高于栏栅坝段0.3～0.5 m。

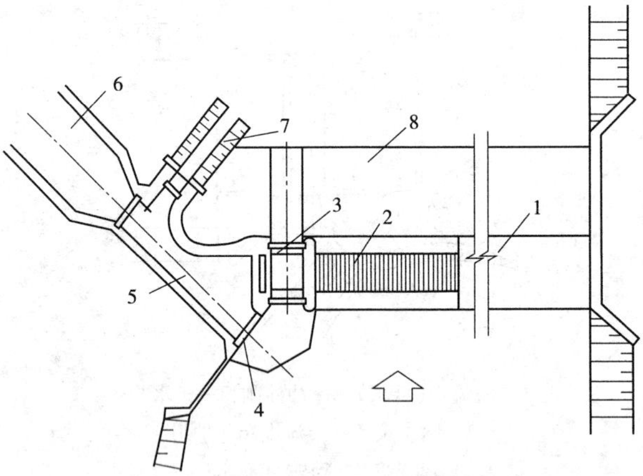

1—溢流坝(低坝)；2—底栏栅；3—冲沙室；4—进水闸；
5—第二冲沙室；6—沉沙池；7—排沙渠；8—防洪护坦

图2-88　底栏栅式取水构筑物

沉沙池的作用是去除粒径大于0.25 mm的泥沙。进水闸用以在栏栅及引水廊道检修时或冬季河水较清时进水。当取水量较大、推移质较多时，可在底栏栅一侧设冲沙室，用以排泄坝上游沉积的泥沙。

为了防止冲刷,应在坝的下游用浆砌块石、混凝土等砌筑陡坡、护坦及消能设施。当河床有透水性好的砂卵石时,应清基或进行防渗的铺盖处理。

(二)底栏栅的设计和计算

底栏栅一般用扁钢、圆钢、铸铁、型钢等制成,栅条横断面以梯形为好,不易堵塞和卡石,其进水侧宽为 15 ~ 20 mm,背水侧宽为 10 ~ 15 mm,栅条高为 40 ~ 50 mm,栅条净距应根据河流泥沙粒径和数量、廊道排沙能力、取水量的大小等因素确定,一般不大于 8 ~ 10 mm。栅条纵向、横向都要有足够的强度和刚度,在有大滚石的地区,可设上下两层栏栅,上层多采用工字钢或铁轨,间距较大,用以承受大滚石等推移质。为减轻大块石对底栏栅表面的撞击,避免底栏栅坝面上沉积泥沙,底栏栅表面沿上下游方向应敷设 i 为 0.1 ~ 0.2 的坡度,坡向下游。此时,由于水流以倾斜方向流入廊道,在惯性作用下形成横向环流,与纵向主流相互作用形成螺旋水流,因此还可以增大廊道的输沙能力。

1. 栏栅进水量计算

栏栅的进水量按引水廊道呈无压状态考虑,可用孔口自由出流公式计算。

(1)取集河流部分水量时

$$Q = 4.43K_1\mu K_2 bL\sqrt{h} \tag{2-26}$$

其中 $K_2 = \dfrac{t}{t+s}, h = 0.8 \times \dfrac{h_1 + h_2}{2}, h_1 = 0.47\sqrt[3]{q_1^2}, h_2 = 0.47\sqrt[3]{q_2^2}$

式中 Q——设计取水量,即栏栅进水量,m^3/s;

K_1——堵塞系数,取 0.35 ~ 1.0;

μ——栏栅孔口流量系数,当栅条表面坡度 i 为 0.1 ~ 0.2 时,$\mu = \mu_0 - 0.15i$;

μ_0——$i = 0$ 时的流量系数,当栅条高度与净距之比大于 4 时,$\mu_0 = 0.60 \sim 0.65$,小于 4 时,$\mu_0 = 0.48 \sim 0.50$;

K_2——栏栅孔隙系数;

t——栅条净距,mm;

s——栅条宽度,mm;

b——栏栅水平投影宽度,一般取 0.6 ~ 2.0 m;

L——栏栅长度,通常等于引水廊道长度,m;

h——栏栅上的平均水深,m;

h_1、h_2——栏栅前、后的临界水深,m;

q_1、q_2——栏栅上、下游单位长度的流量,$m^3/(s \cdot m)$。

(2)取集河流全部水量时

$$q = 2.66K_1(\mu K_2 b)^{3/2} \tag{2-27}$$

式中 q——单位长度栏栅的流量,$m^3/(s \cdot m)$;

其余符号意义同前。

栏栅顶流量进入廊道的情况如图 2-89 所示。

2. 栏栅宽度计算

水流沿栏栅进入廊道时,由于受水流惯性作用的影响,栏栅宽度 b 不能全部起作用,仅有部分宽度 b_x 进水,如图 2-90 所示。故栏栅坡度越大,有效工作宽度越小,因而进水

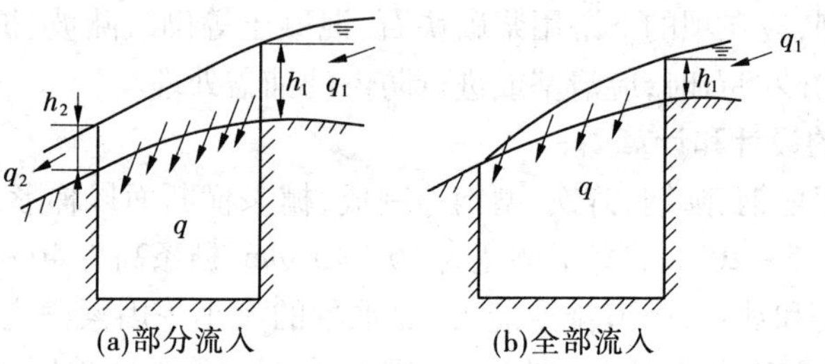

图 2-89　栅顶入流情况

量减少也越多。

考虑上述因素,栏栅有效宽度 b_x 的计算公式如下:

$$b_x = b + c - (\tan\alpha - \tan\beta)2h_{KP}\cos^2\beta \tag{2-28}$$

式中　h_{KP}——栅前临界水深,m;

c——垂直坐标轴与廊道壁的水平间距,m;

α——栏栅与水平轴 x 轴间的夹角,(°);

β——栏栅前河床与水平轴 x 轴间的夹角,(°)。

栏栅宽度按式(2-26)或式(2-27)计算后,尚需用水流经底栏栅时的抛射距离 l_0 进行校核,若 $b < l_0$,则应加大 b 值。抛射距离 l_0 按式(2-29)计算:

$$l_0 = \frac{0.625q_1^{2/3}}{K_2} \tag{2-29}$$

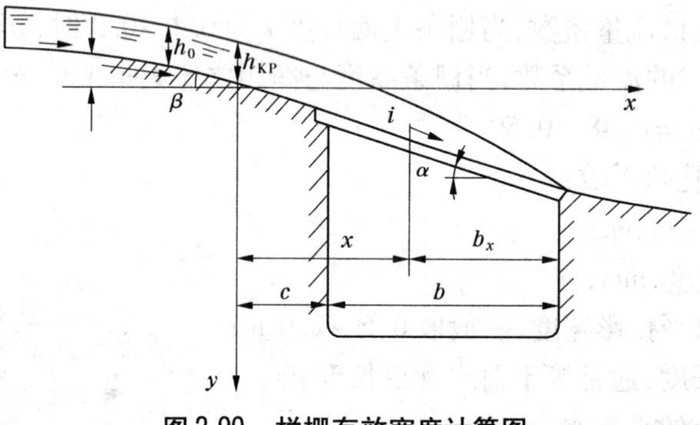

图 2-90　栏栅有效宽度计算图

(三)引水廊道的设计和计算

引水廊道的横断面有矩形、多边形、圆弧形等。通常采用矩形断面;当含沙量较大时,宜采用圆弧形。廊道一般采用无压流,因此水面以上应留有 0.2～0.3 m 的超高。廊道底的坡度可采用 0.1～0.3,也可以分段改变坡度。廊道流速应尽量使进入的泥沙及时被带走,因此流速从起端到末端应逐渐增大,并大于泥沙的不淤流速。廊道起端流速一般不小于 1.2 m/s,末端流速一般不小于 2.0～3.0 m/s。

廊道的计算采用等速流近似计算法,即将廊道在长度方向上分为若干区段,假定单位长度通过栏栅进入的水量相等,则每段的水深 h 可按式(2-30)计算:

$$h = \frac{q\sum L}{Bv} \tag{2-30}$$

式中　L——计算段的廊道长度,m;

q——廊道单位长度进入的流量,$m^3/(s \cdot m)$;

$q\sum L$——计算段末端断面的流量,m^3/s;

B——廊道宽度,m;

v——计算段末端断面处给定的流速,m/s。

由式(2-30)可求出每一计算段始、末两端的水深 h_i、h_f 之差 Δh:

$$\Delta h = h_f - h_i \tag{2-31}$$

每段的水面坡度 i' 可按式(2-32)计算:

$$i' = \frac{v^2}{C^2 R} \tag{2-32}$$

式中　R——水力半径,m;

C——谢才系数,$C = \frac{1}{n}R^{1/6}$;

n——廊道粗糙系数,混凝土廊道为 0.025 ~ 0.027 5,浆砌块石廊道为 0.035 ~ 0.04。

由式(2-32)可求出每一计算段始、末两端的水面高差 $\Delta h'$:

$$\Delta h' = i'L \tag{2-33}$$

因此,每一计算段廊道底坡度 i 为:

$$i = \frac{\Delta h + \Delta h'}{L} \tag{2-34}$$

廊道设计可采用平均廊道底坡度 $\bar{i}$:

$$\bar{i} = \frac{\sum (iL)}{\sum L}$$

【例 2-1】　某河流量 $Q = 8\ m^3/s$,设计流量 $Q_0 = 2\ m^3/s$,经过栏栅的流量 $Q_1 = 4\ m^3/s$,根据具体情况,取栏栅长度 $L_1 = 4$ m,栏栅孔口的流量系数 $\mu = 0.5$,栅条宽度 $s = 8$ mm,栅条间隙宽度 $t = 8$ mm,廊道长度 $L_2 = 4$ m,粗糙系数 $n = 0.025$,试设计底栏栅及廊道。

解:(1)底栏栅的计算。

该底栏栅属于部分入流的情况,故

$$q_1 = \frac{Q_1}{L_1} = \frac{4}{4} = 1(m^3/(s \cdot m))$$

$$q = \frac{Q_0}{L_1} = \frac{2}{4} = 0.5(m^3/(s \cdot m))$$

$$q_2 = q_1 - q = 1 - 0.5 = 0.5(m^3/(s \cdot m))$$

$$h_1 = 0.47\sqrt[3]{q_1^2} = 0.47 \times \sqrt[3]{1^2} = 0.47(m)$$

$$h_2 = 0.47\sqrt[3]{q_2^2} = 0.47 \times \sqrt[3]{0.5^2} = 0.30(m)$$

$$h = 0.8 \times \frac{h_1 + h_2}{2} = 0.8 \times \frac{0.47 + 0.30}{2} = 0.31(m)$$

由 t 与 s 值求得:

$$K_2 = \frac{t}{t+s} = \frac{8}{8+8} = 0.5$$

代入式(2-26),得

$$b = \frac{Q_0}{4.43\mu K_2 L_1\sqrt{h}}$$

$$= \frac{2}{4.43 \times 0.5 \times 0.5 \times 4 \times \sqrt{0.31}}$$

$$= 0.81(\mathrm{m})$$

再用水流在栏栅上的抛射距离 l_0 来验算栏栅宽度,由式(2-29)得

$$l_0 = \frac{0.625q_1^{2/3}}{K_2} = \frac{0.625 \times 1^{2/3}}{0.5} = 1.25(\mathrm{m})$$

因 $b < l_0$,故需要增加栏栅宽度,考虑到栏栅堵塞因素,增加宽度50%,则

$$b' = 0.81 \times (1 + 50\%) \approx 1.22(\mathrm{m})$$

取栏栅宽度为1.25 m。

栏栅沿上、下游方向的坡度取0.15,则栏栅水平投影宽度 b 为1.24 m。

(2)廊道的计算。

取廊道宽度 $B = 1.25$ m。

将廊道分为4段,如图2-91所示,每段长度均为1.0 m。采用等速流近似计算法,按沿廊道均匀分配流量计算,分段给定流速。具体计算见表2-20。

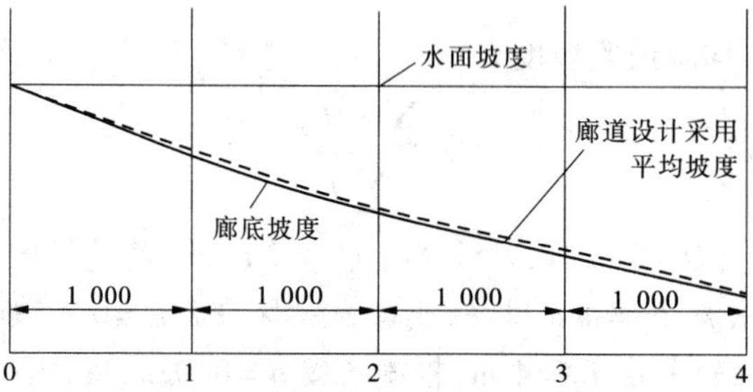

图2-91 廊道计算图 (单位:mm)

表2-20 廊道计算

计算项目	计算单位	计算公式	0~1段	1~2段	2~3段	3~4段
计算段长度 L	m	假定	1.0	1.0	1.0	1.0
累计长度 $\sum L$	m	—	1.0	2.0	3.0	4.0
计算段末端断面流量 $q\sum L$	m³/s	$\frac{Q_0}{4}\sum L$	0.5	1.0	1.5	2.0
计算段末端处流速	m/s	假定	1.4	1.6	1.8	2.0
计算段末端处断面面积 F	m²					
计算段末端处水深 h_f	m					

续表 2-20

计算项目	计算单位	计算公式	0 ~ 1 段	1 ~ 2 段	2 ~ 3 段	3 ~ 4 段
计算段末端处断面湿周 χ	m					
计算段末端处水力半径 R	m					
谢才系数 C						
计算段内水面坡度 i'						
计算段始、末端水面高差 $\Delta h'$	m					
计算段始、末端水深差 Δh	m					
计算段内廊底坡度 i						
廊道设计采用平均底坡度 $\bar{i}$						

注：h_i 为计算段始端水深即等于前一计算段末端水深。在 0 点处，$h_i = 0$。

教学单元九　土石坝剖面设计实例

一、基本资料

已知：该坝址为砂卵石地基，层厚 4 ~ 8 m，坝址附近砂砾料与黏土分布在上、下游各一半，砂砾料储量 600 万 m^3，黏土储量 30 万 m^3，料场距大坝约 3 km，交通方便。

（一）水文、水利计算资料

（1）正常蓄水位 116.70 m，库容 1 240 万 m^3。灌溉农田 4.5 万亩。

（2）100 年一遇设计洪水位 117.90 m，下游水位 84.30 m。

（3）500 年一遇校核洪水位 119.60 m，库容 1 420 万 m^3，下游水位 84.70 m。

（4）死水位高程 93.60 m，死库容 115 万 m^3。

（5）淤沙高程 91.94 m，淤沙库容 0.93 万 m^3。

（二）气象、地理资料

（1）库坝附近土料丰富，沙石料缺少。

（2）多年平均最大冻土深度 0.93 m。

（3）地震烈度 5 度，雨季较长。

二、任务解析

（一）工程标准

水库总库容、灌溉面积查《水利水电工程分等分级标准》确定该枢纽为三等工程，主体建筑物土坝为三级建筑物。

（二）坝型选择

根据所给资料从地质条件、地形条件、施工条件综合分析宜修建土石坝，选择坝型为黏土心墙坝。

(三)剖面拟定

1. 坝顶宽度

《碾压式土石坝设计规范》(SL 274—2001)规定:若无特殊要求,对中低坝可选用5~10 m。参照《水工设计手册》规定:坝高30~60 m,坝顶宽度宜为6~8 m。根据所给资料该坝高在60 m以内,确定顶宽为7 m。

2. 坝顶高程

1)计算正常运用情况下的坝顶超高

坝顶超高 y 可按下式计算:

$$y = R + e + A$$

(1)计算波浪爬高 R:波浪爬高按莆田试验站公式计算。先计算平均爬高 R_m,再计算设计爬高 R_P,平均爬高按下式计算

$$R_m = \frac{K_\Delta K_w K_\beta (h_m L_m)^{1/2}}{(1 + m^2)^{1/2}}$$

$$h_m = 0.001\,8 \times \frac{v^2}{g}\left(\frac{gD}{v^2}\right)^{0.45}$$

$$L_m = 25h_m$$

土坝采用砌石护面,由表2-12、表2-13、表2-15查得:与坝坡糙率有关的系数 K_Δ = 0.8,经验系数 K_w = 1.01,折减系数 K_β = 1。初拟坝坡 m = 2.5,吹程 D = 2 000 m,则平均波高为

$$h_m = 0.001\,8 \times \frac{22.5^2}{9.81} \times \left(\frac{9.81 \times 2\,000}{22.5^2}\right)^{0.45} = 0.481\,6(\mathrm{m})$$

平均波长为

$$L_m = 25 \times 0.481\,6 = 12.040(\mathrm{m})$$

将以上各值代入 R_m 式得

$$R_m = \frac{0.8 \times 1.01 \times 1}{\sqrt{1 + 2.5^2}} \times \sqrt{0.481\,6 \times 12.040} = 0.722\,6(\mathrm{m})$$

设计爬高值的累积概率 P 按工程等级确定。对于1、2、3级土石坝取 P = 1%的爬高值 $R_{1\%}$,该土坝属于3级,故 P = 1%;查表2-14得 R_P/R_m = 2.23,则

$$R_{1\%} = 2.23R_m = 2.23 \times 0.722\,6 = 1.611(\mathrm{m})$$

(2)计算风壅水面高度:风壅水面高度按下式计算

$$e = \frac{Kv^2D}{2gH_m}\cos\beta$$

式中综合摩阻系数 K 值变化在 $(1.5 \sim 5.0) \times 10^{-6}$ 范围内,计算时取 $K = 3.6 \times 10^{-6}$;水库的平均水深 H 近似取为35.70/2 = 17.85(m),则

$$e = \frac{3.6 \times 10^{-6} \times 22.5^2 \times 2\,000}{2 \times 9.81 \times 17.85} \times \cos0^\circ = 0.010(\mathrm{m})$$

(3)安全加高:按3级坝和正常运用情况查表2-10得 A = 0.7 m。正常运用情况下坝顶超高为

$$\Delta h = 1.611 + 0.010 + 0.7 = 2.321(\mathrm{m})$$

2)计算非常运用条件下的坝顶超高

非常运用情况下的坝顶超高计算公式与正常情况下一样，所不同的是风速采用多年平均最大风速，可取 $v = 15$ m/s，坝前水深 $H = 119.60 - 82.20 = 37.40$(m)，水库平均水深 $H/2 = 37.40/2 = 18.7$(m)。

同理计算：$R_m = 0.4580$ m，$R_{1\%} = 1.021$ m，$e = 0.004$ m；查表 2-10 得 $A = 0.4$ m，则非常运用条件下坝顶超高为

$$\Delta h = 1.021 + 0.004 + 0.4 = 1.425(\mathrm{m})$$

3)坝顶高程及坝高

正常运用条件下的坝顶高程为 117.90 + 2.321 = 120.221(m)；非常运用条件下的坝顶高程为 119.60 + 1.425 = 121.025(m)；考虑在上游侧设置 1.2 m 高的防浪墙，用防浪墙顶部高程代替坝顶高程，则坝顶高程为 121.025 - 1.2 = 119.825(m)，坝高为 119.825 - 82.20 = 37.625(m)。以坝高的 1% 为预留沉陷值，则施工高程为 119.825 + 37.625 × 1% = 120.201(m)。

3. 坝坡及平台

(1)坝坡。参考已建工程，初拟上游坝坡由上而下为 1∶2.5、1∶2.75、1∶3；下游坝坡由上而下为 1∶2.25、1∶2.5、1∶2.75。

(2)平台。在上、下游变坡处设平台，宽 2 m，下游平台上设集水沟。

4. 构造

1)坝顶

坝顶上面用碎石铺设路面。坝顶向下游倾斜 3% 的坡度，上游侧设 1.2 m 高的防浪墙，下游侧设缘石，如图 2-92 所示。

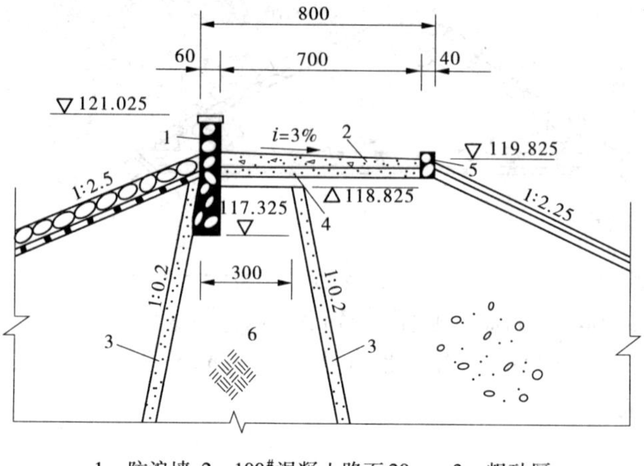

1—防浪墙；2—100#混凝土路面 20 cm；3—粗砂厚；

4—砂石垫层厚 30 cm；5—路肩石；6—心墙

图 2-92　坝顶构造　(单位：高程，m；尺寸，cm)

2)坝体防渗

坝体防渗采用黏土心墙防渗体、心墙顶高程 118.825 m，高出设计洪水位 0.925 m，多

年平均最大冰冻厚度 0.93 m。心墙顶宽 3 m,自顶向下逐渐加厚,边坡为 1:0.2。心墙两侧设 0.4 m 厚的粗砂为过渡层如图 2-93 所示。

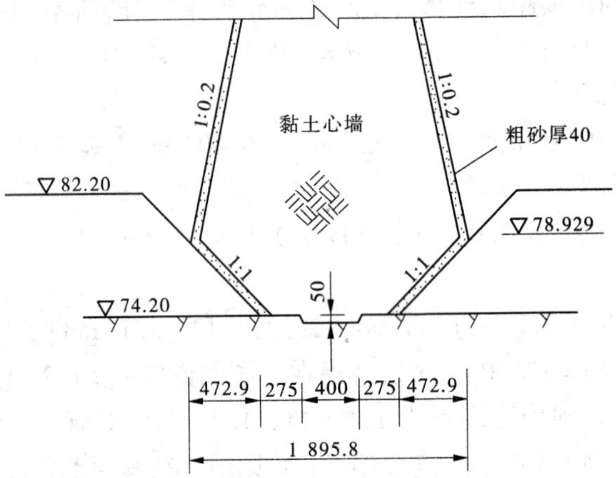

图 2-93 防渗体 (单位:高程,m;尺寸,cm)

3)坝基防渗

坝基防渗采用黏土截水墙,上部厚度与心墙等厚为 18.958 m,下部厚度取为 9.5 m。为加强截水墙与岩石的连接,在截水墙底部再挖 4 m×0.5 m 的齿槽,截水墙开挖边坡为 1:1.5,外坡为 1:2。

4)坝体排水设备

采用堆石棱体排水设备。排水体顶部高程为 85.70 m,高出下游最高水位 1 m,顶宽 2 m,内坡为 1:1.5,外坡为 1:2,如图 2-94 所示。

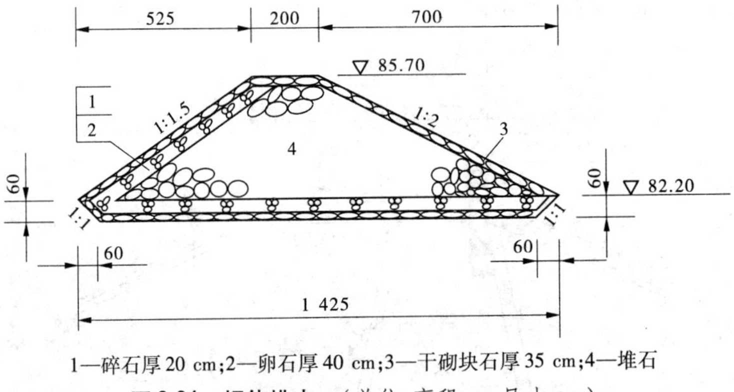

1—碎石厚 20 cm;2—卵石厚 40 cm;3—干砌块石厚 35 cm;4—堆石

图 2-94 坝体排水 (单位:高程,m;尺寸,cm)

5)护坡及坝坡排水

(1)护坡。

上游护坡:上游坝面设干砌石护坡,厚度 0.50 m,下面设厚度 0.20 m 的碎石垫层。护坡范围上至坝顶下至死水位以下 1 m,如图 2-95 所示。

下游护坡:下游护坡采用草皮护坡。草皮厚 0.2 m,草皮下铺一层厚为 0.2 m 的腐殖土。

(2)坝坡排水。在下游坝坡设纵横连通的排水沟,沿坝与岸坡的结合处,也设置排水

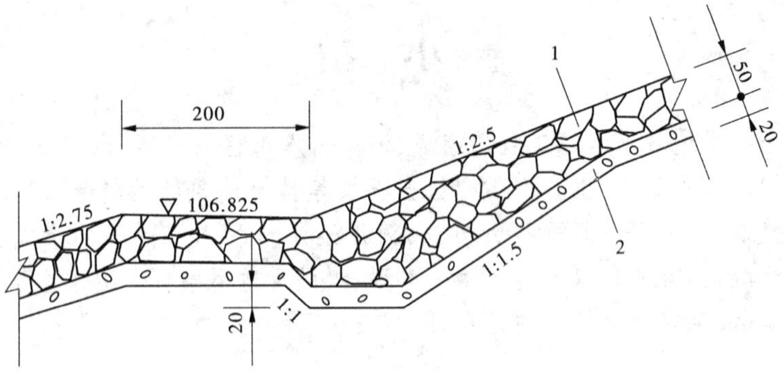

1—干砌石 50 cm;2—碎石 20 cm

图 2-95 干砌石护坡 （单位:高程,m,尺寸,cm）

沟。坝面上的纵向排水沟沿马道内侧设置,沿坝轴线方向每隔 100 m 设一条横向排水沟,如图 2-96 所示。

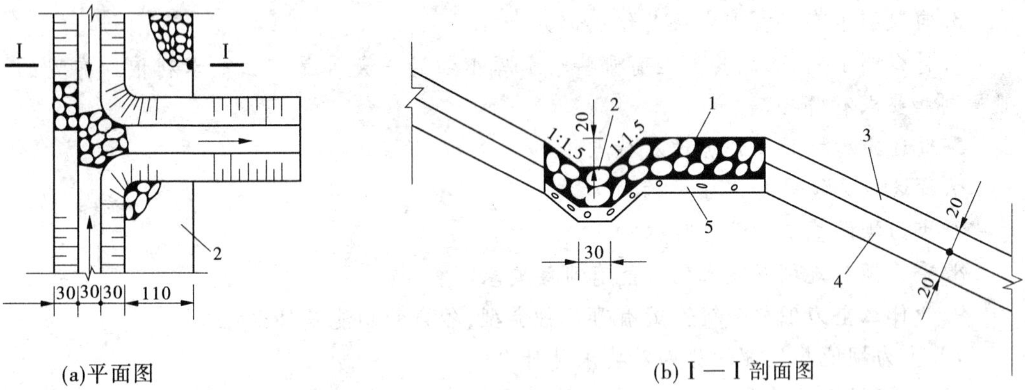

1—马道;2—浆砌石排水沟;3—草皮;4—腐殖土;5—碎石

图 2-96 排水沟 （单位:cm）

6)初拟坝体剖面

坝体剖面如图 2-97 所示。

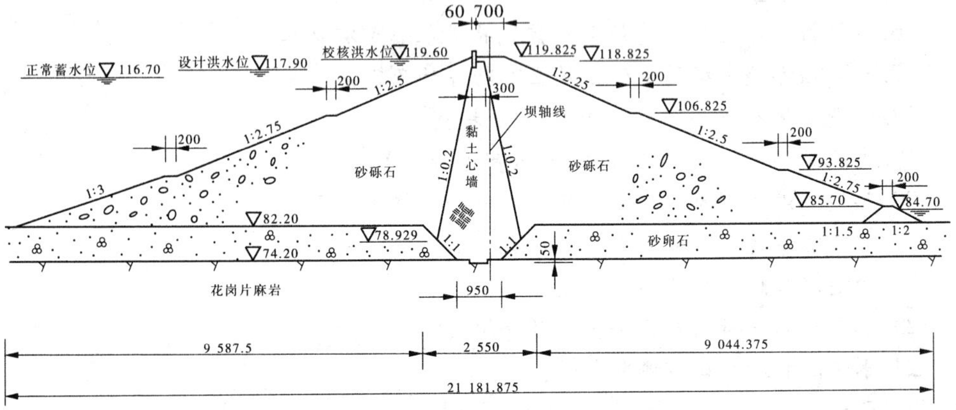

图 2-97 初拟坝体剖面 （单位:高程,m;尺寸,cm）

小　结

本项目介绍了地表水水源工程的组成、河岸引水工程的类型、水利枢纽的等级划分和地表水取水构筑物的分类；重力坝、拱坝、土石坝等挡水建筑物的特点、类型、荷载及其组合、构造等，重力坝、土石坝断面设计方法；河岸溢洪道和水工隧洞的形式、位置选择、组成；固定式、移动式、特种式取水构筑物的类型、组成及适用条件。要求在学习过程中了解熟悉基本的知识，能够进行简单的计算。

复习题

1. 给水水源可分为哪些类型？各具有什么特点？
2. 简述地表水取水构筑物的形式。
3. 自流引水有哪些形式及其组成部分？
4. 什么叫水利枢纽，其类型有哪些？水库枢纽的三大件是什么？水利枢纽布置的一般原则和要求有哪些？
5. 简述重力坝的工作原理及特点。
6. 简述重力坝是如何分类的。
7. 重力坝的基本断面是什么？
8. 重力坝对筑坝混凝土的性能有哪些要求？
9. 为什么重力坝要分缝？缝有哪几种类型，各自的功能是什么？
10. 重力坝地基处理的原因及要求是什么？
11. 简述拱坝的特点。
12. 什么叫厚高比？按照厚高比拱坝分为哪些类型？
13. 简述拱坝的拱圈形式有哪些。
14. 简述土石坝的特点。
15. 土石坝的主要类型有哪些？
16. 设置排水体的目的是什么？常见的排水形式有哪些？
17. 土石坝渗流分析的目的是什么？防渗的原则是什么？
18. 渗透变形有哪些形式，有哪些防止措施？
19. 失稳的形式有哪些，可能滑裂面有几种形式？
20. 岸边溢洪道有哪些形式及其各具有什么特点？
21. 非常溢洪道一般分为哪几种形式？
22. 简述水工隧洞的作用和类型。
23. 水工隧洞一般由哪几个主要部分组成？
24. 水工隧洞的衬砌有哪些作用？
25. 简述水工隧洞衬砌上的荷载。
26. 简述河床式取水构筑物的特点，如何分类？

27. 斗槽式取水构筑物分为哪些类型？
28. 固定式取水构筑物的取水头部有哪些形式？
29. 移动式取水构筑物的适用条件是什么？
30. 移动式取水构筑物有哪两种？各自有哪些特点？
31. 浮船式取水构筑物由哪些部分组成？
32. 山区浅水河流具有哪些特性？
33. 适合于山区浅水河流的取水构筑物形式有哪些？

项目三　地下水水源工程

学习目标

了解地下水资源的特点和分类情况，熟悉开发地下水取水构筑物的类型和构造、适用条件、开发地下水井群的合理布局，掌握管井出水量的计算方法和各种地下水取水构筑物的设计方法及施工工艺、维护管理。

教学单元一　概　述

自然界中的水存在于大气层（大气圈）、地表（水圈）及地壳（岩石圈）中，分别称为大气水、地表水（海洋、河川、湖泊等）和地下水。三者是互相联系的一个整体，并且在一定的条件下互相转化。它们之间的联系，从宏观上看，表现为水的水文循环：海洋和陆地表面的水由太阳热作用蒸发成水汽进入大气，大气中的水汽随气团移至上空并凝结成降水而落到地面（部分直接降到海面），大气降水一部分形成地表径流入海，一部分蒸发直接返回大气，另一部分渗入地下被含水层储存、调节或转输，形成地下水。地下水又由于地下自然径流、植物蒸散或人类活动而重返地表或大气，处于动态平衡状态。

一、地下水资源特点及分类

（一）地下水资源特点

地下水资源与其他自然资源相比有许多特点，最基本的特点是可恢复性、调蓄性和转化性。

1. 可恢复性

地下水资源在天然状态下受到各种自然因素（如地质、地貌、土壤、植被、水文地质、水文气象等）的影响，处于不断的运动与变化之中，其补给与消耗形成了某种天然平衡状态。在开采条件下，这种天然平衡遇到破坏。一年中，旱季为主要开采季节，消耗地下水，雨季地下水得到补给；从年际看，干旱年地下水消耗常常大于补给，而丰水年降雨入渗地下水补给不仅满足丰水年消耗的需要，尚可填补干旱年的缺水量。

2. 调蓄性

地下水可利用含水层进行调蓄，即在补给期把多余的水量储存于含水层中，在非补给期或枯水年份动用储存量，以满足生产生活的需要。

3. 转化性

地下水与地表水在一定条件下可以相互转化，这是水资源区别于其他自然资源的又一个重要特点。在天然状态下，河道常常是地下水的排泄出路，即地下水可以变成地表水，地表水在某些时期某些河段也会补给地下水。

(二)地下水资源分类

目前,地下水资源的分类方法较多,下面仅介绍以水均衡为基础的分类法。

一个地下水均衡单元(例如,某一地下水流域,或某一地下水蓄水构造,或某一含水层的开采地段等)在其均衡时段内,地下水的循环总是表现为补给—排泄—储存量的改变三种形式,它们之间在数量上的均衡关系总可以表达为

$$Q_{补} - Q_{排} = \pm \Delta Q \tag{3-1}$$

补给量($Q_{补}$)、排泄量($Q_{排}$)和储存量的改变(ΔQ)三者无论是在天然状态还是在人工开采条件下,尽管各自的数量会有变化,但是上述关系总是不会变的。

由上述分析可知,地下水资源可分为补给量、排泄量和储存量。

1. 补给量

补给量是指某时段内进入某一含水层或含水岩体中的重力水水量体积,用 m^3/d 或万 m^3/d 等单位表示。它又可分为天然补给量、人工补给量和开采补给量。

天然补给量是指天然状态下进入某一含水层的地下水量。平原地区天然补给量主要由三部分组成:一是本区域降水入渗补给,这是地下水当地资源;二是地表水渗漏补给,这是地表水资源转化为地下水资源的重复部分;三是邻区流入量,这是区外转入本区的地下水重复部分,这项数值一般不是很大。山丘区地下水补给量主要是大气降水入渗补给量。

人工补给量是指采用人工引水入渗补给地下水的水量,如引河水灌溉入渗补给地下水。

开采补给量是指在开采条件下,除天然补给量外额外获得的补给量。例如,开采以后,地下水位下降,降落漏斗扩展到邻近的地表水体,使原来补给地下水的地表水渗漏,补给量增大。

2. 排泄量

排泄量是指单位时间内从某一含水层或含水岩体中排泄出去的水量体积,用 m^3/d 或万 m^3/d 等单位表示。排泄量可分为天然排泄量和人工开采量两类。

天然排泄量有潜水蒸发、流入河道、侧向径流渗入邻区等。人工开采量是从人工取水构筑物(如机井)中汲取出来的地下水量。

人工开采量反映了取水建筑物的产水能力,它是一个实际的开采值,但是它不一定是合理的。因此,在这种分类中,应采用允许开采量的概念。

允许开采量是指通过技术经济合理的取水建筑物,在整个开采期内水量和水位不超过设计要求,水质、水温变化在允许范围内,不影响已建水源地正常生产,不发生危害性工程地质现象的前提下,单位时间内从水文地质单元中能够取得的水量。

允许开采量的大小主要取决于补给量,但一般不等于补给量,因为地下水排泄量总是或多或少存在的,所以一般允许开采量要比补给量小。如果开采区在开采过程中能夺取较多的开采补给量,它也可能大于天然补给量。

3. 储存量

储存量是指储存在含水层内的重力水体积。该量可分为容积储存量和弹性储存量。

容积储存量是指含水层空隙中所容纳的重力水体积,亦即将含水层疏干时所能得到的重力水体积。潜水含水层中的储存量主要是容积储存量。

弹性储存量是指将承压含水层的水头降至含水层顶板时，由于含水层弹性压缩或水的体积弹性膨胀所释放出来的水量。

二、地下水源地的选择

水源地的选择，对于大、中型集中供水水源地来说，就是解决取水地段具体位置；对小型分散供水的水源地来说，则是解决水井布置的具体位置。在选择集中式水源地的位置时，一般应考虑以下条件：

(1)为满足需水量要求和节省建设投资，供水水源地应尽可能地选择在含水层层数多、厚度大、渗透性强、分布广的地段上。

(2)为增加开采补给量，保证水源地的长期均衡开采，水源地应尽可能地选择在可以最大限度拦截区域地下径流的地段或接近补给水源和能充分夺取各种补给量的地段。

(3)为保证水源地投产后能按预计开采动态正常运转和为避免过量开采产生的种种有害后果，在选择水源地时，要从区域水资源综合平衡观点出发，尽量避免出现新旧水源之间、工业和农业之间、供水与矿山排水之间的矛盾，也就是说，新建水源地尽量远离原有的取水点或排水点，减少互相干扰。

(4)为保证取出水的质量，水源地应选择在不易引起水质污染(或恶化)的地段上，如把水源地选择在远离城市或工矿排污区的上游，远离已污染(或天然水质不良)的地表水体或含水层地段，避开易于使水井淤塞、涌砂或水质长期混浊的流砂层或岩溶充填带。为减小垂向污水渗入的可能性，最好把水源地选择在含水层上部有厚度较大的稳定隔水层分布的地方。

(5)水源地应选在不易引起地面沉陷、塌陷、地裂等有害工程地质作用的地段上。

(6)在选择水源地时，还要从经济方面、安全方面和扩建前景方面考虑。在满足水量、水质要求前提下，为节省建设投资，水源地应尽可能靠近供水区；为降低取水的成本，水源地应选择在地下水位浅埋或自流地段；河谷水源地要考虑水井的淹没问题；人工开挖的大口径取水工程，则要考虑井壁的稳固性。当有多个水源地方案供选择时，未来扩大开采的前景条件，也常常是必须考虑的因素之一。

教学单元二　地下水取水构筑物的形式及其适用条件

地下水取水构筑物的形式多种多样，综合归纳可概括为垂直系统、水平系统、联合系统和引泉工程四大类型。当地下水取水构筑物的延伸方向基本与地表面垂直时，称为垂直系统，如管井、筒井、大口井、轻型井等各种类型的水井；当取水构筑物的延伸方向基本与地表面平行时，称为水平系统，如截潜流工程、坎儿井、卧管井等；将垂直系统与水平系统结合在一起，或将同系统中的几种联合成整体，可称为联合系统，如辐射井、复合井等。每种形式的取水构筑物，又因水文地质条件、施工方法、抽水设备、材料不同而有各种各样的构造。下面选择几种形式进行简单介绍。

一、管井

在地下水取水构筑物中用得最多的是管井。我国广大的地下水灌溉地区基本上采用的是这类井，在城市和工业企业中也多采用这类取水井。管井的口径一般为 150～1 000 mm，深度为 10～1 000 m。通常所见的管井口径多在500 mm 左右，深度小于 150 m。在工程实践中，常将深度在 20～30 m 以内的管井称为浅井，深度在 20～30 m 以上的管井称为深井；将直径小于 150 mm 的管井称为小管井，直径大于 1 000 mm 的管井称为大口径管井。由于管井施工方便，故被广泛用于各种类型的含水层，但习惯上多用于取深层地下水，在埋深大、厚度大的含水层中可用管井有效地集取地下水。按开凿深度（含水层的开发程度）不同，管井又有完整式与非完整式之分（见图 3-1）。

二、大口井

大口井直径一般为 3～8 m，深度一般小于 20 m。农村或小型给水系统多用直径小于 3 m 的大口井，直径 3 m 以上的大口井则多用于城市或工业企业。受施工条件及大口井尺度的限制，大口井多限于开采埋深小于 10 m、厚度一般为 5～15 m 的含水层。大口井也有完整式与非完整式之分，如图 3-2 所示。完整式大口井只能从井壁进水，非完整式大口井则可以从井壁、井底进水。而井底进水面积远大于井壁，故非完整式大口井的水力条件比完整式大口井的好，集水范围较大，适用于开采较厚的含水层。

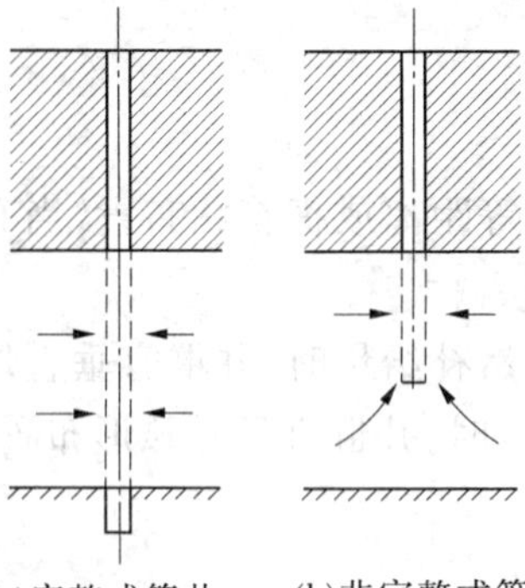

(a)完整式管井　(b)非完整式管井

图 3-1　管井

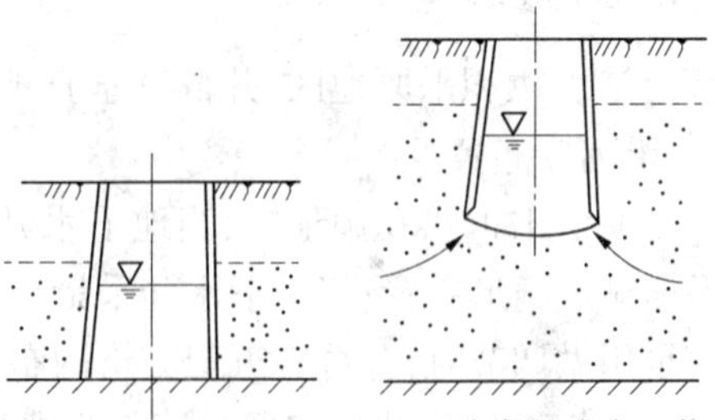

(a)完整式大口井　(b)非完整式大口井

图 3-2　大口井

三、复合井与辐射井

有时为了充分开采含水层增加取水构筑物的出水量，可以采用由上述形式取水构筑物组合而成的取水构筑物，即复合井与辐射井。

复合井是由非完整式大口井同一至数根过滤器（管井）组合而成的，如图 3-3（a）所示。这种形式的取水井适用于含水层较厚、地下水位较高、单独采用大口井或管井都不能充分开发利用含水层时（分层取水管井系统除外）的情况。根据大口井（井底进水）的影响范围、过滤器渗流分布的不均匀性及过滤器的实际有效长度，适宜采用复合井的范围是含水层厚度与大口井半径之比为 $m/r_0 = 3 \sim 6$。

辐射井较复合井有更大的适用范围。我国目前采用的是有辐射状水平集水管的辐射井。若自完整式大口井（实际上是集水井）井壁向外呈辐射状设置水平集水管（见图 3-3（b）），由于扩大了集水面积和范围，可使井的出水量有较大的增长。这类辐射井适用于埋深与厚度均不大的含水层。国外同类型辐射井的集水管较长（可达数十米），若集水管的材质与施工质量较好，效果亦更加明显。另一种情况，是由非完整式大口井（集水井）与辐射状倾斜集水管组合而成，它适用于厚度较大、地下水位较高的含水层。显然，具有辐射状倾斜集水管的辐射井（见图3-3（c））的适用范围更广。辐射井集水管的管径一般为100～250 mm，管长一般为10～30 m。若辐射管用人工锤击施工，则管径不超过100 mm，管长很少超过10 m。集水井深一般为20～30 m。辐射井适用于补给条件良好、不含漂砾的含水层。

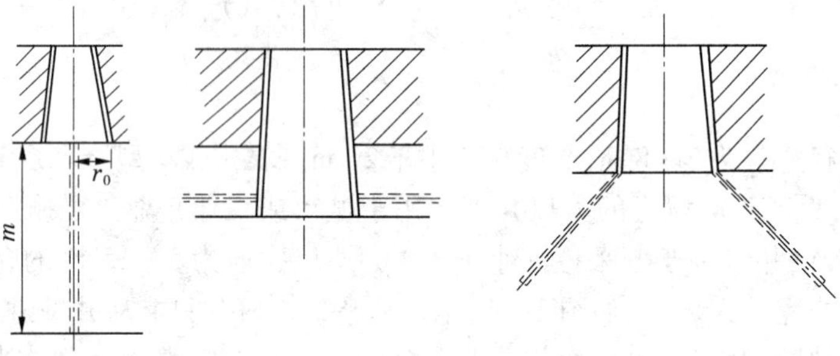

(a)复合井 (b)具有水平集水管的辐射井 (c)具有倾斜集水管的辐射井

图3-3 复合井与辐射井

四、井群的布置要求

(1)冲、洪积平原地区，井群宜垂直地下水流方向等距离或梅花状布置，当有古河床时，宜沿河床布置。

(2)大型冲、洪积扇地区，当地下水开采量接近天然补给量时，井群宜垂直地下水方向呈横排或扇形布置；当地下水开采量小于天然补给量时，井群宜呈圆弧形布置；当开采储存量用做调节时，井群宜近似方格网布置。

(3)傍河地区，井群宜平行河流单排或双排布置。

(4)大厚度含水层或多层含水层，且地下水补给充足地区，可分段或分层布置取水井组。

(5)间歇河谷地区，井群宜在含水层厚度较大的地段布置。

(6)碎屑岩类地区，井群应根据蓄水构造及地貌条件布置，并宜符合下列条件：

①侵入体接触带富水段，可沿此带附近布置；

②断裂破碎带或背斜轴部富水段，可沿线状布置；

③均质含水层，可按方格网、梅花状或圆弧形布置。

(7)碳酸盐岩地区，井群应根据蓄水构造及地貌条件布置，并宜符合下列要求：

①向斜构造盆地富水段，宜沿向斜轴布置；

②倾伏背斜轴部富水段，宜沿背斜轴布置；

③单斜构造深部富水段，宜垂直地下水流方向在径流区或排泄区布置；

④断裂破碎带富水段，宜沿带布置；

⑤当岩溶河谷是岩溶含水层的排泄基准面时，宜在岸边布置；

⑥碳酸盐岩类与非碳酸盐岩类接触富水时，宜在碳酸盐岩一侧布置。

(8)岩浆岩类地区，井群应该根据其分布与裂隙发育程度布置，并宜符合下列要求：

①风化裂隙,宜按地形在富水地段布置;

②构造裂隙,宜按构造部位在富水地段布置。

教学单元三 管 井

一、管井的构造

管井是地下水取水构筑物中应用最广泛的一种,因其井壁和含水层中进水部分均为管状结构而得名。常用凿井机械开凿,俗称机井。

管井主要由井室、井壁管、过滤器及沉砂管构成,见图3-4(a)。当有几个含水层且各层水头相差不大时,可用多过滤器管井,见图3-4(b)。在抽取稳定的基岩中的岩溶、裂隙水时,管井也可不装井壁管和过滤器。现将管井构造分述如下。

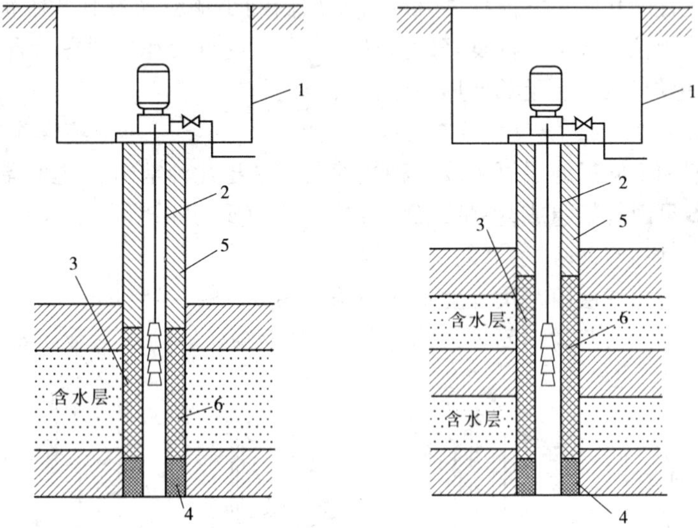

(a)单过滤器管井　　(b)多过滤器管井

1—井室;2—井壁管;3—过滤器;4—沉砂管;5—封闭黏土;6—人工填砾

图3-4 管井的一般构造

(一)井室

井室通常是保护井口免受污染、安装各种设备(如水泵机组)以及进行维护管理的场所。因此,井室的构造应满足室内设备的正常运行要求,即井室应有一定的采光、采暖、通风、防水、防潮设施,应符合卫生防护要求。井口通常用优质黏土或水泥等不透水材料封闭,一般不小于3 m,并应高出井室地面0.3 ~0.5 m,以防止井室积水流入井内。

(二)井管

井管也称井壁管。由于受到地层及人工填砾的侧压力,故要求它应有足够的强度,并保持不弯曲,内壁平滑、圆整,以利于抽水设备的安装和井的清洗、维修。井管可以是钢管、铸铁管、钢筋混凝土管、石棉水泥管、塑料管等。一般情况下,钢管适用的井深范围不受限制,但随着井深的增加就相应地增大壁厚。铸铁管一般适用于井深小于 250 m 的范围,它们均可用管箍、丝扣或法兰连接。钢筋混凝土管的井深一般不得大于 150 m,常用管顶预埋钢板圈焊接连接。井管直径应按水泵类型、吸水管外形尺寸等确定。当采用深井或潜水泵时,井管内径应大于水泵井下部分最大外径 100 mm。

(三)过滤器

1.过滤器的作用、组成

过滤器是管井的重要组成部分。它连接于井管,安装在含水层中,用以集水和保持填砾与含水层的稳定。它的构造、材质、施工安装质量对管井的出水量、含砂量和工作年限有很大影响,是管井构造的核心。

过滤骨架孔眼的大小、排列、间距与管材强度、含水层的孔隙率及其粒径有关。骨架的孔隙率应不小于含水层的孔隙率;同时,受管材强度的制约,各种管材允许孔隙率为:钢管 30% ~35%,铸铁管 18% ~25%,钢筋水泥管 10% ~15%,塑料管 10%;此外,按含水层的粒径选择适宜的孔眼尺寸能使洗井时含水层内细小颗粒通过其孔眼被冲走,而留在过滤器周围的粗颗粒形成透水性良好的天然反滤层。这种反滤层对保持含水层的渗透稳定性、提高管井单位出水量、延长使用年限都有很大作用。

2.过滤器的类型

由不同骨架和不同过滤层可组成各种过滤器。现将几种常用的过滤器简述如下:

骨架过滤器只由骨架组成,不带过滤层,如图 3-5(a)、(b)所示。仅用于井壁不稳定的基岩井,较多地用做其他过滤器的支撑骨架。

缠丝过滤器的过滤层由密集程度不同的缠丝构成,如图 3-5(c)、(d)所示。若为管状骨架,则在垫条上缠丝;若为钢筋骨架,则直接在其上缠丝。缠丝为金属丝或塑料丝。一

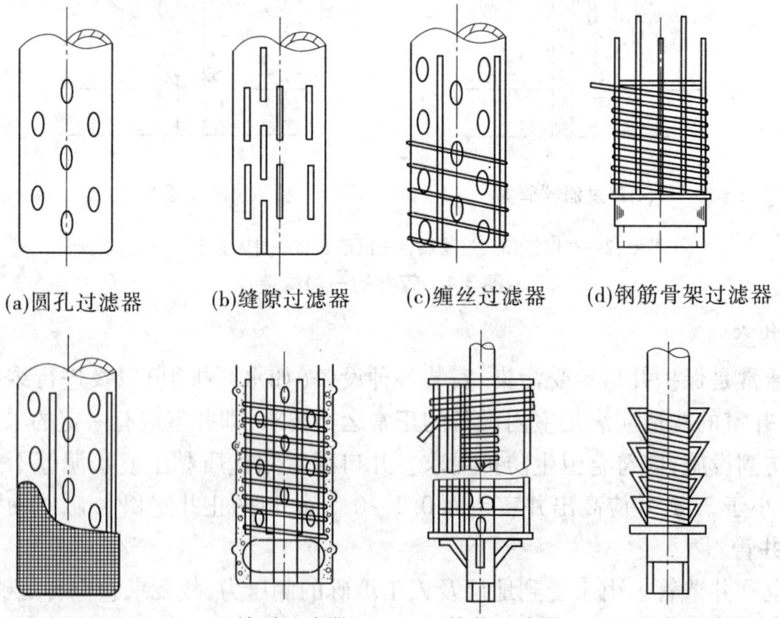

(a)圆孔过滤器　(b)缝隙过滤器　(c)缠丝过滤器　(d)钢筋骨架过滤器

(e)包网过滤器　(f)填砾过滤器　(g)笼状过滤器　(h)筐状过滤器

图 3-5　过滤器类型图

般采用直径 2 ~3 mm 的镀锌铁丝，在腐蚀性较强的地下水中宜用不锈钢等抗蚀性较好的金属丝。生产实践中还曾试用尼龙丝、增强塑料丝等强度高、抗蚀性强的非金属丝代替金属丝，取得了较好的效果。缠丝的间距应根据含水层颗粒组成，参照表 3-1 确定。

表 3-1　过滤器的进水孔眼直径或宽度

过滤器名称	进水孔眼直径或宽度	
	岩层不均匀系数($\frac{d_{60}}{d_{10}}<2$)	岩层不均匀系数($\frac{d_{60}}{d_{10}}>2$)
圆孔过滤器	$(2.5\sim3.0)d_{50}$	$(3.0\sim4.0)d_{50}$
条孔和缠丝过滤器	$(1.25\sim1.5)d_{50}$	$(1.5\sim2.0)d_{50}$
包网过滤器	$(1.5\sim2.0)d_{50}$	$(2.0\sim2.5)d_{50}$

注：1. d_{60}、d_{50}、d_{10} 是指颗粒中按质量计算有 60%、50%、10% 的粒径小于这一粒径。

2. 较细砂层取小值，较粗砂层取大值。

缠丝的效果较好，经久耐用，适用于中砂及更粗颗粒的岩石与各类基岩。若岩石颗粒太细，要求缠丝间距太小，加工常有困难，此时可在缠丝过滤器外充以砾石。

包网过滤器由支撑骨架和滤网构成，如图 3-5(e) 所示。为了发挥网的渗透性，需在骨架上焊接纵向垫条，网包于垫条外，网外再绕以稀疏的护丝(条)，以防磨损。网材有铁、铜、不锈钢、塑料压模等。一般采用直径为 0.2 ~1 mm 的铜丝网，网眼大小也可根据含水层颗粒组成，参照表 3-1 确定。过滤器的微小铁丝易被电化学腐蚀并堵塞，因此也有用不锈钢丝网或尼龙网取代的。

填砾过滤器以上述各种过滤器为骨架，围填以与含水层颗粒组成有一定级配关系的砾石层，统称为填砾过滤器，如图 3-5(f) 所示。工程中应用较广泛的是在缠丝过滤器外围填砾石组成的缠丝填砾过滤器。

这种人工围填的砾石层又称人工反滤层。由于在过滤器周围的天然反滤层是由含水层中的骨架颗粒的迁移而形成的，所以不是所有含水层都能形成效果良好的天然反滤层。因此，工程上常用人工反滤层取代天然反滤层(见图 3-6)。

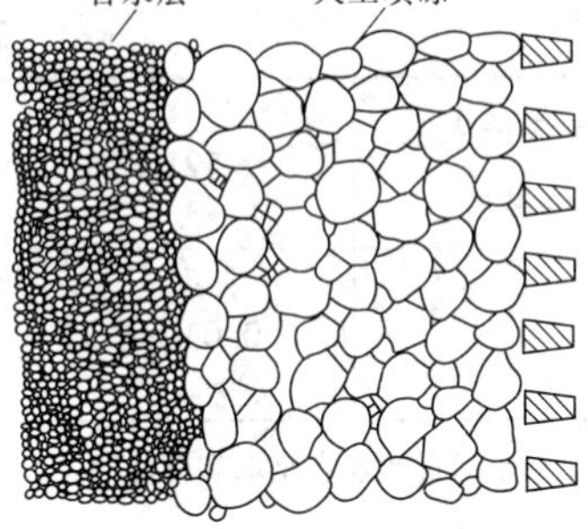

图 3-6　过滤器周围的人工反滤层(填砾)

填砾过滤器适用于各类砂质含水层和砾石、卵石含水层，过滤器的进水孔尺寸等于过滤器壁上所填砾石的平均粒径。

填砾粒径和含水层粒径之比应为

$$\frac{D_{50}}{d_{50}}=6\sim8 \tag{3-2}$$

式中　D_{50}——填砾中粒径小于 D_{50} 的砂、砾石占总质量的 50%；

d_{50}——含水层中粒径小于 d_{50} 的颗粒占总质量的 50%。

当填砾粒径和含水层粒径之比在式(3-2)的范围内时，填砾层通常能截留在含水层中的骨架颗粒，使含水层保持稳定，而细小的非骨架颗粒则随水流排走，故具有较好的渗水能力。

从室内试验观察，在式(3-2)级配比范围内，填砾厚度为填砾粒径的 3 ~ 4 倍时，即能保持含水层的稳定，阻挡粉细砂大量涌入井内。生产实践中，为了扩大进水面积，增加出水量，弥补所选择填砾不完全符合要求的缺点，一般当含水层为粗砂、砾石时，填砾厚度为 150 mm；当含水层为中、细、粉砂时，填砾厚度为 200 mm。过滤器缠丝间距应小于填砾的粒径。

3. 过滤器的直径、长度

过滤器的直径直接影响井的出水量，因此它是管井结构设计的关键。过滤器直径的确定是根据井的出水量选择水泵型号，按水泵安装要求确定的。一般要求安装水泵的井段内径应比水泵铭牌上标定的井管内径至少大 50 mm。

此外，在管井运行时，若地下水流速过大，超过含水层允许渗透速度，则含水层中某些颗粒就会被大量带走，破坏含水层的天然结构。为保持含水层的稳定性，需要对过滤器的尺寸，尤其是过滤器的外径，进行入井速度的复核计算，即

$$D \geqslant \frac{Q}{\pi L v n} \tag{3-3}$$

式中 D——过滤器的外径(包括填砾厚度)，m；

Q——设计出水量，m^3/s；

L——过滤器有效长度(工作部分长度)，m；

n——过滤器进水表面有效孔隙度(一般按过滤器进水表面孔隙度的 50% 考虑)；

v——允许入井流速，m/s，含水层的允许入井流速为 $v = 65\sqrt[3]{K}$，K 为含水层渗透系数，m/s。

根据某些生产井的实际资料验算，该公式的计算结果虽比其他公式要好，但仍偏大近一倍，因此允许入井流速还可从表 3-2 查得。

表 3-2 允许入井流速

含水层渗透系数 (m/d)	>122	82 ~ 122	41 ~ 82	20 ~ 41	<20
允许入井流速 (m/s)	0.030	0.025	0.020	0.015	0.010

注：当地下水对过滤器有结垢和腐蚀时，允许入井流速减少 1/3 ~ 1/2。

合理确定过滤器的有效长度是比较困难的。根据井内测试，在细颗粒含水层中，靠近水泵吸水口部位进水多，下部进水少，有 70% ~ 80% 的出水量是从过滤器上部进入的；在粗颗粒含水层中，过滤器的有效长度可随动水位和出水量的加大而向深部延长，但随着动水位继续增加，向深度的延长率就会越来越小。上述管井中出水量的不均匀分布，当含水层厚度越大、透水性越好、井径越小时，其不均匀性越明显。根据地下水运动的井流理论，上述现象与水泵吸水口以下井周围的含水层中形成部分流线向上弯曲的地下水三维流所造成的附加阻力有关(见图 3-7)，同时也与水流通过过滤器进入井内产生所谓井损的水

头损失有关。

4. 过滤器的安装部位

过滤器的安装部位影响管井的出水量及其他经济技术效益，因此应安装在主要含水层的主要进水段，同时还应考虑井内动水位深度。过滤器一般设在中部厚度较大的含水层，可将过滤管与井壁管间隔排列，在含水层中分段设置，以获得较好的出水效果。对多层承压含水层，应选择含水性最强的含水段安装过滤器。潜水含水层若岩性为均质，则应在含水层底部的1/3～1/2厚度内设置过滤器。

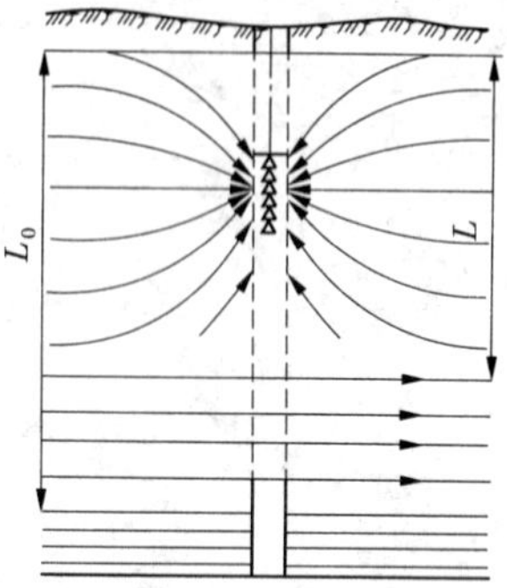

图3-7 过滤器有效长度

(四)沉砂管

沉砂管又称沉淀管，可起到使过滤器不致因沉砂堵塞而影响进水的作用。一般直径与过滤器相同，长度通常为2～10 m，可按井深确定。

二、单井出水量计算

井的出水量计算公式通常有理论公式与经验公式两类。理论公式多用于根据水文地质初步勘察阶段的资料进行的计算，其精度差，故只适用于考虑方案或初步设计阶段；经验公式多用于水文地质详细勘察和抽水试验基础上进行的计算，能较好地反映工程实际情况，故通常适用于施工图设计阶段。

井的实际工作情况十分复杂，因而其计算情况也是多种多样的，管井出水量计算的理论公式很多，以下仅介绍几种基本公式。

(一)稳定流情况下的管井出水量计算

1. 承压含水层完整井

承压含水层完整井(见图3-8)出水量按式(3-4)计算

$$Q = \frac{2\pi Kms}{\ln(R/r)} = \frac{2.73Kms}{\lg(R/r)} \tag{3-4}$$

式中 Q——井的出水量，m^3/d；

s——出水量为Q时，含水层中距井中心r处的水位下降值，m；

m——含水层的厚度，m；

K——渗透系数，m/d；

R——影响半径，m。

若已知井的出水量Q，则可由式(3-4)求得含水层中任意点的水位下降值s为

$$s = 0.37\frac{Q\lg(R/r)}{Km} \tag{3-5}$$

2. 无压含水层完整井

无压含水层完整井(见图3-9)出水量为

$$Q = \frac{\pi K(H^2 - h^2)}{\ln(R/r)} = \frac{1.37K(2Hs - s^2)}{\lg(R/r)} \tag{3-6}$$

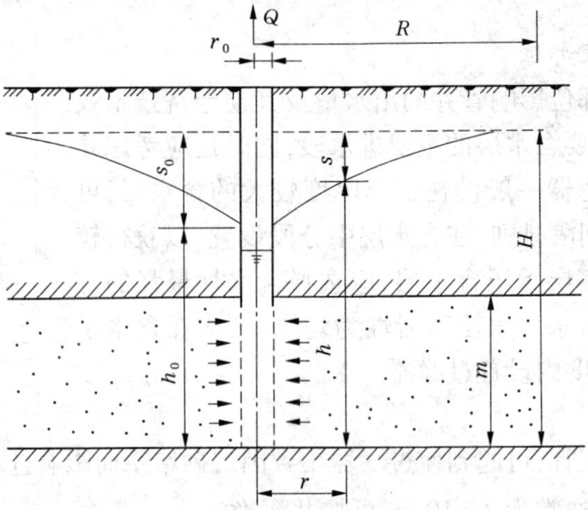

图 3-8　承压含水层完整井计算简图

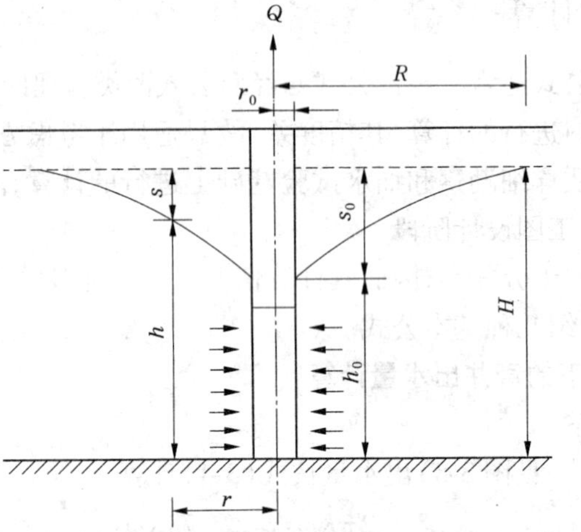

图 3-9　无压含水层完整井计算简图

式中　H——含水层的厚度,m;

h——含水层中距井中心 r 处的水位值,m,若 $r=r_0$,则 $h=h_0$,h_0 为井外壁的水位;

s——与 h 相对应的点的水位下降值,若 $r=r_0$,则 $s=s_0$;

其余符号意义同前。

若已知出水量 Q,则由式(3-7)求得含水层中任意点的水位下降值 s 为

$$s = H - \sqrt{H^2 - 0.73\frac{Q\lg(R/r)}{K}} \tag{3-7}$$

计算时,K、R 等水文地质参数比较难确定,并且 K 值对计算结果影响较大,故应力求符合实际。

上述为 Dupuit 公式,它是在下列假设基础上用一般数学分析方法推导而得的:假设地下水处于稳定流、层流、均匀缓变流状态,水位下降漏斗的供水边界是圆筒形的,含水层为均质、各向同性、无限分布,隔水层顶板与底板是水平的。显然,不可能存在上述理想状态的水井,而且公式的水文地质参数(K、R)也难以准确确定,因此理论公式在实际应用上有一定的局限性。

3. 承压含水层非完整井

承压含水层非完整井(见图3-10)抽水时,流线呈复杂的空间流状态。Muskat应用空间源汇映射和势流量叠加原理推导出下面的非完整井的理论公式,即

$$Q = \frac{6.28Kms}{\frac{1}{2\bar{h}}[4.6\lg(4m/r) - A] - 2.3\lg(4m/r)} \tag{3-8}$$

式中 $\bar{h}$——过滤器插入含水层的相对深度,$\bar{h} = l/m$;

A——根据 $\bar{h}$ 值确定的函数值,$A = f(\bar{h})$,其函数曲线见图3-11;

l——过滤器长度,m;

其余符号意义同前。

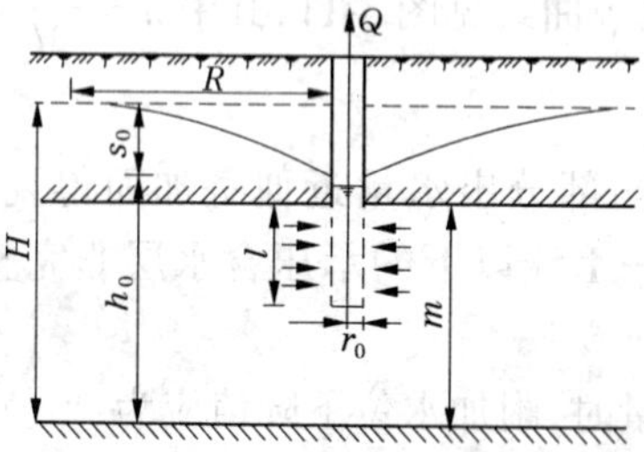

图3-10 承压含水层非完整井计算简图

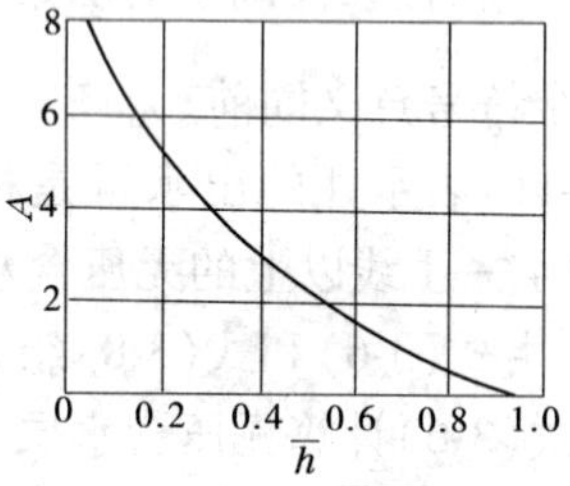

图3-11 $A \sim \bar{h}$ 曲线

同完整井相比,在相同条件下用非完整井取同等水量,水流将克服更大的阻力。若利用完整井出水量计算公式计算非完整井出水量,可将含水层中水位下降值(s)分解成两部分,即对应完整井该点水位下降值和附加水位下降值(Δs),根据式(3-4)和式(3-8)求得 Δs 为

$$\Delta s = 0.16\frac{Q}{Km}\xi \tag{3-9}$$

$$\xi = 2.3\left(\frac{m}{l} - 1\right)\lg(4m/r) - \frac{2m}{l}A$$

若插入含水层的过滤器长度与含水层厚度相比很小,即当 $l/m \leqslant 1/3$ 时,有

$$Q = \frac{2.73Kls}{\lg(1.32l/r)} \tag{3-10}$$

当 $l/m \leqslant 1/4 \sim 1/3$,$r_0/m \leqslant 5/7$ 时,由式(3-10)求得的 Q 的误差不大于10%,且无须确定难以估计的 R 值。

4. 无压含水层非完整井

无压含水层非完整井(见图3-12)可用式(3-11)计算

$$Q = \pi Ks\frac{l + s}{\ln(R/r)} + \frac{2M}{\frac{1}{2\bar{h}}\left(2\ln\frac{4M}{r} - A\right) - \ln\frac{4m}{r}} \tag{3-11}$$

$$M = h_0 - 0.5\bar{h}$$

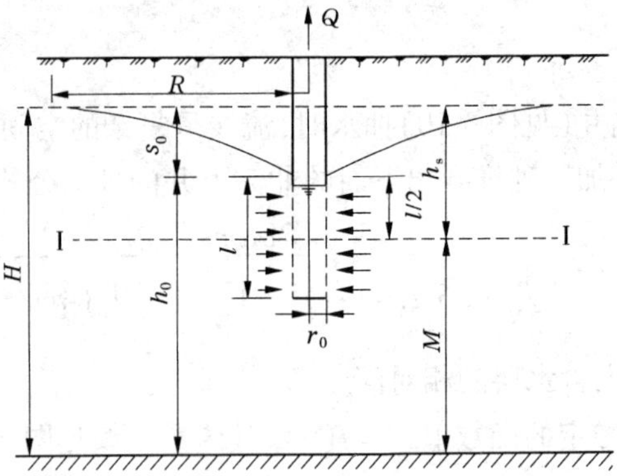

图 3-12　无压含水层非完整井计算简图

式中　A——根据 $\bar{h}$ 值确定的函数值，$A=f(\bar{h})$，其函数曲线见图 3-11，其中 $\bar{h}=\dfrac{0.5l}{M}$；

其余符号意义同前。

式(3-11)表示井的出水量是根据分段解法由两部分出水量近似叠加而得到的，即图 3-12 中Ⅰ—Ⅰ线以上的无压含水层完整井和Ⅰ—Ⅰ线以下的承压含水层非完整井出水量之和，由式(3-6)和式(3-8)组合而成。

当以式(3-6)计算无压含水层非完整井的出水量时，附加水位下降值应为

$$\Delta s = H' - \sqrt{H'^2 - 0.37\frac{Q}{K}\xi} \tag{3-12}$$

$$H' = H - s_0$$

ξ 计算同式(3-9)，其中：　$m = H - \dfrac{s_0}{2}, l = l_0 - \dfrac{s_0}{2}$

(二)非稳定流情况下管井出水量的计算

自然界地下水运动过程中井并不存在稳定态，所谓稳定流也只是在有限时间段的一种暂时平衡现象。然而，地下水运动十分缓慢，尤其是当地下水开发规模与天然补给相比很小时可以近似地视为稳定流，故稳定流理论概念仍有广泛实用的价值。当开发规模扩大、地下水补给不足时，地下水位发生明显的、持续的下降，就要求用非稳定流理论来解释地下水的动态变化过程。

包含时间变量的 Theis 公式是非稳定流理论的基本公式。Theis 公式除在抽水试验中确定水文地质参数有重要意义外，在地下水开发中还可用于预测水源建成后地下水位的变化。

1. 承压含水层完整井的 Theis 公式

承压含水层完整井的 Theis 公式为

$$s = \frac{Q}{4\pi Km}W(u) \tag{3-13}$$

$$W(u)\int_u^{\infty}\frac{e}{u}\mathrm{d}u = -0.5772 - \ln u + u - \frac{u^2}{2\cdot 2!} + \frac{u^3}{3\cdot 3!} - \cdots \tag{3-14}$$

$$u = \frac{r^2}{4at} \tag{3-15}$$

式中 s——抽水 t 时间后任意点的水位下降值,m;

Q——井的出水量,m^3/d;

r——任意点至井的距离,m;

t——抽水延续时间,d;

$W(u)$——井函数,可由专门编制的图表中查得;

a——承压含水层压力传导系数,m^2/d,其中 $a=Km/S$,此处 S 为弹性贮留系数,α 或 S 由现场扬水试验测定;

其余符号意义同前。

对于透水性良好的密实破碎岩石层中的低矿化度水而言,a 值一般为 $10^4 \sim 10^6\ m^2/d$;在透水性差的细颗粒含水层中,a 值为 $10^3 \sim 10^5\ m^2/d$。

当 u 很小,如 $u \leqslant 0.01$ 时,式(3-13)可简化为

$$s = \frac{Q}{4\pi Km}\ln\frac{2.25at}{r^2} \approx \frac{Q}{2\pi Km}\ln\frac{1.5\sqrt{at}}{r} \tag{3-16}$$

将式(3-16)同式(3-4)相比较可知,在非稳定流情况下,相当于式(3-4)中的 $R \approx 1.5\sqrt{at}$。

2. 无压含水层完整井的 Theis 公式

无压含水层完整井的 Theis 公式为

$$h^2 = H^2 - \frac{Q}{2\pi K}W(u) \tag{3-17}$$

$$u = \frac{r^2}{4at}$$

式中 h——含水层任意点动水位高度,m;

a——水位传导系数,m^2/d,其中 $a=-\frac{Kh'}{\mu}$,此处 μ 为给水度,h' 为抽水期间含水层的平均动水位高度;

其余符号意义同前。

在无压含水层中,a 值通常为 $100 \sim 5\ 000\ m^2/d$。

当 u 很小,如 $u < 0.01$ 时,式(3-17)可简化为

$$h^2 = H^2 - \frac{Q}{2\pi K}\ln\frac{2.25at}{r^2} \tag{3-18}$$

在水文地质勘探中,通常可根据扬水试验资料 s、t,利用 Theis 公式推算含水层常数 S(贮留系数)、$T(T=Km)$,此种计算方法用普通的代数方法求解是困难的,但用图解法可取得满意的结果,有关算法可参看专门文献或有关手册。若已知 S 或 T,也可利用 Theis 公式计算 s 或 Q,多用于给水工程设计及运行管理,这种情况计算并不难,可直接由 Theis 公式进行计算。

Theis 公式是在以下假设的基础上推导的:含水层均质、各向同性、水平且无限广阔;含水层的导水系数 T(对于无压地层 $T=KH$)为常数;当水头或水位降落时,含水层的排水瞬时发生;含水层的顶板、底板不透水等。实际上,虽然不存在符合上述假定条件的情况,

然而随着非稳定流理论的发展，已出现不少适应不同条件的公式，如越流含水层、存在延迟给水的无压含水层的计算公式，非完整井的计算公式等。

（三）经验公式

在工程实践中，常直接根据水源或水文地质相似地区的抽水试验所得的 $Q \sim s$ 曲线进行井的出水量计算。这种方法的优点在于不必考虑井的边界条件，避免确定水文地质参数，能够全面地概括井的各种复杂影响因素，因此计算结果比较符合实际情况。由于井的构造形式对抽水试验结果有较大的影响，故试验井的构造应尽量接近设计井，否则应进行适当的修正。

经验公式是在抽水试验的基础上拟合出水量 Q 和水位下降值 s 之间的关系，据此可以求出在设计水位降落时井的出水量，或根据已定的井出水量求出井的水位下降值。

$Q \sim s$ 曲线有直线型、抛物线型、幂函数型、半对数型。其对应的经验公式见表 3-3。

表 3-3　单井出水量经验公式表

	$Q \sim s$ 曲线及其方程		$Q \sim s$ 曲线的转化		系数的计算公式	外延极限
直线型	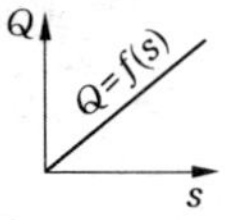	$Q=\frac{Q_1}{s_1}s$				$<1.5s_{max}$
抛物线型	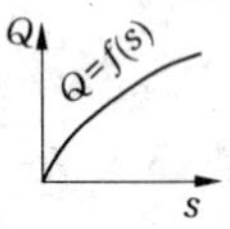	$s=aQ-bQ^2$	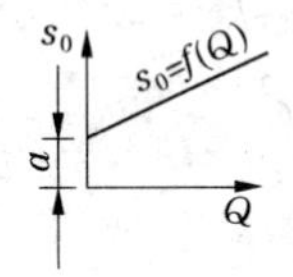	两边各除以 Q，则 $s_0=a+bQ$ $(s_0=\frac{s}{Q})$ 可用直线 $s_0=f(Q)$ 表示	$a=s_0-bQ_1$ $b=\frac{s''_0-s'_0}{Q_2-Q_1}$ $(s_0=\frac{s}{Q})$	$(1.75\sim2.0)s_{max}$
幂函数型	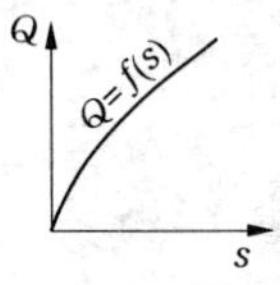	$s=\left(\frac{Q}{n}\right)^2$	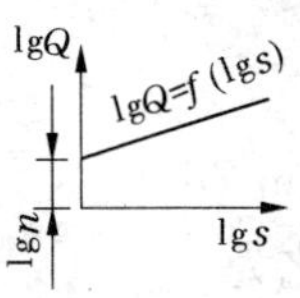	取对数，则 $\lg s=m(\lg Q-\lg n)$ 可用直线 $\lg Q=f(\lg s)$ 表示	$m=\frac{\lg s_2-\lg s_1}{\lg Q_2-\lg Q_1}$ $n=\lg Q_1-\frac{\lg s_1}{m}$	$(1.75\sim2.0)s_{max}$
半对数型	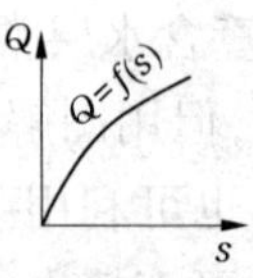	$Q=a+b\lg s$	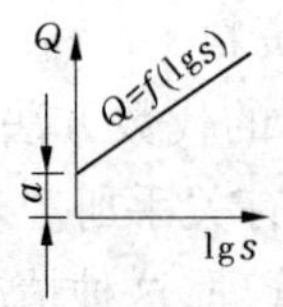	可用直线 $Q=f(\lg s)$ 表示	$b=\frac{Q_2-Q_1}{\lg s_2-\lg s_1}$ $a=Q_1-b\lg s_1$	$(2\sim3)s_{max}$

表 3-3 中四种公式适用于承压含水层，但当无压含水层的抽水试验资料符合上述类型时，也可近似应用。

选用上述经验公式的方法如下：

(1)抽水试验应有三次或更多次水位下降,在此基础上绘制 $Q \sim s$ 曲线。

(2)若所绘制的 $Q \sim s$ 曲线是直线,则可用直线型公式计算;如果不是直线,须进一步判别,可适当改变坐标系统,使 $Q \sim s$ 曲线转变为直线,见表 3-3,这样可以经过复杂的运算,选定符合试验资料($Q \sim s$ 曲线)的经验公式。

为了选择经验公式,须将所有的试验数据按表 3-4 列出。

表 3-4 抽水试验数据

抽水次数	s	Q	$s_0 = s/Q$	$\ln s$	$\ln Q$
第一次	s_1	Q_1	s'_0	$\ln s_1$	$\ln Q_1$
第二次	s_2	Q_2	s''_0	$\ln s_2$	$\ln Q_2$
第三次	s_3	Q_3	s'''_0	$\ln s_3$	$\ln Q_3$

然后根据表 3-4 的数据作出下列图形,即 $s_0 = f(Q)$,$\ln Q = f(\ln s)$,$Q = f(\ln s)$。

假如图形 $s_0 = f(Q)$ 为直线,则井的出水量呈抛物线增长,这时可用抛物线型公式计算。

假如图形 $\ln Q = f(\ln s)$ 为直线,则井的出水量按幂函数增长,这时可用幂函数型公式计算。

假如图形 $Q = f(\ln s)$ 为直线,则井的出水量按半对数函数增长,这时可用半对数型公式计算。

三、管井施工

管井的建造一般包括地面地质调查、物探以确定孔位、钻孔,测井、下管、填砾、封井、固井、洗井、抽水试验和水质检验工艺流程。管井的主要施工程序及成井工艺简述如下。

(一)钻孔

井孔钻进方法较多,包括冲击钻进、回转钻进、冲击回转钻进以及循环钻进、空气钻进等,目前国内普遍使用方法为冲击钻进和回转钻进。

1. 冲击钻进

冲击钻进的基本原理是使钻头在井孔内上下往复运动,依靠钻头自重来冲击孔底岩层,使之破碎松动,再用抽筒捞出,如此反复,逐渐加深,形成井孔。冲击钻进依靠冲击钻机(见图 3-13)来实现,适用于松散的冲洪积地层。钻机型号可根据岩层情况,管井口径、深度,以及施工地点的运输和动力条件,结合钻机性能选定,这些在钻井工程设计中就要明确给定。在钻进过程中,必须采用护壁措施,常用的有泥浆壁钻进和套管护壁钻进。随着冲洗井技术的进步,清水水压钻进受到了重视。清水水压钻进,一是由于水静压力的作用,有助于井壁的稳定;二是在钻进过程中自然造浆,增加护壁性能。因此,在水源充分,覆盖层地层密实的地方多采用此方法。冲击钻进法效率低、速度慢,但机具设备简单、轻便。

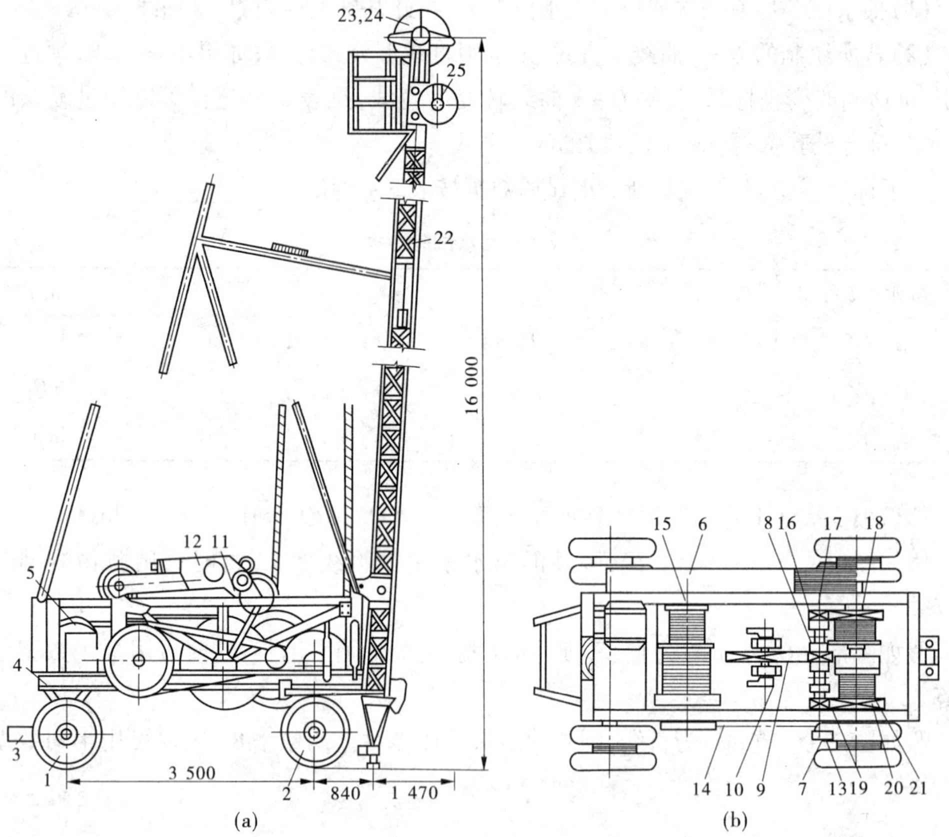

1—前轮;2—后轮;3—钻杆;4—底架;5—电动机;6—三角带;7—主动轴;8—摩擦离合器;9—齿轮;10—冲击轮;11—连杆;12—缓冲装置;13—摩擦离合器;14—链条;15—钻进工具用卷筒;16—摩擦离合器;17—齿轮;18—抽筒用卷筒;19—摩擦离合器;20—齿轮;21—复式滑车用卷筒;22—桅杆;23—钻进工具钢丝绳滑轮;24—抽筒钢丝绳滑轮;25—起重用滑轮

图3-13　CZ－30型钻机　(单位:mm)

2. 回转钻进

回转钻进的基本原理是使钻头在一定的钻压下在孔底回转,以切削、研磨、破碎孔底岩层,并依靠循环冲洗系统将岩屑带上地面,如此循环钻进形成井孔。回转钻进依靠回转钻机来实现。回转钻进又分为一般回转钻进、反循环回转钻进及岩芯回转钻进。

一般回转钻进既适用于松散的冲积层,也适用于基岩地层。此种钻机用动力机通过传动装置,使转盘转动,转盘带动钻杆旋转,从而使钻头切削岩层。在钻进同时,钻机上的泥浆泵不断地从泥浆池抽取一定浓度的泥浆,经提引水龙头,沿钻杆内腔至钻头喷射到被切削的工作面上。泥浆与钻孔内的岩屑混合在一起,沿井孔上升到地面,流入沉淀池,在沉淀池内分离岩屑后的泥浆又重复被泥浆泵送至井下,这种泥浆循环方式又称正循环回转钻进。循环泥浆在钻进中既起清除岩屑的作用,又起加固井壁和冷却钻头的作用。

反循环回转钻进克服了正循环回转钻进中由于井壁有裂隙和坍塌,发生循环的漏失和流速降低，以致岩屑在井孔内沉淀而不能从井孔中排出的弊病。泥浆由沉淀池流经井孔到井底，然后经钻头、钻杆内腔、提引水龙头和泥浆泵回到泥浆沉淀池。它的特点是循环流量大，在钻杆内腔产生较高的流速。

岩芯回转钻进设备和工作情况与一般回转钻进基本相同，只是所用的钻头是岩芯钻头。岩芯钻头只将沿井壁的岩石破碎，保留中间部分，因此效率较高，并能将未被破碎的岩芯取到地面供考察地层之用。岩芯回转钻进适用于钻进坚硬的岩石，其优点是进尺速度高、钻进深度大、所需设备功率小，常用于钻进基岩深管井。

钻井方法的选择对于降低造价、加快工程进度、保证工程质量都有很大的意义，因此应结合各地的具体情况，选择适宜的钻井方法。

（二）成井

钻凿井孔到预定深度，要对地层资料进行编录，必要时还要通过物探测井准确确定地层岩性剖面和取水层，按照管井构造设计要求，依据实际地层资料，对井壁管、滤水管、沉淀管进行排管，最大限度地使滤水管对准取水层，及时进行下管安装、填砾和封井等，形成水井。

1. 井管安装

下管前先要插入试孔器直至顺利下到井底，然后打孔、换浆，做好下管准备工作，排好管，准备好井管底托，检验管扣或焊接机具，并对黏土球、砾料、封井等材料、器具进行严格的质量检验和数量核对，不合格不得使用，准确测量孔深后即可下管。下管可采用直接提吊法，提吊加浮板（浮塞）法、钢丝绳托盘法、钻杆托盘法等。井管下完后，钻机仍需提吊部分重量，确使井管上部固定于井口。

2. 填砾及井管外封闭

填砾及井管外封闭是成井工艺中一个重要环节。填砾规格、填砾方法以及不良含水层的封闭和井口的封闭质量的优劣，都可能影响管井的质量。

填砾要按设计要求的粒径与级配进行筛选，并以圆和椭圆形砾石为主，在井内换浆后，把砾料由孔口均匀连续填入（避免砾石充塞于井孔上部），随时测量填砾深度，核对填料数量，直至达到要求深度。填砾要求如下：

（1）围填砾石质量的要求。除要求砾石本身必须保证颗粒浑圆度好、经过筛选冲洗、不含泥土杂物、符合规格标准外，还要求在填砾工序中做到及时填砾和均匀填砾，以防止滤料的堵塞和离析等不良现象的产生，尽量满足填砾的设计标准。

（2）围填砾石数量的要求。一般要求在围填砾石之前，应结合井孔及井管规格和井孔岩层柱状图，对所准备的砾石，除满足质量要求外，在数量上应具备10% ~15%的安全富余量，因在井孔钻进中可能会产生超径现象，相应地要增大填砾数量。

（3）围填砾石高度的要求。应根据滤水管的位置来确定，一般要求对所有设置滤水管的部位进行填砾，其高度应高出最上一层含水层5 ~10 m，以防止在洗井及抽水试验中因滤料下沉而产生滤水管涌砂等不良现象。

（三）洗井

在凿进的过程中，泥浆和岩屑不仅滞留在井周围的含水层中，而且还在井壁上形成一层泥浆壁，洗井就是要消除井孔及周围含水层中的泥浆和井壁上的泥浆壁，同时还要冲洗出含水层中部分细小颗粒，使井周围含水层形成天然反滤层。因此，洗井是影响水井出水能力的重要工序。洗井工作要在安装井管、填砾、止水与管外封闭工作完成并用抽筒清理井内泥浆之后立即进行，以防泥浆壁硬化，给洗井带来困难。

选择适宜的洗井方法，要根据含水层的特性、井孔结构、井管质量、井孔水力特征及沉砂情况综合确定。洗井方法有活塞洗井、压缩空气洗井、水泵抽水或压水洗井、液态 CO_2 洗井、酸化 CO_2 喷洗井等。活塞洗井法是用安装在钻杆上带有活门的活塞，在井壁管内上下拉动，使过滤器周围形成反复冲洗的水流，以破坏泥浆壁并清除含水层中残留泥浆和细小颗粒。活塞洗井效果好，洗井较彻底。压缩空气洗井法效率较高，采用较广，对于细粉砂地层，一般不宜采用此法。有时适宜选择几种方法联合洗井，可以提高洗井效果，既能按要求达到水清砂净的要求，又能增大井的出水量。当泥浆壁被破坏，出水变清，井水含砂量在 1/50 000（粗砂地层）~1/20 000（细砂地层）以下时，就可以结束洗井工作。

（四）抽水试验

抽水试验是管井建造的最后阶段，目的在于测定井的出水量，了解出水量与水位降落值的关系，为选择、安装抽水设备提供依据，同时采取水样进行分析，以评价井的水质。因此，成井后进行抽水试验是必不可少的最后一道工作。

抽水试验前应测出静水位，抽水时应测定与出水量相应的动水位。抽水试验的最大出水量一般应达到或超过设计出水量，即使受设备条件所限，也不应小于设计出水量的75%。抽水试验时，水位下降次数一般为 3 次，至少为 2 次。每次都应保持一定的水位降落值与出水量稳定延续时间。

抽水试验过程中，除认真观测和记录有关数据外，还应在现场及时进行资料整理工作，例如绘制出水量与水位降落值的关系曲线、水位和出水量与时间关系曲线以及水位恢复曲线等，以便发现问题，及时处理。

四、维修与管理

（一）管井的验收

管井竣工后，应由使用、施工和设计单位根据设计图纸及验收规范共同验收，检验井深、井径、水位、水量、水质和有关施工文件。作为饮用水水源的管井，应经当地的卫生防疫部门对水质检验合格后，方可投产使用。管井验收时，施工单位应提交下列资料，即管井施工说明书、管井使用说明书、钻进中的岩样。上述资料是水井管理的重要依据，使用单位必须将此作为管井的技术档案妥善保存，以便分析研究管井运行中存在的问题。

（二）管井的使用

管井使用的合理与否，将影响其使用年限。生产实践表明，很多管井由于使用不当，出现水量衰减、漏砂，甚至早期报废。管井使用应注意以下问题：抽水设备的出水量应小于管井的出水能力，建立管井使用卡制度，严格执行必要的管井、机泵的操作规程和维修制度，管井周围应按卫生防护要求保持良好的卫生环境和进行绿化。

(三)管井出水量减少的原因和恢复及增加出水量的措施

1. 管井出水量减小的原因和恢复出水量的措施

在管井使用过程中,往往会有出水量减小的现象,其原因很多,问题也较复杂。通常,有管井本身和水源两方面的原因。属于管井原因,除抽水设备故障外,一般都是由过滤器或其周围填砾、含水层填塞造成的,在采取具体消除故障措施之前,应掌握有关管井构造、施工、运行资料和抽水试验、水质分析资料等,对造成堵塞的原因进行分析、判断,然后根据不同情况采取不同措施,如更换过滤器、修补封闭漏砂部位、清除过滤器表面的泥沙、洗井等。属于水源方面的原因很多,如长期超量开采引起区域性地下水位下降,或境内矿山涌水及新建水源地的干扰等,使管井出水量减小和吊泵。对此,应开展区域水文地质调查研究,开展地下水位和开采量的长期动态观测,查明地下水位下降漏斗空间分布的形态、规模及其发展的规律、速度、原因。在此基础上采取下列措施:调整管井的布局,变集中开采为分散开采;调整管井的开采量,必要时关闭一部分位于漏斗中心区的管井;对矿山开展防止水工作,以减小矿坑涌水量,并研究矿坑排水的利用问题;协调并限制新水源地的建设与开发;寻找开发新水源,加强地下水的动态监测工作,实行水资源的联合调度和科学管理。

2. 增加管井出水量的措施

增加管井出水量的措施有真空井法、爆破法和酸处理法。真空井法是将井管的全部或部分密闭,抽水时,使管井处于负压状态下进水,以达到增加出水量的目的;爆破法适用于基岩井,通常是将炸药和雷管封置在专用的爆破器内,用钢丝吊入井中预定位置,用电起爆,以增强裂隙、岩溶含水量的透水性;对于石灰岩地区的管井可采用注酸的方法,以增大或串通石灰岩的裂隙或溶洞,增加出水量。

教学单元四　大口井

大口井是开采浅层地下水的一种主要取水构筑物,是我国除管井之外的另一种应用比较广泛的地下水取水构筑物。小型大口井构造简单、施工简便易行、取材方便,故在农村及小城镇供水中广泛采用,在城市与工业的取水工程中则多用大型大口井。

大口井的优点是不存在腐蚀问题,进水条件较好,使用年限较长,对抽水设备形式限制不大。若有一定的场地且具备较好的施工技术条件,可考虑采用大口井。大口井的缺点是对地下水位变动适应能力很差,在不能保证施工质量的情况下会拖延工期、增加投资,亦易产生涌砂、堵塞问题。

一、大口井的结构构造

大口井的主要组成部分是上部结构、井筒及进水部分,如图 3-14 所示。

(一)上部结构

上部结构情况主要与水泵站和大口井分建或合建有关,这点又取决于井水位(动水位与静水位)变化幅度、单井出水量、水源供水规模及水源系统布置。当井的水位下降值较小、单井出水量大、井的布置分散或者相反、仅 1 ~ 2 口井即可达到供水规模要求时,可考虑泵站与井合建。

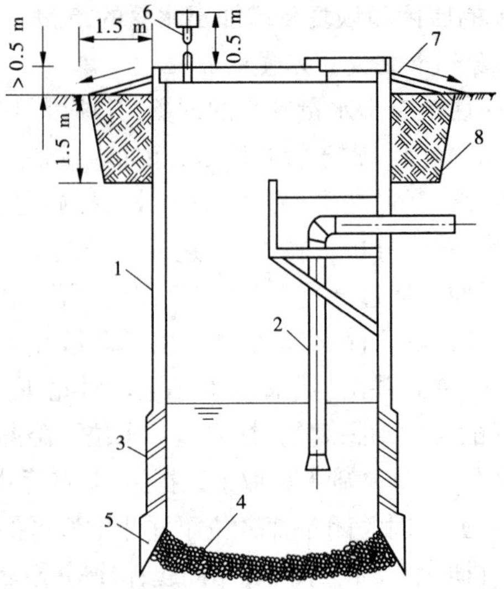

1—井筒;2—吸水管;3—井壁进水孔;4—井底反滤层;

5—刃脚;6—通风管;7—排水坡;8—黏土层

图 3-14　大口井的构造

为便于安装、维修、观测水位,泵房底板多设有开口,开口布置形式有三种,即半圆形、中心筒形及人孔,如图 3-15 所示。开口形式主要应根据泵站工艺布置及建筑、结构方案确定。

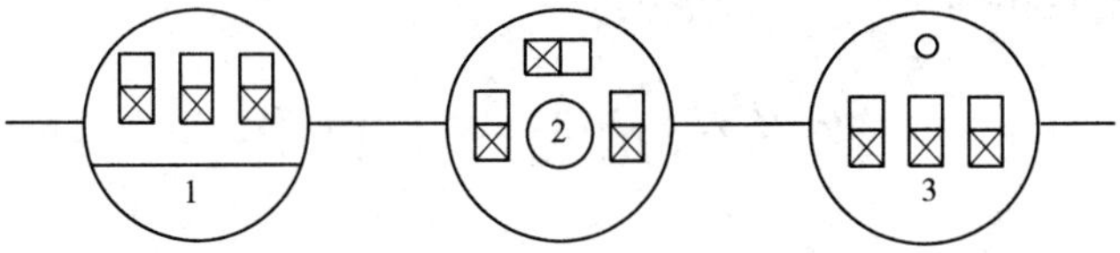

1—半圆形;2—中心筒形;3—人孔

图 3-15　大口井泵站底板开口形式

当地下水位较低或井水位变化幅度大时,为避免合建泵房埋深过大,使上部结构复杂化,可考虑深井泵取水。泵房与大口井分建,则大口井上部可仅设井房或者只设盖板,这种情况在低洼地带(河滩或沙洲)可经受洪水冲刷和淹没(需设法密封),构造简单,但布置不紧凑。

(二)井筒

井筒通常用钢筋混凝土浇筑或用砖、石、预制混凝土圈砌筑而成,包括井中水上部分和水下部分。其作用是加固井壁、防止井壁坍塌及隔离水质不良的含水层。井筒的直径应根据水量计算、允许流速校核及安装抽水设备的要求确定。井筒的外形通常呈圆筒形、截头圆锥形、阶梯圆筒形等(见图 3-16),其中的圆筒形井筒易于保证垂直下沉、节省材料、受力条件好、利于进水。有时在井筒的下半部设有进水孔。在深度较大的井筒中,为克服较大的下沉摩擦阻力,常采用变截面结构的阶梯状圆形井筒。

用沉井法施工的大口井,在井筒的最下端应设有刃脚。刃脚一般由钢筋混凝土构成,

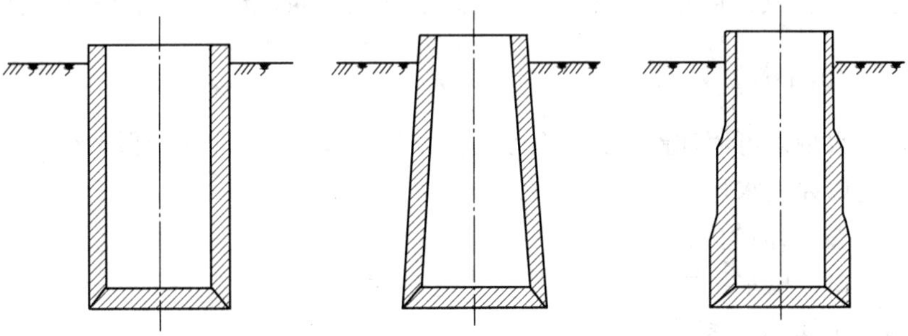

图 3-16　大口井井筒外形

施工时用以切削地层，便于井筒下沉。为减小井筒下沉时的摩擦力和防止井筒在下沉过程中受障碍物的破坏，刃脚外缘应比井筒凸出 10 cm 左右。

(三)进水部分

进水部分包括井壁进水孔(或透水井壁)和井底反滤层。井壁进水孔分水平孔和斜形孔两种形式。

水平孔施工容易，采用的较多。壁孔一般为 100 ~ 200 mm 直径的圆孔或 100 mm × 150 mm ~ 200 mm × 250 mm 的矩形孔，交错排列于井壁，其孔隙率在 15% 左右。为保持含水层不渗透性，孔内装填一定级配的滤料层，孔的两侧设置不锈钢丝网，以防滤料漏失。水平孔不宜按级配分层加填滤料，为此也可应用预先装好滤料的铁丝笼填入进水孔。

斜形孔多为圆形，孔倾斜度不宜超过 45°，孔径为 100 ~ 200 mm，孔外侧设有格网。斜形孔滤料稳定，易于装填、更换，是一种较好的进水孔形式。

进水孔中滤料可分两层填充，每层为半井壁厚度。与含水层相邻一层滤料的粒径，可按下式确定

$$D \leqslant (7 \sim 8) d_i \tag{3-19}$$

式中　D——与含水层相邻一层滤料的粒径；

d_i——含水层颗粒的计算粒径，细、粉砂 $d_i = d_{40}$，中砂 $d_i = d_{30}$，粗砂 $d_i = d_{20}$，d_{40}、d_{30}、d_{20} 分别表示含水层颗粒中某一粒径，小于该粒径的颗粒质量占总质量的 40%、30%、20%。

两相邻滤料层粒径比一般为 2 ~ 4。

(四)大口井的设计要点

大口井的设计步骤和管井类似，但还应注意以下问题：

(1)大口井应选在地下水补给丰富、含水层透水性良好、埋藏浅的地段。集取河床地下水的大口井，除考虑水文地质条件外，应选在河漫滩或一级冲积阶地上。

(2)适当增加井径是增加水井出水量的途径之一。同时，在相同的出水量条件下，用较大的直径也可减小水位降值、降低取水电耗、降低进水流速、延长使用年限。

(3)由于大口井井深不大，地下水位的变化对井的出水量和抽水设备的下沉运行有很大影响。对于开采河床地下水的大口井，因河水位变幅大，更应注意这一情况。为此，在计算井的出水量和确定水泵安装高度时，均应以枯水期最低设计水位为准，抽水试验也以在枯

水期进行为宜。此外,还应注意到地下水位区域性下降的可能性以及由此引起的影响。

二、大口井出水量计算

大口井出水量也可用理论公式和经验法计算。经验法与管井相似,这里只介绍用理论公式计算大口井出水量的方法。

(一)从井壁进水的大口井

此时的大口井出水量按完整井计算公式进行计算。

(二)从井底进水的大口井

从井底进水的大口井进水量计算有承压含水层(见图3-17)和无压含水层(见图3-18)两种情况。

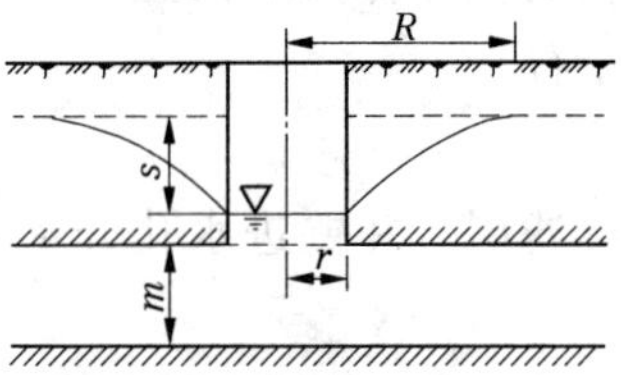

图3-17 承压含水层中井底进水大口井计算简图

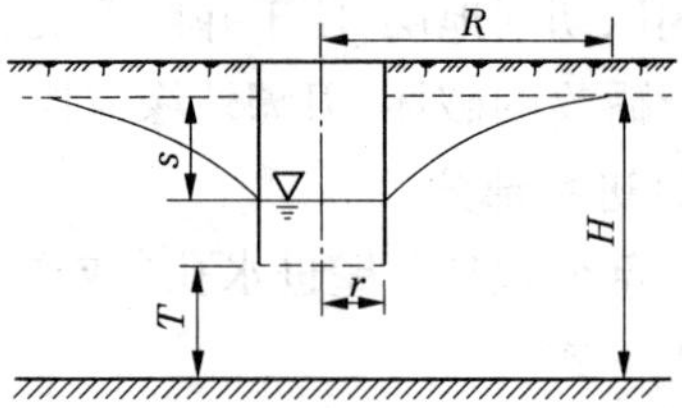

图3-18 无压含水层中井底进水大口井计算简图

承压含水层大口井出水量计算公式为

$$Q=\frac{2\pi Ksr}{\frac{\pi}{2}+2\arcsin\frac{r}{m+\sqrt{m^2+r^2}}+1.185\frac{r}{m}\lg\frac{R}{4m}} \tag{3-20}$$

式中 Q——大口井出水量,m^3/d;

s——出水量为 Q 时井的水位降落值,m;

r——井的半径,m,对于方形大口井,应按 $r=0.6b$ 关系换算,对于正多边形大口井,可使式中的半径等于多边形的内切圆及外接圆半径的平均值;

K——渗透系数,m/d;

R——影响半径,m;

m——承压含水层厚度,m。

当含水层较厚($m\geqslant 2r$)时,式(3-20)可简化为

$$Q=\frac{2\pi Ksr}{\frac{\pi}{2}+\frac{r}{m}(1+1.185\lg\frac{R}{4m})} \tag{3-21}$$

当含水层很厚($m\geqslant 8r$)时,还可简化为

$$Q=4Ksr \tag{3-22}$$

式(3-22)简便,并且不包括难以确定的 R 值,对于估算大口井出水量有实用意义。

无压含水层大口井出水量计算公式为

$$Q=\frac{2\pi Ksr}{\frac{\pi}{2}+2\arcsin\frac{r}{T+\sqrt{T^2+r^2}}+1.185\frac{r}{T}\lg\frac{R}{4T}} \tag{3-23}$$

式中 H——无压含水层厚度，m；

T——大口井井底至不透水层的距离，m；

其余符号意义同前。

当含水层较厚（$H \geq 2r$）时，式（3-23）可简化为

$$Q = \frac{2\pi Ksr}{\frac{\pi}{2} + \frac{r}{T}\left(1 + 1.185\lg\frac{R}{4T}\right)} \tag{3-24}$$

（三）井壁井底同时进水的大口井

计算井壁井底同时进水的大口井出水量时，可用分段解法，计算简图如图3-19所示。对于无压含水层，可以认为井的出水量是无压含水层中的井壁进水量和承压含水层中的井底进水量的总和，用公式表示为

$$Q = \pi Ks\left[\frac{2hs}{2.3\lg\frac{R}{r}} + \frac{2r}{\frac{\pi}{2} + \frac{r}{T}\left(1 + 1.185\lg\frac{R}{4T}\right)}\right] \tag{3-25}$$

式中符号意义同前。

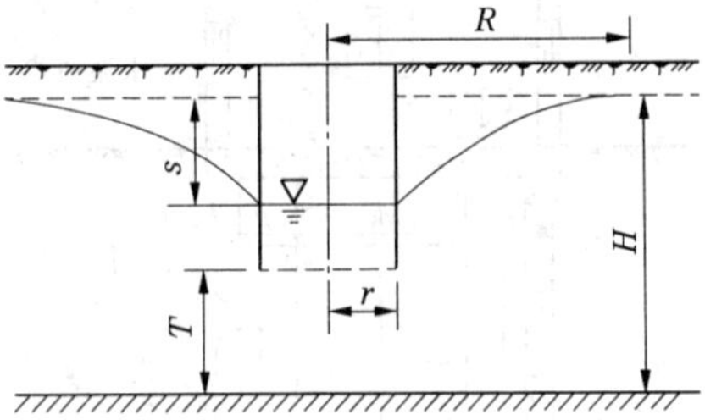

图3-19 无压含水层井壁井底进水大口井计算简图

在确定大口井尺寸、进水部分构造及完成出水量计算之后，应校核大口井进水部分的进水流速。井壁和井底的进水流速都不宜过大，以保持滤料层的渗流稳定性，防止发生涌砂现象。

三、大口井的施工

大口井的施工方法有大开挖法和沉井法两种。

（一）大开挖施工法

大开挖施工法即在开挖的基槽中进行井筒砌筑或浇筑及铺设反滤层工作。其优点是井壁比沉井施工法薄，且可就地取材，便于井底反滤层施工，可在井壁外围回填滤料层，改善进水条件；但在深度大、水位高的大口井中，施工土方量大，排水费用高。因此，此法适用于建造直径小于4 m、井深9 m以内的大口井，或地质条件不宜采用沉井施工法的大口井。

（二）沉井施工法

沉井施工法是在拟建井位处先开挖基坑，然后在基坑上浇筑带有刃脚的井筒，待井筒达到一定强度后，即可在井筒内挖土，这时井筒靠自重或外加重量切土下沉，随着井内继续挖土，井筒不断下沉，直至设计井深。

教学单元五　辐射井

辐射井是由集水井(垂直系统)及水平向或倾斜状的进水管(水平系统)联合构成的一种井型,属于联合系统的范畴。因水平进水管是沿集水井半径方向铺设的辐射状渗入管,故称这种井为辐射井。由于扩大了进水面积,其单井出水量为各类地下取水构筑物之首。

一、辐射井的形式

辐射井按集水井本身取水与否分为集水井井底与辐射管同时进水和集水井井底封闭仅辐射管进水两种形式。前者适用于厚度较大的含水层。

按辐射管铺设方式,辐射井有单层辐射管(见图3-20)和多层辐射管两种。前者适用于只开采一个含水层时;后者在含水层较厚或存在两个以上含水层,且水头相差不大时采用。

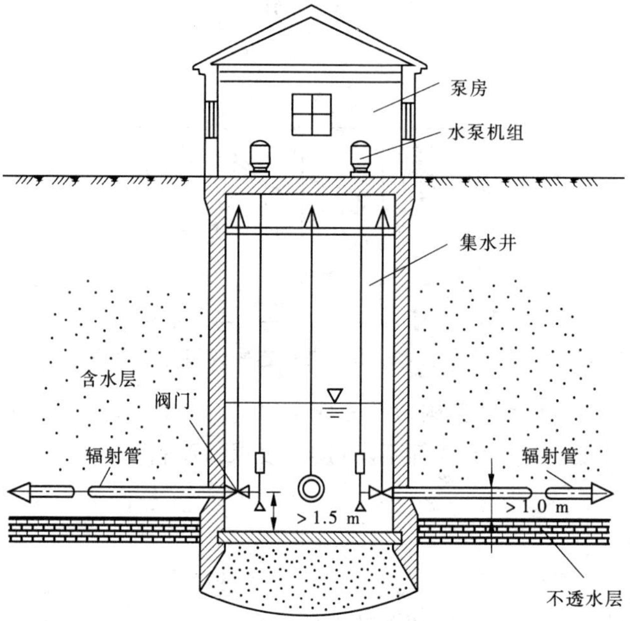

图3-20　单层辐射管辐射井

辐射井按其集取水源及辐射管平面布置方式的不同,又可分为:集取一般地下水的辐射井(见图3-21(a))、集取河流或其他地表水体渗透水的辐射井(见图3-21(b)、(c))、集取岸边地下水和河流渗透水的辐射井(见图3-21(d))、集取岸边和河床地下水的辐射井(见图3-21(e))等形式。

二、辐射井的结构构造

(一)集水井

集水井又称竖井,其作用是汇集由辐射管进来的水和安装抽水设备等,对于不封底的集水井还兼有取水井的作用。我国一般采用不封底的集水井,以扩大井的出水量。

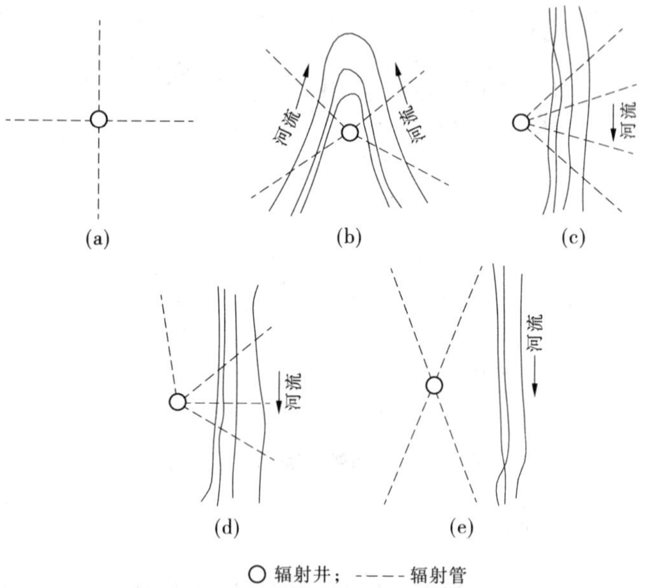

图 3-21　按补给条件与布置方式分类的辐射井

集水井的深度视含水层的埋藏条件而定。多数深度为 10 ~ 20 m，也有深达 30 m 的。根据黄土区辐射井的经验，为增大进水水头，施工条件允许时，可尽量增大井深，要求深入含水层深度不小于 15 ~ 20 m。

（二）辐射孔（管）

松散含水层中的辐射孔中一般均穿入滤水管，而对坚固的裂隙岩层，可只打辐射孔而不加设辐射管。辐射管上的进水孔眼可参照滤水管进行设计。

辐射管的材料多为直径 50 ~ 200 mm、壁厚 6 ~ 9 mm 的穿孔钢管，也有用竹管和其他管材的。管材直径大小与施工方法有密切关系。当采用打入法时，管径宜小些；当采用钻孔穿管法时，管径可大些。

辐射管的长度视含水层的富水性和施工条件而定。当含水层富水性差、施工容易时，辐射管宜长一些；反之，则短一些。目前生产中，在砂砾卵石层中辐射管长多为 10 ~ 20 m；在黄土类土层中辐射管长多为 100 ~ 120 m。

辐射管的布置形式和数量直接关系到辐射井出水量的大小与工程造价的高低，因此应密切结合当地水文地质条件与地面水体的分布以及它们之间的联系，因地制宜地加以确定。在平面布置上，如在地形平坦的平原区和黄土平原区，常均匀对称布设 6 ~ 8 根；当地下水水面坡度较陡、流速较大时，辐射管多布置在上游半圆周范围内，下游半圆周少设，甚至不设辐射管；在汇水洼地、河流弯道和河湖库塘岸边，辐射管应设在靠近地表水体一边，以充分集取地下水（见图 3-22）。在垂直方面上，当含水层薄但富水性好时，可布设 1 层辐射管；当含水层富水性差但厚度大时，可布设 2 ~ 3 层辐射管，各层间距为 3 ~ 5 m，辐射管位置应上下错开。辐射管尽量布置在集水井底部，最底层辐射管一般离集水井底 1 ~ 1.5 m，以保证在大水位降条件下取得最大的出水量。最顶层辐射管应淹没在动水位以下，至少应保持 3 m 以上的水头。

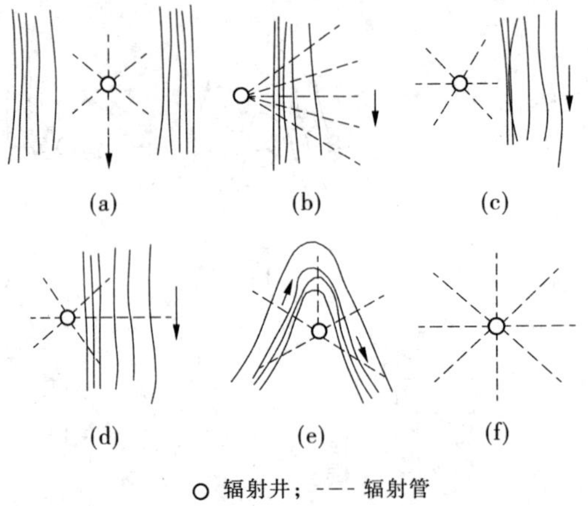

图 3-22　辐射管平面布置示意图

三、辐射井出水量的确定

由于辐射井的结构特殊，抽水时水力条件与管井、大口井不同。试验表明，辐射井抽水时水位降落曲线由两部分组成（见图 3-23）：在辐射管端以外曲线呈上凸状（类似普通井），在辐射管范围内曲线呈下凹状。水流运动的方向也不相同，辐射管端以外，地下水呈水平渗流，辐射管范围内以垂直渗流为主。

因受辐射管的影响，距井中心等半径处，地下水位高低不同，辐射管顶上水位较低，两辐射管之间水位较高，呈波状起伏。其等水位线示意图如图 3-24 所示。

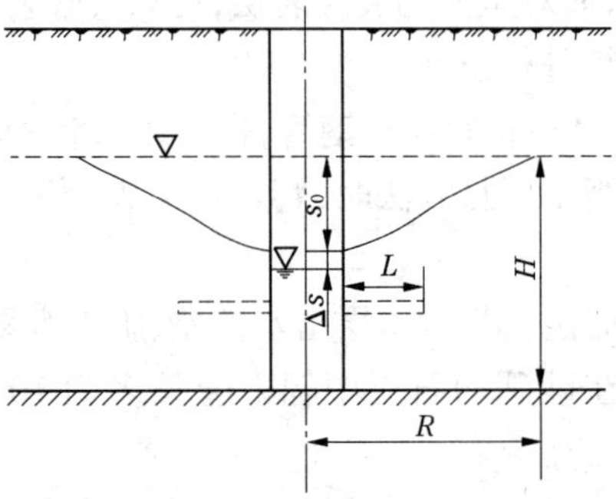

图 3-23　辐射井水力特征图

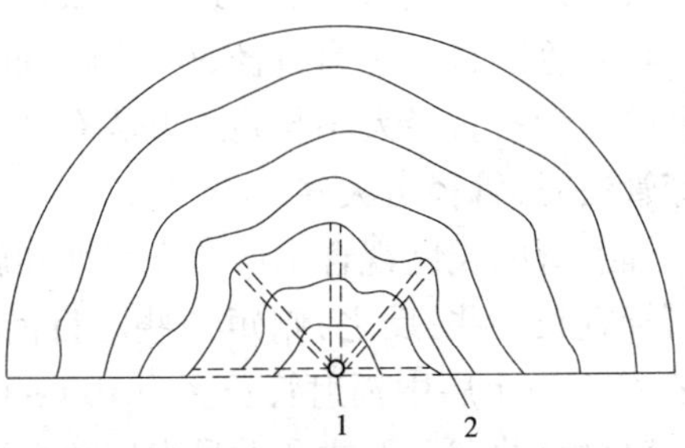

1—集水井；2—辐射管

图 3-24　辐射井抽水时等水位线示意图

目前，辐射井出水量的确定尚无较准确的理论计算方法，多按抽水试验资料确定。若缺乏资料，在初步规划时，可按下列方法估算。

（一）等效大井法

将辐射井化简为一虚拟大口井，出水量与它相等，然后可按与潜水完整井相类似的公式计算辐射井的出水量，即

$$Q = 1.364Ks_0\frac{2H - s_0}{\lg\dfrac{R}{r_f}} \tag{3-26}$$

式中　Q——辐射井的出水量,m^3/d;

s_0——井壁外侧的水位降落值,m;

r_f——虚拟等效大口井的半径,m;

K——含水层的渗透系数,m/d;

R——辐射井的影响半径,m;

H——含水层厚度,m。

r_f 可用下列经验公式确定,即

$$r_{f1} = 0.25\frac{l}{n} \qquad r_{f2} = \frac{2\sum l}{3n} \tag{3-27}$$

式中　r_{f1}——辐射管等长时的等效半径,m;

r_{f2}——辐射管不等长时的等效半径,m;

l——单根辐射管的长度,m;

$\sum l$——辐射管的总长度,m;

n——辐射管的根数。

(二)渗水管法

将辐射管按一般渗水管看待,其出水量为

$$Q = 2\alpha Krs_0\sum l \tag{3-28}$$

式中　α——干扰系数,变化较大,通常 $\alpha = \frac{1.27}{n^{0.418}}$;

r——辐射管的半径,m。

四、辐射井的施工

辐射井的集水井和辐射管(孔)的结构不同,施工方法和施工机械也完全不同,下面分别进行叙述。

(一)集水井的施工方法

集水井的施工方法基本类似于大口井。除人工开挖法和机械开挖法外,还可用钻孔扩孔法施工。钻孔扩孔法是用大口径钻机直接成孔,或用钻机先打一口径较小的井孔,然后用较大钻头一次或数次扩孔,直至设计孔径,井孔打成后用漂浮法下井管。此法适用于井径不很大的集水井,一般小于 3 m。

(二)辐射管的施工方法

辐射管的施工方法基本上可分为顶(打)进法和钻进法两种。前者适用于松散含水层,而后者适用于黄土类含水层。

顶进法是采用 1 000 kN 或更大的油压千斤顶,将长 1.5 m 左右的短节穿孔钢管逐节陆续压入含水层中。顶进法需配合水枪作业,所需供水压力为 30 ~ 80 N/cm^2,孔口流速在砂类含水层中为 15 m/s 左右,在卵石类含水层中为 30 m/s。

目前,先进的顶进法是在辐射管的最前端装一个空心铸钢特制的锥形管头,并在辐射管内装置一个清砂管。在辐射管被顶进的过程中,含水层中的细砂砾进入锥头,通过清砂管带到集水井内排走,同时可将含水层中的大颗粒砾石推挤到辐射管的周围,形成一条天然的环形砂砾反滤层。

钻进法用的水平钻机的结构和工作原理与一般循环回转钻进相似，但钻机较轻便且钻进方向不同，目前推广应用的水平钻机有 TY 型、SPZ 型和 SX 型，其性能见有关手册。

教学单元六　复合井

一、复合井的构造及其适用条件

复合井由非完整大口井和井底下设的管井过滤器组成。实际上，它是一个大口井和管井组合的分层或分段取水系统（见图 3-25）。它适用于地下水位较高、厚度较大的含水层，能充分利用含水层的厚度，增加井的出水量。模型试验资料表明，当含水层厚度大于大口井半径 3 ~6 倍，或含水层透水性较差时，采用复合井出水量增加显著。

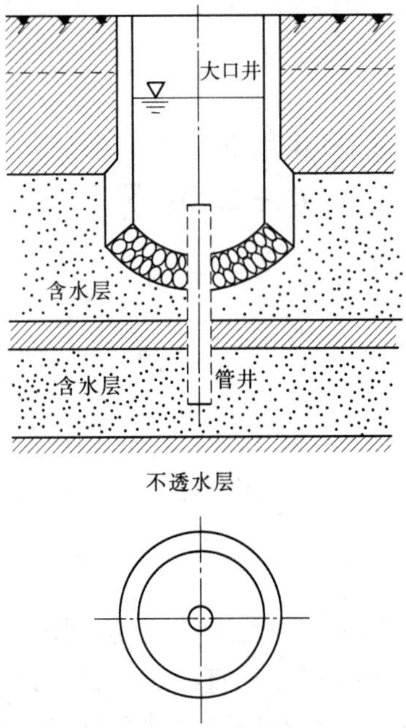

图 3-25　复合井

二、复合井计算

为了充分发挥复合井的效率，减少大口井与管井间的干扰，过滤器直径不宜过大，一般以 200 ~300 mm 为宜，过滤器的有效长度应比管井稍大，过滤器不宜超过 3 根。

对复合井的出水量计算问题，至今仍然研究甚少。一般只考虑井底进水的大口井与管井组合的计算情况。对于从井壁与井底同时进水的大口井，其井壁进水口的进水量可以根据分段解法原理很容易地求得。

复合井出水量计算采用大口井和管井的出水量计算方法，在分别求得二者单独工作条件下的出水量后，取二者之和，并乘以干扰系数。出水量的计算公式一般表示为

$$Q = \beta(Q_1 + Q_2) \tag{3-29}$$

式中 Q——复合井出水量，m^3/d；

Q_1、Q_2——同一条件下大口井、管井单独工作时的出水量，m^3/d；

β——互阻系数。

β 值与过滤器的根数、完整程度及管径等有关。计算时，根据不同条件选择相应的等值计算公式。

【例3-1】 为进行供水，在粗砂无压含水层中打一口钻井，直至隔水底板，含水层厚度为 14 m，隔水层底板为水平黏土层，当抽水达到稳定时，井水位下降 3 m，流量为 400 m^3/d，钻孔直径为 250 mm，设影响半径 R 为 300 m，问渗透系数 K 是多少？若设计水位降深为 6 m，可取得多少水量？

解：(1) 根据题意这是一个无压含水层完整井，应用式(3-5)来求渗透系数 K。

$$Q = \frac{\pi K(H^2 - h^2)}{\ln(R/r)} = \frac{1.37K(2Hs - s^2)}{\lg(R/r)}$$

转化为

$$K = \frac{Q}{1.37(2Hs - s^2)}\lg\frac{R}{r}$$

按照 $r = r_0$ 计算，则 $s = s_0$。已知 $Q = 400\ m^3/d$，$H = 14$ m，$s = 3$ m，$r = 0.250/2 = 0.125$ m。将已知条件代入上式，可求得 K 为

$$\begin{aligned} K &= \frac{Q}{1.37(2Hs - s^2)}\lg\frac{R}{r} \\ &= \frac{400}{1.37 \times (2 \times 14 \times 3 - 3^2)}\lg\frac{300}{0.125} = 13.16(m/d) \end{aligned}$$

(2) 当井水位达到稳定时的降深为 6 m 时，用式(3-5)求得此时的流量为

$$\begin{aligned} Q &= \frac{\pi K(H^2 - h^2)}{\ln(R/r)} = \frac{1.37K(2Hs - s^2)}{\lg(R/r)} \\ &= \frac{1.37 \times 13.16 \times (2 \times 14 \times 6 - 6^2)}{\lg\frac{300}{0.125}} \\ &= 704(m^3/d) \end{aligned}$$

小　结

本项目介绍了地下水资源的特点和分类情况，分析了开发地下水取水构筑物的类型和构造、适用条件、开发地下水井群的合理布局，重点介绍了管井出水量的计算方法和各种地下水取水构筑物的设计方法及施工工艺、维护管理。要求在学习过程中了解并熟悉地下水利用的基本知识，掌握简单的计算。

复习题

1. 与其他资源相比，地下水资源有哪些特点？什么是允许开采量？

2. 地下取水构筑物主要有哪些形式？适用条件是什么？

3. 管井的结构是怎样的？简述管井的施工工艺。

4. 管井的维修与维护包括哪些方面？

5. 大口井的结构是怎样的？简述大口井的施工工艺。

6. 辐射井的结构是怎样的？简述辐射井的施工工艺。

7. 某地区在粗砂无压含水层中打一口钻井，直至不透水层，含水层厚度为 27 m，当抽水达到稳定时，井水位下降 5 m，流量为 624 m^3/d，钻孔直径为 450 mm，设影响半径 R 为 200 m，问渗透系数 K 是多少？若设计水位降深为 9 m，可取得多少水量？

8. 承压含水层的厚度为 15.9 m，由粗砂组成，有一口完整承压井从其中定流量抽水，抽水量为 600 m^3/d，井的直径为 254 m，井水位的降深为 5 m，影响半径为 100 m，求渗透系数。

项目四　输水工程

学习目标

了解渠道、输水管道、渡槽、涵洞、倒虹吸管及水闸等常见输水建筑物的概念、作用、分类、构造，熟悉它们的基本水力计算方法等，重点掌握渡槽的水力计算方法和设计实例。

教学单元一　概　述

输水建筑物是指从水库、河流等水源地取水并输送到水处理厂之间的水工建筑物。输水建筑物包括引（供）水隧洞、渠道、输水管道、渡槽、涵洞、倒虹吸管及水闸等，是灌溉、水力发电、城镇供水、排水及环保等工程中的重要组成部分。

输水建筑物除洞（管、槽）身外，一般还需包括进口和出口两个部分（发电引水隧洞在洞身后接压力水管）。有时受地形条件限制，在进口前或出口后还需增设引水渠或尾水渠。渠道线路上的输水隧洞或通航隧道只有洞身段，但前后洞脸部分需增加护砌。

影响输水建筑物的主要因素有输送的水量、输水距离、输水管线起点和终点的地形高差、沿线地形、输水方式等，并且这些因素决定着选择输水建筑物的形式和构型。

输水建筑物的基本要求是保证输送所需水量、输水过程中保持水质不变、损耗的水量（包括渗漏和蒸发）最少、施工简便、有利于运行和管理，并须保证输水建筑物工作的可靠性和经济性。

教学单元二　渠　道

渠道通常指水渠、沟渠，是水流的通道，是灌溉、发电、航运、排水等水利工程中广为采用的输水建筑物。按照渠道的长短分为长渠道和短渠道，按照渠道的横断面形式分梯形渠道、矩形渠道、圆形渠道、U 形渠道及复式渠道。

渠道的设计任务是在给定设计流量之后，进行渠道线路布置、确定纵横断面及渠道的构造等。

一、渠道线路布置

渠道线路布置关系到工程合理开发、渠道安全输水及降低工程造价等关键问题，应综合考虑地形、地质、施工条件及挖填平衡，便于管理养护等各种因素，进行合理选择。

（一）地形条件

在平原地区，渠道线路最好是直线，并选在挖方和填方相差不多的地方。即使不能满足这一要求，也应尽量避免深挖高填。转弯不应过急，对于衬砌的渠道，转弯半径应不小于2.5倍的水面宽度；对于不衬砌的渠道，转弯半径应不小于5倍的水面宽度。

在山坡地区，渠道线路应尽量沿等高线布置，以免过大的挖填方量。当渠道通过山谷、山脊时，应对高填、深挖、绕线、渡槽、穿洞等方案进行比较，从中选出最优方案。渠道穿越铁路、公路、河流、沟渠时应尽量正交，避免穿越较大的居民点。

（二）地质条件

渠道线路应尽量避开渗漏严重、流砂、沼泽、滑坡以及开挖困难的岩层地带。必要时，可采取防渗措施以减少渗漏，采用外绕回填或内移深挖以避开滑坡地段，采用混凝土或钢筋混凝土衬砌以保证渠道的安全运行。

（三）施工条件

施工时的交通运输、水和动力供应、机械施工场地、取土和弃土的位置条件，均应加以考虑。

（四）管理要求

渠道布置要和行政区划与土地利用规划相结合，每个用水单位有单独的用水渠道，以便于管理和维护。

总之，渠道的布置必须重视野外踏勘工作，从技术上、经济上仔细分析比较，才能使渠道布置合理。

二、渠道的纵横断面

（一）渠道纵断面

从明渠均匀流公式 $Q = AC\sqrt{Ri}$ 和 $V = C\sqrt{Ri}$ 可知，当流量一定时，渠道纵坡 i 越大，渠道横断面面积 A 越小，渠道工程就越省。但 i 大，流速也大，可能造成渠道冲刷，灌溉渠道还将减小自流灌溉面积。因此，渠道纵、横两个断面是互相联系的，实际工作中并不能把它们截然分开，而往往是把纵、横断面设计交替进行，反复比较，最后确定合理的设计方案。

选用渠道纵坡时应考虑以下几点：

（1）地面坡度。渠道的纵坡应尽量接近地面坡度，避免挖、填方过大。

（2）土壤情况。土壤易冲刷的渠道，纵坡应缓；地质条件较好的渠道，纵坡可适当陡一些。

（3）流量大小。流量大时，纵坡宜缓；流量小时，纵坡宜陡。

（4）水源含砂量。含砂量小时，应考虑防冲，纵坡宜缓；含砂量大时，考虑防淤，纵坡宜适当陡些。

渠道纵断面设计除确定渠道纵坡外，还要确定渠道正常高水位线和最低水位线、渠底和堤顶高程线以及渠道沿程地面高程线。

（二）渠道横断面

渠道横断面的形状最常用的是梯形，因为它便于施工，并能保持渠道边坡的稳定，如图4-1(a)、(c)所示。当在坚固的岩石中开挖渠道时，则宜采用矩形渠道，如图4-1(b)、(d)所示。当渠道通过城镇工矿区或斜坡地段，渠宽受到限制时，可采用混凝土等材料砌护的土渠，如图4-1(e)、(f)所示。

渠道的断面尺寸应根据水力计算确定。梯形土渠的边坡应根据稳定条件确定，土渠

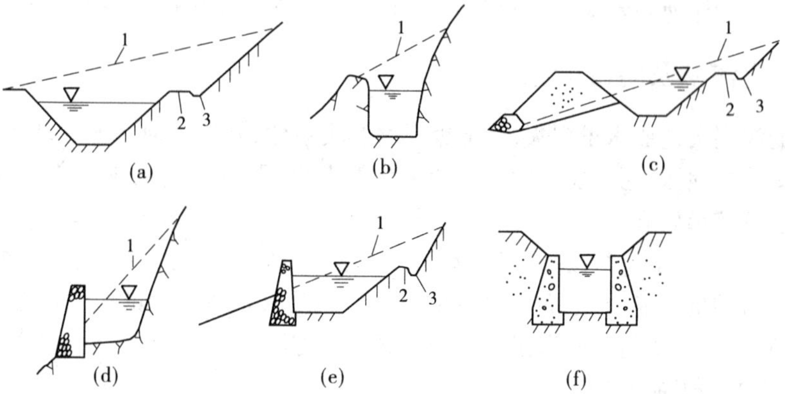

1—原地面线;2—马道;3—排水沟

图 4-1　渠道横断面形状

的边坡系数 m 一般为 1 ~2。对于挖深大于 5 m 或填高超过 3 m 的土坡,必须进行稳定计算,计算方法与土石坝的稳定计算相同。为了管理方便和边坡稳定,每隔 4 ~6 m 高设一马道,马道宽 1.5 ~2.0 m,并设排水沟。

按明渠均匀流公式确定渠道的横断面时,应正确选择渠道的纵坡和粗糙率,它们的大小将直接影响渠道断面尺寸的大小和渠道冲或淤。渠道的实用经济断面可以按下列步骤计算。

(1)首先计算最优断面水深 h_m,即

$$h_m = 1.189\left[\frac{nQ}{(m' - m)\sqrt{i}}\right]^{3/8} \tag{4-1}$$

式中　Q——通过渠道的流量,m^3/s;

n——通过渠道的糙率;

i——水力坡度;

m——渠道边坡系数,$m' = 2\sqrt{1 + m^2}$。

(2)然后根据具体情况,选取断面宽深比 α 值。$\alpha = \frac{v_m}{v} = \frac{A_m}{A} = (\frac{R_m}{R})^{2/3}$,其中 v_m、A_m 和 R_m 分别为与水力最优断面相应的流速、过水断面面积和水力半径。v、A 和 R 分别为渠道实际经济断面的流速、过水断面面积和水力半径。为使 A 与 A_m 相接近,又避免断面窄深,可选用 $\alpha = 1.01 \sim 1.04$。α 确定后,由式(4-2) 和式(4-3) 计算经济断面的水深 h 和渠道底宽 b 。

$$\left(\frac{h}{h_m}\right)^2 - 2\alpha^{2/5}\left(\frac{h}{h_m}\right) + \alpha = 0 \tag{4-2}$$

$$\frac{b}{h} = \frac{\alpha}{\left(\frac{h}{h_m}\right)^2}(m' - m) - m \tag{4-3}$$

(3)最后核算渠道的平均流速是否符合不冲不淤的要求。不冲流速视土质及水深而定,一般为 1.0 ~1.5 m/s;不淤流速常采用经验公式估算,为了防止渠道丛生杂草,大型

渠道的最小平均流速通常应大于0.5 m/s，小型渠道可以不小于0.2～0.3 m/s。

三、渠道渗漏及防渗措施

渠道的渗漏会造成水量损失，降低渠系水利用系数，并抬高地下水位，导致土壤冷浸；在有盐碱威胁的地区，还可能导致次生盐碱化的发生，严重影响农业生产。因此，必须对土质渠道进行防渗处理。

实践证明，对渠道进行砌护防渗，不仅可以消除渗漏带来的危害，还能减小渠道糙率，提高输水能力和抗冲能力，进而可以减小渠道断面及渠系建筑物的尺寸。在目前水源出现短缺的情况下，渠道衬砌防渗是渠道设计必须考虑的方向性问题。

（一）混凝土衬砌防渗

混凝土衬砌具有防渗效果好，耐久，糙率小及便于施工、管理、维修等优点。混凝土衬砌有现场浇筑和预制装配两种形式。前者接缝少、造价低，适用于挖方渠段；后者受气候条件影响小，适用于填方渠段，特别是在灌区配水渠道中被广泛采用。

混凝土板厚一般采用3～20 cm。现浇混凝土板的长边与板厚的比值，以不超过40～50为宜，预制板面尺寸以50 cm×50 cm～100 cm×100 cm为宜。

混凝土板一般都设有横向伸缩缝，缝距一般为2.5～5 m，缝宽一般为3～5 cm。

小型渠道还有用预制U形槽衬砌的，其优点是占地少、防渗效果好、水力性能和结构性能也较好。

（二）沥青护面防渗

沥青材料的抗渗、抗挠、抗冻、抗碱、吸热保温及黏结性能均较良好，在有条件的地区可以推广使用。目前，我国采用沥青材料护面的方式主要有以下几种：

（1）沥青薄膜。将沥青加热至200 ℃，用3.5个大气压力喷到渠床表面，一般喷两遍，厚4～5 mm，上面再覆盖30～50 cm厚的保护土层。

（2）沥青砂浆。沥青与砂的配合比约为1∶4，拌匀加热至160～180 ℃，即可在渠床上摊铺、压平，厚2 cm，上面覆盖适当厚度的保护土层。

（3）沥青混凝土。用沥青做胶结材料，与矿粉、碎石、砂等加热拌和，铺在渠床上压实碾平，一般厚度为4～5 cm，对于大型渠道厚度可达10～15 cm。

沥青牌号，应满足热稳定性及低温下塑性的要求。对于沥青混凝土，可采用60号沥青；对于有保护层的沥青薄膜防渗，以采用60～100号沥青为宜。对于大型渠道，最好通过掺配试验选用沥青牌号。

（三）三合土护面防渗

三合土是用石灰、砂和黏土三种材料拌和而成的，它是一种经济实用的防渗材料，在我国南方无冰冻地区采用较多。实践证明，三合土除有较好的防渗效果外，还有一定的抗冲能力，可以降低糙率、减少杂草滋生、提高输水能力、就地取材、降低造价。

（四）土料夯实防渗

土料夯实防渗是将渠系土壤夯实以减少渗漏，或利用黏土、砂黏土建立压实的防渗层。土料压实层越厚、压得越实，防渗效果越显著。这种方法施工简单、造价低，在人们自办的小型渠道中被广泛采用。

渠道防渗措施除上述方法外，还可采用人工挂淤、砌石砌砖、塑料薄膜、普通油毡、沥青玻璃纤维布油毡等方法进行防渗。

教学单元三　输水管道

输水管道是指从水库、调压室、前池向水轮机或由水泵向高处送水，以及埋设在土石坝坝体底部、地面下或露天设置的过水管道。按工作时的水力条件不同，分为有压和无压两种。常见的有压力管道和坝下涵管。

一、压力管道

（一）压力管道的分类

压力管道中的水流有恒定流和非恒定流两种。压力管道中的恒定流，其水力计算主要是验算管道的输水能力和输送一定流量时所必需的水头。压力管道中的非恒定流，主要用于讨论当压力管道中流量和流速发生突然变化时，压力管道内水流压力大幅度波动和相应的压力增值的问题。

根据管道中水流的沿程水头损失、局部水头损失及流速水头所占的比重不同，管流可分为长管和短管。根据管道的布设情况，压力管道又可分为简单管路和复杂管路。

（二）压力管道的水力计算

在工程实践中，当压力管道内水流的局部水头损失和流速水头较大，不能忽略不计时，按短管计算。反之，当局部水头损失和流速水头可忽略不计时，按长管计算。

短管管道流量计算公式为

$$Q = \mu_c A\sqrt{2gH_0} \tag{4-4}$$

式中　Q——通过管道的流量，m^3/s；

μ_c——流量系数；

A——管道过水断面面积，m^2；

g——重力加速度，m/s^2；

H_0——包括行近流速水头在内的总水头，m。

长管水力计算公式为

$$H = \frac{Q^2 l}{K^2} \tag{4-5}$$

式中　H——作用水头，m；

Q——通过管道的流量，m^3/s；

l——管道长度，m；

K——流量模数，L/m。

用此式可求解流量 Q 或水头 H 或在流量及水头已定时求解管径。输水管道管径的选择是一个比较复杂的经济技术比较问题。对一般的压力管道，其直径的选择可根据允许流速的经验值来确定。

二、坝下涵管

坝下涵管主要用于土石坝水库枢纽中，起引水、泄洪、冲沙、放空等作用。由于结构简单、施工方便、工期较短、造价低，因此在中小型工程中应用较多。

(一)涵管的组成和工作特点

坝下涵管一般由进口段、管身段及出口段组成(见图4-2)。坝下涵管属深式取水或泄水建筑物，水头一般较大，且有控制流量要求，管身深埋在土石坝下，这种工作条件决定了它的工作特点，在设计中应注意下列问题：

(1)涵管管身埋设在土石坝坝体下面，它的工作状况直接关系到坝体的安全。对于土坝，管壁和填土是两种不同的材料，如果结合不紧密，将会沿管的外壁面产生集中渗流，引起坝体产生渗透变形，进而造成坝体沉降和坍塌。管道接缝处理不好或地基不均匀沉陷造成断裂、漏水时，后果更加严重，甚至导致坝体失事。根据国内外土坝失事原因分析，管道漏水是引起失事的重要原因之一。因此，涵管设计时，必须采取相应措施，以确保管身及坝体的安全。

(2)在同一管段中，必须避免有压流和无压流交替出现的工作状态。在运行中必须严格按设计的水流状态进行工作，不能任意将无压涵管变成有压涵管。

(二)涵管的总体布置

在进行涵管的线路选择及布置时，应综合考虑涵管的作用、地基情况、地形条件、水力条件、与其他建筑物(特别是土坝)之间的关系等因素，选择若干方案进行分析比较，以确定较优的方案。

1. 坝下涵管位置选择

坝下涵管位置选择主要应考虑以下几个方面的因素：

(1)地质条件。应尽量将涵管设在岩基上，对于坝高在10 m以下的涵管也可设于压缩性小、均匀而密实的土基上。避免将管身部分设于岩基上、部分设于土基上，以防止因地基的不均匀沉降而使管身断裂。不得将涵管直接建在坝体填土中。在确定进出口的位置时，要注意山坡坡体的稳定性，防止山坡塌方堵塞涵管。

(2)地形条件。涵管应布置在与进口高程相适应的位置，以免增加过多的挖方量。涵管进口高程的确定，可根据运用要求、河流泥沙情况及施工导流等因素来考虑。

(3)运用条件。涵管的布置要尽量方便运用，引水灌溉的坝下涵管最好与灌区布置在同一岸；若两岸均有灌区，则可在两岸各设一个涵管，以免修建跨河交叉建筑物。涵管不宜离溢洪道太近，以免泄水时相互干扰。泄洪排沙涵管最好布置在主河槽部位，其轴线尽量与河道主流方向一致。

(4)水流条件。涵管的轴线应为直线，且与坝轴线垂直，以使水流顺畅，并缩短管线，减小工程量，降低水头损失。当为了适应地形、地质的变化，涵管必须转弯时，轴线应以光滑曲线连接，其转弯半径应大于5倍的管径。

2. 坝下涵管的进出口建筑物

1)进口建筑物

涵管多用于小型水库的灌溉引水，其进口建筑物最好选择分层取水的结构形式。

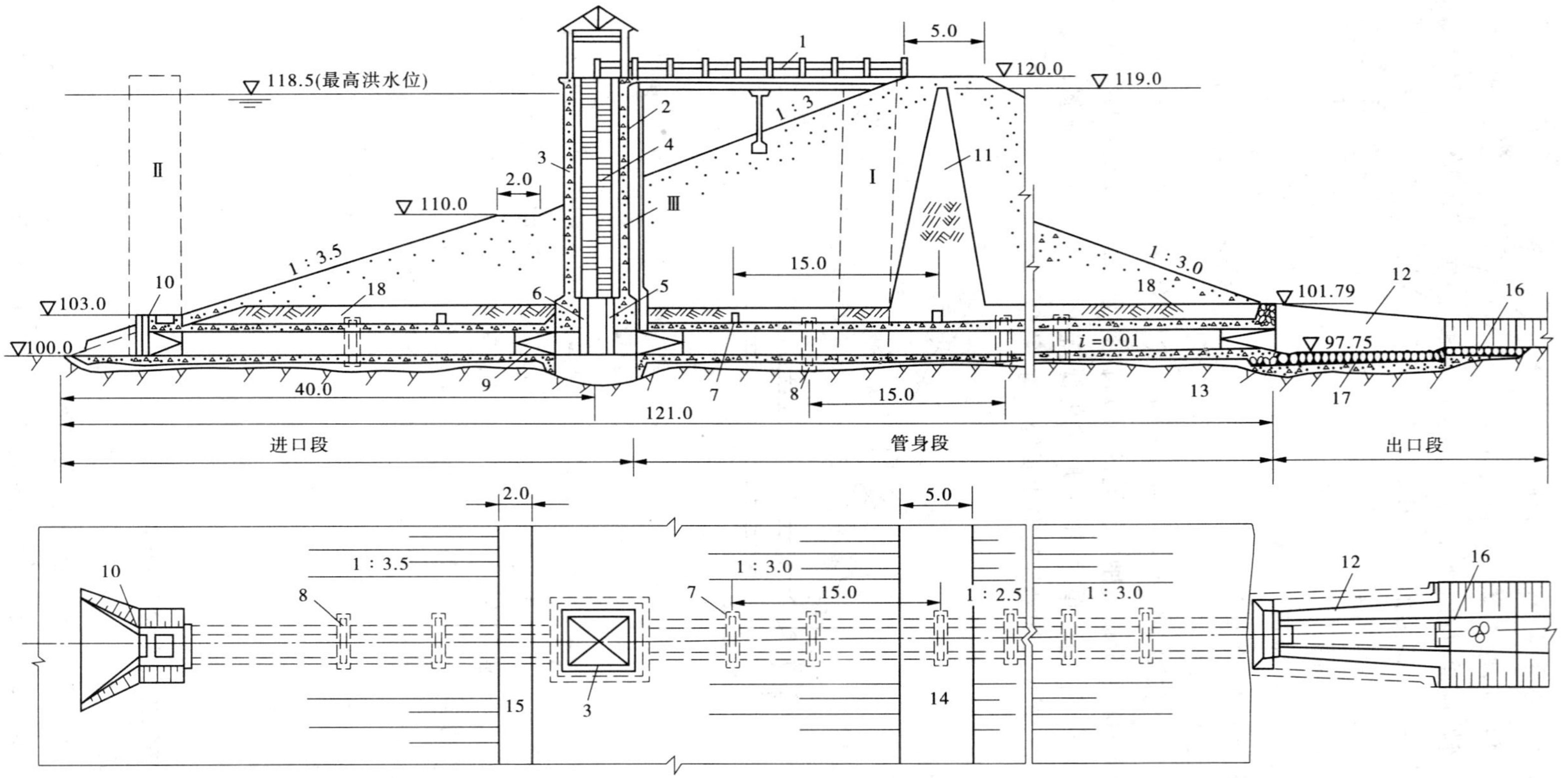

1—工作桥;2—通气孔;3—控制塔;4—爬梯;5—主闸门槽;6—检修门槽;7—截渗环;
8—伸缩缝;9—渐变段;10—拦污栅;11—黏土心墙;12—消力池;13—岩基;
14—坝顶;15—马道;16—干砌石;17—浆砌石;18—黏土

图 4-2 坝下埋管布置图 （单位:m）

(1)分级卧管式。如图 4-3 所示,这种形式是沿山坡修筑台阶式斜卧管,在每个台阶上设进水口,孔径 10 ~ 50 cm,用木塞或平板门控制放水。卧管的最高处设通气孔,下部与消力池或消能井相连。使水流在消力池(井)内充分消能,平稳水流,再经坝下涵管送至下游渠道。

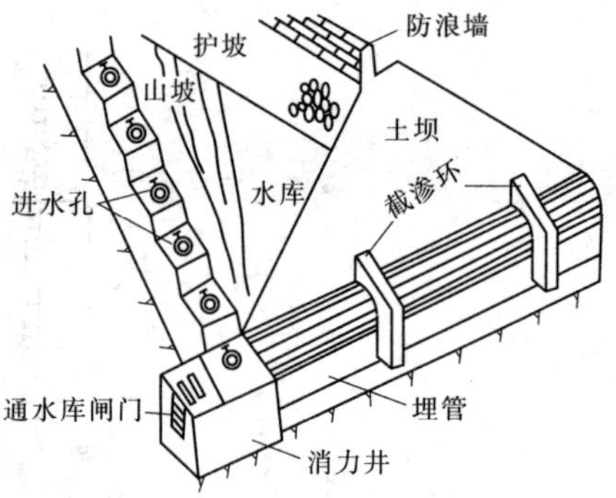

图 4-3 分级卧管式进口

这种形式的进口建筑物结构简单、施工方便,引取水库表层水,对农作物生长有利。其缺点是孔口较多,容易漏水,木塞闸门运行操作不便,不易准确控制引水流量。

(2)斜拉闸门式。如图 4-4 所示,这种进水口形式与隧洞的斜坡式进水口相似。沿库区山坡或上游坝面的斜坡上设置闸门轨道,进水口在斜坡底部,启闭机安装在山坡平台上或坝顶。这种布置方式构造简单、操作方便、造价低、启闭力小,但闸门倾斜,不易靠自重关闭闸门,检修困难,对于多泥沙河流及水头较高时不宜采用。

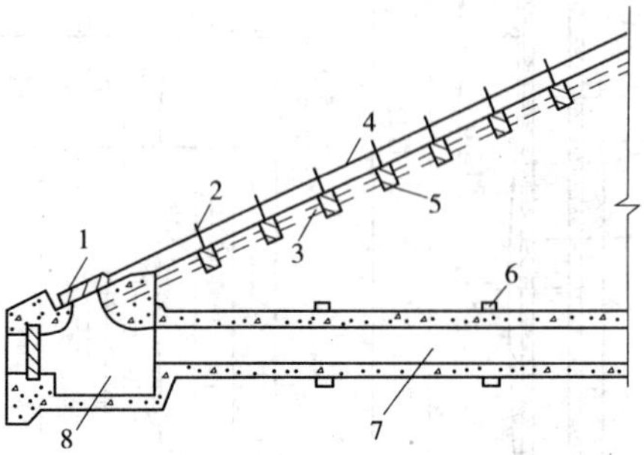

1—斜拉闸门;2—支柱;3—通气孔;4—拉杆;5—混凝土块体;6—截渗环;7—涵管;8—消能井

图 4-4 斜拉闸门式进口

(3)塔式。如图 4-2 所示,这种进口形式构造和特点与隧洞的塔式进口基本相同。其主要用于水头较高、流量较大、水量控制要求较严的涵管。灌溉取水多做成分层取水的封闭塔。塔的位置有三种:第一种是塔靠近坝顶。其塔身受风浪、冰冻的影响小,稳定性好,交通桥短。但塔身位于坝体中部,如塔身与涵管的结合处漏水,将会引起坝体的渗透变形,而且塔的上游涵管检修不便,塔的下游侧较短,可能会出现渗径不足。第二种是塔在上游坝脚处。其缺点是工作桥长,塔的稳定性差。第三种是塔设在前述两种位置之间。由于这种方式容易造成塔身与斜墙防渗体结合部的漏水,因此不适用于斜墙坝。

2)出口建筑物

涵管的出口建筑物包括渐变段及消能设施两部分。由于涵管内流量不大,水头较低,涵管出口消能方式常采用底流消能。

(三)坝下涵管的管身形式及构造

1. 坝下涵管的管身形式

管身断面通常有圆形、矩形和拱形等,如图 4-5 所示。

有压涵管多为预制或现浇的混凝土圆形管,具有水流及受力条件好、施工快、工期短的优点，但管节接头处止水难处理。

对于无压涵管，多采用矩形断面管，通常为现浇的混凝土箱形结构，具有结构简单、施工方便、整体性好的优点。管身的断面尺寸由水力计算确定，为便于维修，最小尺寸不宜小于1.2 m。当引水要求的断面尺寸较大时，为提高管身的刚度，可做成双箱或多箱的形式。

在小型水库中，为节省材料、降低造价，也可采用浆砌石做成圆拱直墙式（见图4-5（c））或钢筋混凝土盖板式矩形断面（见图4-5（d））。浆砌块石的抗渗性较差，对于较重要的工程一般不宜采用。

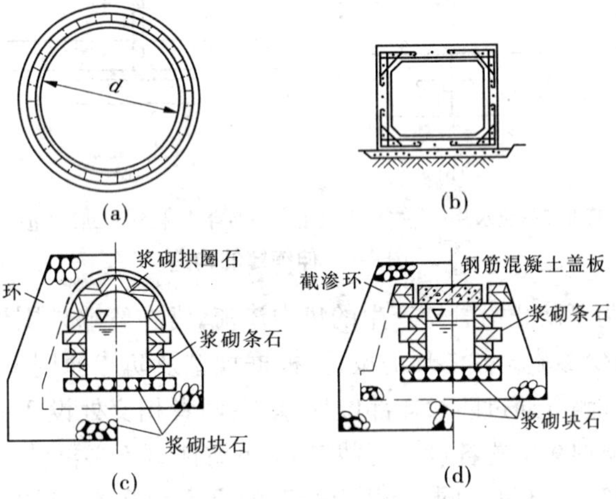

图4-5　坝下涵管管身断面形式

2. 坝下涵管的构造

管身一般设有管座、伸缩缝、截渗环、涵衣等设施。

（1）管座。为防止地基不均匀沉降而导致管身断裂，一般不宜将管身直接布置于土基上，更不允许将管身置于坝体的填方上。

地基比较软弱时，应将管身置于用浆砌块石和混凝土做成的管座上，如图4-6所示。管座与管身接触面包角2α一般为90°～135°，竖向荷载较大时，可采用180°。管座厚度一般为30～50 cm。在管座与管身接触面上，涂以沥青或铺上沥青油毡垫层，减小管座对管身的约束，避免因管身纵向变形而导致管身裂缝。

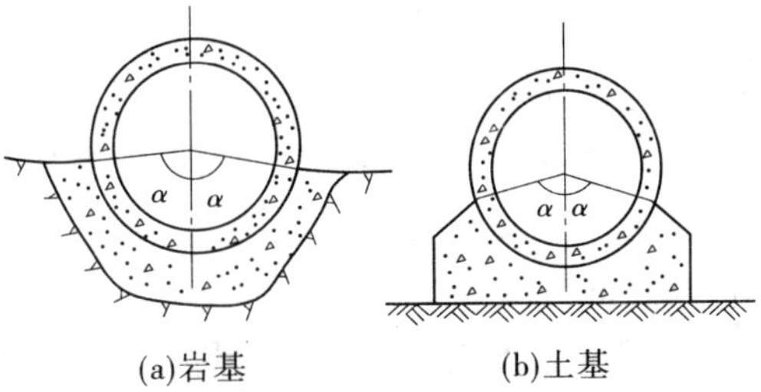

图4-6　管座形式

（2）伸缩缝。土基上涵管，为适应变形，需设沉降缝。为防止管身在温度变化时产生横向裂缝,需设温度伸缩缝。一般伸缩缝与沉降缝统一考虑,沿管轴线方向设置,统称为伸缩缝。缝的间距,对现浇混凝土管,不大于 3 ~4 倍管径,且不大于 15 m,预制管的接头即为伸缩缝。缝宽一般为 1 ~3 cm,伸缩缝的构造如图 4-7 所示,缝内必须做好止水。

对于预制管,通常采用套管接头,在连接处填充止水材料(见图 4-7(c)),当管壁较薄,不易设止水时,可将接头处的管壁加厚,以便设置止水,如图 4-7(a)所示。

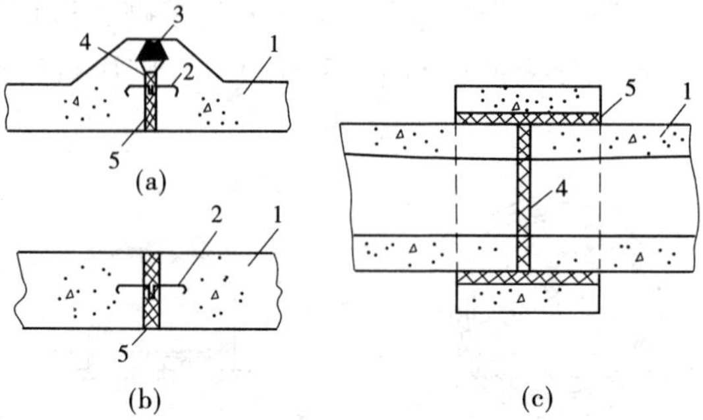

1—管壁;2—止水片;3—二期混凝土;4—沥青填料;5—二层油毡三层沥青

图 4-7　伸缩缝的构造

(3)截渗环。为了防止沿管壁产生的集中渗流,常在管壁外围设截渗环,以改变渗流方向,增加渗径,减少渗流。截渗环的位置,根据坝型及防渗原则来定。对于黏土心墙坝或黏土斜墙坝,常将涵管通过防渗体部位加厚,在两者相交处设 2 ~3 道截渗环。对于均质坝,在上游侧及坝轴线位置各设一道截渗环,下游侧可不必再设。

截渗环材料与管身材料相同,应凸出管壁的高度为 0.5 ~1.0 m,厚 0.3 ~0.6 m,如图 4-2所示。截渗环设在两伸缩缝之间,以减小截渗环对管身纵向变形的约束。

(4)涵衣。为了有效地防止集中渗流,通常在涵管周围铺填 1 ~2 m 厚黏土做防渗层,这个防渗层称为涵衣。

(四)坝下涵管的水力计算

1. 分级卧管的水力计算

1)进水口的尺寸

分级卧管的进水口,通常采用相同大小的圆形孔口,水流由孔口进入后为明流,如图 4-8所示,因此水流为自由式孔口出流。每个孔口进水流量的计算公式为

$$Q = \mu \frac{\pi d^2}{4}\sqrt{2gH} \tag{4-6}$$

式中　Q——孔口设计过水流量,m^3/s;

μ——流量系数,与孔口形状有关,对于小孔口,一般为 0.60 ~0.62;

d——孔口的过水断面直径,m;

H——孔口以上的水深,m。

在实际运用中,常同时开启两孔来过流,此时的过流量为

$$Q = \mu \frac{\pi d^2}{4}\sqrt{2g}(\sqrt{H_1} + \sqrt{H_2}) \tag{4-7}$$

根据式(4-6)或式(4-7)来确定孔口直径 d。

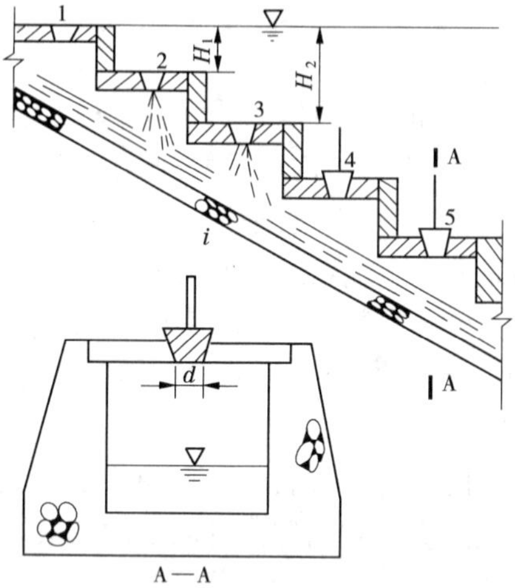

图 4-8　分级卧管式进水口的水力计算

2)卧管及坝下涵管的尺寸确定

通常将设计流量增加 20% ~30% 作为加大流量。卧管及涵管均按加大流量用明渠均匀流公式确定断面尺寸。当采用两孔同时放水时,为避免水流由进水口跌入卧管形成水柱跃起后淹没进水孔底缘而在卧管内形成有压流,要求卧管内的净高为管内正常水深的 3 ~4 倍。涵管的底坡一般为 1% ~3%,涵管高度应为管内正常水深的 1.25 倍,以保证坝下涵管内的水流为明流。

3)消力池(井)

卧管中的水流为陡坡急流,冲击力很大,所以必须在卧管的底端设置消能设施,以使水流平顺地进入涵管。消力井的容积,通常根据试验,按每立方米容积削减 7.5 ~8 kW 能量来确定。

2. 塔式进水口涵管的水力计算

这种形式进水口的涵管,一般设计成无压流涵管。其计算方法是:按水库在运用期的最低水位和设计流量用明渠均匀流公式定出涵管的坡度及断面尺寸,然后按其他高水位及相应流量来确定闸门开启高度和洞内水面曲线。

(五)坝下涵管的结构计算

作用在涵管上的荷载主要有土压力、自重、内外水压力、地基反力、温度荷载等,此处仅介绍土压力的计算方法,其他荷载参考隧洞有关内容。

管身上所受土压力的大小,主要与填土高度、填土性质等因素有关,另外还与管道本身的刚度、基础的形式以及管道的埋设方式有关。

涵管按其刚度大小分刚性管和柔性管,在土压力计算中采用不同的系数,其判别标准为

$$\lambda = \frac{E_h}{E_t}\left(\frac{\delta}{r_c}\right)^3 \tag{4-8}$$

式中　E_h——管身材料的弹性模量;

E_t——填土的变形模量;

δ——管壁厚度；

r_c——管道的平均半径；

λ——判别系数，当 $\lambda>1$ 时为刚性管，当 $\lambda<1$ 时为柔性管。

坝下涵管的埋设方式分为上埋式与沟埋式两种。上埋式是将管道直接埋设于地基上或浅沟中，然后填土，由于管身刚度较大，管顶填土的沉陷量将小于两侧填土的沉陷量，管顶填土的沉陷不是平面，而是曲面，在管顶处曲率最大，从管顶向上越高，沉陷面的曲率就越小。当填土较厚时，超过高度 H_s 后以上的沉降面可视为水平面，如图 4-9 所示。因此，管顶上填土将会受到两侧填土沉陷时而产生的向下的摩擦力，使管身上的土压力大于管道上的填土重。管道本身的刚度越小，则土压力越接近于填土重。

沟埋式是将管道埋设于开挖的沟槽内，由于回填土的密实度小于两侧沟壁天然土料的密实度，则回填土的沉降变形会受到两侧沟壁向上的摩阻力，因此作用在管身上的土压力将会小于管道上的填土重。

1. 上埋式管土压力计算

(1)垂直向土压力。包括管顶的填土重以及上述摩擦力，摩擦力的大小与管身的刚度、地基的密实度以及管道埋入地基的深度等诸多因素有关，不易准确计算。在实际工程中，对于一般性质的填土，垂直土压力强度 $q=\gamma_1 H_1+\gamma_2 H_2$，如图 4-10 所示。因此，可用式(4-9)近似计算单位长度管身上所受到的垂直土压力 G_B，即

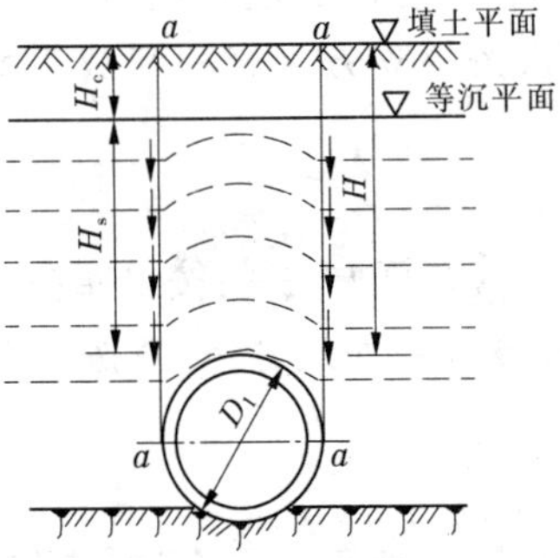

图 4-9 上埋式涵管

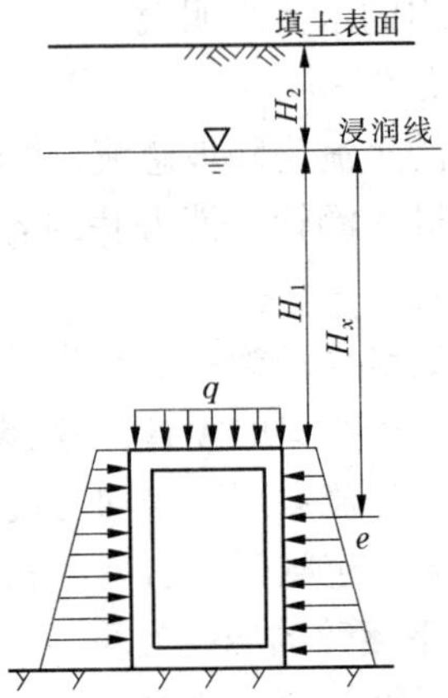

图 4-10 垂直土压力计算简图

$$G_B=K(\gamma_1 H_1+\gamma_2 H_2)D_1 \tag{4-9}$$

式中 γ_1、γ_2——填土的浮重度、湿重度；

H_1、H_2——浸润线以下及以上的填土厚度；

D_1——圆形管的外径或矩形管的外形宽；

K——竖向土压力系数，对于 $\lambda>1$ 的刚性管，K 值按表 4-1 取值，表 4-1 中 $H=H_1+H_2$，对于 $\lambda<1$ 的柔性管，$K=1$。

(2)侧向土压力。侧向土压力可近似按静止土压力计算。其计算公式为

$$e=\zeta(\gamma_1 H_x+\gamma_2 H_2) \tag{4-10}$$

表 4-1　系数 K 值

H/D_1	0.1	0.5	1.0	2.0	3.0	4.0	5.0	6.0	7.0	8.0	9.0	≥10
K	1.04	1.20	1.40	1.45	1.50	1.45	1.40	1.35	1.30	1.25	1.20	1.15

式中　e——计算点处的侧向土压力强度；

H_x——计算点至浸润线的垂直距离；

ζ——侧压系数，一般砂性土或较干黏性土，取 0.35～0.45，填土含水量较高时，取 0.5～0.55；

其余符号意义同前。

对于圆形管，管壁为曲线，为简化计算，可将侧向压力分布图视为矩形分布。土压力平均强度采用管中心处的土压力强度。

2. 沟埋式管土压力计算

(1)垂直土压力。由于受到两侧沟壁的摩阻作用，管顶上的土压力将小于沟内回填土重。当沟宽 B 大于管外径 D_1 的尺寸不超过 2 m，且沟内回填土不密实时，每米管长上受到的垂直向土压力为

$$G_B = K_T \gamma_s B H \tag{4-11}$$

式中　γ_s——回填土重度；

B——开挖沟槽宽度，如图 4-11(a)所示；

H——管顶以上填土高度；

K_T——竖向土压力系数，$K_T < 1$，可由图 4-11(b)中的曲线查得，干砂查 1 号曲线，湿的及饱和的砂土、硬性黏土查 2 号曲线，塑性黏土查 3 号曲线，流性黏土查 4 号曲线，其他土质可按近似对应的方法查相应的曲线。

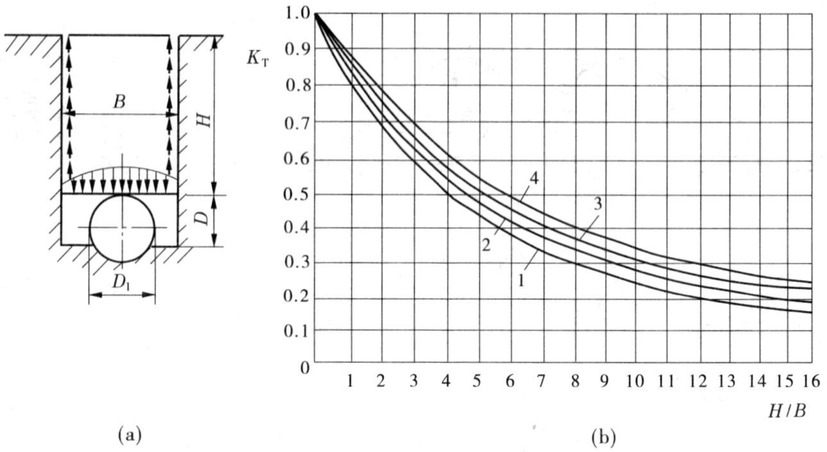

图 4-11　沟埋式涵管土压力集中系数曲线

当 $B - D_1 > 2$ m，且回填土夯实密实时，每米管长上的土压力可按式(4-12)计算

$$G_B = K_T \gamma_s H\left(\frac{B + D_1}{2}\right) \tag{4-12}$$

当沟槽开挖断面为梯形时，如图 4-12 所示计算公式中的 B 应为管顶处的沟槽宽度 B_0，而用 $H/2$ 深度处的宽度 B_c 来查曲线确定 K_T 值。

(2)侧向土压力。沟埋式管侧向土压力计算公式与上埋式管相同，在 $B_0 - D_1 \leqslant 2$ m 时，考虑到由于管壁与沟壁之间的间隙较小，填土不易夯实，因而侧向土压力较小，应在公式计算示意图中乘以局部作用系数 K_n，$K_n = \dfrac{B_0 - D_1}{2}$。

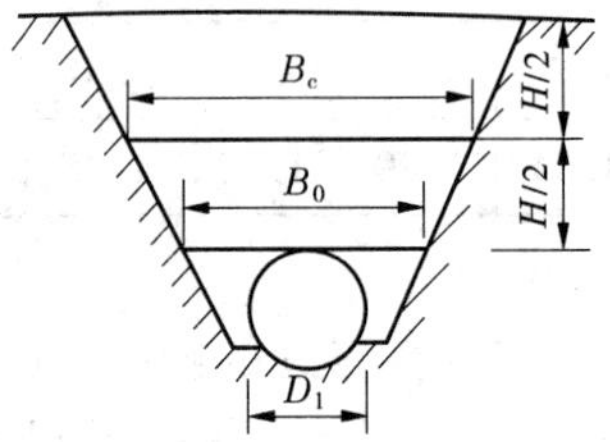

图 4-12　梯形断面沟槽土压力计算示意图

以上土压力计算适用于圆管，对于非圆管可参照应用。当沟槽较宽时，求出的土压力不得大于按上埋式管求出的计算值。

管身结构计算是在各项荷载确定后，求出管身的内力，并进行配筋及抗裂计算。详细计算参考有关文献。

教学单元四　涵　洞

一、概述

涵洞是渠道与溪沟、谷地、道路等相交叉时，为宣泄溪谷来水或输送渠水，在填方渠道或道路下修建的交叉建筑物。

涵洞由进口、洞身和出口三部分组成(见图 4-13)。其顶部往往有填土。涵洞一般不设闸门。当涵洞进口设置闸门时，称为涵洞式水闸(简称涵闸或涵管)。设在填方渠道或道路下面，用以输送渠水的涵洞称输水涵洞；用以宣泄溪谷来水的涵洞称排水涵洞。

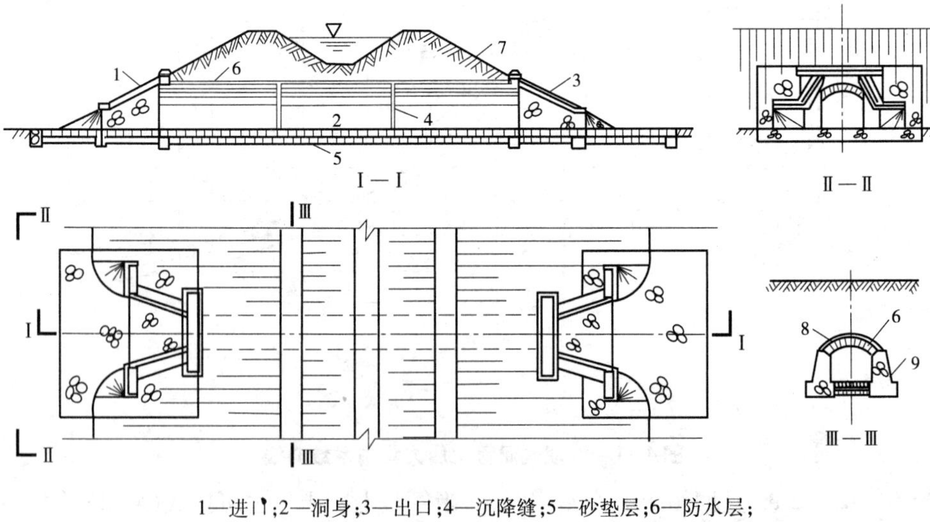

1—进口；2—洞身；3—出口；4—沉降缝；5—砂垫层；6—防水层；
7—填方渠道；8—拱圈；9—侧墙

图 4-13　填方渠道下的石拱涵洞

涵洞在布置上，其方向应与原溪谷方向一致，以使进出口水流顺畅，避免上淤下冲。洞轴线力求与渠、路正交，以缩短洞身长度。洞底高程布置等于或接近原溪沟底高程。纵坡可等于或稍陡于天然沟道底坡。

涵洞建筑材料主要有砖石、混凝土、钢筋混凝土。在四川、新疆等地还采用干砌卵石拱涵。

二、涵洞的工作特点和类型

涵洞由于所起的作用、水流状态及结构形式等差异，有不同的工作特点和类型。

由于水流状态的不同，涵洞可能是有压的、无压的或半有压的。有压涵洞的水流充满整个洞身，无压涵洞的水流从进口到出口都保持自由水面，半有压涵洞进口洞顶为水流封闭，但洞内水流具有自由水面。

渠道上的输水涵洞，为了减小水头损失，上下游水位差一般不大，流速为 2 m/s 左右，常设计成无压的，一般不考虑防渗、排水和出口消能问题。

排水涵洞可以设计成无压的、有压或半有压的。在宣泄洪水时，由于流量的变化，可能因出现明流和满流交替的水流状态而产生强烈振动，危及工程安全。由于上下游水位差较大，出口流速大，应采取必要的消能防冲措施。

排水涵洞宣泄小河溪谷洪水的时间一般较短，其防渗排水不是主要问题，设计时可根据具体情况予以考虑。

涵洞的形式一般是指洞身的形式，根据用途、工作特点、结构形式和建筑材料等常分为圆形、箱形、盖板式和拱形等几种。

(1)圆形管涵。管涵的水力条件和受力条件较好。多用混凝土和钢筋混凝土建造，是涵洞常采用的形式。其优点是构造简单、工程量小、施工方便。当泄水量大时可两管或多管布置。

(2)箱形涵洞。箱形涵洞为四边封闭的钢筋混凝土整体结构(见图 4-14(a))。

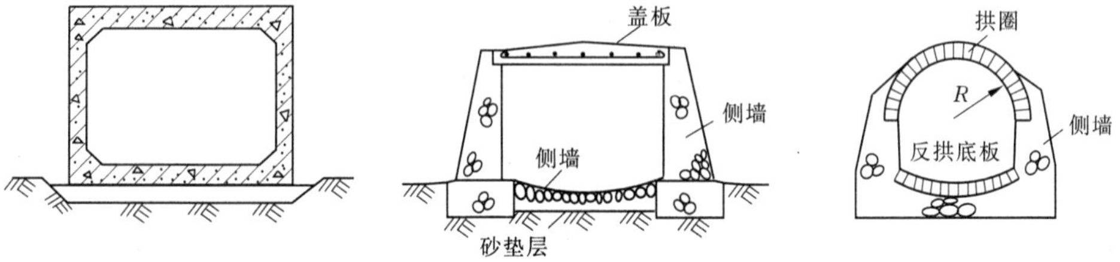

(a)箱形涵洞　(b)盖板式涵洞　(c)拱形涵洞

图 4-14　涵洞结构形式

箱形涵洞对地基不均匀沉降适应性好，随着水深的增加，其泄流能力的增加较显著，较适合于明流。

小跨径一般做成单孔，当跨径大于 2 ~ 3 m 时，常做成双孔或多孔。当荷载较大时，在四角设置补角以改善受力条件。

单孔箱涵壁厚一般为跨度的 1/12 ~ 1/8，双孔箱涵顶板厚度为其跨度的 1/10 ~ 1/9，侧墙厚度为其高度的 1/13 ~ 1/12，隔墙厚度可稍薄。

箱涵适用于洞顶填土厚、洞跨较大、地基较差的无压或低压涵洞。洞身可直接敷设在砂石地基或砌石、混凝土垫层上。小跨度箱涵可分段预制，现场安装。

(3)盖板式涵洞。盖板式涵洞断面为矩形或方形，它由边墙、底板和盖板组成(见图4-14(b))。

侧墙及底板常采用浆砌石或混凝土做成，设计时可认为盖板和底板作为侧墙的支承，考虑填土的抗力，以节省工程量。底板视地基条件，可做成分离式或整体式。盖板多为预制钢筋混凝土板，厚度为跨径的1/12～1/5，盖板设2%的坡度向两侧倾斜，以利排水。

盖板式涵洞适用于洞顶铅直荷载不大或跨度较小的无压涵洞。

(4)拱形涵洞。拱形涵洞由拱圈、侧墙和底板组成。因受力条件好，多用于填土较高、跨度较大、泄流量较大的明流涵洞(见图4-14(c))。

按拱的形状分为半圆拱和平拱，平拱的矢跨比$f/L=1/8\sim1/3$，半圆拱水平推力较小，但拱圈受力条件差，自拱脚至1/4跨径处常出现较大的拉应力。

拱圈可做成等厚的或变厚的。混凝土拱圈厚不小于20 cm，砌石拱圈厚不小于30 cm。

三、涵洞的构造

(一)进出口

涵洞的进出口是用来连接洞身和填方土坡的建筑物的。进出口的形式应使水流平顺地进出洞身以减小水头损失。同时，应防止水流对洞口附近处的冲刷。常见的形式有以下几种(见图4-15)。

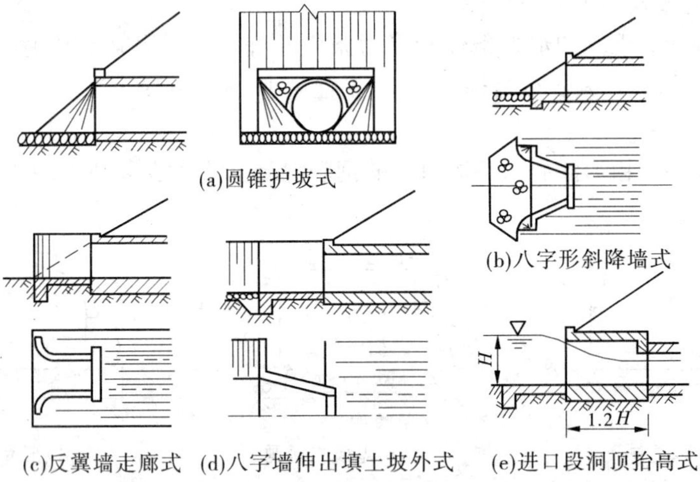

图4-15　涵洞的进出口形式

(1)圆锥护坡式(见图4-15(a))。进出口设圆锥形护坡与堤外坡连接。其构造简单，节省材料，但水力条件较差。一般适用于中小型涵洞或出口处。

(2)八字形斜降墙式(见图4-15(b))。在平面上呈八字形，扩散角一般为20°～40°，结构简单，水力条件好。

(3)反翼墙走廊式(见图4-15(c))。进口两侧翼墙高度不变以形成廊道，水面在该段跌落后进入洞身，可降低洞身高度，但工程量较大。

(4)八字墙伸出填土坡外式(见图4-15(d))。因八字墙伸出填土边坡外,其作用与反翼墙式相似,有时可改成扭曲面翼墙,以使水力条件更好,但扭曲面翼墙施工稍复杂些。

(5)进口段洞顶抬高式(见图4-15(e))。在进口水流不封闭洞顶,为改善进流条件,水面在1.2H(H为上游水深)范围内跌落,降低了其后明流涵洞高度,因其构造简单,故常被采用。

进出口挡土墙高度应按上下游设计水位确定。通常顶部挡土墙高度为0.5~1.0 m。进出口一定范围内的渠道、沟床等应护砌以防冲刷。护砌长度一般为3~5 m。当出口流速过大时,应采取消能防冲措施。

(二)洞身

为适应地基不均匀沉陷和温度变化而引起的伸缩变形,软基上的涵洞应分段设置沉降缝。对于预制管涵,按管节长度设缝。对于砌石、混凝土、钢筋混凝土涵洞,设缝间距不大于10 m,且不小于2~3倍洞高。通常在进出口与洞身连接处以及外荷载变化较大处设置沉降缝。缝间设止水,其构造可参考倒虹吸管。

明流涵洞水面以上应有足够的净空高度,对于管涵和拱涵,净空高度应大于或等于洞高的1/4;对于箱涵,应大于或等于洞高的1/6。

涵洞顶部填土厚度应不小于1.0 m,对于有衬砌的渠道,填土厚度应不小于0.5 m,以使洞身有较好的工作条件。

为了防止顶部及两侧渗漏,可在洞外填筑一层防渗黏土,厚度为0.5~1.0 m。有压涵洞沿洞身应设置截渗环。

(三)涵洞基础

管涵基础常采用砌石或混凝土管座,其包角为90°~135°。拱涵和箱涵在岩基上仅需将基面平整;在压缩性小的土基上,仅需做素土或三合土夯实;在软弱地基上,可做碎石垫层。

在寒冷地区,涵洞基底应埋设于冻土层以下0.3~0.5 m。

四、涵洞的布置和水力计算

涵洞的布置应根据水流顺畅、不产生淤积和冲刷、运行安全可靠、适应地形地质条件以及经济合理等因素,通过方案比较确定。涵洞的水流方向应尽量与洞顶渠道或道路正交,排水涵洞则应与原水道方向一致。

洞底高程可等于或接近原水道底部高程。纵坡等于或稍大于原水道底坡,一般可采用1%~3%。若纵坡过陡,为使洞身稳定可设置齿状基础或在出口设重力墩(见图4-16)。

涵洞的路线应选在地基均匀、承载能力大的地段,避免沿洞身方向由于不均匀沉陷而使洞身断裂。一般在淤泥及沼泽地带不宜修建涵洞,当必须修建时,应进行地基处理。

涵洞的水力计算目的是确定涵洞孔径及下游连接段的形式和尺寸。由于水流状态比较复杂,计算时要先判别涵洞的水流流态,然后进行过水能力计算。

涵洞的水流流态分无压流、压力流和半压力流。对于圆形、拱形涵洞,当洞前水深$H \leqslant 1.1a$(a为洞高)时;对于矩形涵洞,当$H \leqslant 1.2a$时,均为无压流。当涵洞全部长度都

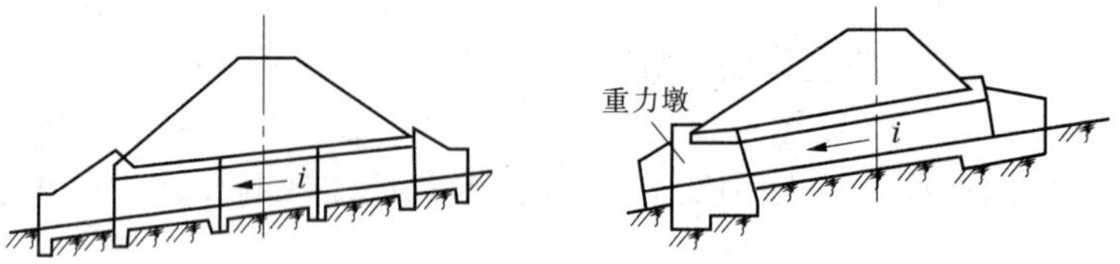

图 4-16　斜坡上的涵洞布置图

充满水流时为压力流。进口段为满流,洞内为明流时为半压力流。

输水涵洞一般都设计成无压的。当洞身较长时可按明渠均匀流计算通过设计流量时所需的尺寸;并校核通过加大流量时洞内是否有足够的净空高度。当洞身不长(小于渠道设计水深的 10 倍)时,洞内不能形成均匀流,此时可根据拟定的洞身断面尺寸和纵坡,计算洞内水面线和进口段水面降落值,由此确定洞身和进出口连接段的高度,并校核通过加大流量时洞内是否有足够的净空高度。

排水涵洞可以设计成无压的、半有压或有压的。无压涵洞要求的断面尺寸较大,但进口的水面壅高较小;有压涵洞的洞身断面尺寸较小,但要求与之相应的水头较高,因而进口水面壅高值较大;半有压涵洞情况则处于二者之间。因此,排水涵洞在布置时应考虑上游来水面积的大小、洪水持续时间的长短,以及水面涨落的快慢等情况。同时,考虑上游水面壅高对进口的影响,以及对原水道及两岸的影响。当上游来水面积较大,洪水持续时间较长,而且水面涨落缓慢,允许的上游水面壅高值较小时,可按无压洞设计。当上游来水面积较大,洪水涨落迅速,且上游水面壅高的影响不大时,可按半有压流设计。当按半有压流设计时,应保证洞内为无压明流。当按有压流设计时,应使进口水流平顺,洞身纵坡宜尽量小些。以通过设计流量时上游允许壅高水位来计算洞身断面尺寸。断面尺寸宜小不宜大,以保证洞内为有压流,从而避免洞内因产生明流和满流交替而引起的不利影响。

五、涵洞的结构计算

作用于涵洞上的荷载有涵洞洞身重力、填土压力(铅直土压力和水平土压力)、洞内外水压力、填土上的车辆荷载(如道路下的涵洞)等。填土压力是涵洞的主要荷载,其大小与填土高度、土壤的性质和填土施工方法,以及洞身的刚度有关。

涵洞洞身的荷载与结构计算,可参考倒虹吸管及坝下埋管部分或有关书籍。

涵洞的进出口结构计算与其形式及构造有关,一般按挡土墙设计计算。

教学单元五　渡　槽

一、渡槽的作用、组成和类型

渡槽是输送渠水跨越河流、渠道、溪谷、洼地、道路等的架空输水建筑物。

渡槽由输水槽身、支承结构、基础和进出口建筑物等部分组成(见图 4-17)。渡槽一般按槽身及支承结构的形式分类,有时也可按所用材料及施工方法分类。按支承结构形式可分为梁式(见图 4-17)、拱式、桁架式以及悬吊式、斜拉式等。按渡槽所用材料分为木渡槽、砖石渡槽、混凝土渡槽、钢筋混凝土渡槽及钢丝网水泥渡槽等。按渡槽槽身断面形式分为矩形渡槽、U 形渡槽、梯形渡槽、椭圆形渡槽及圆形渡槽等。梁式渡槽和拱式渡槽是渡槽工程中应用最普遍的两类基本形式。

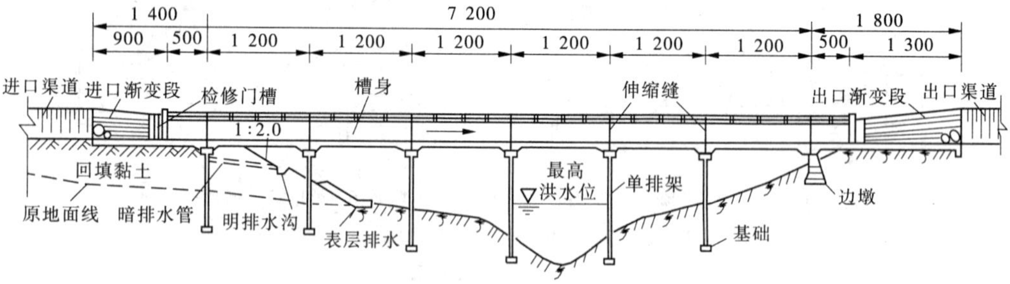

图 4-17　梁式渡槽纵剖面　(单位:cm)

(一)梁式渡槽

梁式渡槽的槽身搁置在槽墩或槽架上,槽身在纵向起梁的作用,如图 4-17 所示。按其支承的不同,又可分简支梁式、双悬臂梁式、单悬臂梁式(见图 4-18)和连续梁等几种,前三种是静定结构,是常用形式。连续梁式渡槽是超静定结构,它较简支梁式渡槽在同样跨度、同样荷载条件下,弯矩值较小,但适应不均匀沉降的能力差。

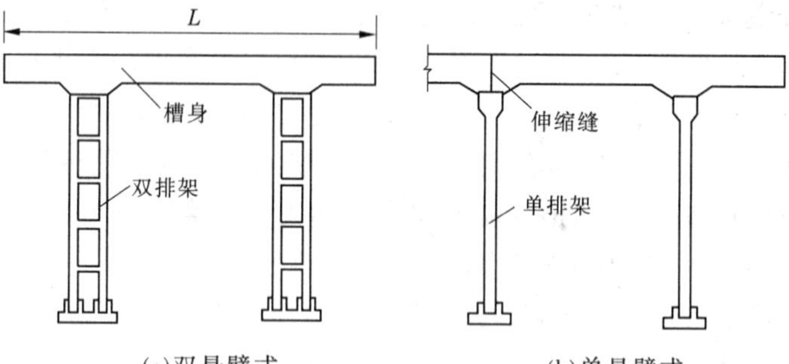

(a)双悬臂式　　(b)单悬臂式

图 4-18　悬臂梁式渡槽

梁式渡槽跨度的大小与地形地质条件、支承高度、施工方法等因素有关,一般不大于 20 m,常采用 8 ~ 15 m。梁式渡槽的优点是结构比较简单,施工较方便。当跨度较大时,可采用预应力钢筋混凝土结构。

(二)拱式渡槽

当槽身支承在拱式支承结构上时,称为拱式渡槽(见图 4-19)。

其支承结构由槽墩、主拱圈、拱上结构组成。主拱圈主要承受压应力,可用抗拉强度小而抗压强度大的材料(如石料、混凝土等)建造,并可用于大跨度。

拱式渡槽的荷重一般较大,因此对地基的承载能力要求较高,跨度大时常建筑在岩基上。同时,因拱在支座处产生的水平推力很大,要求槽墩有足够平衡该力的能力,否则结构失稳而破坏。多跨拱式渡槽在布置上应对称、均匀、尽量等跨度。当跨度不同时,应设

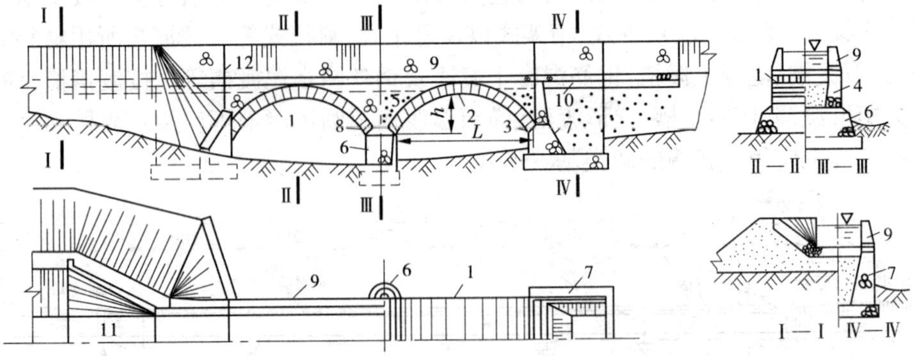

1—拱圈;2—拱顶;3—拱脚;4—边墙;5—拱上填料;6—槽墩;7—槽台;

8—排水管;9—槽身;10—垫层;11—渐变段;12—变形缝

图 4-19 拱式渡槽

置推力墩,以消除因拱推力不平衡而产生的不利影响。

二、渡槽的整体布置

渡槽的整体布置包括槽址选择,槽身、支承结构、基础及进出口段的布置。渡槽整体布置之前应做好工程勘测和设计资料收集工作。

(一)槽址选择

渡槽位置的选择包括轴线位置及槽身起止点位置的选择。对于地形地质条件复杂、长度大、工程量较大的工程,应通过方案比较确定其位置,主要应考虑以下几个方面:

(1)应尽量选在地形有利、地质条件良好的地方,以便缩短槽身长度、降低支承结构高度和基础工程量。进出口应筑在挖方渠道上。平面上要避免急转弯,以使水流平顺。

(2)跨越河流时,轴线与河道水流方向应尽量正交。槽址应选在河道顺直、岸坡稳定处。有通航要求时,槽下应有足够的净空高度,以保证通航。

(3)应便于进出口建筑物布置,尽量不建在高填方渠道上。应保证泄水闸有顺畅的泄水出路,以防冲刷。滩地段为填方渠道时,填方段不宜过长,以防止束窄河床造成壅水,使两岸或河床受到冲刷。

(二)渡槽形式选择及分跨

一般中小型渡槽工程只采用一种类型的单跨或等跨布置;地形地质条件复杂、长度较大的渡槽,根据槽身距地面高度的变化情况,选择一种、两种或三种跨度,但不能变化过多,以免增加设计和施工的困难。渡槽形式选择和分跨,一般应考虑以下几个问题:

(1)当渡槽跨越窄深的山谷、河道,其两岸的地质条件较好、有足够的强度和稳定性时,宜修建大跨度单跨拱式渡槽。

(2)当地形平坦、槽高不大时,宜采用梁式渡槽。

(3)跨越河流的渡槽,当河中水深流急、水下施工难度大、槽身距河床高度大、有通航要求,而河滩地形平缓、槽身不高且较长时,可在河槽部分采用拱式渡槽或其他形式大跨度渡槽,而滩地段可采用中小跨度拱式渡槽或梁式渡槽。

(4)当地基承载能力低时,应采用轻型结构或减小跨度。

(三)渡槽槽身及进出口布置

槽身断面尺寸及槽底纵坡由水力计算确定。槽身中心线及起止点选定应考虑尽量缩短槽身长度,以减小工程量。槽身与进出口平面应成直线。当不能满足上述要求时,应考虑调整渡槽及其上下游段渠道的总体平面布置。

渡槽进出口建筑物的作用是将渠道水流与槽中水流平顺衔接,并防止冲刷。由于过水断面的变化,进出口一般应设渐变段。渐变段与槽身之间,常因各种需要再加设一节连接段,如U形槽身,设连接段将矩形过水断面变为U形。有交通要求时,设连接段以便布置交通桥。

(四)基础的布置

对于浅基础,埋置深度应根据地形、地质条件选定。软弱地基的基础,基底面埋深一般为1.5~2.0 m。当上层地基土的承载能力大于下层时,应利用上层土做持力层,但基底面以下持力层厚度不小于1.0 m。坡地上基础,基底面应全部置于稳定坡线以下。对于冰冻地区,基底面埋入冻层以下不小于0.3 m;特别严寒地区,基顶面埋置深度和基础平面尺寸,应通过抗冻计算确定。在耕作地内,基础顶面应埋在地面以下0.5~0.8 m,以利耕作。河槽中受水流冲刷的基础,基底面应埋入最大冲刷线以下,以免因基底受水流淘刷而危及工程安全。

对于深基础,计算的入土深度应从稳定坡线、耕作层深、最大冲刷深度处算起,以保证深基础的承载能力。

对于中小型渡槽,地基稳定计算主要是验算基底面应力。其应力计算可按偏心受压公式计算,以求得基底边缘处的最大应力 σ_{max} 和最小应力 σ_{min},σ_{min} 不允许出现负值,即不出现拉应力,同时还应满足下列要求,即

$$\sigma \leqslant R \tag{4-13}$$

$$\sigma_{max} \leqslant 1.2R \tag{4-14}$$

式中 σ—— 基底面平均应力,$\sigma = \frac{1}{2}(\sigma_{max} + \sigma_{min})$;

R—— 考虑基础宽度及埋置深度的影响,经过修正后的地基容许承载力。

三、渡槽的水力设计

水力设计的任务是确定槽底纵坡、渡槽过水断面形式和尺寸、进出口槽底高程和渐变段长度等。

(一)渡槽纵坡的选定

槽的长度一般大于槽前渠道水深的20倍,渡槽的输水道由进口段、槽身及出口段组成,其流态为明渠均匀流。槽身断面面积应能通过要求的流量。

槽身过水断面尺寸及槽底纵坡的确定,一般按渡槽通过设计流量时的水流条件,由水力计算选定。

槽底纵坡 i 对槽身断面尺寸影响很大。i 值的选定应考虑槽身断面尺寸、水头损失、水流冲刷、通航要求、工程量及工程投资等因素,经综合分析比较确定。在条件许可的情

况下应尽量选大些，一般初拟 i 值时，可在 1/1 500 ~ 1/500 范围内选取；通航渡槽纵坡较缓，可为 1/10 000 ~ 1/3 000。

(二)槽身过水断面的确定

槽身横断面形式一般为矩形或 U 形。槽身过水断面尺寸，按渠道设计流量设计，按加大流量进行校核。通过加大流量时，允许进口水位有一定的壅高，但壅高值以不超过上游渠道水深的 1% ~ 3% 为限。

槽身的过水断面按水力学公式计算，当槽身长度 $L \geqslant (15 \sim 20)h$（$h$ 为槽内水深）时，按明渠均匀流公式计算；当 $L < (15 \sim 20)h$ 时，可按淹没宽顶堰公式计算。

槽身过水断面面积宽深比（b/h）不同，槽身的工程量也不同，为使工程经济，应有适宜的宽深比。从过水能力方面考虑应取 $b/h = 2.0$。但从结构受力条件考虑，梁式渡槽的槽身侧墙在纵向起着梁的作用，加高侧墙，可提高槽身的纵向承载能力，故宜适当降低宽深比，工程常用 $b/h = 1.25 \sim 1.67$。

为了防止因风浪或其他原因引起侧墙顶溢流，侧墙应有一定的超高。按建筑物的等级和过水流量不同，超高可选用 0.2 ~ 0.6 m，也可由下列经验公式计算

矩形槽身
$$\Delta h = \frac{h}{12} + 5 \tag{4-15}$$

U形槽身
$$\Delta h = \frac{D}{12} \tag{4-16}$$

式中 h——槽内水深，cm；

D——U 形槽身直径，cm。

(三)水头损失计算

水流通过渡槽时，由于克服沿程阻力、局部阻力以及水流能量的转换，都会产生水头损失，水流进出渡槽产生变化，这种水流现象可分为三段分析计算，如图 4-20 所示。水流经过进口段时，随着过水断面的减小，流速逐渐加大，水流位能一部分转化为动能，另一部分因水流收缩而产生水头损失，因此在进口段将产生水面降落 Z；水流进入槽身后，槽底为正坡，断面和糙率系数 n 值沿程不变，槽中水流基本上保持均匀流，沿程损失值 $Z_1 = iL$；水流经过出口段时，随着过水断面增大，流速逐渐减小，水流动能的一部分因扩散而损失，另一部分则转化为位能而使出口水面回升 Z_2，回升后的水位应恰好与下游渠道水位相衔接。

进口水面降落可按淹没宽顶堰计算，工程中常采用式(4-17)，即

$$Z = \frac{Q^2}{(\sigma\varphi A\sqrt{2g})^2} - \frac{v_0^2}{2g} \tag{4-17}$$

式中 σ、φ——侧收缩系数、流速系数，可取为 0.90 ~ 0.95；

A——槽身过水断面面积。

槽身沿程损失值为

$$Z_1 = iL \tag{4-18}$$

出口段水面回升值一般为进口水头损失值的 1/3，即为

$$Z_2 = \frac{1}{3}Z \tag{4-19}$$

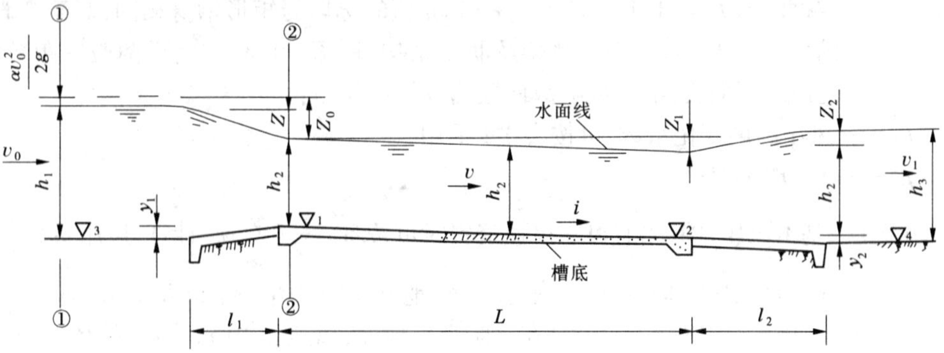

图 4-20　渡槽水力计算示意图

渡槽的总水头损失值为

$$\Delta Z = Z + Z_1 - Z_2 \tag{4-20}$$

由计算所得的 ΔZ 值如果等于或接近渠道规划时所给定的允许水头损失值,则槽底纵坡及槽身过水断面可按拟定的确定;否则,应重新拟定 i 及 A 值,直至算得的 ΔZ 值满足要求。

(四)渡槽进出口高程的确定

渡槽进口底部抬高和出口段渠底降低是与水流状态相适应的,进口抬高值 y_1 及出口渠底降低值 y_2(见图 4-20)可按下式计算

$$y_1 = h_1 - Z - h_2$$

$$y_2 = h_3 - Z_2 - h_2$$

则进出口槽底高程及出口渠底高程为

$$\nabla_1 = \nabla_3 + y_1$$

$$\nabla_2 = \nabla_1 - iL$$

$$\nabla_4 = \nabla_2 - y_2$$

对于槽身长度很小的渡槽,将整个输水道按宽顶堰进行水力计算。

四、渡槽的荷载及组合

作用于渡槽上的荷载有结构自身及槽中水体的重力、土压力、风压力、动水压力、漂浮物的撞击力、温度变化及混凝土收缩引起的力、人群荷载、地震力及施工吊装时的动力荷载等。对于小型渡槽工程一般不考虑地震力,重力及土压力等的计算方法在有关课程中已讲述。下面简要介绍风压力等的计算方法。

(一)风压力

作用于建筑物表面的风压力 $\overline{W}$ (N/m²)按式(4-21)计算

$$\overline{W} = Kk_Z g\overline{W}_0 \tag{4-21}$$

式中　K——风载体型系数,与建筑物体型、尺寸有关:对于矩形槽身,满槽时取 $K = 1.3$,空槽时取 $K = 1.3(1 + \eta)$,深宽比 $H/B = 0.5$ 时,取 $\eta = 0.3$,$H/B \geqslant 1.0$ 时,取 $\eta = 0.15$,对于 U 形槽身,满槽时取 $K = 1.1 \sim 1.2$,直段高度较大时取大值,

空槽时取 $K=(1.1\sim1.2)(1+\eta)$，η 值的选取与矩形槽身相同，对于圆管形结构可取 $K=1.0$，对于排架及肋拱结构，取 $K=1.3$，因前后两肢间距较大，前肢对后肢无挡风影响，故两肢均计算风压力；

k_Z——风压高度变化系数，可按表 4-2 采用；

g——重力加速度；

$\overline{W}_0$——基本风压，Pa，当有可靠风速资料时可按 $\overline{W}_0=(\frac{\gamma}{2g})v^2$ 计算，风压系数 $\frac{v}{2g}$ 我国沿海地区取 1/17，内地一般地区取 1/16，高原及高山地区可取 1/19 ~ 1/18，v (m/s)是在空旷平坦地面，离地面 10 m 高处统计得到的 30 年一遇的 10 min 平均最大风速，此外，还应根据渡槽所在位置地形条件考虑调整系数：对于与大风一致的谷口、山口，可按相邻地区的基本风压乘以 1.2 ~ 1.3 的系数，若当地没有风速资料，则可参照有关规范和书籍提供的计算方法。

表 4-2　风压高度变化系数

离地面高度(m)	≤2	5	10	15	20	30	40	50	60	70	80	90
k_Z	0.52	0.78	1.00	1.15	1.25	1.41	1.54	1.63	1.71	1.78	1.84	1.90

(二)温度变化

对于超静定拱结构，温度的变化将在拱圈内产生附加内力。由温度变化使拱截面产生的应力称为温度应力。温度变化幅度可根据当地最高月平均气温 T_1 和最低月平均气温 T_2 与封拱温度 T_3 之差值确定，即

温度上升　　$\Delta T_{升}=T_1-T_3$

温度下降　　$\Delta T_{降}=T_2-T_3$

封拱时的温度 T_3 一般为 5 ~ 15 ℃。

(三)混凝土收缩

对于现浇拱圈，由于混凝土的收缩在拱圈内将引起附加应力，可按温度下降来考虑。对于整体现浇混凝土拱，在一般地区按温降 20 ℃考虑；干燥地区按温降 30 ℃考虑。对于钢筋混凝土拱，按温降 15 ~ 20 ℃考虑；对于分段浇筑的混凝土及钢筋混凝土拱，按温降 10 ~ 15 ℃考虑；对于装配式钢筋混凝土拱，按温降 5 ~ 10 ℃考虑。

计算混凝土收缩及温度变化的影响时，应根据实际资料考虑混凝土徐变的影响，当缺乏实际资料时，计算的拱内力乘以影响系数：温度内力乘以 0.7，收缩内力乘以 0.45。

(四)人群荷载

槽身顶部设人行道时，可根据具体情况选定人群荷载。

(五)渡槽的荷载组合

渡槽的荷载组合应考虑正常运行、施工、检修及偶然出现的情况，组合时根据具体情况和计算目的确定。常采用基本组合和特殊组合两种。

基本组合：经常起作用的及运行期不定期出现的荷载，如结构自身重力、土压力、槽内水的重力、水压力、交通桥上的人群、车辆荷载及风压力等。

特殊组合:偶然起作用的荷载和经常起作用的荷载。偶然起作用的荷载有施工期、检修时出现的特殊荷载;经常起作用的荷载有地震荷载、漂浮物对墩台的撞击力、温度变化及混凝土收缩引起的力、施工运输中的静动荷载和外力等。

五、渡槽结构设计

(一)槽身结构

渡槽的槽身是搁置于槽墩或槽架上的,它既起输水作用又起纵梁作用。槽身横断面的常用形式是矩形和U形(见图4-21)。大流量的多采用矩形;中小流量的可采用矩形,也可采用U形。一般中小流量无通航要求的渡槽,槽顶设拉杆,其间距为1~2 m,以增加侧墙的稳定并改善槽身横向受力条件(见图4-21(a)、(c))。若有通航要求,则不设拉杆,而加大侧墙的厚度,也可做成变厚度的(见图4-21(b)),或沿槽身长每隔一定距离加一道横肋,以保证侧墙的稳定(见图4-21(b))。

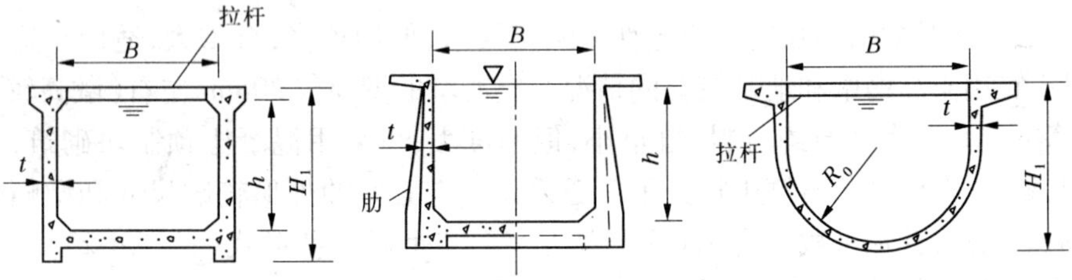

(a)设拉杆的矩形槽　(b)设肋的矩形槽　(c)设拉杆的U形槽

图4-21　矩形及U形槽身断面形式

槽身结构计算由于支承形式、跨宽比与跨高比的大小以及槽身横断面形式等的不同,槽身应力状态与计算方法也不同。对于梁式渡槽的槽身,跨宽比一般都大于4.0,跨高比也比较大,可按梁理论计算。当跨宽比小于4.0时,一般属中长壳的梁式槽身,应按空间问题求解,计算方法较复杂。

(二)槽墩和槽架

1. 槽墩结构

梁式渡槽的槽墩一般为重力墩,有实体墩和空心墩两种形式。实体墩(见图4-22(a))的墩身可用石料、混凝土等材料建造。顶部垂直水流方向的长度略大于槽身宽度,顺水流方向的宽度稍大于支承面所需的宽度,一般不小于0.8~1.0 m。墩头一般采用圆形。墩顶设置墩帽,厚度不小于0.3 m,四周比墩身顶部外伸5~10 cm,顶面根据支承槽身的需要设置支座钢板或油毡座垫。无论何种支座构造,对于一节槽身的两个支点,其中的一个支座宜做成不允许产生相对移动的形式,以免槽身在若干次胀缩后产生坠离墩顶的危险。支座下的墩帽内应铺设钢筋网,以保证整体性并防止产生裂缝。为满足墩体强度和地基承载力的要求,墩身四侧常以20:1~40:1的坡比向下扩大,基底面则根据地质条件再适当扩大。

边墩常采用图4-22(b)所示的挡土墙式实体重力墩,也称槽台,用以支承槽身和挡土。由于它是挡土结构,故高度一般不宜超过 5~6 m,断面尺寸按挡土墙设计。墩顶也需设置墩帽。为减小台背面的地下水压力,常设孔径为 4~6 cm 的排水孔,进口设反滤层,出口高出地面 10~30 cm。

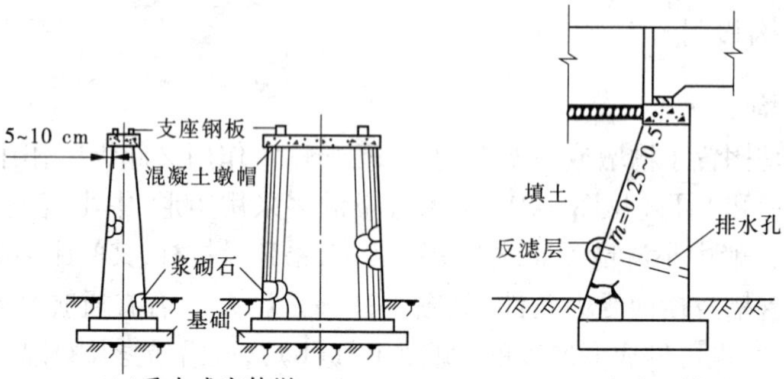

(a)重力式实体墩　　(b)重力式边槽墩

图 4-22　重力式槽墩

重力式实体墩的墩体强度及稳定性易满足要求,但用料多,自重大,适用于盛产石料地区,但不宜用于高槽墩和地基较差的情况。空心墩的壁厚仅 20 cm 左右(墩高较大时由强度验算决定),可大量节约材料,自重小,但刚度大,可采用混凝土预制块砌筑,也可采用现浇混凝土,在较高的渡槽中得到了广泛采用。空心墩的外形轮廓尺寸和墩帽构造与实体墩基本相同,其水平截面有圆矩形、双工字形和矩形三种形式(见图 4-23)。圆矩形水流条件好,外形较美观,故采用较多,特别适用于跨河流处。

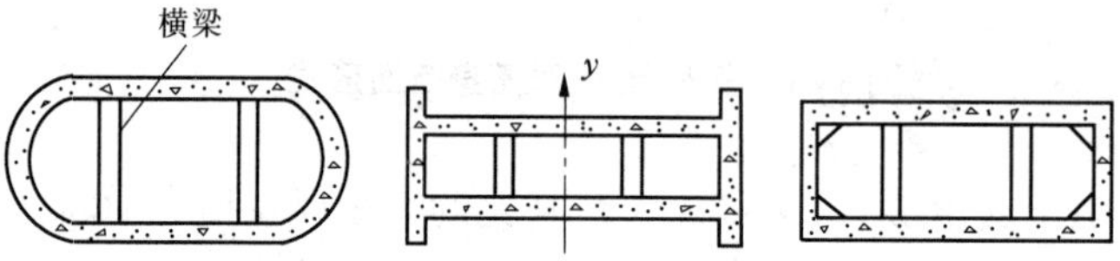

(a)圆矩形　　(b)双工字形　　(c)矩形

图 4-23　空心墩的截面形式

重力式槽墩水平截面的面积和惯性矩均较大,故槽身应力一般较小,通常只验算墩身与墩帽及墩身与基础结合面的强度。验算时,应根据施工及运用时期的具体情况选择不利的荷载组合,对横槽向及顺槽向分别计算而不叠加。

2. 槽架结构

槽架结构有单排架、双排架及 A 字形排架三种基本形式(见图 4-24)。单排架是由两根铅直肢柱与横梁组成的单跨多层钢筋混凝土刚架结构,适应高度一般在 25 m 以内。双排架在较大的竖向及水平向荷载作用下,其强度、稳定性及地基应力较单排架容易得到满足,故适应高度较大,一般在 25 m 以上。A 字形排架常是由两片 A 字形单排架组成的,一般只在横槽向或顺槽向布置成 A 字形。对于高度较小的大流量渡槽,槽宽已较大,故将 A 字形排架布置在顺槽方向来满足稳定和加大基础底面积的要求;对于小流量的高渡槽,横槽向的抗倾稳定性问题较突出,则将 A 字形排架置于横槽向。

根据梁式渡槽的布置形式与荷载特点,对于双排架和 A 字形排架,常可分别在横槽向及顺槽向将它分解为两片单排架来计算。因此,二者的构造尺寸可以参照单排架拟定。

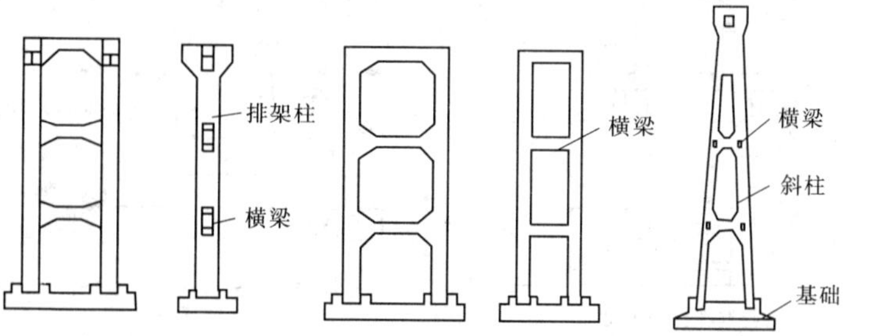

图 4-24　槽架的形式

排架与基础(一般为板式基础)的连接有固接和铰接两种形式(见图 4-25)。现场浇筑时,排架与基础常整体结合,肢柱竖向筋伸入基础内,按固接考虑。预制装配式排架,根据吊装就位后的杯口处理方式而按固接或铰接考虑。由于预制装配式排架肢柱边宽都在100 cm 以内,故无论固接或铰接,肢柱插入杯口内的深度 H_1 应满足以下要求:① $H_1 > b_1$;② $H_1 > 20d$(d 为肢柱纵向受力筋的直径);③ $H_1 \geqslant 0.05h_p$(h_p 为吊装时的排架高度)。另外,杯深 $H_3 = H_1 + 0.05$ m,或 $H_3 = H_1$;杯壁厚度 $t \geqslant 15 \sim 30$ cm(b_1 大时取大值)。

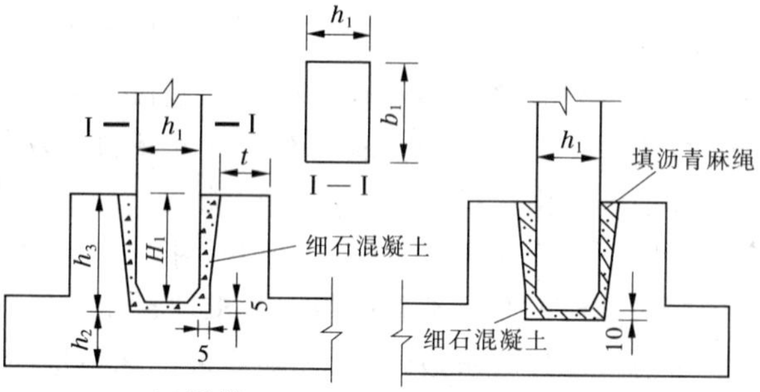

图 4-25　排架与基础的连接　(单位:cm)

3. 槽架结构计算

对于双排架和 A 字形排架,其结构在横槽向及顺槽向均呈对称布置,而水平向荷载一般按垂直于槽中水流方向计算。因此,在水平向荷载作用条件下,双排架可以分解为两个横槽向的单排架进行计算;A 字形排架则可分解为两个横槽向的单排架(A 字形排架在顺槽向)或单 A 字形排架(A 字形排架在横槽向)进行计算。所以,对于槽架的结构计算,单排架是基本的。槽架结构的计算条件、计算荷载及计算简图的选择,具体计算方法及算例见相关文献。

(三)基础结构

渡槽工程中采用较多的是整体板式基础、扩大基础、钻孔桩基础及沉井基础四种(见图 4-26)。前两种埋置深度一般小于 5 m,称为浅基础;后两种的埋置深度大于 5 m,又称深基础。基础形式的选择与上部荷载、地质及水文条件等因素有关,其中地质条件是主要因素。

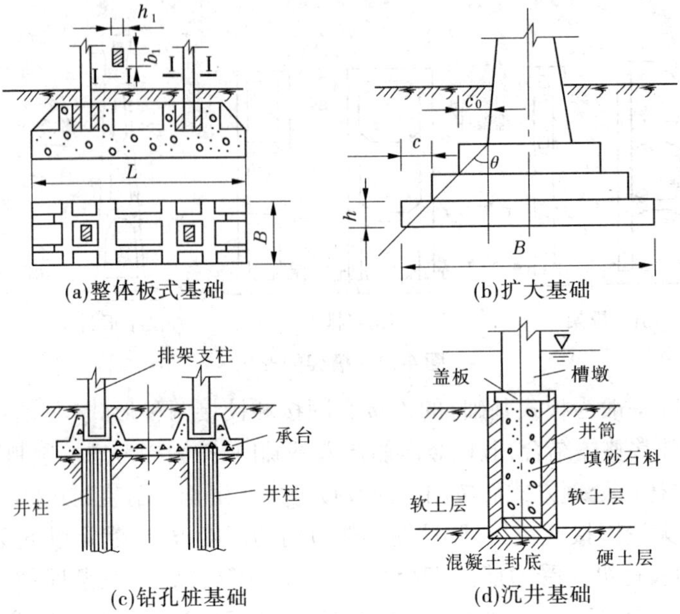

(a)整体板式基础　(b)扩大基础

(c)钻孔桩基础　(d)沉井基础

图 4-26　渡槽的基础

整体板式基础是钢筋混凝土板梁结构(见图 4-26(a)),排架下的基础常采用这种结构形式。因设计时考虑弯曲变形而按梁计算,故又称柔性基础。它能在较小的埋置深度下获得较大的基底面积,故体积小,施工方便,适应不均匀沉降的能力强,可用于承载能力较差的地基,特别是在寒冷地区。由于排架柱的受力钢筋与基础板内钢筋牢固连接而成为一整体,当基础埋在冰冻层下一定深度时,能有效地获得抗冻的能力。基础板一般为水平矩形板,其平面尺寸主要根据渡槽及其地基的稳定要求通过基底压应力验算确定;对于冰冻地区的排架下板基,考虑抗冻拔要求设计时,还须通过抗冻稳定性验算。

重力式实体墩及空心墩的基础常采用扩大基础(见图 4-26(b))。这种基础常采用浆砌石、混凝土建造,因其抗弯能力小而抗压能力很高,故基础在墩底面的悬臂挑出长度不能太大,设计时不考虑抗弯作用,故又称刚性基础。

浅基础的埋置深度应根据地基承载力、地下水位、耕作要求、冰冻深度及河床冲刷情况等,结合基础形式和尺寸来选定。

钻孔桩基础也称井柱基础,是用锥具钻孔,再在孔内放置钢筋并灌注混凝土而成的,全称钻孔灌注桩。桩顶设承台(或称连系板)以与槽墩或槽架连接(见图 4-26(c)),或将桩柱向上延伸而做成桩柱式槽架。这种基础施工设备简单、造价低、建造速度快,适用于荷载大、软弱层厚且承载能力低的地基,特别适用于不宜断流而需做水下施工的河道。

沉井基础(见图 4-26(d))是用混凝土或钢筋混凝土预制成具有一定断面形式的井筒,施工时在井筒中挖土,井筒靠自身重力而下沉并分节加高,沉至设计标高并检验地基符合要求后,用混凝土封闭井底,井筒内根据需要填以砂石料或低强度等级的混凝土,井顶再加做承台(盖板)并修筑槽墩或槽架结构而成。当软弱土层下有持力好的土层或岩层,其埋藏深度不太大,或河床冲刷严重,基础需要较大埋置深度,而水深、流速较大,水下施工有困难时,宜采用沉井基础。但是,当覆盖层内有巨大漂石、孤石或树木等阻碍沉井下沉的障碍物,井底岩层表面倾斜度较大而又无法抽水凿岩或井壁外侧与土之间的摩擦力过大而无法使沉井下沉时,则不宜采用沉井。

教学单元六　倒虹吸管

一、概述

倒虹吸管是设置在渠道与河流、山沟、谷地、道路相交处的压力输水建筑物。一般由进口、管身和出口三部分组成。它与渡槽相比较,具有造价低、施工方便的优点,但水头损失较大,运行管理不如渡槽方便。

当难以修建渡槽,或需高填方,或采用绕线渠道方案有困难时,经过技术经济比较,倒虹吸管往往是常被采用的方案。当渠道与道路或河流相交,渠道水位与路面高程或河水位相接近,不便于修建渡槽或其他交叉建筑物时,通常也采用倒虹吸管。

倒虹吸管断面常为圆形,它具有水力条件和受力条件好,造价低等优点。但在流量大、水头小的平原地区渠系以及穿越道路的情况下,常采用矩形断面。

二、倒虹吸管的布置和构造

(一)倒虹吸管管路布置

管路布置应根据地形、地质、施工、水力条件,以及所通过的道路、河道洪水等具体情况综合分析,力求与河道、谷地、道路正交,以缩短管身长度。同时,应选择较平缓的地形,以利管身稳定和便于施工。一般情况下,应避免将进出口修建在高填方上,若避免不了,应采取加固和防渗排水措施。为减小施工开挖工程量,管身一般按地形坡度布置,若地形变化复杂,应尽量避免转弯过多,以减小水头损失和施工难度。在地质上应避开滑坡、崩塌等不稳定地段。

根据管路埋设情况及高差大小,倒虹吸管的布置形式有以下几种。

1. 竖井式倒虹吸管

竖井式倒虹吸管多用于压力水头较小($H<3\sim5$ m)、穿越道路的倒虹吸(见图4-27)。这种形式构造简单,管路短。进出口一般用砖石或混凝土砌筑成竖井。竖井断面为矩形或圆形,其尺寸稍大于管身,底部设0.5 m深的集沙坑,以沉积泥沙,并便于清淤及检修管路时排水。管身断面一般为矩形、圆形或其他形式。一般用于工程规模较小的倒虹吸管。竖井式倒虹吸管水力条件差,但施工比较容易。

2. 斜管式倒虹吸管

斜管式倒虹吸管多用于压力水头较小,穿越渠道、河流的情况(见图4-28)。斜管式倒虹吸管构造简单,施工方便,水力条件好,实际工程中常被采用。

3. 曲线式倒虹吸管

当岸坡较缓,如土坡 $m\geqslant1.5\sim2.0$,岩石坡 $m\geqslant1.0$ 时,为减小施工开挖量,管道可随地面坡度敷设成曲线形(见图4-29)。管身常为圆形的混凝土管或钢筋混凝土管,可现浇也可预制安装。管身一般设置管座。当管径较小且土基很坚实时,也可直接敷设在土基

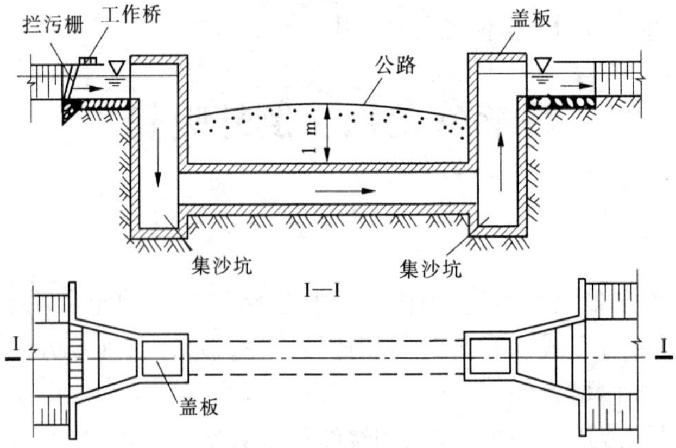

图 4-27 竖井式倒虹吸管

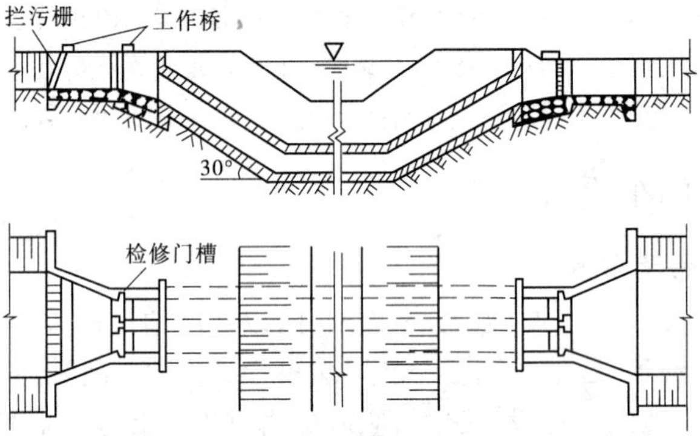

图 4-28 斜管式倒虹吸管

上。在管道转弯处应设置镇墩,并将圆管接头包在镇墩内。为了防止温度引起的不利影响,减小温度应力,管身常埋于地下,为减小工程量,埋置不宜过深。

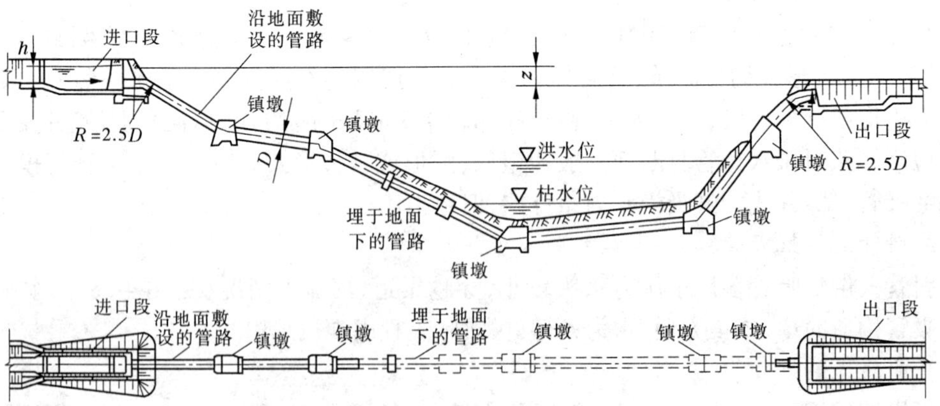

图 4-29 曲线式倒虹吸管

4. 桥式倒虹吸管

当渠道通过较深的复式断面河道或窄深河谷时，为降低管道承受的压力水头，减小水头损失，缩短管身长度，便于施工，可在深槽部位建桥，管道敷设在桥面上或支承在桥墩等支承结构上(见图4-30)。桥下应有足够的净空高度，以满足泄洪要求。在通航河道上应满足通航要求。管道在桥头山坡转弯处设置镇墩，并在镇墩上设置放水孔(亦可兼作进人孔)，以便于检查修理。

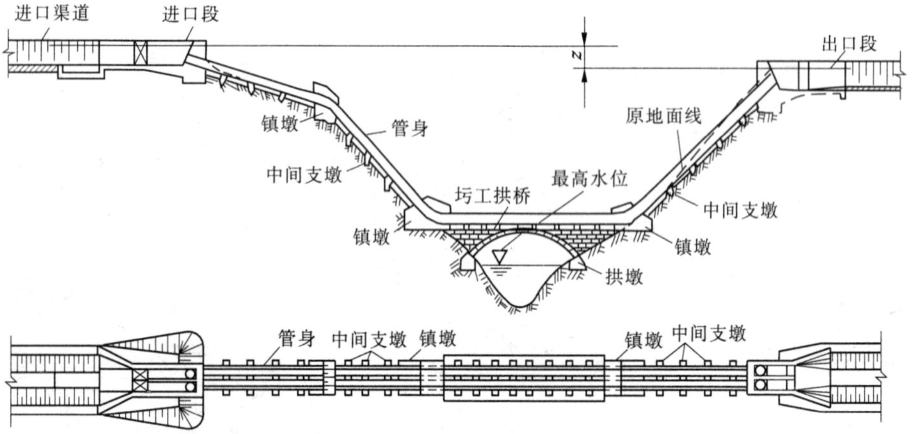

图4-30 桥式倒虹吸管

(二)倒虹吸管进出口布置

1. 进口段的形式和布置

进口段包括进水口、拦污栅、闸门、启闭台、进口渐变段及沉砂池等。

进口段的结构形式，应保证通过不同流量时管道进口处于淹没状态，以防止水流在进口段发生跌落，产生水跃而使管身产生振动。进口应具有平顺的轮廓，以减小水头损失，并应满足稳定、防冲和防渗等要求。

(1)进口段应修建在地基较好、渗透性小的地基上。当地基较差，渗透性大时应作防渗处理。通常做30～50 cm厚的浆砌石或做15～20 cm的混凝土铺盖，其长度为渠道设计水深的3～5倍。挡水墙可用混凝土浇筑，也可用圬工材料砌筑。砌筑时应妥善与管身衔接好。对于岸坡较陡、管径较大的钢筋混凝土管，进口常做成喇叭形(见图4-31)。

进水口段与管身常用弯道连接，其曲线半径一般为2.5～4.0倍管内径。

当岸坡较缓时，可不设置竖曲线连接，将管身直接伸入胸墙0.5～1.0 m，并与喇叭口连接。对于小型倒虹吸管，为了施工方便，一般将管身直接插入挡水墙内。

(2)单管倒虹吸进口一般不设置闸门，通常是在侧墙设闸门槽，以便事故检修和清淤时使用。需要时临时安装插板挡水。双管或多管倒虹吸管在进出口应分别设置闸门，以便检修时不致停水。当小流量时，可一管道或多管道输水，以防止进口水位跌落，同时可增加管内流速，防止管道淤积(见图4-32)。

(3)为了防止漂浮物或人畜落入渠内被冲入倒虹吸管内，在闸门前设置拦污栅，如图4-32(a)所示。拦污栅的布置应有一定的坡度，以增加过水面积和减小水头损失，常用

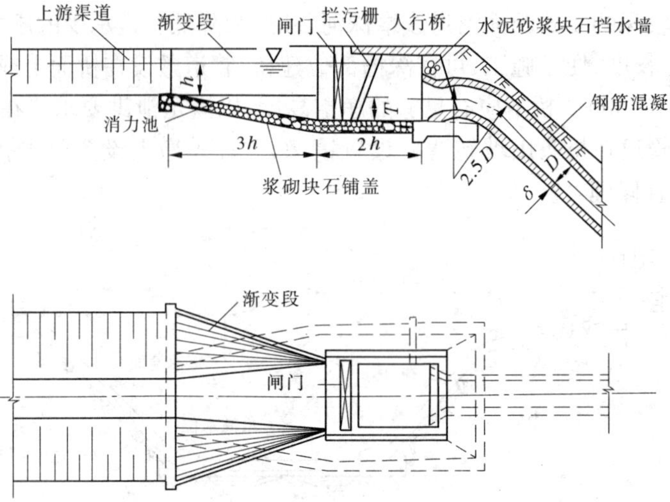

图 4-31　进口布置

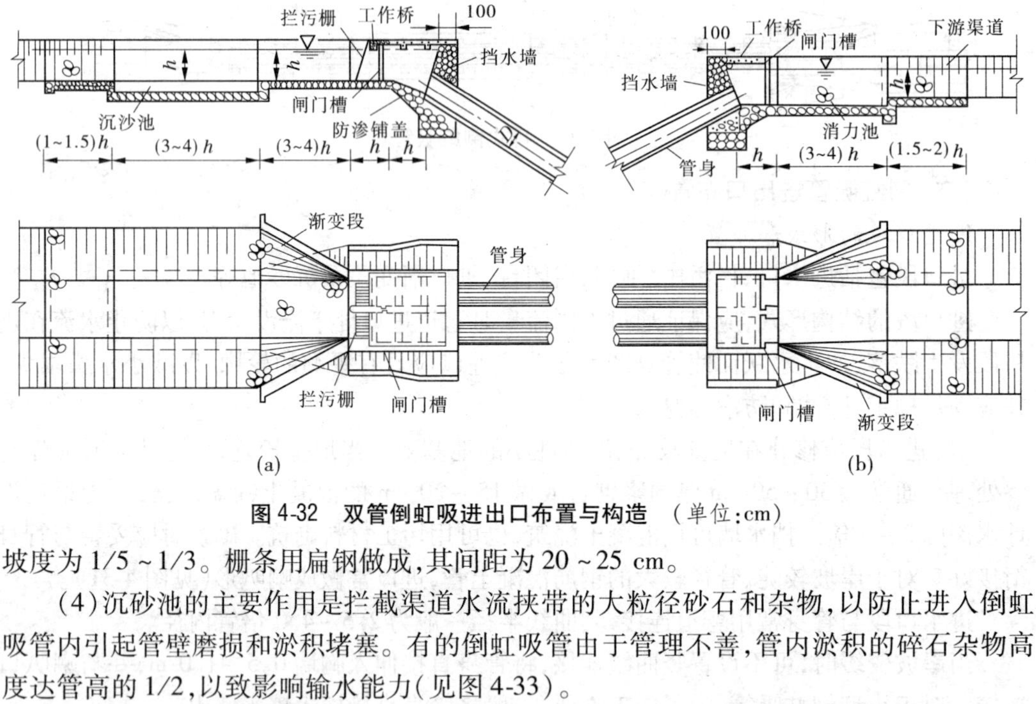

(a)　(b)

图 4-32　双管倒虹吸进出口布置与构造　（单位:cm）

坡度为 1/5 ~ 1/3。栅条用扁钢做成,其间距为 20 ~ 25 cm。

(4)沉砂池的主要作用是拦截渠道水流挟带的大粒径砂石和杂物,以防止进入倒虹吸管内引起管壁磨损和淤积堵塞。有的倒虹吸管由于管理不善,管内淤积的碎石杂物高度达管高的 1/2,以致影响输水能力(见图 4-33)。

以悬移质为主的平原区渠道,也可不设沉砂池。有输沙要求的倒虹吸管,设计时应使管内流速不小于挟沙流速,同时为了保证输沙和防止管道淤积,可考虑采用两管或多管布置形式。在山丘地区的绕山渠道,泥砂入渠将造成倒虹吸管的磨损,沉砂池应适当加深。沉砂池尺寸可按下列经验公式确定:

池长　$$L \geqslant (4 \sim 5)h \tag{4-22}$$

宽度　$$B \geqslant 1.5b \tag{4-23}$$

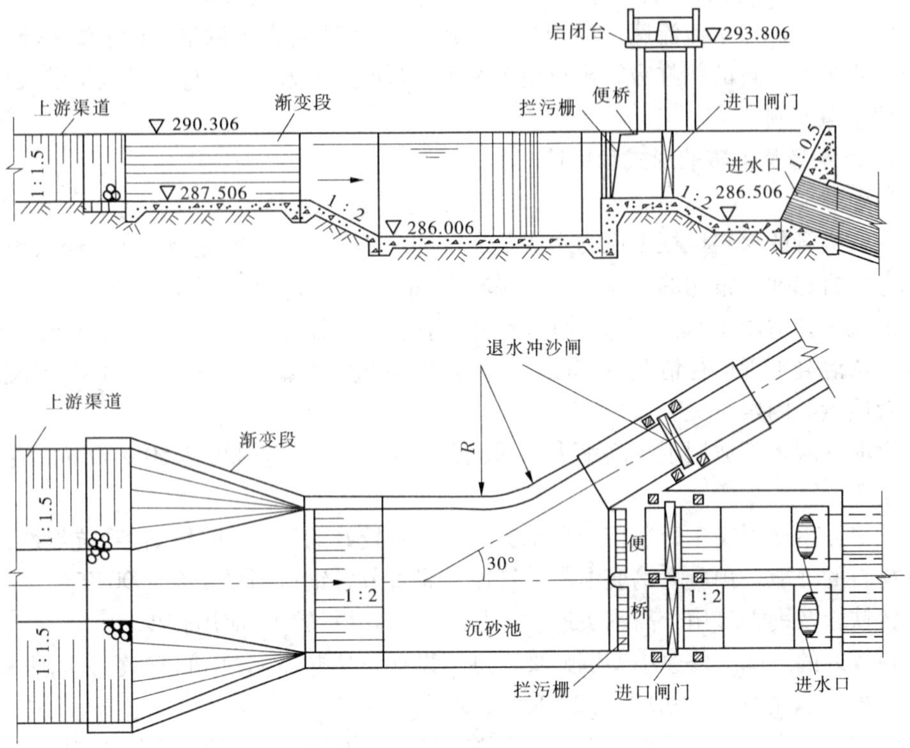

图 4-33　沉砂池及冲沙闸布置

池深　　$$T \geqslant 0.5D + \delta + 20 \tag{4-24}$$

式中　b、h——渠道底宽、水深;

D、δ——管内径、管壁厚度。

沉砂池的底低于渠底的深。

(5)倒虹吸管进口前一般设渐变段与渠道平顺连接,以减小水头损失。

渐变段形式有扭曲面、八字墙等,其底宽可以是变化的也可以是不变的。渐变段长度一般采用 3 ~5 倍的渠道设计水深。对于渐变段上游渠道应适当加以护砌。

(6)大型或较为重要的倒虹吸管进口一般设置退水闸。当倒虹吸管发生事故时,关闭倒虹吸管前闸门,将渠水从退水闸泄出。

2. 出口段的形式和布置

出口段包括出水口、闸门、消力池、渐变段等。其布置形式与进口段相似,如图 4-32(b)所示。

为运行管理方便,在双管或多管倒虹吸管出口应设置闸门或预留检修门槽。

为使出口与下游渠道平顺连接,一般设渐变段,其长度常采用 4 ~6 倍的渠道设计水深。同时渐变段下游 3 ~5 m 长度内的渠道还应护砌,以防止水流对下游渠道冲刷。

渐变段的底部常设消力池。消力池长度一般为渠道设计水深的 5 ~6 倍。消力池深度可按式(4-25)估算

$$T \geqslant 0.5D + \delta + 30 \tag{4-25}$$

式中　D、δ——管内径、管壁厚度。

倒虹吸管出口水流流速一般较小，消力池的作用主要在于调整出口水流的流速分布，对双管或多管布置的倒虹吸管出口更为突出，以使水流较均匀平稳地进入下游渠道，防止对下游渠道冲刷。

（三）管身及镇墩的形式和构造

1. 管身

倒虹吸管的材料应根据压力水头及流量的大小、就地取材、施工方便、经久耐用等原则综合分析选择。常用的材料主要有混凝土、钢筋混凝土、铸铁及钢材等。

混凝土管适用于水头较低、流量较小的情况，一般用于水头为4～6 m，有时也可达10余m。从混凝土管运行情况看，有的管身裂缝、接缝处渗漏严重，这多与材料、混凝土施工技术及质量等因素有关。

钢筋混凝土管适用于较高水头，一般水头30 m左右，有时可达50～60 m。管径通常不大于3 m。

预应力钢筋混凝土管适用于高水头。它具有较好的弹性、不透水性和抗裂性，能充分发挥材料的性能。预应力钢筋混凝土管比金属管节省钢材用量80%～90%。

铸铁管及钢管多用于高水头地段，因耗用金属材料较多，应用较少。

在较好的土基上修建小型倒虹吸管可不设连续座垫，而设中间支墩，其间距视地基、管径大小等情况而定，一般采用2～8 m。

为防止温度、冰冻、耕作等不利因素影响和河水冲刷，管道应埋设在耕作层以下；在冰冻区，管顶应布置在冰冻层以下；在穿越河道时，管顶应布置在冲刷线以下0.5 m；当穿越公路时，为改善管身的受力条件，管顶应埋设在路面以下1.0 m左右。

为了防止管道因地基不均匀沉降及温度降低产生过大的纵向应力，使管身发生横向裂缝，管身应设置伸缩缝，缝内设止水。缝的间距应根据地基、管材、施工、气温等条件确定。现浇钢筋混凝土管缝的间距，在土基上一般为15～20 m，在岩基上一般为10～15 m。在管身与岩基之间设置油毛毡垫层等，以减小岩基对管身收缩约束作用，且管身采用分段间隔浇筑时，缝的间距可增大至30 m。

伸缩缝的形式主要有平接、套接、企口接（见图4-34）以及预制管的承插式接头等（见图4-35）。缝的宽度一般为1～2 cm，缝中填塞沥青麻绒、沥青麻绳、柏油杉板或胶泥等。

现浇管一般采用平接或套接，缝间止水用金属止水片等。近几年，用塑料止水带代替金属止水片，以及使用环氧基液贴橡皮已很普遍；PT胶泥防渗止水材料也在工程中被广泛应用，效果良好。

预制钢筋混凝土管及预应力钢筋混凝土管的管节接头处即为伸缩缝。管节长度可达5～8 m。接头形式有平口式和承插式。承插式接头安装方便，密封性好，具有较大的柔性，目前大多采用这种形式。

为了清除管内淤积泥沙，放空管内积水和便于检修，在管段上应设置冲沙放水孔，冲沙放水孔也常兼作进人孔，进人孔也可设在镇墩上。

2. 镇墩

在倒虹吸管的变坡及转弯处都应设置镇墩，其主要作用是连接和固定管道。在斜坡

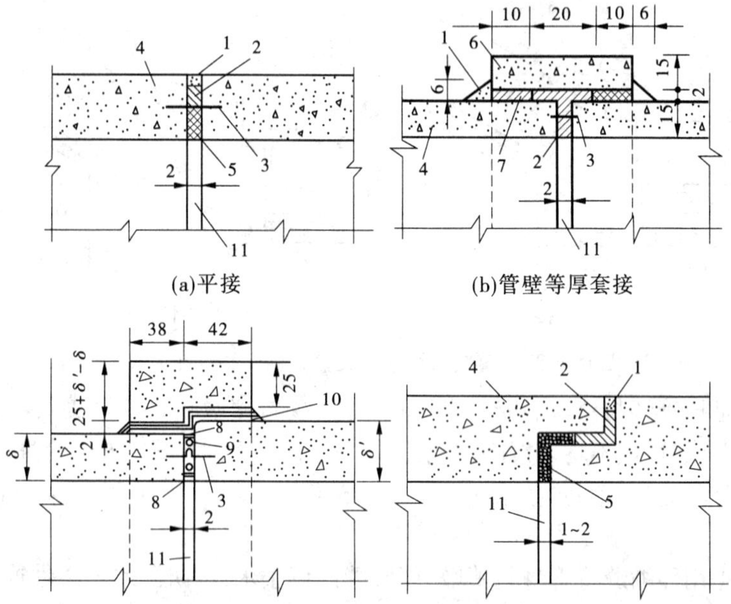

(a)平接　(b)管壁等厚套接

(c)管壁变厚套接　(d)企口接

1—水泥砂浆封口;2—沥青麻绒;3—金属止水片;4—管壁;5—沥青麻绳;6—套管;7—石棉水泥;
8—柏油杉板;9—柏油石棉线;10—外层油毛毡、内层柏油麻袋;11—伸缩缝

图 4-34　管身伸缩缝形式　(单位:cm)

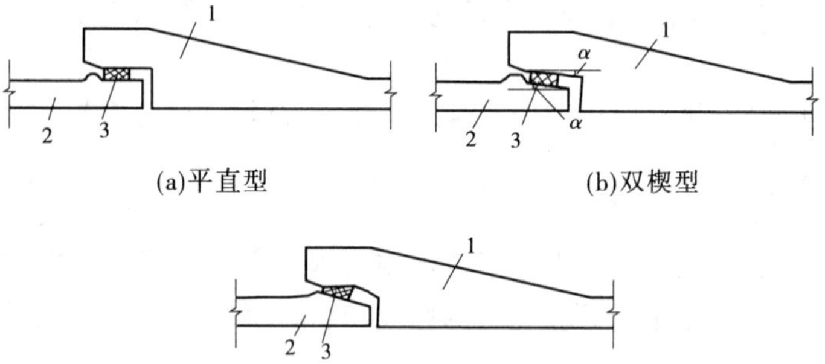

(a)平直型　(b)双楔型

(c)"63"型

1—承口;2—插口;3—橡皮圈

图 4-35　钢筋混凝土管承插式接头

管段若坡度陡、长度大,为防止管身下滑,保证管道稳定,也应在斜坡段设置镇墩。其设置视地形、地质条件而定。

镇墩的材料主要为砌石、混凝土或钢筋混凝土。砌石镇墩多用于小型倒虹吸工程。在岩基上的镇墩,可加锚杆与岩基连接,以增加管身的稳定性。

镇墩承受管身传来的荷载及水流产生的荷载,以及填土压力、自身重力等,为了保持稳定,镇墩一般是重力式的。

镇墩与管端的连接形式有两种,即刚性连接和柔性连接(见图 4-36)。

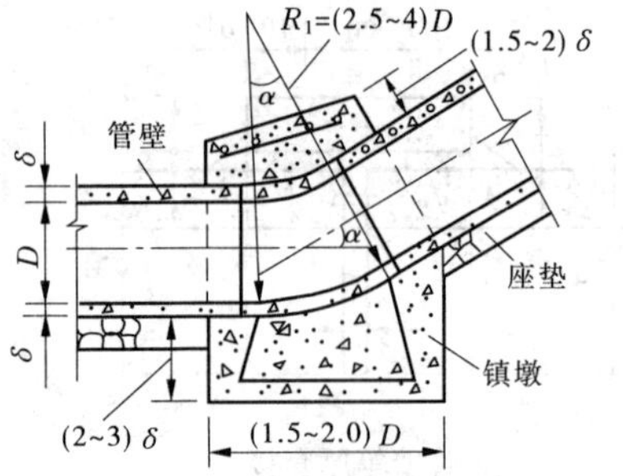

(a)刚性连接

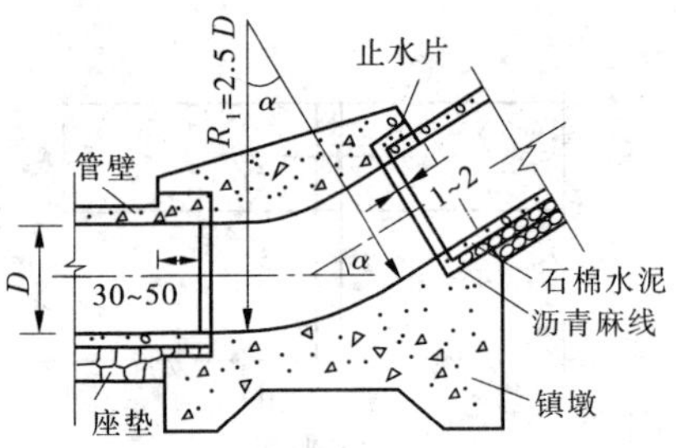

(b)柔性连接

图 4-36　镇墩与管端的连接　(单位:cm)

刚性连接是把管端与镇墩混凝土浇筑在一起,砌石镇墩是将管端砌筑在镇墩内。这种形式施工简单,但适应不均匀沉降的能力差。由于镇墩的重量远大于管身,当地基可能发生不均匀沉降时而使管身产生裂缝,所以一般多用于斜管坡度大、地基承载力较大的情况。

柔性连接是用伸缩缝将管身与镇墩分开,缝内设止水,以防漏水。柔性连接施工比较复杂,但适应不均匀沉降能力好,常用于斜坡较缓的土基上。

斜坡段上的中间镇墩,其上部与管道多为刚性连接,下部多为柔性连接。

镇墩的形式和各部尺寸,可参考下列经验数据:镇墩的长度为管道内径的 1.5 ~2.0 倍,底部最小厚度为管壁厚度 d 的 2 ~3 倍,镇墩顶部及侧墙最小厚度为管壁厚度 δ 的 1.5 ~2.0 倍,管身与镇墩的连接长度为 30 ~50 cm。为减小水头损失,前后管在镇墩内用圆弧弯管段连接,圆弧外半径 R_1 一般为管内径的 2.5 ~4.0 倍,弯段圆心角 α 与前后管段的中心线夹角相等。

砌石镇墩在砌筑时,可在管道周围包一层混凝土,其尺寸应考虑施工及构造要求。

三、倒虹吸管的水力计算

倒虹吸管的水力计算,主要是根据渠道规划所确定的上游渠底高程、水位、通过的流量和允许的水头损失,通过水力计算确定倒虹吸管的断面尺寸、水头损失值及进出口的水面衔接。

倒虹吸管的水力计算内容有下列几种情况:

(1)根据需要通过的流量和允许的水头损失,确定管道的断面形式和尺寸;

(2)根据允许的水头损失和初步拟定的断面尺寸,校核能否通过规定的流量;

(3)根据需要通过的流量及拟定的管内流速,校核水头损失是否超过允许值。

管内流速应根据技术经济比较和管不淤条件选定。

当通过设计流量时,管内流速通常为 1.5 ~3.0 m/s,最大流速一般按允许水头损失值控制,在允许水头损失值范围内应尽量选择较大的流速,以减小管径。

倒虹吸管的断面尺寸和下游渠道底部高程确定后,应核算小流量时管内流速是否满足不淤要求,即不小于管内挟沙流速。若计算出的管身断面尺较大或通过小流量时管内流速过小,可考虑双管或多管布置。

当通过加大流量时，进口水面可能壅高，应核算其壅水高度是否超过挡水墙顶和上游渠顶，以及有无一定的超高值。

当通过小流量时，应验算上下游渠道水位差值 Z_1 是否大于管道通过小流量时计算得出的水头损失值 Z_2，若 $Z_1 > Z_2$，进口水面将会产生跌落而在管道内产生水跃衔接（见图 4-37），这将引起脉动掺气，影响管道正常输水，严重时会导致管身破坏。为避免这种现象发生，可根据倒虹吸管总水头的大小，采取不同的进口结构布置形式。

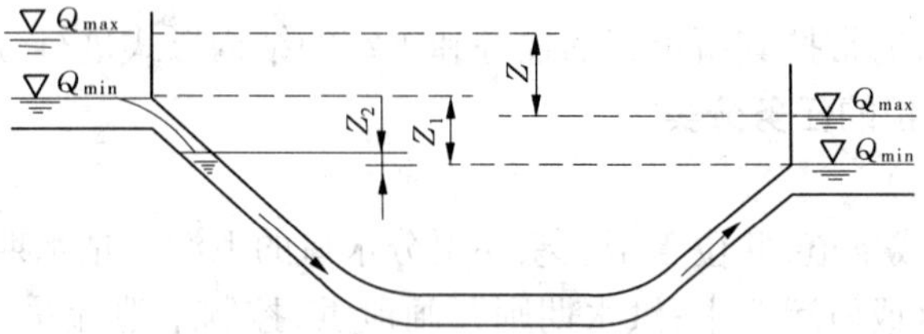

图 4-37　倒虹吸管水力计算图

（1）当 $Z_1 - Z_2$ 值较大时，可适当降低进口高程，在进口前设置消力池，池中的水跃应为进口处水面所淹没（见图 4-38（a））。

（2）当 $Z_1 - Z_2$ 值不大时，可降低进口高程，在管口前设斜坡段（见图 4-38（b））或曲线段。

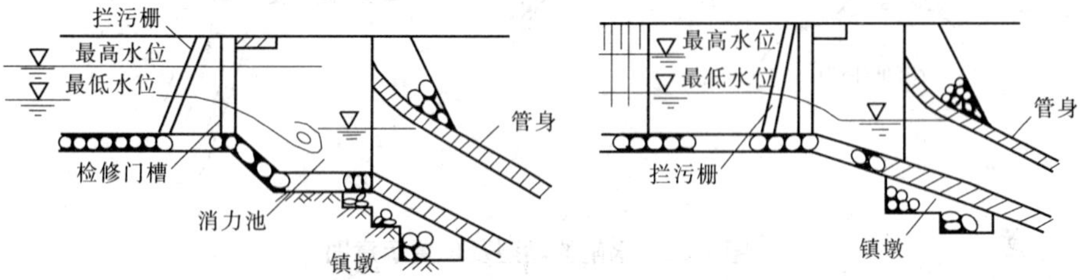

(a)进口消力池　　(b)进口斜坡段

图 4-38　倒虹吸管进口水面衔接

（3）当 $Z_1 - Z_2$ 值很大时，若在进口设置消力池不便于布置或不经济，可考虑在出口处设置闸门，以抬高出水位，使倒虹吸管进口淹没，消除管内水跃现象。此时，应加强运行管理，以保证倒虹吸管正常工作。

当通过加大流量时，上下游渠道水位差值 Z 小于倒虹吸管通过加大流量时所需的水位差值时，应通过计算，适当加高挡水墙及上游渠道堤顶的高度，增加超高值。

四、倒虹吸管的结构计算

倒虹吸管一般由进出口建筑物、管身及镇墩等部分组成。进出口建筑物是常见的挡土墙、梁、板、柱结构。其设计计算可参考有关规范和书籍。镇墩的设计计算可参考《水电站》和《抽水站》等教材及有关书籍。管身结构设计步骤一般是根据管径和压力水头的大小，初步拟定管壁厚度，确定各作用荷载，然后进行横向和纵向内力计算，校核管壁厚度，进行配筋计算和抗裂验算。

教学单元七　水　闸

水闸是一种低水头的水工建筑物，兼有挡水和泄水的作用，用以调节水位、控制流量，以满足水利事业的各种要求。

一、水闸的类型

水闸的种类很多，通常按其所承担的任务和闸室的结构形式进行分类。

（一）按水闸所承担的任务分类

1. 节制闸（拦河闸）

节制闸横跨河道或渠道，并位于干、支、斗渠分水口的下游。枯水期用以拦截河道，抬高水位，以利上游取水或航运要求；洪水期则开闸泄洪，控制下泄流量。位于河道上的节制闸又称为拦河闸，如图4-39所示。

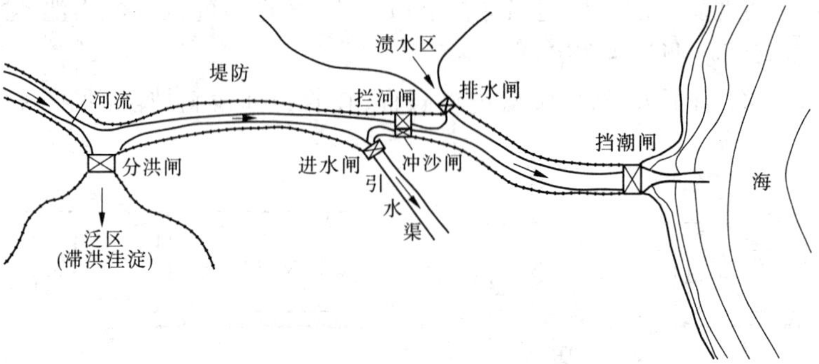

图4-39　水闸的类型及位置示意图

2. 进水闸

进水闸建在河道、水库或湖泊的岸边，用来控制引水流量，以满足灌溉、发电或供水的需要。进水闸又称取水闸或渠首闸，如图4-39所示。

3. 分洪闸

分洪闸常建在河道的一侧，用来将超过下游河道安全泄量的洪水泄入预定的湖泊、洼地，及时削减洪峰，保证下游河道的安全，如图4-39所示。

4. 排水闸

排水闸常建于江河沿岸，外河水位上涨时关闸以防外水倒灌，外河水位下降时开闸排水，排除两岸低洼地区的涝渍。该闸具有双向挡水，有时双向过流的特点，如图4-39所示。

5. 挡潮闸

挡潮闸建在入海河口附近，涨潮时关闸不使海水沿河上溯，退潮时开闸泄水。挡潮闸具有双向挡水的特点，如图4-39所示。

此外，还有为排除泥沙、冰块、漂浮物等而设置的排沙闸、排冰闸、排污闸等。

(二)按闸室结构形式分类

1.开敞式水闸

开敞式水闸是闸室上面不填土露天的水闸(见图4-40(a)、(b))。一般有泄洪、排水、过木等要求时,多采用不带胸墙的开敞式水闸(见图4-40(a)),多用于拦河闸、排冰闸等;当上游水位变幅大,而下泄流量又有限制时,为避免闸门过高,常采用带胸墙的开敞式水闸,如进水闸、排水闸、挡潮闸多用这种形式(见图4-40(b))。

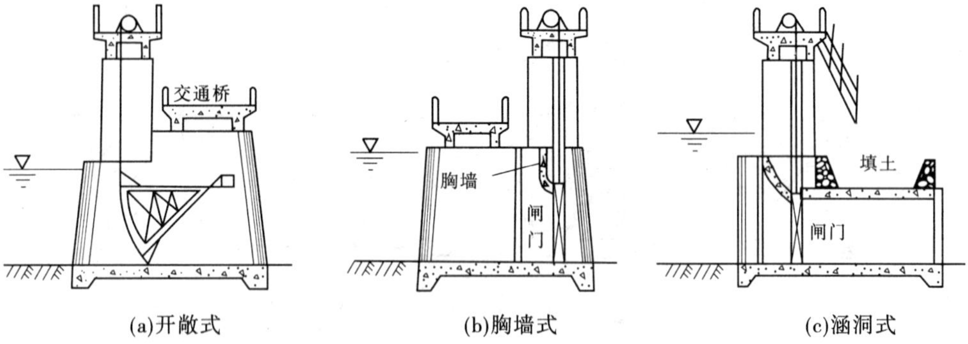

图4-40 闸室结构形式

2.涵洞式水闸

涵洞式水闸是闸(洞)身上面填土封闭的水闸(见图4-40(c)),又称封闭式水闸,常用于穿堤取水或排水。洞内水流可以是有压的或者是无压的。

二、水闸的工作特点

水闸既能挡水,又能泄水,且多修建在软土地基上,因而它在稳定、防渗、消能防冲及沉降等方面都有其自身的特点。

(一)稳定方面的特点

关门挡水时,水闸上下游较大的水头差造成较大的水平推力,使水闸有可能沿基面产生向下游的滑动。为此,水闸必须具有足够的重力,以维持自身的稳定。

(二)防渗方面的特点

由于上下游水位差的作用,水将通过地基和两岸向下游渗流。渗流会引起水量损失,同时地基土在渗流作用下,容易产生渗透变形。严重时闸基和两岸的土壤会被淘空,危及水闸安全。渗流对闸室和两岸连接建筑物的稳定不利,因此应妥善进行防渗设计。

(三)消能防冲方面的特点

水闸开闸泄水时,在上下游水位差的作用下,过闸水流往往具有较大的动能,流态也较复杂,而土质河床的抗冲能力较低,可能引起冲刷,此外,水闸下游常出现波状水跃和折冲水流,会进一步加剧对河床和两岸的淘刷。因此,设计水闸除应保证闸室具有足够的过水能力外,还必须采取有效的消能防冲措施,以防止河道产生有害的冲刷。

(四)沉降方面的特点

土基上建闸,由于土基的压缩性大,抗剪强度低,在闸室的重力和外部荷载作用下,可能产生较大的沉降,影响正常使用,尤其是不均匀沉降会导致水闸倾斜,甚至断裂。在水闸设计时,必须合理地选择闸型、构造,安排好施工程序,采取必要的地基处理等措施,以减少过大的地基沉降和不均匀沉降。

三、水闸的组成

水闸通常由上游连接段、闸室和下游连接段三部分组成,如图4-41所示。

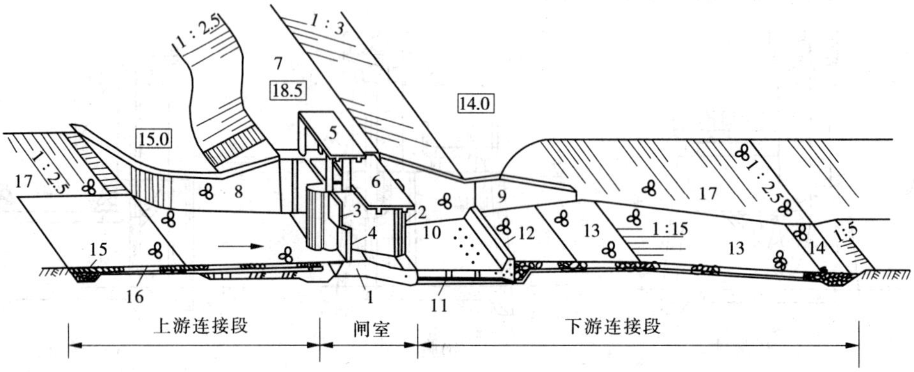

1—闸室底板;2—闸墩;3—胸墙;4—闸门;5—工作桥;6—交通桥;7—堤顶;
8—上游翼墙;9—下游翼墙;10—护坦;11—排水孔;12—消力坎;13—海漫;
14—下游防冲槽;15—上游防冲槽;16—上游护底;17—上、下游护坡

图4-41 水闸的组成

(一)上游连接段

上游连接段的主要作用是引导水流平稳地进入闸室,同时起防冲、防渗、挡土等作用。一般包括上游翼墙、铺盖、护底、两岸护坡及上游防冲槽等。上游翼墙的作用是引导水流平顺地进入闸孔并起侧向防渗作用。铺盖主要起防渗作用,其表面应满足抗冲要求。护坡、护底和上游防冲槽(齿墙)用于保护两岸土质、河床及铺盖头部不受冲刷。

(二)闸室

闸室是水闸的主体部分,通常包括底板、闸墩、闸门、胸墙、工作桥及交通桥等。底板是闸室的基础,承受闸室全部荷载,并较均匀地传给地基,此外,还有防冲、防渗等作用。闸墩的作用是分隔闸孔并支承闸门、工作桥等上部结构。闸门的作用是挡水和控制下泄流量。工作桥供安置启闭机和工作人员操作之用。交通桥的作用是连接两岸交通。

(三)下游连接段

下游连接段具有消能和扩散水流的作用。一般包括护坦、海漫、下游防冲槽、下游翼墙及护坡等。下游翼墙引导水流均匀扩散,兼有防冲及侧向防渗等作用。护坦具有消能防冲作用。海漫的作用是进一步消除护坦出流的剩余动能、扩散水流、调整流速分布、防止河床受冲。下游防冲槽是海漫末端的防护设施,避免冲刷向上游扩展。

四、闸址选择和闸孔设计

(一)闸址选择

闸址选择关系到工程建设的成败和经济效益的发挥,是水闸设计中的一项重要内容。

应根据水闸的功能、特点和运用要求以及区域经济条件，综合考虑地形、地质、建筑材料、交通运输、水流、潮汐、泥沙、冰情、施工、管理、周围环境等因素，经技术经济比较确定。

闸址应选择在地形开阔、岸坡稳定、岩土坚实和地下水位较低的地点。闸址宜选用地质条件良好的天然地基。壤土、中砂、粗砂、砂砾石适宜作为水闸的地基。尽量避免淤泥质土和粉砂、细砂地基，必要时，应采取妥善的处理措施。

拦河闸应选择在河道顺直、河势相对稳定和河床断面单一的河段，或选择在弯曲河段截弯取直的新开河道上。进水闸、分水闸或分洪闸闸址宜选择在河岸基本稳定的顺直河段或弯道凹岸顶点稍偏下游处，但分洪闸闸址不宜选择在险工堤段或重要城镇的下游堤段。排水闸宜选择在附近地势低洼、出水通畅处。

选择闸址应考虑材料来源、对外交通、施工导流、场地布置、基坑排水、施工水电供应等条件，同时还应考虑水闸建成后工程管理维修和防汛抢险等条件。

（二）闸孔形式的选择

闸孔形式一般有宽顶堰孔口、低堰孔口和胸墙式孔口三种，见图4-42。

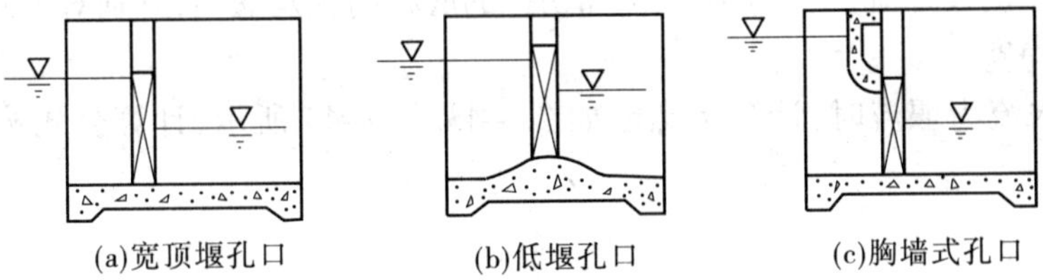

(a)宽顶堰孔口　(b)低堰孔口　(c)胸墙式孔口

图4-42　闸孔形式

1. 宽顶堰孔口

宽顶堰孔口是水闸中最常用的底板结构形式。其主要优点是结构简单，施工方便，泄流能力比较稳定，有利于泄洪、冲沙、排淤、通航等；其缺点是自由泄流时流量系数较小，容易产生波状水跃。

2. 低堰孔口

低堰孔口有梯形的、曲线形的和驼峰形的。其优点是自由泄流时流量系数较大，水流条件较好，选用适宜的堰面曲线可以消除波状水跃；但泄流能力受尾水位变化的影响较为明显，当 $h_s > 0.6H$ 以后，泄流能力将急剧降低，不如宽顶堰泄流时稳定，同时也较宽顶堰复杂。上游水深较大时，采用这种孔口形式，可以减小闸门高度。

3. 胸墙式孔口

当上游水位变幅较大而过闸流量较小时，常采用胸墙式孔口，可以减小闸门高度和启门力，从而降低工作桥高和工程造价。

（三）闸底板高程的确定

底板高程与水闸承担的任务、泄流或引水流量、上下游水位及河床地质条件等因素有关。

闸底板应置于较为坚实的土层上，并应尽量利用天然地基。在地基强度能够满足要求的条件下，底板高程定得高些，闸室宽度大，两岸连接建筑相对较低。对于小型水闸，由于两岸连接建筑在整个工程中所占比重较大，因而总的工程造价可能是经济的。在大中型水闸中，由于闸室工程量所占比重较大，因而适当降低底板高程，常常是有利的。当然，底板高程也不能定得太低；否则，由于单宽流量加大，将会增加下游消能防冲的工程量，闸门增高，启闭设备的容量也随之增大，另外，基坑开挖也较困难。

选择底板高程以前，首先要确定合适的最大过闸单宽流量。它取决于闸下游河床的允许最大过闸单宽流量。允许最大过闸单宽流量可按下游河床允许最大过闸单宽流量的1.2～1.5倍确定。根据工程实践经验，一般在细粉质及淤泥质河床上，单宽流量取5～10 $m^3/(s \cdot m)$，在砂壤土地基上取10～15 $m^3/(s \cdot m)$，在壤土地基上取15～20 $m^3/(s \cdot m)$，在黏土地基上取20～25 $m^3/(s \cdot m)$。下游水深较深，上下游水位差较小和闸后出流扩散条件较好时，宜选用较大值。

一般情况下，拦河闸和冲沙闸的底板顶面可与河床齐平；进水闸的底板顶面在满足引用设计流量的条件下，应尽可能高一些，以防止推移质泥沙进入渠道；分洪闸的底板顶面也应较河床稍高；排水闸则应尽量定得低些，以保证将渍水迅速降至计划高程，但要避免排水出口被泥沙淤塞；挡潮闸兼有排水闸作用时，其底板顶面也应尽量定低一些。

（四）计算闸孔总净宽

根据给定的设计流量、上下游水位和初拟的底板高程及堰型，分别对不同的水流情况计算闸孔总净宽。

（1）当水流为堰流时，计算示意图如图4-43、图4-44所示，计算公式按式（4-26）～式（4-30）。

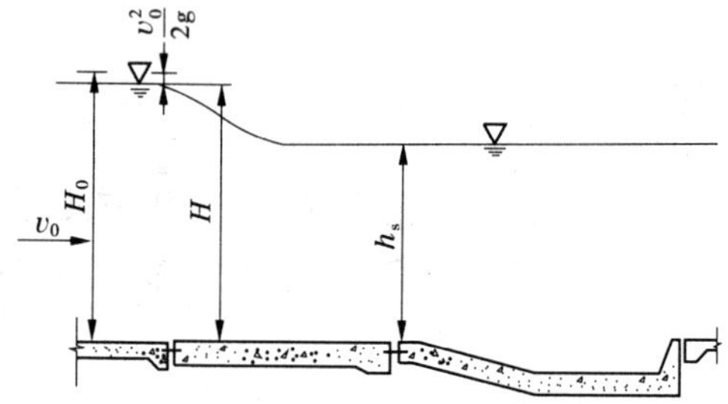

图4-43　平底板堰流计算示意图

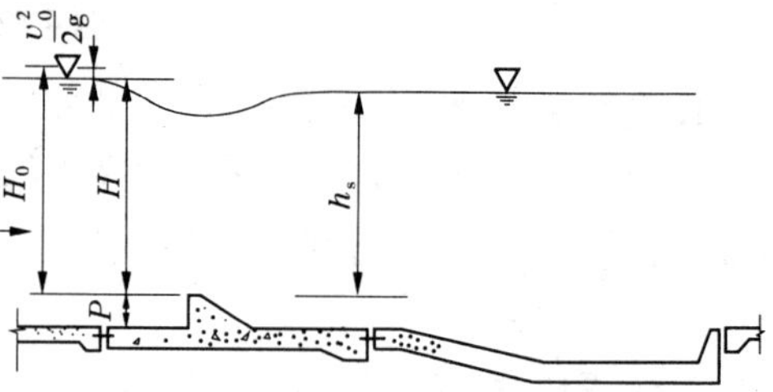

图4-44　实用堰底板堰流计算示意图

$$B_0 = \frac{Q}{\sigma \varepsilon m H_0^{3/2} \sqrt{2g}} \tag{4-26}$$

单孔闸

$$\varepsilon = 1 - \frac{\alpha_0}{\sqrt[3]{0.2 + \frac{P}{H}}}\left(1 - \frac{b_0}{b_s}\right)\sqrt[4]{\frac{b_0}{b_s}} \tag{4-27}$$

多孔闸

$$\varepsilon = \frac{\varepsilon_z(n-1) + \varepsilon_b}{n} \tag{4-28}$$

$$\varepsilon_z = 1 - 0.171\left(1 - \frac{b_0}{b_0 + d_z}\right)\sqrt[4]{\frac{b_0}{b_0 + d_z}} \tag{4-29}$$

$$\varepsilon_b = 1 - 0.171\left[1 - \frac{b_0}{b_0 + \frac{d_z}{2} + b_b}\right]\sqrt[4]{\frac{b_0}{b_0 + \frac{d_z}{2} + b_b}} \tag{4-30}$$

式中　B_0 ——闸孔总净宽，m；

Q ——过闸流量，m^3/s；

H_0 ——计入行近流速的堰上水深，m；

g—— 重力加速度，m/s^2，取 9.81；

m——堰流流量系数；

ε ——堰流侧收缩系数，对于单孔闸可按式(4-27)计算求得，对于多孔闸可按式(4-28)计算求得；

α_0 ——闸墩墩头形状系数，当墩头为矩形，堰顶入口边缘为直角时，取 0.19，当墩头为圆弧形，堰顶入口边缘为直角或圆弧形时，取 0.10；

P——堰高，m；

H——堰上水深，m；

b_0——闸孔净宽，m；

b_s——上游河道一半水深处的宽度，m；

ε_z——中闸孔侧收缩系数，可按式(4-29)计算求得；

d_z——中间墩厚度，m；

ε_b——边闸孔侧收缩系数，可按式(4-30)计算求得；

b_b——边闸墩顺水流向边缘线至上游河道水边线之间的距离，m；

σ——堰流淹没系数。

(2)当水流为孔口出流时，计算示意图如图 4-45 所示，计算公式按式(4-31)。

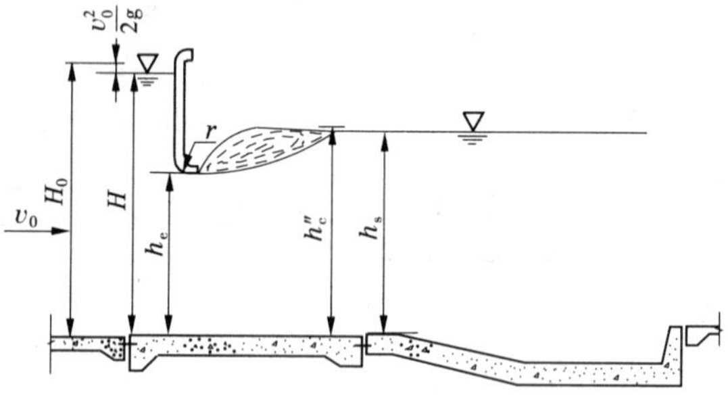

图 4-45　孔口出流计算示意图

$$B = \frac{Q}{\sigma'\mu h_e\sqrt{2gH_0}} \tag{4-31}$$

式中　h_e——孔口高度，m；

μ ——宽顶堰上孔流流量系数；

σ' ——宽顶堰上孔流淹没系数。

(五)确定闸室单孔宽度和闸室总宽度

闸室单孔宽度应根据闸的地基条件、运用要求、闸门结构形式、启闭机容量，以及闸门的制作、运输、安装等因素，进行综合比较确定。我国大中型水闸的单孔净宽度 b_0，一般采用 8 ~ 12 m。

闸孔孔数 $n = B_0/b_0$，n 值应取略大于计算要求值的整数。闸孔孔数少于 8 孔时，应采用奇数孔，以利于对称开启闸门，改善下游水流条件。

闸室总宽度 $L=nb_0+(n-1)d$，其中，d 为闸墩厚度。

闸室总宽度应与上下游河道或渠道宽度相适应，一般不小于河(渠)道宽度的0.6倍。

孔宽、孔数和闸室总宽度拟定后，再考虑闸墩等的影响，进一步验算水闸的过水能力。计算的过水能力与设计流量的差值，一般不得超过±5%。

五、水闸的消能防冲设计

水闸泄水时，部分势能转为动能，流速增大，具有较强的冲刷能力，而土质河床一般抗冲能力较低。因此，为了保证水闸的安全运行，必须采取适当的消能防冲措施。

平原地区的水闸，由于水头低、下游水位变幅大，一般都采用底流式消能。对于山区灌溉渠道上的泄水闸和退水闸，当下游是坚硬的岩体，又具有较大的水头时，可以采用挑流消能。

(一)底流式消能工设计

底流式消能工的作用是通过在闸下产生一定淹没度的水跃来保护水跃范围内的河床免遭冲刷。淹没度过小，水跃不稳定，表面旋滚前后摆动；淹没度过大，较高流速的水舌潜入底层，由于表面旋滚的剪切、掺混作用减弱，消能效果反而减小。淹没度取1.05～1.10较为适宜。

底流式消能设施有三种形式，即挖深式、消力槛式和综合式，如图4-46所示。

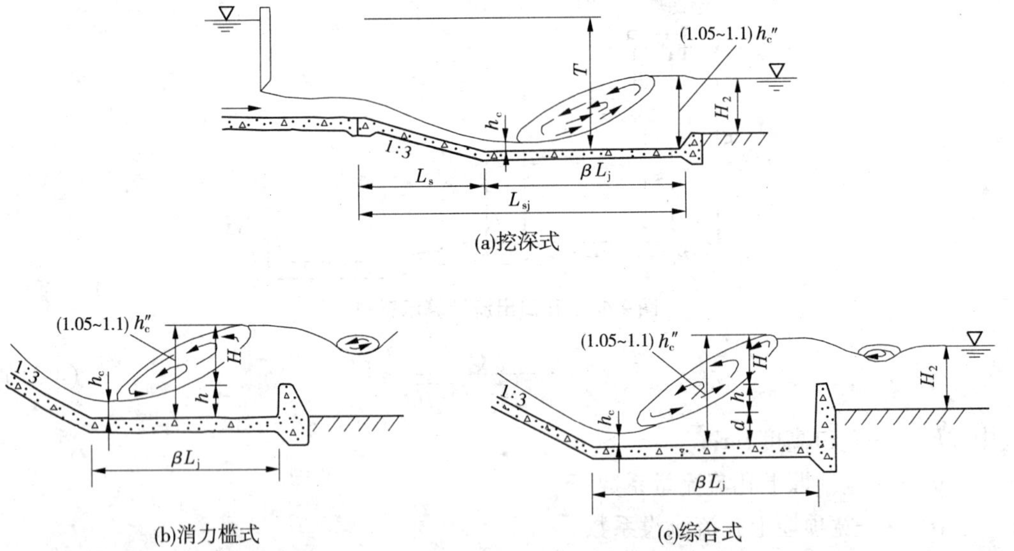

图4-46　消力池形式

当闸下游尾水深度小于跃后水深时，可采用挖深式消力池消能。当闸下尾水深度略小于跃后水深时，可采用消力槛式消力池。当闸下尾水深度远小于跃后水深，且计算消力池深度又较深时，可采用挖深式与消力槛式相结合的综合式消力池。当水闸上下游水位差较大，且尾水深度较浅时，宜采用二级或多级消力池消能。

消力池布置在闸室之后，池底与闸室底板之间用1:3～1:4的斜坡相连。消力池末端一般布置尾槛，用以调整流速分布，减小出池水流的底部流速，且可在槛后产生一横轴旋滚，防止在尾槛后发生冲刷，并有利于平面扩散和削减边侧下游回流。图4-47为连续式的实体槛（见图4-47(a)）和差动式的齿槛（见图4-47(b)）。

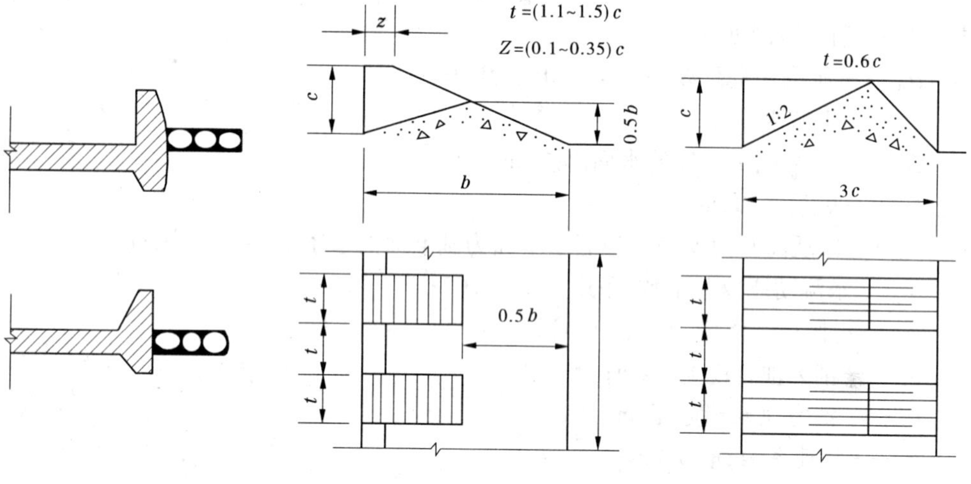

(a)连续式的实体槛　　(b)差动式的齿槛

图4-47　尾槛形式

1.池深、池长的确定

1)消力池的深度确定

消力池的深度是在某一给定的流量和相应的下游水深条件下确定的。设计时，应当选取最不利情况对应的流量作为确定消力池深度的设计流量。要求水跃的起点位于消力池的上游端或斜坡段的坡脚附近。

消力池计算示意图见图4-48。

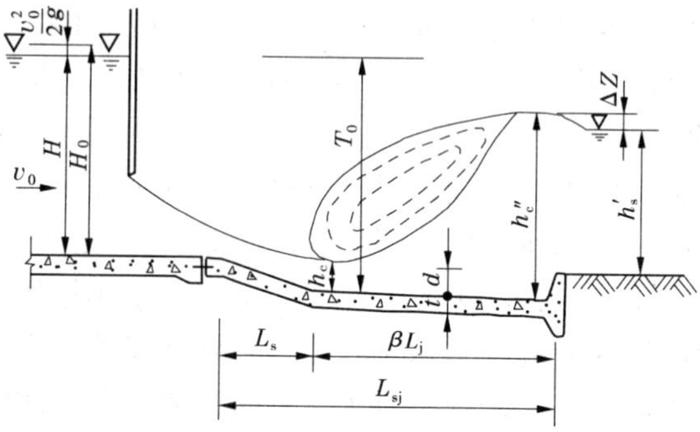

图4-48　消力池计算示意图

消力池深度可按式(4-32)～式(4-35)计算

$$d = \sigma_0 h_c'' - (h_s' + \Delta Z) \tag{4-32}$$

$$h''_c = \frac{h_c}{2}\left(\sqrt{1 + \frac{8\alpha q^2}{gh_c^3}} - 1\right)\left(\frac{b_1}{b_2}\right)^{0.25} \tag{4-33}$$

$$h_c^3 - T_0 h_c + \frac{\alpha q^2}{2g\varphi^2} = 0 \tag{4-34}$$

$$\Delta Z = \frac{\alpha q^2}{2g\varphi^2 h'^2_s} - \frac{\alpha q^2}{2gh''^2_c} \tag{4-35}$$

式中 d——消力池深度，m；

σ_0——淹没安全系数，$\sigma_0 = 1.05 \sim 1.10$；

h'_s——下游水深，m；

ΔZ——消力池出口处的水面落差，m；

h''_c——跃后水深，m；

T_0——以跃前断面处消力池底水平面为基准面的水闸上游总水头，m；

α——水流动能校正系数，采用1.0～1.05；

q——过闸单宽流量，$m^3/(s \cdot m)$；

b_1——消力池首端宽度，m；

b_2——消力池末端宽度，m；

φ——流速系数，取0.95。

2）消力池的长度确定

消力池的长度可按式(4-36)和式(4-37)计算

$$L_{sj} = L_s + \beta L_j \tag{4-36}$$

$$L_j = 6.9(h''_c - h_c) \tag{4-37}$$

式中 L_{sj}——消力池长度，m；

L_s——消力池斜坡段水平投影长度，m；

β——水跃长度校正系数，采用0.7～0.8；

L_j——水跃长度，m。

2. 构造要求

消力池底板（即护坦）承受水流的冲击力、水流脉动压力和底部扬压力等作用，应具有足够的重量、强度和抗冲耐磨的能力。护坦一般是等厚的，但也可采用不同的厚度，始端厚度大，向下游逐渐减小。

底板一般用C15或C20混凝土浇筑而成，并按构造配置Φ10～12@250～300的构造钢筋。大型水闸消力池的顶、底面均需配筋，中小型水闸消力池可只在顶面配筋。

护坦与闸室、岸墙及翼墙之间，以及其本身沿水流方向均应用缝分开，以适应不均匀沉陷和温度变形。护坦自身的缝距可取10～20 m，靠近翼墙的消力池缝距应取得小一些，缝宽一般为2.0～2.5 cm。护坦在垂直水流方向通常不设缝，以保证其稳定性。缝的位置若在闸基防渗范围内，缝中应设止水设备，但一般都铺贴沥青油毛毡。

为增强护坦的抗滑稳定性，常在消力池的末端设置齿墙，墙深一般为0.8～1.5 m，宽为0.6～0.8 m。

为了提高消力池的消能效果，除尾槛外，还可设置消力墩、消力齿等辅助消能工，以加强紊动扩散，减小跃后水深，缩短水跃长度，稳定水跃和达到提高水跃消能效果的目的。

（二）海漫

水流经过消力池，虽已消除了大部分多余能量，但仍留有一定的剩余动能，特别是流速分布不均，脉动仍较剧烈，具有一定的冲刷能力。因此，护坦后仍需设置海漫等防冲加固设施，以使水流均匀扩散，并将流速分布逐步调整到接近天然河道的水流形态（见图4-49）。

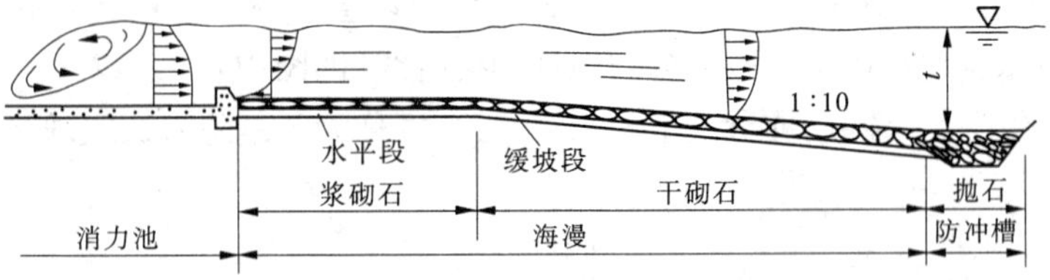

图4-49 海漫布置示意图

一般在海漫起始段做5～10 m长的水平段，其顶面高程一般与护坦齐平或在消力池尾坎顶以下0.5 m左右，水平段后做成不陡于1:10的斜坡，以使水流均匀扩散，调整流速分布，保护河床不受冲刷。

对海漫的要求有：①表面有一定的粗糙度，以利进一步消除余能；②具有一定的透水性，以便使渗水自由排出，降低扬压力；③具有一定的柔性，以适应下游河床可能的冲刷变形。常用的海漫结构有干砌石海漫、浆砌石海漫、混凝土板海漫、钢筋混凝土板海漫等。

（三）防冲槽

水流经过海漫后，尽管多余的能量得到了进一步的消除，流速分布接近河床水流的正常状态，但在海漫末端仍有冲刷现象。为了保证安全和节省工程量，常在海漫末端设置防冲槽加固措施。

在海漫末端挖槽抛石预留足够的石块，当水流冲刷河床形成冲坑时，预留在槽内的石块沿斜坡滚下，铺在冲坑的上游斜坡上，防止冲刷坑向上游扩展，保护海漫安全（见图4-50）。

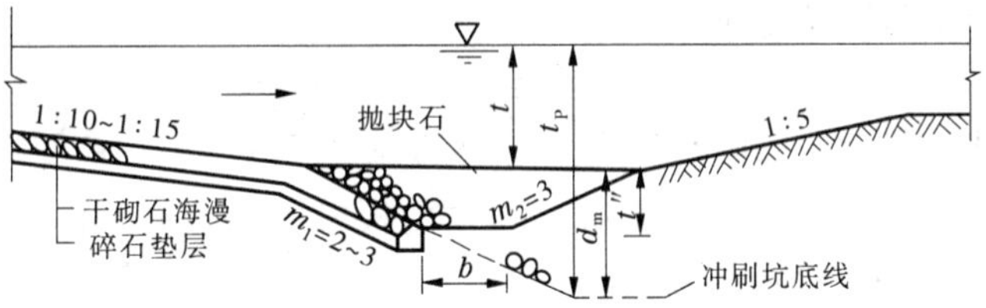

图4-50 防冲槽构造图

参照已建水闸工程的实践经验，防冲槽大多采用宽浅式的，其深度 t'' 一般取1.5～2.5 m，底宽 b 取2～3倍的深度，上游坡率 $m_1=2\sim3$，下游坡率 $m_2=3$。防冲槽的单宽抛石量 V 应按满足护盖冲坑上游坡面的需要估算。

六、水闸的防渗排水设计

水闸的防渗排水设计任务在于经济合理地拟定闸的地下（及两岸）轮廓线形式和尺寸，以消除和减少渗流对水闸产生的不利影响，防止闸基和两岸产生渗透破坏。

水闸防渗排水设计的步骤一般是:①根据水闸作用水头的大小、地基地质和闸下游排水设施等条件,初步拟定地下(及两岸)轮廓线和防渗排水设施的布置;②通过渗流计算,验算地基土的抗渗稳定性和确定闸底所受的渗透压力;③若满足水闸抗滑稳定的要求,又不致产生渗透变形破坏,初步拟定的地下轮廓线即可采用,否则,需进一步修改设计,直至满足要求。

(一)闸基防渗长度的确定

水流在上下游水位差 H 的作用下,经地基向下游渗透,并从护坦的排水孔等处排出。上游铺盖、板桩及水闸底板等不透水部分与地基的接触线,即图中 0—1—2—…—15—16 的折线是闸基渗流的第一条流线,亦称地下轮廓线,其长度称为闸基防渗长度,如图 4-51 所示。

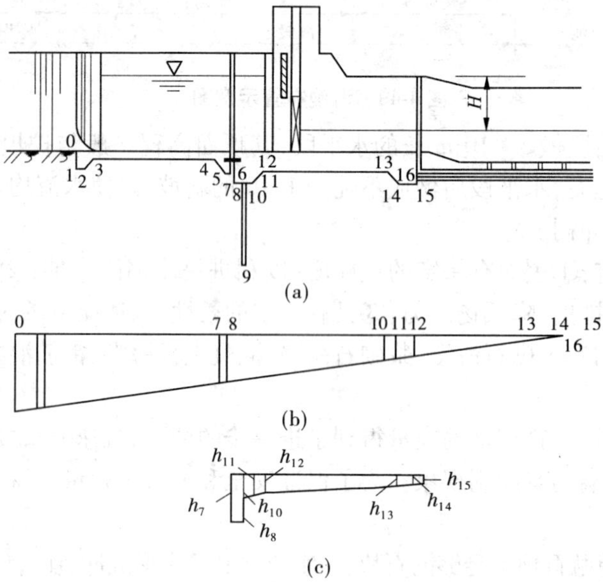

图 4-51 闸基渗流图

初步拟定的闸基防渗长度应满足

$$L \geqslant CH \tag{4-38}$$

式中 L——闸基防渗长度,即闸基轮廓线防渗部分水平段和垂直长度的总和,m;

C——允许渗径系数值,参见表 4-3,当采用板桩时,允许渗径系数值可采用表 4-3 中规定值的小值;

H——上下游水位差,m。

表 4-3 允许渗径系数值 C

排水条件	地基类别									
	粉砂	细砂	中砂	粗砂	中砾、细砾	粗砾夹卵石	轻粉质砂壤土	轻砂壤土	壤土	黏土
有滤层	13~9	9~7	7~5	5~4	4~3	3~2.5	11~7	9~5	5~3	3~2
无滤层	—	—	—	—	—	—	—	—	7~4	4~3

闸基防渗长度初步确定后,可根据地基特性,参考已建的工程经验进行闸基地下轮廓线布置。

(二)闸基渗流计算

闸基渗流计算的目的在于求解渗透压力、渗透坡降,并验算地基土在初步拟定的地下轮廓线下的抗渗稳定性。常用的渗流计算方法有流网法和改进阻力系数法,对于地下轮廓比较简单、地基又不复杂的中小型工程,可考虑采用直线法。

1. 流网法

对于边界条件复杂的渗流场,很难求得精确的渗流理论解,工程上往往利用流网法解决任一点渗流要素。流网的绘制可以通过试验或图解来完成。前者运用于大型水闸复杂的地下轮廓和土基,后者运用于均质地基上的水闸,既简便迅速,又有足够的精度。流网绘制的基本原理及方法,参阅《水力学》有关内容。

2. 改进阻力系数法

1)基本原理

该法是在独立函数法、分段法和阻力系数法的基础上,综合发展起来的一种精度较高的计算方法。该法是把具有复杂地下轮廓的渗流区域分成若干简单的段,对每个分段应用已知的流体力学精确解,求出各分段的阻力系数,再将各段阻力系数累加求得。

根据达西定律,流经某一渗流区段的单宽流量 q 为

$$q = AV = AKJ = AKh/L \tag{4-39}$$

式中 K——渗透系数;

A——渗流区段内垂直于流线的平均单宽面积,m^2;

L——渗流区段内流线的平均长度,m;

h——渗流区段的水头损失,m。

由式(4-39)知

$$h = \frac{L}{A}\frac{q}{K} = \xi\frac{q}{K} \tag{4-40}$$

式中 ξ——渗流区段的阻力系数,其只与渗流区段的几何形状有关,是渗流区段边界条件的函数。

对于复杂的地下轮廓,可把整个渗流区域按可能的等水头线划分成几段(见图4-52),由渗流连续条件可知,各段的单宽流量应相等,对于渗透性均一的地基,各流段的 q/K 相同,于是任一流段的水头损失 h_i 为

$$h_i = \xi_i\frac{q}{K} \quad (i = 1,2,\cdots,n) \tag{4-41}$$

式中 ξ_i——各分段的阻力系数。

各段水头损失之和应等于总水头(即上下游水位差),于是得

$$H = \sum_{i=1}^{n} h_i = \sum_{i=1}^{n}\xi_i\frac{q}{K} = \frac{q}{K}\sum_{i=1}^{n}\xi_i \quad 或 \quad q = \frac{KH}{\sum_{i=1}^{n}\xi_i} \tag{4-42}$$

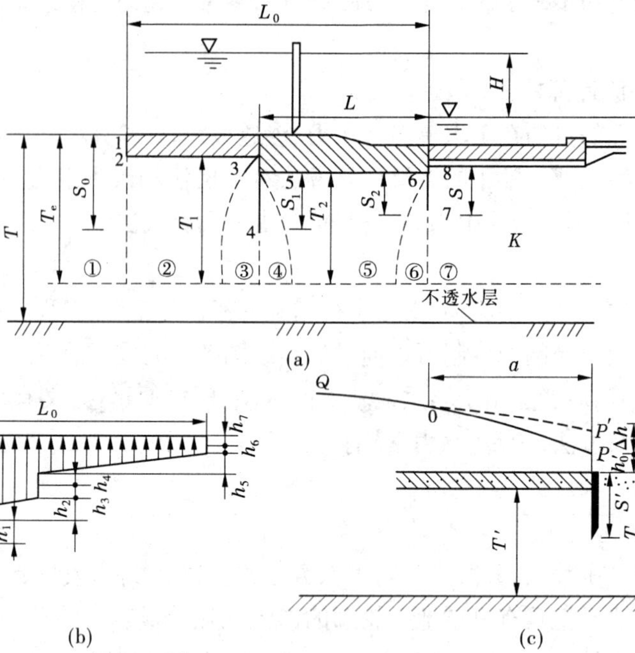

图 4-52　改进阻力系数法计算图

将式(4-41)化为 $q=\dfrac{Kh_i}{\xi_i}$ 代入式(4-42)，得

$$h_i = \xi_i \frac{H}{\sum_{i=1}^{n} \xi_i} \tag{4-43}$$

式中　H——水闸上下游水位差，m；

n——总分段数。

求出各段的水头损失后，由出口向上游依次叠加，即得各段分界处的渗透水头。

2)计算步骤

(1)地下轮廓分段。

将地下轮廓简化成垂直与水平两个主要部分，由各角点和板桩尖端引出等势线，将渗流区分为进出口段、内部垂直段和水平段。

(2)确定地基的有效深度。

从地下轮廓最高点铅直向下起算的有效深度 T_e 由下式计算

当 $L_0/S_0 \geqslant 5$ 时

$$T_e = 0.5L_0 \tag{4-44}$$

当 $L_0/S_0 < 5$ 时

$$T_e = \frac{5L_0}{1.6\dfrac{L_0}{S_0}+2} \tag{4-45}$$

式中　L_0——地下轮廓的水平投影长度，m；

S_0——地下轮廓的垂直投影长度，m。

当计算的 T_e 值大于地基实际深度时，按实际深度进行渗流计算；当 T_e 小于实际深度时，用 T_e 进行计算。

(3)计算各段水头损失(见图4-53)。

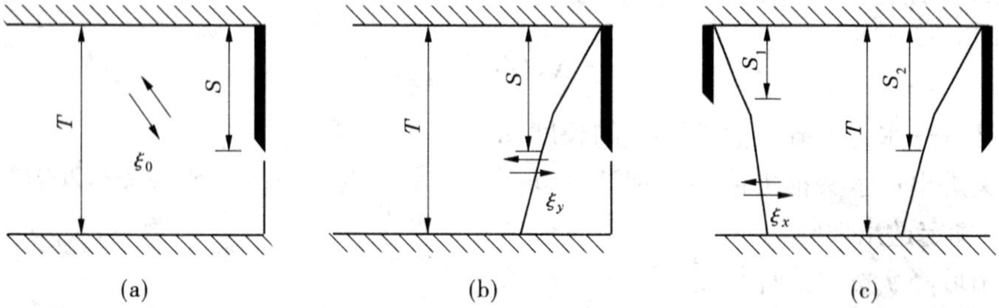

图4-53　典型流段形式图

各分段阻力系数由下列公式计算：

进出口段

$$\xi_0 = 1.5(S/T)^{3/2} + 0.441 \tag{4-46}$$

式中　ξ_0——进出口段的阻力系数；

S——板桩或齿墙的入土深度，m；

T——地基的透水层深度，m。

内部垂直段

$$\xi_y = \frac{2}{\pi}\ln\cot\frac{\pi}{4}(1 - \frac{S}{T}) \tag{4-47}$$

式中　ξ_y——内部垂直段的阻力系数。

内部水平段

$$\xi_x = \frac{L - 0.7(S_1 + S_2)}{T} \tag{4-48}$$

式中　ξ_x——水平段的阻力系数；

L——水平段长度，m；

S_1、S_2——进出口段板桩或齿墙的入土深度，m。

(4)绘制渗透压力分布图及修正。

各阻力系数求出后，按式(4-43)计算各段水头损失，绘制渗透压力分布图，当进出口段板桩较短时，进出口附近的水力坡降呈急变曲线形式，为力求精确，应予以局部修正。

进出口段水头损失值按下式修正

$$h'_0 = \beta' h_0 \tag{4-49}$$

式中　h_0——按式(4-46)～式(4-48)计算出的水头损失值，m；

h'_0——修正后的水头损失值，m；

β'——修正系数，按式(4-50)计算。

$$\beta' = 1.21 - \frac{1}{[12(\frac{T'}{T})^2 + 2][\frac{S'}{T} + 0.059]} \tag{4-50}$$

式中　S'——底板埋深与板桩入土深度之和，m；

T' ——板桩另一侧地基透水深度，m。

若 $\beta'>1$，表示不需修正；若 $\beta'<1$，表示需作修正。修正后的水头损失减小值 $\Delta h=(1-\beta')h_0$，水力坡降呈急变时的长度 a 可按下式计算

$$a = \Delta hT/[H/\sum_{i=1}^{n}\xi_i] \tag{4-51}$$

式中 a ——水力坡降呈急变形式的长度，m。

有关进出口水头损失值的详细计算，可参阅《水闸设计规范》(SL 265—2001)。

(5)确定逸出坡降。

逸出坡降 J 按下式计算

$$J = h'_0/S' \tag{4-52}$$

验算闸基抗渗稳定性时，要求水平段和出口段的渗流坡降必须分别小于表 4-4 规定的水平段和出口段允许 J 值。

表 4-4 水平段和出口段允许渗流坡降值

地基类别	允许渗流坡降值		地基类别	允许渗流坡降值	
	水平段	出口段		水平段	出口段
粉砂	0.05～0.07	0.25～0.30	砂壤土	0.15～0.25	0.40～0.50
细砂	0.07～0.10	0.30～0.35	壤土	0.25～0.35	0.50～0.60
中砂	0.10～0.13	0.35～0.40	软黏土	0.30～0.40	0.60～0.70
粗砂	0.13～0.17	0.40～0.45	坚硬黏土	0.40～0.50	0.70～0.80
中砾、细砾	0.17～0.22	0.45～0.50	极坚硬黏土	0.50～0.60	0.80～0.90
粗砾夹卵石	0.22～0.28	0.50～0.55			

注：当渗流出口处设反滤层时，表中数值可加大 30%。

3. 直线比例法

直线比例法是假定渗流沿地下轮廓流动时，水头损失沿程按直线变化，求地下轮廓各点的渗透压力。直线比例法有勃莱法和莱因法两种。

1)勃莱法

如图 4-54 所示，将地下轮廓予以展开，按比例绘一直线，在渗流开始点 1 作一长度为 H 的垂线，并由垂线顶点用直线和渗流逸出点 8 相连，即得地下轮廓展开成直线后的渗透压力分布图。任一点的渗透压力 h_x，如图 4-54(a)所示，可按比例求得

$$h_x = \frac{H}{L}x \tag{4-53}$$

2)莱因法

根据工程实践，莱因法认为水流在水平方向流动和垂直方向流动，消能的效果是不一样的，后者为前者的 3 倍。在防渗长度展开为一直线时，应将水平渗径除以 3，再与垂直渗径相加，即得折算后的防渗长度，然后按直线比例法求得各点渗透压力，见图 4-54(b)。

(三)防渗及排水设施

防渗设施是指构成地下轮廓的铺盖、板桩及齿墙，而排水设施则是指铺设在护坦、浆

砌石海漫底部或闸底板下游段起导渗作用的砂砾石层。排水常与反滤层结合使用。

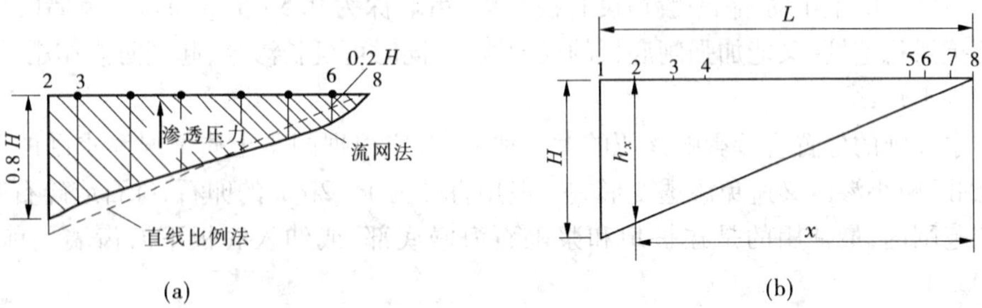

图 4-54　闸基渗流计算示意图

1. 防渗设施

1) 水平铺盖

铺盖主要用来延长渗径，应具有相对的不透水性，为适应地基变形，也要有一定的柔性。

铺盖常用黏土、黏壤土或沥青混凝土做成，有时也可用钢筋混凝土作为铺盖材料。

铺盖的渗透系数应比地基土的渗透系数小 100 倍以上，最好达到 1 000 倍。铺盖的长度应由闸基防渗需要确定，一般采用上下游最大水位差的 3 ~5 倍。铺盖的厚度应根据铺盖土料的允许水力坡降值计算确定。铺盖上游端的最小厚度由施工条件确定，一般为 0. 6 ~0. 8 m，逐渐向闸室方向加厚至 1. 0 ~1. 5 m。铺盖与底板连接处为一薄弱部位，通常将底板前端做成斜面，使黏土能借自重及其上的荷载与底板紧贴，在连接处铺设油毛毡等止水材料，一端用螺栓固定在斜面上，另一端埋入黏土铺盖中，如图 4-55 所示。为了防止铺盖在施工期遭受破坏和运行期间被水流冲刷，应在其表面先铺设砂垫层，然后铺设单层或双层块石护面。

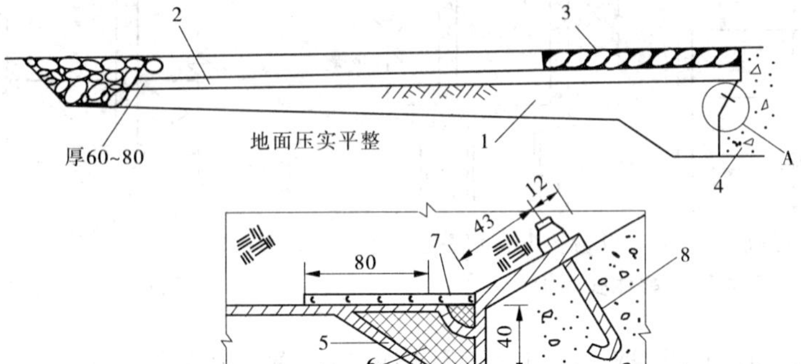

1—黏土铺盖；2—垫层；3—浆砌块石保护层（或混凝土板）；4—闸室底板；

5—沥青麻袋；6—沥青填料；7—木盖板；8—斜面上螺栓

图 4-55　黏土铺盖的细部构造　（单位：cm）

2) 板桩

将板桩并排打入闸基形成一道防渗墙，在垂直方向延长渗径，起减小渗透坡降和渗透压力的作用。垂直防渗要比水平防渗效果显著。一般板桩适用于砂性土地基。

3）齿墙

闸室底板的上下游端，一般均设有浅齿墙，齿墙深为0.5～1.5 m。浅齿墙既可增加闸室的抗滑稳定性，又能加强闸底板的横向刚度，同时可延长渗径，起到防渗作用。

2. 排水设施

排水设施的位置直接影响渗压的大小和分布，应根据闸基土质情况和水闸的工作条件，做到既减小渗压又避免渗透变形。一般用直径为1～2 cm的卵石、砾石或碎石等平铺在预定范围内，最常用的是在护坦和浆砌石海漫底部，或伸入底板下游齿墙稍前方，厚0.2～0.3 m。

七、闸室的布置和构造

闸室结构布置包括底板、闸墩、边墩、胸墙、闸门、启闭机、工作桥、交通桥等分部结构的布置和尺寸的初步拟定。应根据水闸挡水、泄水条件和运行要求，结合考虑地形、地质等因素，做到布置紧凑合理、结构安全可靠、运用灵活、便于施工及经济美观。

（一）底板

闸底板是闸室的基础，起着承受闸室荷载并较均匀地传给地基的作用，同时利用底板与地基之间的摩擦力来维持闸室的稳定。此外，底板还具有防冲和防渗的作用。常用的底板有平底板和钻孔灌注桩底板。平底板按底板与闸墩的连接方式，有整体式（见图4-56）和分离式（见图4-57）两种。闸墩与底板浇筑成整体即为整体式底板。在闸室底板两侧分缝，使底板与闸墩分离，称为分离式底板。整体式底板较能适应地基的沉陷变形，故在软土地基上广泛采用。分离式底板厚度较薄，但难以适应地基的沉陷变形。

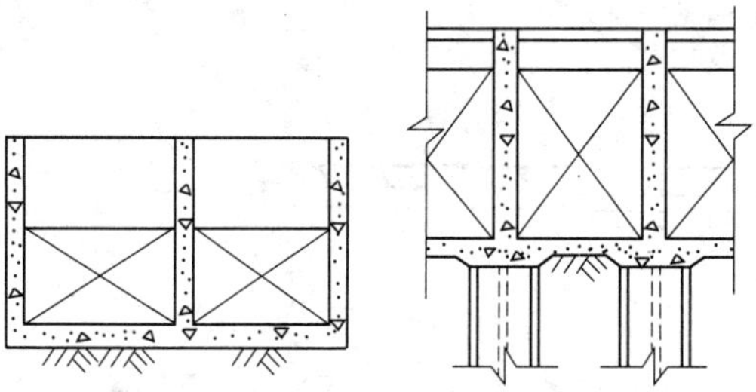

（a）墩中分缝底板　（b）跨中分缝底板

图4-56　整体式底板

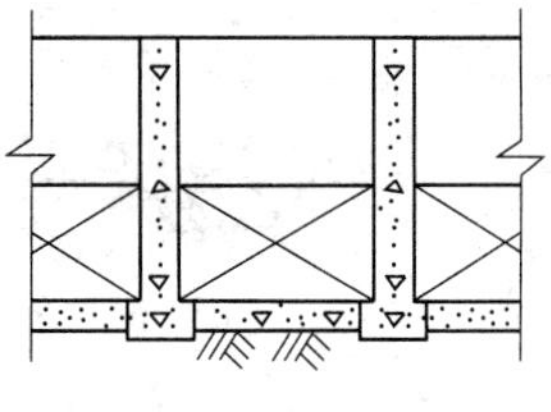

图4-57　分离式底板

底板顺水流方向的长度，取决于闸室上部构造的布置和闸室稳定的要求。底板加长还能减小地基应力，减少闸室的沉陷。

（二）闸墩

闸墩的结构形式应根据闸室结构抗滑稳定性和闸墩纵向刚度要求确定，一般宜采用实体式，常用混凝土、少筋混凝土或浆砌块石。闸墩的外形轮廓设计应满足过闸水流平顺、侧向收缩小、过流能力大的要求。上游墩头可采用半圆形，以减小水流的进口损失；下游墩头宜采用流线型，以利于水流的扩散。

闸墩顶高程一般指闸室胸墙或闸门挡水线上游闸墩和岸墙的顶部高程，应满足挡水和泄水两种运用情况的要求。挡水时，闸顶高程不应低于水闸正常蓄水位（或最高挡水位)加波浪计算高度与相应安全超高值之和;泄水时,不应低于设计洪水位(或校核洪水位)与相应安全超高值之和。水闸安全超高下限值见表4-5。此外,确定闸顶高程时,还应考虑闸室沉降、闸前河渠淤积、潮水位壅高等影响以及在防洪大堤上的水闸闸顶高程应不低于两侧堤顶高程。下游部分的闸顶高程可适当降低,但应保证下游的交通桥底部高出泄洪水位0.5 m以上及桥面能与闸室两岸道路衔接。

表4-5 水闸安全超高下限值 (单位:m)

运用情况		水闸级别			
		1	2	3	4、5
挡水时	正常蓄水位	0.7	0.5	0.4	0.3
	最高挡水位	0.5	0.4	0.3	0.2
泄水时	设计洪水位	1.5	1.0	0.7	0.5
	校核洪水位	1.0	0.7	0.5	0.4

闸墩的长度取决于上部结构布置和闸门的形式,一般与底板等长或稍短于底板。厚度应满足稳定和强度要求,根据闸孔孔径、受力条件、结构构造要求、闸门形式和施工方法等确定。

(三)胸墙

胸墙常用钢筋混凝土结构做成板式或梁板式。当孔径小于或等于6.0 m时,可采用板式,墙板也可做成上薄下厚的楔形板,见图4-58(a),其顶部厚度一般不小于0.2 m。当孔径大于6.0 m时,宜采用梁板式,它由墙板、顶梁和底梁组成,见图4-58(b),其板厚一般不小于0.12 m;顶梁梁高一般为胸墙跨度的1/15~1/12,梁宽常取0.4~0.8 m;底梁由于与闸门顶接触,要求有较大的刚度,梁高为胸墙跨度的1/9~1/8,梁宽为0.6~1.2 m。当胸墙高度大于5.0 m,且跨度较大时,可增设中梁及竖梁构成肋形结构,见图4-58(c)。各结构尺寸应根据受力条件和边界支承情况计算确定。

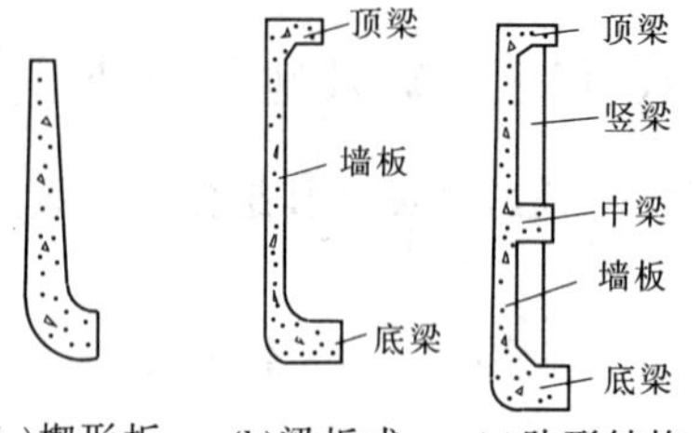

图4-58 胸墙的结构形式

胸墙位置与闸门位置相同。胸墙相对于闸门的位置取决于闸门的形式。若采用弧形闸门,胸墙设在闸门上游侧;若采用平面闸门,胸墙可设在闸门上游侧,见图4-59(a),也可设在闸门下游侧,见图4-59(b)。前者止水放在闸门前面,启闭机螺杆或钢丝绳与吊耳等铁环不致因浸在水中而锈蚀,但其止水设备较复杂,且易磨损。后者闸门紧靠胸墙,使止水设备简单,且止水效果好,只是对螺杆等防锈蚀不利。

(四)工作桥、交通桥

为了安装启闭设备和便于工作人员操作的需要,通常在闸墩上设置工作桥。桥的位置由启闭设备、闸门类型及其布置和启闭方式而定。当桥面很高时也可在闸墩上部另建支柱或排架来支承工作桥,以减小闸墩高度、节省材料。关于工作桥、交通桥的具体设计详见有关书籍。

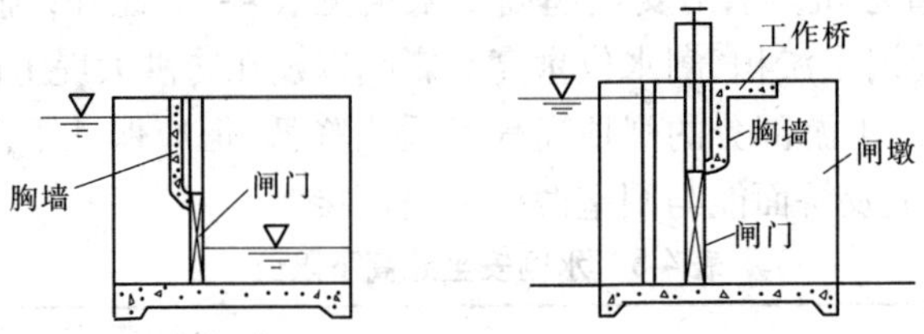

(a)胸墙在闸门上游侧　　(b)胸墙在闸门下游侧

图 4-59　胸墙与闸门的相对位置

(五)闸门与启闭机

闸门是水闸的一个重要组成部分,主要用来调节流量和上下游水位,宣泄洪水,放运船只、木排、竹筏,排除泥沙等。设计闸门时除应满足安全经济条件外,还应具有操作灵活可靠、止水性能良好及过水平顺等性能,并且应尽量避免闸门产生空蚀和振动现象。此外,还应便于制作、运输、安装以及检修、养护。常用的闸门形式有平面闸门和弧形闸门。

闸门启闭机可分为固定式和移动式两种。常用的固定式启闭机有卷扬式、螺杆式和油压式三种。移动式一般有门架式和桥式两种。启闭机的形式应根据门型、尺寸及其运用条件等因素选定。所选用的启闭机的启闭力应不小于计算的启闭力,同时应符合国家现行的《水利水电工程启闭机设计规范》(SL 41—1993)所规定的启闭机系列标准。

八、稳定计算及地基处理

(一)荷载计算及其组合

1. 荷载计算

作用在水闸上的荷载主要有自重、水重、水平水压力、扬压力、浪压力、土压力和淤沙压力(见图 4-60)。因水闸具有挡水作用,故其所承受的荷载的计算方法与其他挡水建筑物基本类似。

(1)自重。是指水闸结构及其上部填料和永久设备的重量,应按其几何尺寸及材料重度计算确定。闸门、启闭机及其他永久设备应尽量采用实际重量。

(2)水重。是指闸室范围内作用在底板顶面以上的水体重量,应按其实际体积及水的重度计算确定。多泥沙河流上的水闸,还应考虑含沙量对水的重度的影响。

(3)水平水压力。是指作用在胸墙、闸门及闸墩上的水平水压力。上下游的水平水压力数值不同、方向相反,应分别用水力学方法进行计算。

作用在铺盖与底板连接处的水平水压力因铺盖所用材料不同而略有差异。当为黏土铺盖时,如图 4-60(b)所示,a 点处按静水压强计算,b 点处则取该点的扬压力强度值,两点之间,以直线相连进行计算。当为混凝土或钢筋混凝土铺盖时,如图 4-60(a)所示,止水片以上的水平水压力仍按静水压力分布计算,止水片以下按梯形分布计算,c 点的水平水压力强度等于该点的浮托力强度值加上 e 点的渗透压力强度值,d 点则取该点的扬压力强度值,c 点、d 点之间按直线连接计算。

底板上下游浅齿内侧斜面上的水平水压力因方向相反、数值相差不多,一般可忽略

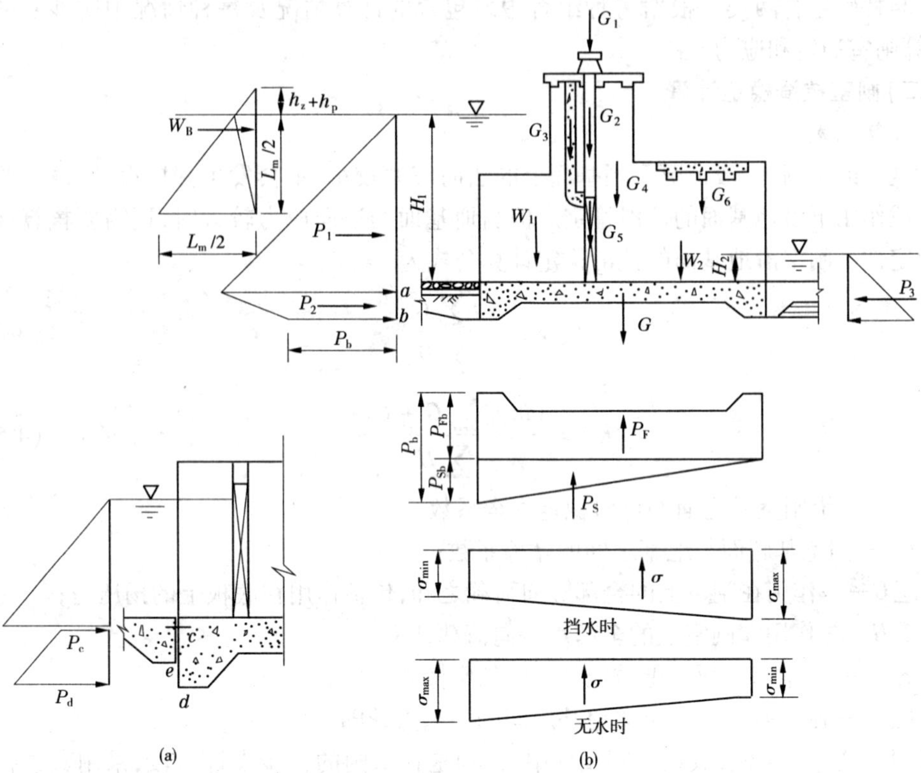

P_1、P_2、P_3—水压力;W_B—波浪压力;G—底板重;G_1—启闭机重;G_2—工作桥重;G_3—胸墙重;G_4—闸墩重;G_5—闸门重;G_6—交通桥重;W_1、W_2—水重;P_F—浮托力;P_S—渗透压力;σ—地基反力

图 4-60　闸室的作用力

不计。

(4)扬压力。包括渗透压力和浮托力两部分。渗透压力强度分布规律和计算方法按前面所讲计算,底板底部某一点的浮托力强度值等于该点与下游水位间的高差乘以水的重度。

(5)浪压力。按《水闸设计规范》(SL 265—2001)推荐采用的莆田试验站法进行计算。

(6)土压力。应根据填土性质、挡土高度、填土内的地下水位、填土顶面坡角及超载等计算确定。对于向外侧移动或转动的挡土结构,可按主动土压力计算;对于保持静止不动的挡土结构,可按静止土压力计算。具体计算公式见《水闸设计规范》(SL 265—2001)附录 D。

(7)淤沙压力。应根据水闸上下游可能淤积的厚度及泥沙重度等计算确定。

作用在水闸上的地震荷载、冰压力、土的冻胀力及其他荷载,可按国家现行有关标准的规定计算确定。施工过程中各个阶段的临时荷载应根据工程实际情况确定。

2. 荷载组合

水闸在施工、运用及检修过程中,各种作用荷载的大小、分布及出现的几率情况是经常变化的。因此,设计水闸时,应将可能同时作用的各种荷载进行组合。荷载组合分为基本组合与特殊组合两类。根据每种组合中所包含的计算情况及每种情况中所涉及的荷载,计算闸室稳定和应力。

(二)闸室抗滑稳定计算

1.计算公式

土基上的水闸,一般情况下闸基面上的法向应力较小,不会发生深层滑动,故只验算其在荷载作用下沿地基面的抗滑稳定。但当地基面的法向应力较大时,还需要核算深层抗滑稳定性。闸室沿地基面的抗滑稳定计算公式为

$$K_c = \frac{f\sum G}{\sum H} \tag{4-54}$$

$$K_c = \frac{\tan\varphi_0 \sum G + C_0 A}{\sum H} \tag{4-55}$$

式中 K_c——沿闸室基底面的抗滑稳定安全系数;

f——闸室基底面与地基之间的摩擦系数;

$\sum G$——作用在闸室上的全部竖向荷载之和,包括作用在底板上的扬压力;

$\sum H$——作用在闸室上的全部水平向荷载,kN;

φ_0——闸室基底面与土质地基之间的摩擦角,(°);

C_0——闸室基底面与土质地基之间的黏结力,kPa。

式(4-54)计算简便,故在水闸设计中,特别是在水闸的初步设计阶段,采用其进行闸室抗滑稳定计算的较多,但其f值的取用较困难,并有一定的任意性。式(4-55)是根据现场混凝土板的抗滑试验资料进行分析研究后提出来的,既考虑了混凝土板底面与地基土之间的摩阻力,也考虑了两者之间的黏结力对闸室抗滑稳定的影响,故其计算结果能够比较真实地反映黏性土地基上水闸的实际运用情况,更具合理性。

根据计算公式计算出的闸室抗滑稳定安全系数应不小于规范中的允许值。

2.提高闸室抗滑稳定性的措施

当沿闸室基底面抗滑稳定安全系数计算值小于允许值时,可在原有结构布置的基础上,结合工程的具体情况,采用下列一种或几种抗滑措施:①将闸门位置移向低水位一侧,或将水闸底板向高水位一侧加长,以增加水重;②适当增大闸室结构尺寸;③增加闸室底板的齿墙深度;④增加铺盖长度或帷幕灌浆深度,或在不影响防渗安全的条件下将排水设施向水闸底板靠近;⑤利用钢筋混凝土铺盖作为阻滑板,但闸室自身的抗滑稳定安全系数不应小于1.0(计算由阻滑板增加的抗滑力时,阻滑板效果的折减系数可采用0.80),阻滑板应满足抗裂要求;⑥增设钢筋混凝土抗滑桩或预应力锚固结构。

当利用钢筋混凝土铺盖作为阻滑板时,在闸室与阻滑板之间必须用钢筋铰连接,以保证阻滑板与闸室底板起共同抗滑作用。

(三)闸室基底应力计算

闸室基底应力应满足的要求是:在各种计算情况下,土基上闸室的平均基底应力不大于地基容许承载力,最大基底应力不大于地基容许承载力的1.2倍;闸室基底应力的最大值与最小值的比值不大于其容许值。岩基上,闸室最大基底应力不大于地基容许承载力;

在非地震情况下，闸室基底不出现拉应力；在地震情况下，闸室基底拉应力不大于 100 kPa。计算单元的取法同闸室的抗滑稳定计算。

对于结构布置及受力情况对称的闸孔，如多孔水闸的中间孔或左右对称的单闸孔，按式(4-56)计算

$$\begin{matrix}\sigma_{max}\\ \sigma_{min}\end{matrix} = \frac{\sum G}{A} \pm \frac{\sum M}{W} \tag{4-56}$$

式中 σ_{max}、σ_{min}——闸室基底应力的最大值、最小值，kPa；

$\sum G$——作用在闸室上的所有竖向荷载的总和，kN；

A——闸室基底面的面积，m^2；

$\sum M$——作用在闸室上的所有竖向荷载和水平向荷载对基础底面垂直水流方向的形心轴的力矩和，kN · m；

W——闸室基底面对该底面垂直水流方向的形心轴的截面矩，m^3。

（四）地基处理

水闸设计应尽可能利用天然地基。但对于淤泥质土、高压缩性黏土和松砂等软弱地基，只采取改进上部结构的措施不能满足稳定和沉降要求时，则须进行必要的地基处理。目前，实际工程中常用的地基处理方法有换土垫层法、桩基础、沉井基础、强力夯实法、振动水冲法、预压加固法等。随着科学技术的发展，逐渐提出了一些新的地基处理方法，如深层搅拌法、高压喷射法、硅化法、电渗法等。由于设计或施工技术不成熟、造价高等原因，这些方法还没有在实际工程中全面推广使用。

九、闸室结构计算

在闸室布置和稳定分析之后，还应对闸室各部分构件进行结构计算，验算其强度，以便最后确定各构件的形式、尺寸及构造。

闸室是一空间结构，受力比较复杂，可用三维弹性力学有限元法对两道沉降缝之间的一段闸室进行整体分析。但为简化计算，一般都将其分解成底板、闸墩、胸墙、工作桥、交通桥等若干构件分别计算，并在单独计算时，考虑它们之间的相互作用。具体计算可参考有关文献。

十、两岸连接建筑物

（一）连接建筑物的作用

水闸两端与河岸或堤、坝等建筑物的连接处，需设置连接建筑物，它们包括上下游翼墙，边墩或岸墙、刺墙和导流墙等。其作用是：①挡住两侧填土，维持土坝及两岸的稳定；②引导水流平顺进闸，并使出闸水流均匀扩散；③阻止侧向绕渗，防止与其相连的岸坡或土坝产生渗透变形；④保护两岸或土坝边坡不受过闸水流的冲刷；⑤在软弱地基上设有独立岸墙时，可减少地基沉降对闸身应力的影响，改善闸室受力状况。

（二）连接建筑物的布置形式

1. 上下游翼墙

边墩或岸墙向上下游延伸，便形成了上下游翼墙。上下游翼墙在顺水流方向上的投

影长度,应分别等于或大于铺盖及消力池的长度。在有侧向防渗要求的条件下,上下游翼墙的墙顶高程应分别高于上下游最不利运用水位。

上下游翼墙宜与闸室及两岸岸坡平顺连接,其平面布置形式通常有以下几种:

(1)圆弧或椭圆弧形翼墙。如图 4-61(a)所示,从边墩两端开始,用圆弧或 1/4 椭圆弧形直墙插入两岸。一般上游圆弧半径为 20~50 m,下游圆弧半径为 30~50 m。其优点是水流条件好;缺点是施工复杂、工程量大。其适用于水位差及单宽流量大、闸身高、地基承载力较低的大中型水闸。

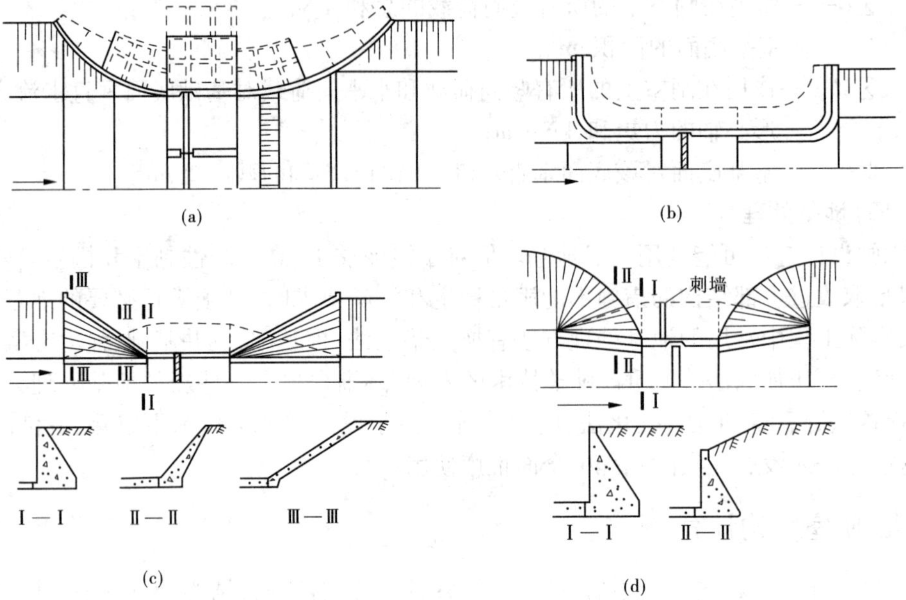

图 4-61　翼墙平面布置形式

(2)反翼墙。如图 4-61(b)所示,翼墙向上下游延伸一定距离后,转 90°插入两岸。为使水流平顺进闸,转弯半径一般采用 2~5 m。上游翼墙的收缩角不宜大于 12°~18°;下游翼墙的平均扩散角不宜过大,一般采用 7°~12°,以免出闸水流脱离边壁,产生回流,挤压主流,冲刷下游河道。其优点是水流条件较好,防渗效果好;缺点是工程量大,造价较高。其适用于大中型水闸。小型水闸也可采用一字形布置形式。

(3)扭曲面翼墙。如图 4-61(c)所示,翼墙的迎水面自闸室连接处开始,由垂直面逐渐变化为倾斜面,直至与河岸同坡度相接。其优点是水流条件好,工程量较小;缺点是施工较麻烦,当墙后填土质量不好时,易产生不均匀沉降,使翼墙产生裂缝,甚至断裂。在施工条件允许的情况下采用这种布置形式还是比较好的,一般在渠系工程中广泛采用。

(4)斜降翼墙。如图 4-61(d)所示,翼墙在平面上呈八字形,翼墙的高度随着其向上下游方向延伸而逐渐降低,直至与河底相接。其优点是工程量小,施工方便;缺点是防渗效果差,水流易在闸孔附近产生立轴旋涡,冲刷堤岸。其常用于小型水闸。

上游翼墙宜采用圆弧或椭圆弧式及反翼墙式,满足进水平顺的要求;下游翼墙宜采用反翼墙、圆弧或椭圆弧与直线组合式或折线式,利于出闸水流扩散。在坚硬的黏性土和岩石地基上,上下游翼墙可采用扭曲面与岸坡连接的形式,其过闸水流条件最好。

2. 边墩和岸墙

边墩是闸室靠近两岸的闸墩，而岸墙则是设在边墩后面的一种挡土结构。其布置形式与闸室结构情况及地基条件等因素有关，通常有以下几种：

(1)边墩与岸墙结合。当闸室不太高、地基承载力较大时，一般不另修岸墙，利用边墩直接与两岸或土坝连接。边墩与闸室连成整体或用缝分开，见图4-62。此时，边墩除起支承闸门及上部结构、防冲、防渗、导水作用外，还要起挡土作用。

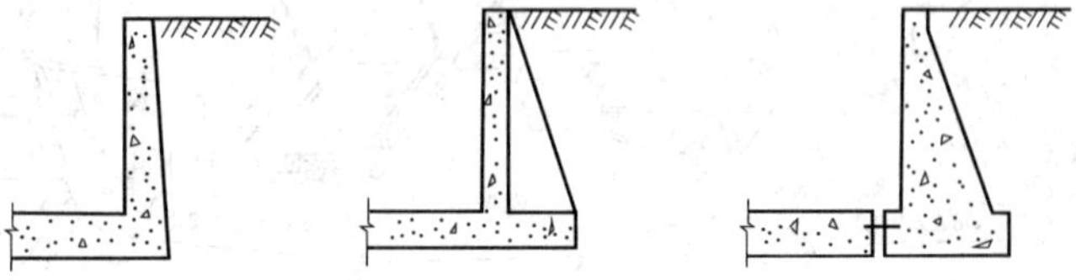

(a) (b) (c)

图4-62 边墩与岸墙结合的布置形式

(2)边墩与岸墙分开。当闸室较高、孔数较多及地基软弱时，可在边墩后面另设岸墙，起挡土作用，岸墙与边墩之间设有沉降缝，见图4-63。其优点是可大大减轻边墩负担，改善闸室受力条件。

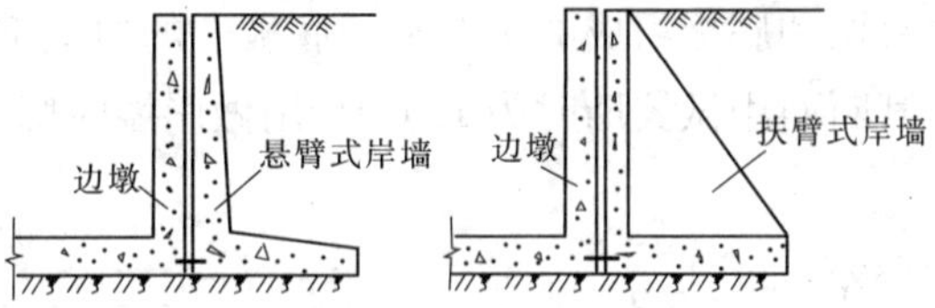

(a) (b)

图4-63 边墩与岸墙分开的布置形式

(3)护坡连接形式。当地基承载力过低时，还可采用保持河岸的原有坡度或将土坝修整成稳定边坡，用钢筋混凝土挡土墙连接边墩与河岸或土坝，边墩不挡土的形式，见图4-64。

(三)连接建筑物的结构形式和构造

两岸连接建筑物的受力状态和结构形式与一般挡土墙基本相同，常用的结构形式有重力式、半重力式、衡重式、悬臂式、扶壁式、空箱式和连拱空箱式等，但在水闸工程中应用最多的是重力式、扶壁式和空箱式三种。

1. 重力式

重力式挡土墙是用混凝土或浆砌石等材料筑成，主要依靠自重来维持稳定的一种结构形式，见图4-65(a)。其特点是可就地取材，结构简单，施工方便，材料用量大。其适用于地基较好，墙高为6 m以下的挡土墙。

墙身顶宽一般为0.3～0.6 m，临水面常做成铅直的或接近铅直的，挡土侧自墙顶向下可先是高度为0.8 m左右的铅直段，再接边坡为1:0.25～1:0.50的斜坡至底板。为了改善地基压力分布和增强墙的耐久性，浆砌石结构的墙顶需设置高约0.3 m的混凝土盖帽，底板也常用混凝土浇筑，厚0.5～0.8 m，宽为0.6～0.7倍的墙高，两端悬出0.3～0.5 m，前趾按悬臂梁计算，常需配置钢筋。墙身较高时，可用混凝土做成半重力式的，见图4-65(b)。

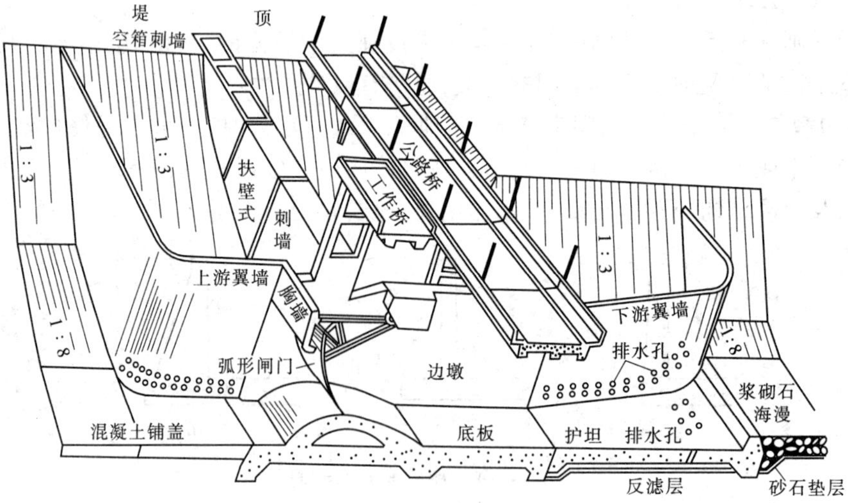

图 4-64　护坡连接形式

2. 悬臂式

悬臂式挡土墙是由直墙和底板组成的主要利用底板上的填土维持稳定的一种钢筋混凝土的轻型挡土结构。其断面用做翼墙时为倒 T 形,用做岸墙时则为 L 形,见图 4-66。

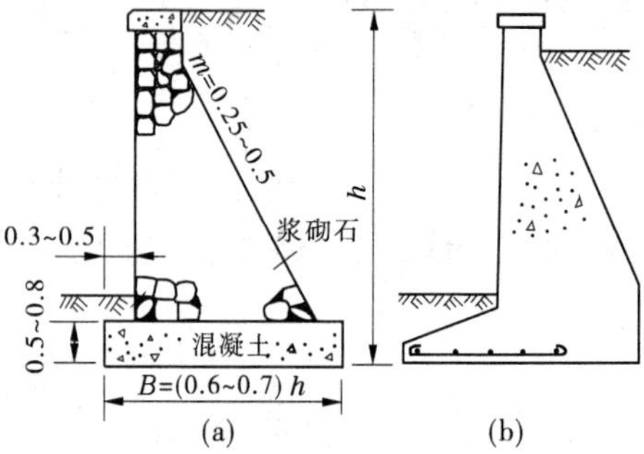

图 4-65　重力式挡土墙　(单位:m)

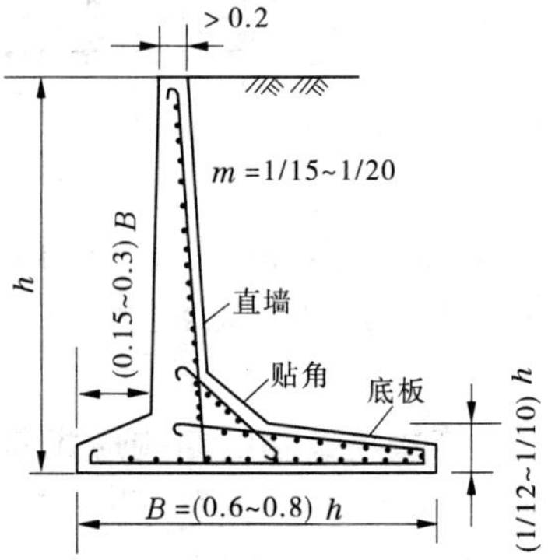

图 4-66　悬臂式挡土墙　(单位:m)

其优点是结构尺寸小,自重轻,构造简单。但建筑高度不能太高,适宜高度为 6 ~ 10 m。直墙顶部厚度一般不小于 0.2 m,底部厚度由计算确定,一般为墙高的 1/12 ~ 1/10。直墙内面常做成垂直面以便施工,而外侧面可做成 15∶1 ~ 20∶1 的坡面。底板采用能变厚的,其厚度在直墙处常为墙高的 1/14 ~ 1/10,前后端部不小于 0.2 m。底板宽度由挡土墙稳定条件确定,计算时可调整前趾长度,以改善基底压力分布;也可调整后趾长度,以改善抗滑稳定条件。底板宽度常采用 0.6 ~ 0.8 倍的墙高,前趾长度一般为 0.15 ~ 0.3 倍的底板宽。直墙和底板近似按悬臂板计算。

3. 扶壁式

扶壁式挡土墙通常采用钢筋混凝土修建，也是一种轻型结构，它由直墙、扶壁及底板三部分组成，利用扶壁和直墙共同挡土，并可利用底板上的填土维持稳定，适用于墙高大于 10 m 的坚实或中等坚实的地基上的情况，见图 4-67。直墙顶厚一般为 0. 15 ~0. 20 m，下部墙厚由计算确定。扶壁间距一般为 3 ~4. 5 m，扶壁厚度多为 0. 30 ~0. 40 m。底板宽度 B 为 0. 8 ~0. 9 倍的墙高，前趾长度为 $(1/5 \sim 1/3)B$，底板厚度为 1/12 ~1/10 倍的墙高，一般不小于 0. 40 m。当直墙高度在 6. 5 m 以内时，直墙和扶壁可采用浆砌石结构。

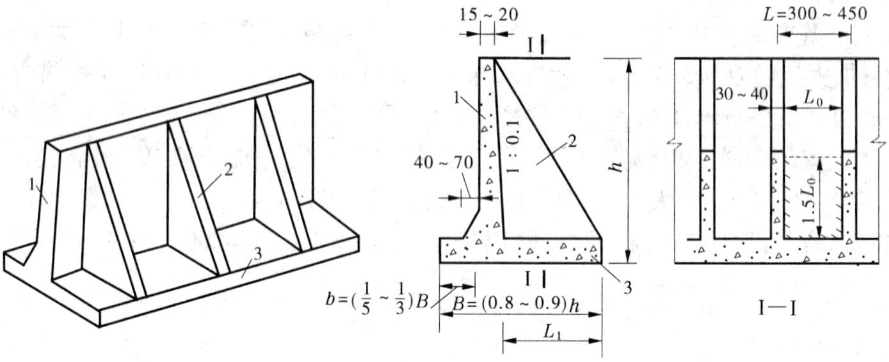

1—直墙；2—扶壁；3—底板

图 4-67　扶壁式挡土墙　（单位：cm）

4. 空箱式

空箱式挡土墙也是一种轻型结构，由顶板、底板、前墙、后墙、扶壁和隔墙等组成，箱内不填土或填少量的土，但可以进水，主要依靠墙体本身的重量和箱内部分土重或水重维持其稳定性，见图 4-68。其特点是作用于地基上的单位压力较小，且分布均匀，故适用于墙的高度很大且地基允许承载力较低的情况。但其结构复杂，需用较多的钢筋和木材，施工麻烦，造价较高。因此，在某些较差的松软地基上采用扶壁式挡土墙还不能满足设计要求的情况下，宜采用空箱式挡土墙。

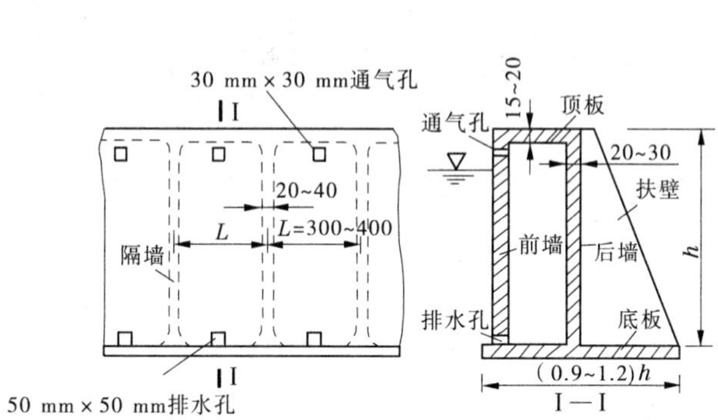

图 4-68　空箱式挡土墙　（单位：cm）

这种形式的底板宽度一般为墙高的 0. 8 ~1. 2 倍。其顶板按双向板或单向板计算，底板、扶壁的设计原则同扶壁式，前墙和后墙的设计原则同扶壁式的前墙。

教学单元八　单排架矩形钢筋混凝土渡槽计算实例

某渡槽根据槽址处的地质、地形条件和施工能力选用单排架矩形钢筋混凝土渡槽，跨长10 m，共13跨，总长130 m。

一、设计基本资料

（1）建筑物等级，Ⅳ级。

（2）上下游渠道水力要素：设计流量 $Q=2.5\ m^3/s$，相应水深 $h\ =1.41$ m，流速 $v\ =0.85$ m/s；加大流量 $Q\ =3.4\ m^3/s$，相应水深 $h\ =1.61$ m，流速 $v\ =0.914$ m/s。渠道底宽 $b=0.7$ m，边坡系数 $m\ =\ 1.0$ 。

（3）水文气象资料：沟内流量不大，可不考虑；多年平均气温13.2 ℃，最高气温43.3 ℃，最低气温 -15.8 ℃，最大冻土深度25 cm，最大风速20 m/s。

（4）地质资料：泥质胶结砂砾岩，断层较小，承载力［ σ ］=200 kPa，摩擦系数 $f=0.4$ 。

二、水力计算

（1）过水断面计算：选取纵坡 $i=1/700$，底宽 $B=1.60$ m，糙率 $n=0.014$，按明渠均匀流公式 $Q=\dfrac{1}{n}BhR^{2/3}i^{1/2}$ 进行试算求水深 h，计算结果为：

$Q=2.5\ m^3/s$ 时，$h=1.00$ m，$B/h=1.60$；

$Q=3.4\ m^3/s$ 时，$h=1.27$ m，$B/h=1.26$。

计算结果均符合 $B/h=\ 1.25\sim1.67$ 的要求。

（2）进口水面降落计算：参看图4-69，按淹没宽顶堰流量公式计算。已知 $Q=2.5\ m^3/s$，渠道行进流速 $v_0=0.85$ m/s，并设 $\sigma=0.9$，$\varphi=0.95$，则

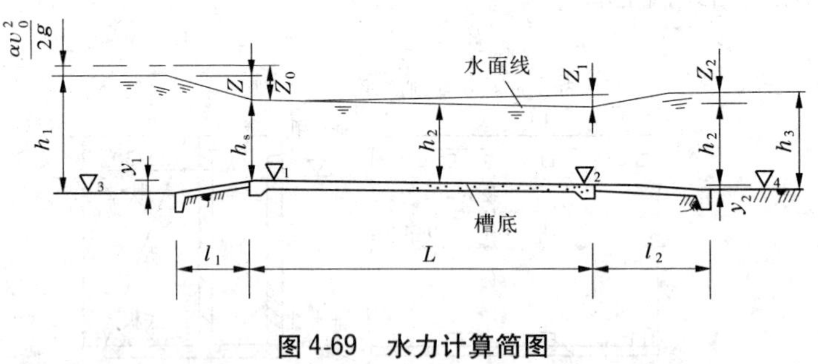

图4-69　水力计算简图

$$Z_0\ =\ \frac{Q^2}{(\sigma\varphi A\ \sqrt{2g})^2}\ =\ \frac{2.5^2}{(0.9\times0.95\times1.6\times1.0\times\ \sqrt{2\times9.8})^2}\ =\ 0.17(\mathrm{m})$$

$$Z\ =\ Z_0\ -\ \frac{\alpha v_0^2}{2g}\ =\ 0.17\ -\ \frac{1.0\times0.85^2}{2\times9.8}\ =\ 0.133(\mathrm{m})$$

（3）出口水面回升值为

$$Z_2 \approx \frac{1}{3}Z = 0.044(\mathrm{m})$$

(4)沿程水头损失为

$$Z_1 = Li = 130 \times \frac{1}{700} = 0.186(\mathrm{m})$$

(5)渡槽总水头损失为

$$\Delta Z = Z + Z_1 - Z_2 = 0.133 + 0.186 - 0.044 = 0.275(\mathrm{m})$$

因为渠系规划所规定的水头损失值为0.30 m,所以拟定的槽身纵坡和过水断面是适宜的。

(6)进出口高程的确定:已知渠内水深 $h_1 = h_3 = 1.41$ m,槽内水深 $h_2 = 1.0$ m,则:

进口抬高值　$y_1 = h_1 - Z - h_2 = 1.41 - 0.133 - 1.00 = 0.277\ (\mathrm{m})$

出口降低值　$y_2 = h_3 - Z_2 - h_2 = 1.41 - 0.044 - 1.00 = 0.366(\mathrm{m})$

进口渠底高程　$\nabla_3 = 765.556$ m

进口槽底高程　$\nabla_1 = \nabla_3 + y_1 = 765.556 + 0.277 = 765.833(\mathrm{m})$

出口渠底高程　$\nabla_2 = \nabla_1 - Z_1 = 765.833 - 0.186 = 765.647(\mathrm{m})$

出口渠道高程　$\nabla_4 = \nabla_2 - y_2 = 765.647 - 0.366 = 765.281(\mathrm{m})$

校核　$\nabla_3 - \nabla_4 = 765.556 - 765.281 = 0.275(\mathrm{m}) = \Delta Z$ 无误。

(7)进出口渐变段长度的确定:按中小型渡槽设计。

进出渐变段长度　$L_1 = 4h_1 = 4 \times 1.41 = 5.64(\mathrm{m})$

取 $L_1 = 6.0$ m。

出口渐变段长度　$L_2 = 6h_3 = 6 \times 1.41 = 8.46\ (\mathrm{m})$

取 $L_2 = 8.5$ m。

三、槽身横向结构计算

(1)横断面尺寸拟定:安全超高按式(4-15)计算

$$\Delta h = \frac{h}{12} + 5 = \frac{100}{12} + 5 = 13.3(\mathrm{cm})$$

$h + \Delta h = 1.00 + 0.133 = 1.133(\mathrm{m}) <$ 加大流量时水深 1.27 m,故按不影响加大流量拟定槽身高度,设拉杆断面为 8 cm × 8 cm,间距为 1.0 m,则槽内深度为 1.27 + 0.08 = 1.35(m),其他部分的尺寸根据已讲原则拟定,如图 4-70 所示。

(2)计算简图:沿槽身取单位长度为脱离体进行计算。计算简图如图 4-71 所示。

$$L = 1.60 + 0.15 = 1.75(\mathrm{m})$$

$$H = 1.27 + \frac{1}{2} \times 0.15 + \frac{1}{2} \times 0.08 = 1.385(\mathrm{m})$$

$$q_1 = \gamma H = 10 \times 1.385 = 13.85(\mathrm{kN/m})$$

$$q_2 = q_1 + \gamma_h t_{板} = 13.85 + 25 \times 0.15 = 17.6(\mathrm{kN/m})$$

(3)拉杆的轴向拉力:因此处 $I_{ab} = I_{ad}$,故

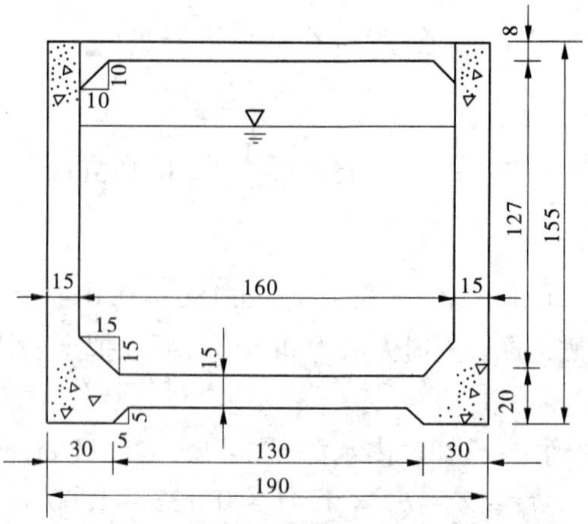

图 4-70　横断面尺寸　（单位:cm）

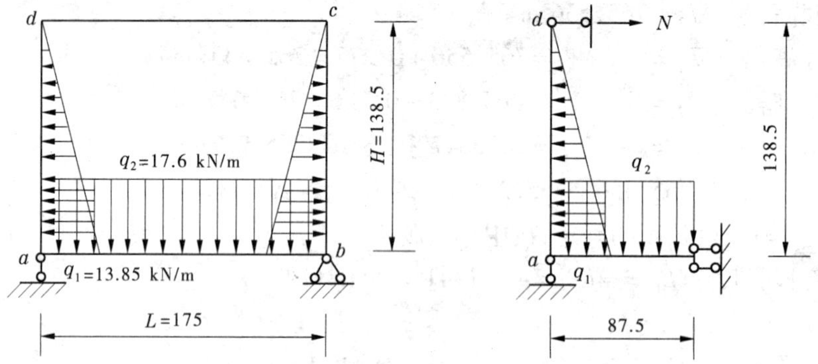

图 4-71　内力计算简图　（单位:cm）

$$N = \frac{0.2q_1H^2 + 0.5q_1HL - 0.25q_2L^3/H}{3L + 2H}$$

$$= \frac{0.2 \times 13.85 \times 1.385^2 + 0.5 \times 13.85 \times 1.385 \times 1.75 - 0.25 \times 17.6 \times 1.75^3/1.385}{3 \times 1.75 + 2 \times 1.385}$$

$$= 0.632(\text{kN})$$

(4)侧墙内力计算:拉杆内力求得后,侧墙可按底端固定的悬臂板计算内力,距墙顶 y 处的弯矩为

$$M_y = Ny - \frac{1}{6}\gamma y^3$$

最大正弯矩(外侧受拉)位置在 $Q = N - \frac{1}{2}\gamma y^2 = 0$ 处,即

$$y = \sqrt{\frac{2N}{\gamma}} = \sqrt{\frac{2 \times 0.632}{10}} = 0.356(\text{m})$$

$$M_{\max} = Ny - \frac{1}{6}\gamma y^3 = 0.632 \times 0.356 - \frac{1}{6} \times 10 \times 0.356^3 = 0.150(\text{kN} \cdot \text{m})$$

补角处($y = 1.16$ m)弯矩为

$$M = 0.632 \times 1.16 - \frac{1}{6} \times 10 \times 1.16^3 = -1.87(\text{kN} \cdot \text{m})$$

侧墙底端弯矩为

$$M_A = 0.632 \times 1.385 - \frac{1}{6} \times 10 \times 1.385^3 = -3.55(\text{kN} \cdot \text{m})$$

(5)侧墙配筋:侧墙由于竖向轴力很小,按受弯构件进行配筋计算。外侧受力钢筋按最大正弯矩 M_{max} 进行计算,内侧钢筋考虑补角的作用,按补角处弯矩 $M=1.87$ kN·m 计算。

混凝土强度等级为 C20 号,Ⅰ级钢,Ⅳ级建筑物 $K=1.35$,经计算内外侧需要的钢筋均很少,故按构造要求内外侧均配置Φ 6@250 钢筋,$A_g=2.01$ cm²/m。经过抗裂验算亦合乎要求。水平分布钢筋采用Φ 6@250。

(6)底板内力计算:计算简图如图 4-72 所示。图 4-72 中的轴向拉力等于侧墙底端的剪力,即

$$N_A = N_B = \frac{1}{2}\gamma H^2 - N = \frac{1}{2} \times 10 \times 1.385^2 - 0.632 = 8.96(\text{kN})$$

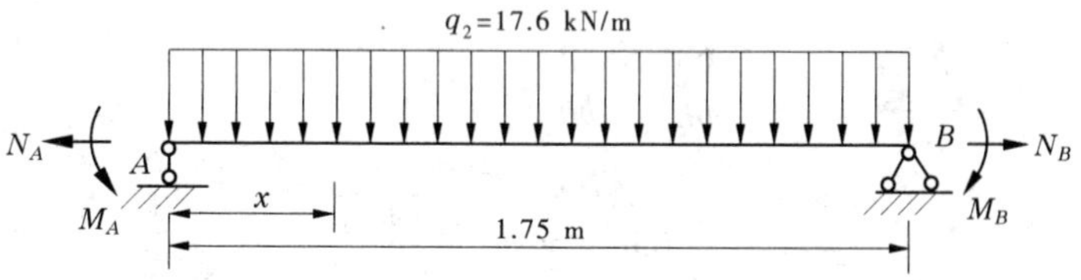

图 4-72 底板内力计算图

端弯矩为

$M_A=M_B=3.55$ kN·m,作用方向如图 4-72 所示。

跨中弯矩为

$$M_{中} = \frac{1}{8}q_2L^2 - M_A = \frac{1}{8} \times 17.6 \times 1.75^2 - 3.55 = 3.19(\text{kN} \cdot \text{m})$$

补角处(距支座 $x=0.275$ m 处)弯矩为

$$M_x = \frac{1}{2}q_2lx - \frac{1}{2}q_2x^2 - M_A = \frac{1}{2} \times 17.6 \times 1.75 \times 0.275 - \frac{1}{2} \times 17.6 \times 0.275^2 - 3.55$$

$$= 0.0195(\text{kN} \cdot \text{m})$$

(7)底板配筋计算:考虑补角的作用,端弯矩按补角内缘处的弯矩计算,由于其值较跨中内力小很多,可只按跨中内力进行配筋计算。已知 $M_{中}=3.19$ kN·m,$N=8.96$ kN,取 $a=a'=2$ cm,$h_0=13$ cm。

$$e_0 = \frac{M_{中}}{N} = \frac{3.19}{8.96} = 0.356 > \frac{h}{2} - a = \frac{0.15}{2} - 0.02 = 0.055(\text{m})$$

按大偏心受拉计算,即

$$e = e_0 - \frac{h}{2} + a = 0.356 - \frac{0.15}{2} + 0.02 = 0.301(\text{m}) = 30.1\ \text{cm}$$

$$A'_g = \frac{KNe - 0.4bh_0^2 f_{ck}}{f_{yk}(h_0 - a')} = \frac{1.35 \times 8.96 \times 0.301 - 0.4 \times 1.0 \times 0.13^2 \times 14\,000}{240\,000 \times (0.13 - 0.02)} < 0$$

按构造配筋,取 $\mu_{min}=0.1\%$,则 $A'_g=100 \times 13 \times 0.001=1.3$(cm²/m),选用Φ 9@250,

实际 $A_g' = 2.54\ \text{cm}^2/\text{m}$。

按 $A_g' = 0$，求 A_g 步骤如下：

$$A_0 = \frac{KNe}{bh_0^2 f_{ck}} = \frac{1.35 \times 8.96 \times 0.301}{1.0 \times 0.13^2 \times 14\,000} = 0.015\,4$$

$$a = 1 - \sqrt{1 - 2A_0} = 1 - \sqrt{1 - 2 \times 0.015\,4} = 0.015\,5$$

$$A_g = a\frac{f_{ck}}{f_{yk}}bh_0 + \frac{KN}{f_{ck}} = 0.015\,5 \times \frac{14\,000}{240\,000} \times 1.0 \times 0.13 + \frac{1.35 \times 8.96}{240\,000}$$

$$= 1.679 \times 10^{-4}(\text{m}^2/\text{m}) = 1.679\ \text{cm}^2/\text{m}$$

选用 Φ 9@250，$A_g = 2.54\ \text{cm}^2/\text{m}$，说明不计 A_g' 的作用可以。

(8)底板抗裂验算：取底板跨中截面进行验算，计算公式为

$$\frac{M(h - x_0)}{I_0} + \frac{\gamma N}{A_0} \leqslant \frac{\gamma R_f}{[K_f]}$$

近似式为

$$\frac{6M}{bh^2} + \frac{\gamma N}{bh} \leqslant \frac{\gamma R_f}{[K_f]}$$

或

$$K_f = \frac{\gamma R_f bh^2}{6M + \gamma Nh} \geqslant [K_f]$$

其中 $\gamma = 1.55 \times (1.1 - 0.1h) = 1.682$，$R_f = 1\,600$ kPa，$[K_f] = 1.05$，$h = 0.15$ m，$b = 1.00$ m，$M = 3.19$ kN·m，$N = 8.96$ kN。

代入 $K_f = \dfrac{\gamma R_f bh^2}{6M + \gamma Nh} = 2.83 > [K_f] = 1.05$，满足抗裂要求。

四、槽身纵向结构计算

槽身纵向为一简支梁，按通过加大流量情况进行计算(设计情况略)。

(1)内力计算：设槽身与支柱搭接长度 a 为 0.5 m，故槽身净跨为 $L_0 = 10 - 1 = 9$(m)。计算跨度取 $L_0 + a$ 和 $1.05L_0$ 中的较小者。

$$L = L_0 + a = 9.0 + 0.5 = 9.5(\text{m})$$

$$L = 1.05L_0 = 1.05 \times 9.0 = 9.45(\text{m})\text{(取用值)}$$

荷载计算参数见图 4-70。

拉杆自重为

$$q_1 = 25 \times 0.08^2 \times 1.6 \times 1.0 = 0.256(\text{kN/m})$$

侧墙自重为

$$q_2 = 25 \times \left(0.15 \times 1.55 + \frac{1}{2} \times 0.15^2 + \frac{1}{2} \times 0.1^2 + 0.05 \times 0.175\right) \times 2$$

$$= 12.875(\text{kN/m})$$

$$q_3 = 25 \times 0.15 \times 1.6 \times 1.0 = 6.0(\text{kN/m})$$

槽内水重(未扣除补角排开的水重)为

$$q_4 = 10 \times 1.6 \times 1.27 = 20.32(\text{kN/m})$$

合计为

$$q = q_1 + q_2 + q_3 + q_4 = 39.451(\text{kN/m})$$

计算简图如图 4-73 所示。

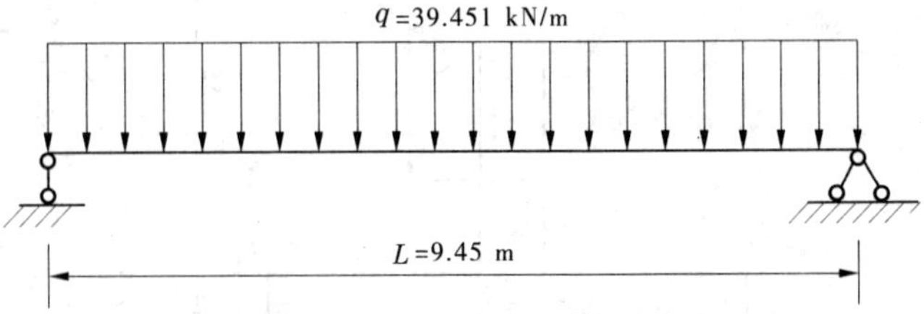

图 4-73　槽身纵向计算简图

跨中最大弯矩为

$$M_{\max} = \frac{1}{8}qL^2 = \frac{1}{8} \times 39.451 \times 9.45^2 = 440.38(\text{kN} \cdot \text{m})$$

最大剪力为

$$Q = \frac{1}{2}qL_0 = \frac{1}{2} \times 39.451 \times 9.0 = 177.53(\text{kN})$$

(2)纵向配筋计算:因渡槽底板在受拉区,故槽身在纵向按 $h = 1.55$ m、$b = 0.30$ m 的矩形梁进行配筋计算。考虑排两排钢筋,$h_0 = 1.55 - 0.08 = 1.47(\text{m})$。

$$A_0 = \frac{KM_{\max}}{bh_0^2 f_{ck}} = \frac{1.35 \times 440.38}{0.3 \times 1.47^2 \times 14\,000} = 0.066$$

$$a = 1 - \sqrt{1 - 2A_0} = 1 - \sqrt{1 - 2 \times 0.066} = 0.068\,3$$

$$A_g = a\frac{f_{ck}}{f_{yk}}bh_0 = 0.068\,3 \times \frac{14\,000}{240\,000} \times 0.3 \times 1.47$$

$$= 17.57 \times 10^{-4}(\text{m}^2/\text{m}) = 17.57\ \text{cm}^2/\text{m}$$

选用 12 Φ 14,$A_g = 18.47\ \text{cm}^2/\text{m}$。

(3)抗裂验算:忽略补角的作用,将槽身横断面简化为如图 4-74 所示。可先设 $A_g = A'_g = 0$,验算抗裂度,若不满足要求,再计入钢筋的作用重新验算。

截面面积为

$$A_0 = 0.3 \times 1.55 + 1.6 \times 0.15 = 0.705(\text{m}^2)$$

中性轴位置为

$$x_0 = \frac{\frac{bh^2}{2} + (b'_i - b)h'_i(h_1 - \frac{h'_i}{2})}{A_0}$$

$$= \frac{\frac{0.3 \times 1.55^2}{2} + (1.9 - 0.3) \times 0.15 \times (1.5 - \frac{0.15}{2})}{0.705} = 0.996(\text{m})$$

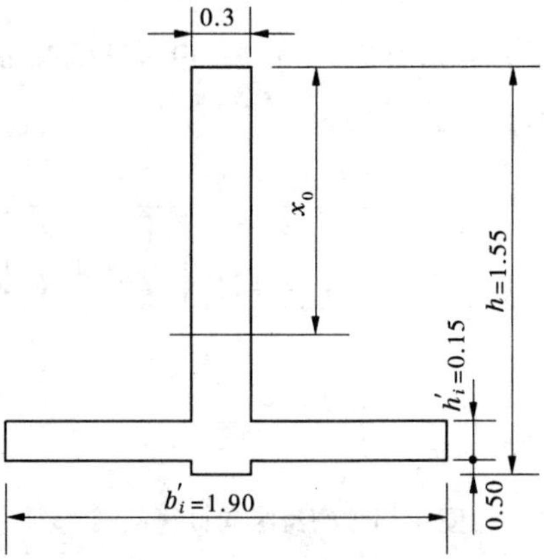

图 4-74　抗裂验算断面简图　（单位：m）

对中性轴的惯性矩为

$$I_0 = \frac{1}{3}bx_0^3 + \frac{1}{3}b(h - x_0)^3 + \frac{1}{12}(b_i' - b)h_i'^3 + (b_i' - b)h_i'(h_1 - x_0 - \frac{h_i'}{2})^2$$

$$= \frac{1}{3} \times 0.3 \times 0.996^3 + \frac{1}{3} \times 0.3 \times (1.55 - 0.996)^3 + \frac{1}{12} \times (1.9 - 0.3) \times$$

$$0.15^3 + (1.9 - 0.3) \times 0.15 \times (1.5 - 0.996 - \frac{0.15}{2})^2$$

$$= 0.160(\text{m}^4)$$

边缘拉应力为

$$\sigma_1 = \frac{M_{\max}(h - x_0)}{I_0} = \frac{440.38 \times (1.55 - 0.996)}{0.160} = 1\ 524.82(\text{kPa})$$

根据$\frac{b_i'}{b} = \frac{1.9}{0.3} = 6.3 > 2$和$\frac{h_i'}{h} = \frac{0.15}{1.55} = 0.097 < 0.2$，查得$\gamma' = 1.4$，$\gamma = \gamma'(1.1 - 0.1h) = 1.4 \times (1.1 - 0.1 \times 1.55) = 1.32$，所以允许边缘拉应力$[\sigma_1]$为

$$[\sigma_1] = \frac{\gamma R_f}{K_f} = \frac{1.32 \times 1\ 600}{1.05} = 2\ 011(\text{kPa}) > \sigma_1 = 1\ 524.82\ \text{kPa}$$

抗裂安全。

(4)斜截面强度验算：已知剪力 $V = 177.53$ kN，$KV = 1.4 \times 177.53 = 248.54(\text{kN})$。

验算截面尺寸是否合适，即

$$0.3R_a bh_0 = 0.3 \times 11\ 000 \times 0.3 \times 1.47 = 1\ 455.3(\text{kN}) > KV(\text{合适})$$

验算是否需要按计算配置腹筋，即

$$0.07R_a bh_0 = 0.07 \times 11\ 000 \times 0.3 \times 1.47 = 339.57(\text{kN}) > KV(\text{不需要})$$

实际侧墙的竖向受力筋可以起腹筋作用，但为固定纵向受力筋位置，仍在两侧均配置Φ 6@330 的封闭箍筋，槽身配筋的横断面图如图 4-75 所示。

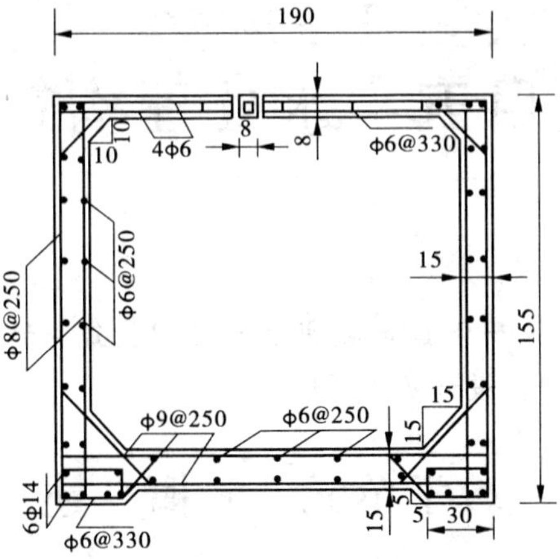

图 4-75　断面配筋图　（单位:cm）

小　结

本项目主要讲述了常见的输水建筑物渠道、输水管道、渡槽、涵洞、倒虹吸管及水闸等。在介绍每个建筑物时,详细地阐述了这些建筑物的概念、作用、分类、构造及水力计算等,内容涉及学科比较多。因此,学习本项目内容,应从各输水建筑物的基本概念和工作特点及类型入手,结合土力学、水力学、工程水文学及工程力学等学科,循序渐进,逐步学习和深入。有条件时,可以结合实际和工程模型进行学习。

复习题

1. 什么叫输水建筑物？输水建筑物的要求是什么？
2. 如何进行渠道线路布置？渠道防渗措施有哪些？
3. 什么叫输水管道？坝下涵管的组成和工作特点是什么？
4. 简述涵洞的作用和组成。如何分类？
5. 什么叫渡槽？简述渡槽的组成。
6. 渡槽的整体布置包含哪些内容？
7. 什么叫倒虹吸管？其布置形式有哪些？
8. 倒虹吸管进出口布置包含哪些内容？
9. 什么是水闸？水闸如何分类？
10. 水闸消能防冲设计的目的、任务分别是什么？
11. 闸基渗流的危害有哪些？渗流计算的目的是什么？
12. 水闸稳定计算的内容有哪些？如何提高闸室的抗滑稳定性？

项目五　水处理构筑物

学习目标

了解水处理工艺的特点和分类情况，熟悉水处理构筑物的类型和构造、适用条件，掌握典型水处理构筑物的构造、设计基本原理。

教学单元一　概　述

一、给水处理基本方法

城市给水处理的目的是去除原水中悬浮物质、胶体、病菌，以及水中其他有害身体健康和影响工业生产的有害杂质，使处理后的水质满足现行生活引用水水质标准和工业生产用水水质的要求。下面分别介绍给水处理的基本方法。

（一）水的混凝

天然水中细微浑浊物质是以分散的胶体微粒状态存在的，其中主要是黏土微粒。这些单体的细小微粒，长久不能下沉，并且由于带有同名负电荷，互相排斥而不能相互凝聚。因此，它们在水中由于受水分子热运动的冲击而作无规则的布朗运动，在水中均匀扩散产生无规则的漫射现象，呈现浑浊并保持胶体分散几乎不变的稳定性质。

水的混凝处理的目的，就是借助于混凝剂的作用，压缩水中胶体扩散层，降低电位，使之脱稳，并在吸附引力作用下，使胶体和胶体间、胶体与混凝剂的水解胶体间相互凝聚，并且吸附水中悬浮物质、部分细菌和溶解物质，生成较大的绒体（通称矾花），为随后在沉淀池或澄清池中的固液分离创造良好的条件，使水由浑变清。

（二）水的沉淀

原水加入混凝剂后，经过混合、反应，水中胶体杂质与细小悬浮物质凝聚和絮凝成较大的矾花颗粒，要进一步在沉淀池中去除。水中胶体杂质颗粒的沉淀特性与其组成、颗粒大小、比重、形状以及沉淀设备的水力条件（如水流流态、水温等因素）有关。当水中杂质颗粒深度较小，沉淀不受邻近颗粒及容器器壁的影响时，称为自由沉淀。

常用的沉淀设备基本上分两大类：一类称为沉淀池，另一类称为澄清池。沉淀池只起使矾花或其他杂质下沉的作用。对于混凝沉淀，沉淀池建在反应池的后面。澄清池具有的特点是利用有吸附能力的活性泥渣，加强混凝反应过程，从而加速固液分离，提高澄清效率，并且在单一构筑物中完成混合、反应、沉淀三个工艺过程。

（三）水的过滤

水的过滤处理是使水流入装有滤料的过滤池，通过滤料层的吸附、筛滤、沉淀等作用，截留水中杂质，使水得到澄清。在城市水厂中过滤通常作为澄清的最后处理手段，一般处理沉淀后的水，其进水浊度应在 20 mg/L 以下。当原水水质较清时，采用直接混凝过滤，称为接触过滤法。

滤池分为重力式和压力式两种。城市水厂中多采用重力式滤池，如普通快滤池、双层和多层滤料滤池、重力式无阀滤池、虹吸滤池和移动冲洗罩滤池等。压力式滤池多用于中小型工业企业以及城市地下水除铁水厂等。

（四）水的消毒

为了保证饮水卫生，生活饮用水中必须不含病原菌，因此生活饮用水需要消毒。

消毒的方法有物理方法和化学方法。属于物理方法的有加热、紫外线、超声波、激光和放射线等方法；属于化学方法的有氯消毒法、臭氧消毒法、过锰酸钾和重金属离子（铜、银等）法等，但目前广泛采用的方法仍是氯消毒法，一般采用液氯或漂白粉。

（五）水的其他处理方法

1. 软化

软化是指降低水的硬度的处理过程，也就是为了减少水中钙、镁盐类的浓度。软化的方法很多，它的选择主要取决于原水水质和所需要的软化程度。

软化的方法有加热法、药剂软化法、离子交换法。药剂软化法是使水中的 Ca^{2+}、Mg^{2+} 和加入的药剂化合生成不溶解化合物；离子交换法是使原水与离子交换剂接触，交换剂中 Na^{+} 或 H^{+} 能将水中的 Ca^{2+}、Mg^{2+} 交换出来，从而降低水的硬度。

2. 除铁和除锰

1）除铁

生活用水水质标准规定：铁含量不超过 0.3 mg/L，锰含量不超过 0.1 mg/L。当水中含重碳酸铁时，常采用曝气石英砂过滤法和天然锰砂接触催化法除铁；当水中含有硫酸亚铁时，可采用石灰碱化法除铁；当地下水中含有机铁时，可采用氯氧化法或混凝法除铁。去除水中重碳酸铁亦可采用天然锰砂接触催化法除铁系统，它由曝气溶氧和锰砂过滤组成。

2）除锰

锰的存在形态与铁基本相同，只是在某些反应条件上比除铁要求更高。除锰一般有如下特点：采用强氧化剂氧化法，加氯或加高锰酸钾可以获得很好的除锰效果；原水中含铁又含锰时，可先经曝气、锰砂过滤法除铁，然后把除铁的水加氯氧化，再经过一次锰砂过滤除锰；当石英砂表面为高价锰的氧化物（黑色沉淀物）所包裹时，采用“黑砂”除锰，具有良好除锰能力。

（六）给水处理工艺流程的选择

城市或村镇给水处理工艺流程的选择，应根据天然水源水质和我国颁布的现行生活饮用水卫生标准或生产用水水质要求标准进行。在对天然水源水质进行充分调查研究的基础上，可选用不同的给水处理工艺流程进行水质处理，以满足用户对水质的要求。

当采用地面水作为城市生活饮用水水源时，其处理工艺流程通常包括混凝沉淀、过滤和消毒。

对于高浊度水的处理，通常在上述工艺流程基础上还要加入自然沉淀或两级混凝沉淀处理。图 5-1 为高浊度地面水源生活饮用水处理工艺流程。

图 5-1 中预氯化的目的在于破坏高分子有机化合物对水中胶体的保护作用，以便使混凝过程能顺利进行。

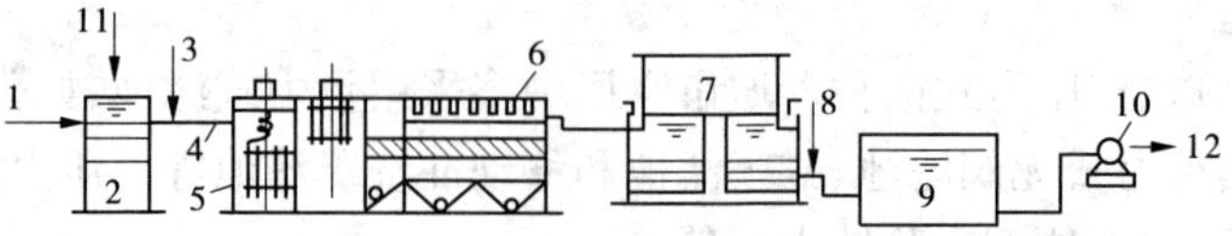

1—高浊度地面水源来水;2—自然沉淀;3—混凝加药;4—管道混合;5—反应池;6—沉淀池;
7—过滤池;8—加氯消毒;9—清水池;10—二级泵站;11—预氯化;12—至管网

图 5-1　高浊度地面水源生活饮用水处理工艺流程

采用地面水作为生活饮用水水源时,根据实践经验,给水处理工艺流程可参考表 5-1 进行选择。

表 5-1　给水处理工艺流程参考表(地面水)

条件	给水处理流程
小型给水,原水浊度一般不大于 100 ~ 150 mg/L,水质变化不大,没有藻类	原水→接触过滤→消毒 原水→澄清→消毒
原水浊度不大于 2 000 ~ 3 000 mg/L,短期内达 5 000 ~ 10 000 mg/L	原水→混凝沉淀→过滤→消毒(或澄清)
山溪河流,浊度经常较小,洪水时含大量泥沙	原水→混凝沉淀或澄清→过滤→消毒 原水→预处理→接触过滤→消毒
高浊度水	原水→预处理→混凝沉淀或澄清→过滤→消毒
浊度底,色度高的原水(如湖水、蓄水库水)	原水→一次过滤(粗滤)→二次过滤→消毒

工业冷却用水的水质只要求悬浮物含量低时,在河水含砂量不高的情况下,有时只需经过自然沉淀就可达到要求,但在河水含砂量很高的情况下,就需要采用自然沉淀和混凝沉淀两步处理后,方能满足工业冷却水质的要求。因此,应视具体情况进行给水处理工艺的选择。

对于水质要求相当于生活饮用水标准的工业用水,可采用生活饮用水的处理工艺流程,消毒与否应根据生产需要而定。

地下水作为生活饮用水水源时,若其水质良好,则经消毒处理后,即可供生活饮用。

当用做生活饮用水源的地下水中铁、锰含量超过《生活饮用水卫生标准》(GB 5749—2006)时,应考虑水的除铁、除锰处理。地下水除铁、除锰工艺流程的选择及构筑物组成,应根据原水水质、处理后水质要求,除铁、除锰试验资料或参照水质相似的运行水厂经验来进行。图 5-2 为我国某城市地下水天然锰砂除铁水厂工艺流程。

地下水除铁一般采用接触氧化法或曝气氧化法。当受硅酸盐影响时,应采用接触氧化法。接触氧化法的工艺流程是:原水曝气→接触氧化过滤。曝气后水的 pH 值宜达到 6.0 以上。曝气氧化法的工艺流程是:原水曝气→氧化→过滤。此时曝气后水的 pH 值宜达到 7.0 以上。

地下水除锰宜采用接触氧化法,其工艺流程因条件不同而异。当原水含铁量低于 2.0 mg/L,含锰量低于 1.5 mg/L 时,可采用的工艺流程是:曝气→过滤除铁、除锰。当原水含铁量或含锰量超过上述数值时,应通过试验研究确定,必要时可采用如下工艺流程:

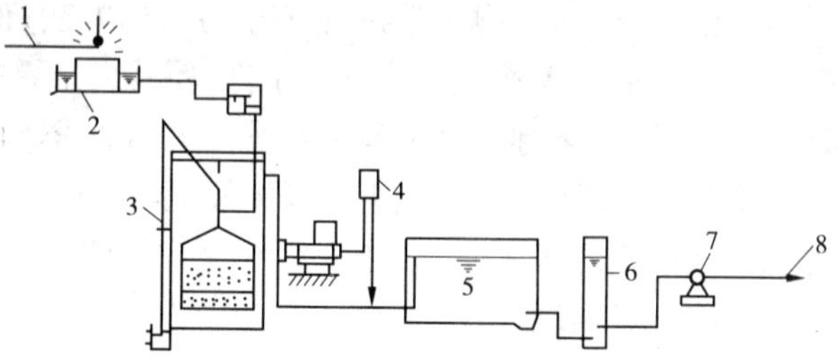

1—地下水;2—两级跌水曝气充氧;3—天然锰砂滤池;4—消毒;
5—清水池;6—吸水井;7—二级泵站;8—出水管

图 5-2 我国某城市地下水天然锰砂除铁水厂工艺流程

原水曝气→氧化→过滤除铁→过滤除锰。

当除铁受硅酸盐影响时,应进行试验研究,必要时可采用如下工艺流程:原水曝气→过滤除铁(接触氧化)→曝气→过滤除锰。通常除锰滤前水的 pH 值宜在 7.5 以上,二级除锰滤池的滤前水中含铁量通常控制在 0.5 mg/L 以下。

如果天然水中硬度高,则需要进行软水处理。当有混凝沉淀设施时,其工艺流程可采用药剂法软化,同时澄清处理以去除水中悬浮物和重碳酸盐硬度。如果天然水无需澄清,则软化处理流程可采用阳离子交换法。

二、城市污水处理与利用的基本方法

城市污水中含有许多有害及有用的物质,需经处理后才能排放。通常污水处理的内容包括固液分离、有机物和可氧化物的氧化、酸碱中和、去除有毒物质、回收有用物质等。相应的污水处理与利用的方法一般可归纳为物理法、生物法、化学法三类。对于城市污水的处理,普遍采用前两类方法,化学法通常用于工业废水处理。

城市污水处理按处理程度通常划分为一级、二级、三级。一级处理是去除污水中呈悬浮状态的固体污染物质,通常用物理法处理。二级处理的主要任务是大幅度地去除污水中呈胶体和溶解状态的有机性污染物质,通常用生物法处理。三级处理的目的在于进一步去除二级处理未能去除的某些污染物质,所使用的处理方法随目的而异,如除氮、除磷以防止受纳水体的富营养化,进一步去除悬浮固体的双层滤料过滤,以降低 BOD 等。一般情况下,城市污水通过一、二级处理后基本上能达到国家规定排放水体的标准,三级处理用于对排放标准要求特别高的水体或为了使污水处理后回用。

(一)城市污水的物理法处理

物理法处理主要是利用物理作用分离去除污水中呈悬浮状态的固体污染物质,在整个处理过程中不发生任何化学变化。属于这类处理方法的有重力分离法、离心分离法、过滤法等。对于城市污水处理,常用的是筛滤(格栅、筛网)与沉淀(沉砂池、沉淀池),习惯上也称机械处理。

(二)城市污水的生物法处理

生物法处理是利用微生物的生命活动,将污水中的有机物分解氧化为稳定的无机物,使污水得到净化。其主要用来去除污水中胶体和溶解性的有机物质。

生物法处理分天然生物处理和人工生物处理两类。天然生物处理就是利用土壤或水体中的微生物，在自然条件下进行的生物化学过程净化污水的方法，例如灌溉田、生物塘等。人工生物处理是人为地创造微生物生活的有利条件，使其大量繁殖，提高净化污水的效率。此外，根据微生物在分解氧化有机物过程中对游离氧的要求不同，生物法处理又可分为好氧生物处理和厌氧生物处理。污水处理常采用好氧法，污泥处理常采用厌氧法。生物法处理在城市污水处理中广泛采用，通常作为污水经物理法处理后的进一步处理措施，提高污水处理程度，又称二级处理。

（三）城市污水的消毒

污水经过物理法处理、生物法处理后，病原细菌含量减少很多，但仍然存在，若直接排入水体，则可能会污染水体、影响卫生、传播疾病。因此，污水在排入水体之前，必须进行消毒。

（四）污水灌溉与养殖

污水灌溉与养殖是天然生物处理的具体应用，是城市污水综合利用的一种途径。

教学单元二　典型水处理构筑物的构造、设计基本原理

一、沉砂池

（一）沉砂池的作用与分类

沉砂池的作用是去除密度较大的无机颗粒。一般设在初沉池前，或泵站、倒虹吸管前。常用的沉砂池有平流式沉砂池、曝气沉砂池、多尔沉砂池、涡流式沉砂池和竖流式沉砂池等。平流式沉砂池构造简单，处理效果较好，工作稳定，但沉砂中夹杂一些有机物，易于腐化散发臭味，难以处置，并且对有机物包裹的砂粒去除效果不好。曝气沉砂池在曝气的作用下颗粒之间产生摩擦，将包裹在颗粒表面的有机物除掉，产生洁净的沉砂，同时提高颗粒的去除效率。多尔沉砂池设置了一个洗砂槽，可产生洁净的沉砂。涡流式沉砂池依靠电动机械转盘和斜坡式叶片，利用离心力将砂粒甩向池壁去除，并将有机物脱除。后三种沉砂池在一定程度上克服了平流式沉砂池的缺点，但构造比平流式沉砂池复杂。竖流式沉砂池通常用于去除较粗（粒径在0.6 mm以上）的砂粒，结构也比较复杂，目前生产中采用较少。实际工程中一般多采用曝气沉砂池。

（二）沉砂池设计的一般规定

1. 设计流量

沉砂池的设计流量应按分期建设考虑。当污水为自流进入时，设计流量为每期工作泵的最大设计流量；当污水为提升进入时，设计流量为每期工作泵的最大组合流量；对于合流制系统，设计流量应包括雨水量。

2. 去除的砂粒

沉砂池按去除密度为2.65 g/cm^3、粒径为0.2 mm以上的砂粒设计。

3. 沉砂量与沉砂斗

城市污水的沉砂量可按每10 m^3 污水沉砂30 m^3 计算，其含水率为60%，密度为1 500 kg/m^3；合流制污水的沉砂量应视具体情况确定。沉砂斗的容积应按不大于2 d的

沉砂量计算，砂斗的斗壁与水平的倾角不应小于55°。

4. 除砂方法

除砂宜采用机械方法，并设置贮砂池和晒砂场。采用人工排砂时，排砂直径不应小于200 mm。

（三）平流式沉砂池的设计与计算

1. 平流式沉砂池的构造

平流式沉砂池平面为长方形，横断面多为矩形，一般是一渠两池。沉渣的排除方式有机械排砂和重力排砂。图5-3为多斗式平流式沉砂池工艺图。

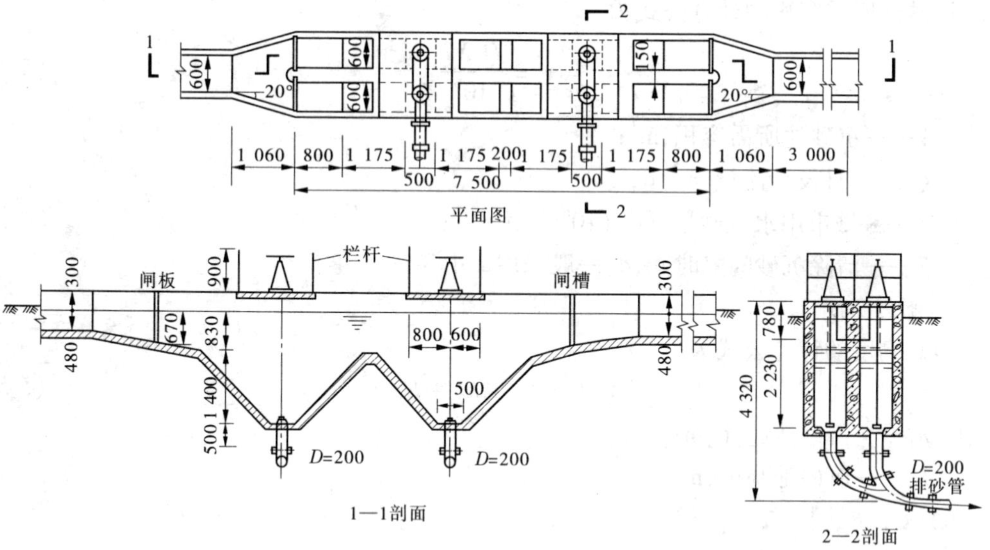

图5-3 多斗式平流式沉砂池工艺图 （单位:mm）

2. 平流式沉砂池设计与计算

1）池长

池长的计算公式为

$$L = vt \tag{5-1}$$

式中 L——沉砂池长度，m；

v——最大设计流量时水平流速，m/s，一般取0.3 m/s；

t——最大设计流量时流动时间，s，不小于30 s，一般采用30～60 s。

2）过水断面

过水断面面积的计算公式为

$$A = \frac{Q_{\max}}{v} \tag{5-2}$$

式中 A——沉砂池过水断面面积，m^2；

$Q_{\max}$——最大设计流量，m^3/s；

v——最大设计流量时的水平流速，m/s，一般取0.3 m/s。

3）池总宽度

池总宽度的计算公式为

$$B = \frac{A}{h_2} \tag{5-3}$$

式中 B——沉砂池总宽度,m;

A——沉砂池过水断面面积,m^2;

h_2——沉砂池有效水深,m,不大于 1.2 m,一般采用 0.25 ~1 m。

沉砂池的分格数不能少于 2 个,每格的宽度不宜小于 0.6 m。当水量较小时,沉砂池也应采用 2 个格,1 个格工作,1 个格备用。但每个格均应按最大设计流量计算。

4)沉砂池所需容积

沉砂池所需容积的计算公式为

$$V = \frac{Q_p XT}{10^6} \tag{5-4}$$

式中 V——沉砂池所需容积,m^3;

Q_p——日设计流量,m^3/d;

X——城市用水沉砂量,$m^3/(10^6 m^3$ 污水);

T——清除沉砂间隔时间,d,一般采用 2 d。

5)池总高度

池总高度的计算公式为

$$H = h_1 + h_2 + h_3 \tag{5-5}$$

式中 h_1——沉砂池超高,m;

h_3——沉砂池高度,m。

6)最小流速校核

最小流速按下式校验

$$v_{\min} = \frac{Q_{\min}}{n_1 A_{\min}} \tag{5-6}$$

式中 $v_{\min}$——沉砂池最小流速,m/s;

$Q_{\min}$——最小流量,m^3/s;

$A_{\min}$——最小流量时沉砂池中水流断面面积,m^2;

n_1——最小流量时工作的沉砂池数目,个。

7)其他设计要求

池底坡度一般为 0.01 ~0.2。当设置除砂设备时,可根据设备要求考虑池底形状。进水头部应采用消能和整流措施。

二、混合池

原水中加入混凝剂后,应在短时间内将药剂充分、均匀地扩散于水体中,这一过程称为混合。混合是取得良好絮凝效果的重要前提。影响混合效果的因素有很多(如药剂的品种、浓度,原水的温度,水中颗粒的性质、大小等),采用的混合方式是最主要的影响因素。混合设备的基本要求是药剂与水的混合快速均匀。

水力混合是混合的主要方式之一,其使用的设备简单,混合效果好,适用于大中型水厂。

(一)隔板混合池

隔板混合是利用水流曲折行进所产生的湍流进行混合,其构造见图5-4。一般有3块隔板的窄长型水槽,隔板间距为槽宽的2倍。最后一道隔板后的槽中水深不小于0.4~0.5 m,该处槽中流速为0.6 m/s。缝隙处的流速 $v=1$ m/s。每个缝隙处的水头损失为 $0.13v^2$,一般总水头损失为0.39 m。为了避免进入空气,缝隙必须具有100~150 mm的淹没水深。

(二)来回隔板混合池

来回隔板混合池适用于水量大于30 000 m^3/d 的水厂,其构造见图5-5。隔板数为6~7块,间距不小于0.7 m,停留时间为1.5 min。

水在隔板间流速 $v=0.9$ m/s。总水头损失为 $0.15v^2s$ (s 为转弯次数)。

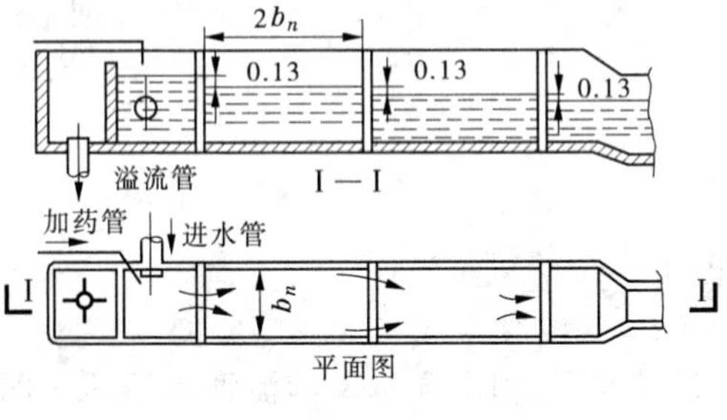

图5-4　隔板混合池　(单位:m)

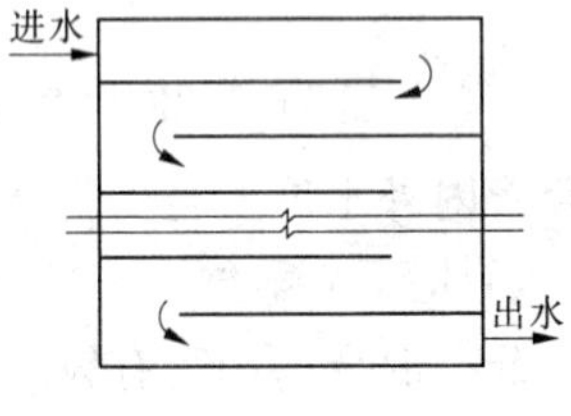

图5-5　来回隔板混合池

(三)涡流式混合池

涡流式混合池平面为正方形或圆形,与之对应的下部为倒金字塔形或圆锥形,中心角为30°~45°,其构造见图5-6。

进口处上升流速为1.0~1.5 m/s。混合池出口处流速为25 mm/s。停留时间不大于2 min,一般可用1.0~1.5 min。

涡流式混合池适用于中小型水厂,特别适用于石灰乳的混合。单池处理能力不大于1 200~1 500 m^3/h。

(四)穿孔混合池

穿孔混合池一般为设有3块隔板的矩形水池,隔板上有较多的孔眼,以形成涡流,其构造见图5-7。

最后一道隔板后的槽中水深不小于0.4~0.5 m,该槽中水流速度为0.6 m/s。隔板间距等于槽宽。

为了避免进入空气,孔眼必须具有100~150 mm的淹没水深。孔眼的直径 $d=20$~120 mm,孔眼间距为(1.5~2.0)d,流速为1.0 m/s。

穿孔混合池适用于1 000 m^3/h 以下的水厂,不适用于石灰乳或其他有较大渣子的药剂混合,以免孔口被堵塞。

(五)跌水混合

跌水混合是利用水流在跌水过程中产生的巨大冲击达到混合的效果。其构造为在混合池的输水管上加装一活动套管,混合的最佳效果可以由调节活动套管的高低来达到,其构造见图5-8。

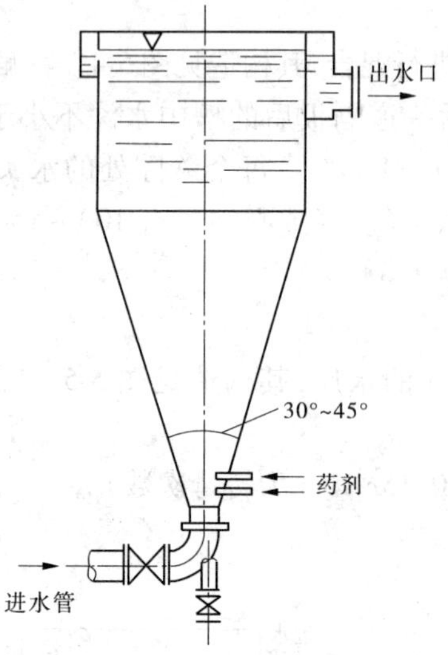

图 5-6 涡流式混合池

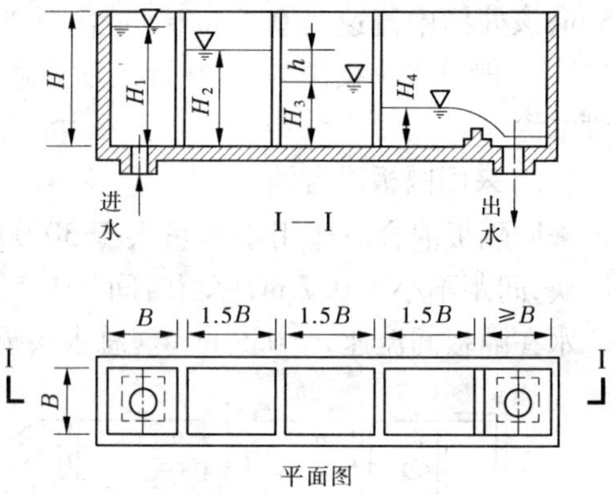

图 5-7 穿孔混合池

套管内外水位差至少为 0.3 ~0.4 m,最大不超过 1 m。

(六)水跃式混合

水跃式混合适用于有较大水头的大中型水厂,利用 3 m/s 的流速迅速流下时所产生的水跃进行混合。水头差至少要在 0.5 m 以上,其构造见图 5-9。

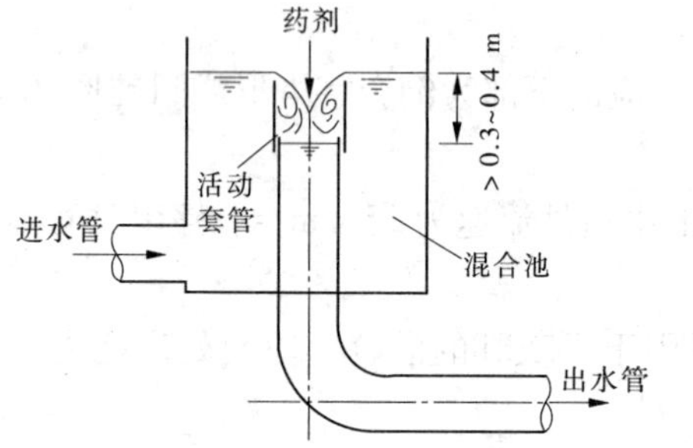

图 5-8 跌水混合池

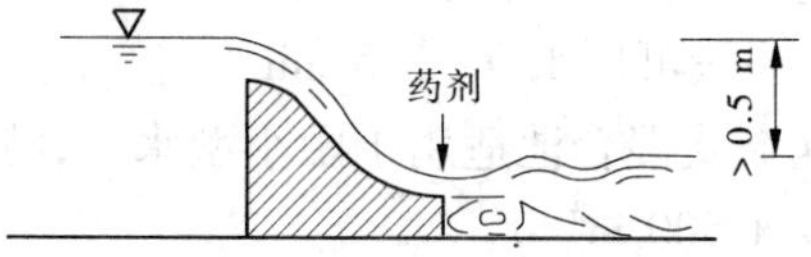

图 5-9 水跃式混合

三、絮凝池

絮凝过程就是在外力作用下具有絮凝性能的微絮粒相互接触碰撞,从而形成更大的稳定的絮粒,以适应沉降分离的要求。为了达到完善的絮凝效果,在絮凝过程中要给水流适当的能量,增加颗粒碰撞的机会,并且不使已经形成的絮粒破坏。絮凝过程需要足够的反应时间。在水处理构筑物中絮凝池是完成絮凝过程的设备,它接在混合池后面,是混凝过程的最终设备。通常与沉淀池合建。

絮凝的形式近年来有很多,大致可以按照能量的输入方式不同分为水力絮凝和机械搅拌絮凝两类。

水力絮凝是利用水流自身的能量,通过流动过程中的阻力给液体输入能量。其水力式搅拌强度随水量的减小而变弱。目前,水力絮凝的形式主要有隔板絮凝、折板絮凝、网格絮凝和穿孔旋流絮凝。相应的构筑物为隔板絮凝池、折板絮凝池、网格絮凝池、穿孔旋流絮凝池。

机械絮凝是通过电机或其他动力带动叶片进行搅动,使水流产生一定的速度梯度。絮凝过程不消耗水流自身的能量,其机械搅拌强度可以随水量的变化进行相应的调节。

选择絮凝池的形式主要考虑絮凝效果、处理水量规模、原水水质条件、工程造价和经常费用、水厂的运行经验等因素。

下面详细介绍隔板絮凝池。

隔板絮凝池是较常用的一种絮凝池,分为往复式和回转式两种。

往复式隔板絮凝池中,水流以一定速度在隔板之间来回往复通过,在转折处作180°转弯,水流速度由大逐渐减小。往复式隔板絮凝池在转折处局部水头损失较大,在絮凝后絮凝体容易破碎。

回转式隔板絮凝池中,水流从池的中间进入,逐渐回流转向外侧,在转折处作90°转弯。回转式隔板絮凝池的局部水头损失大大减小,有利于避免絮粒被破坏,但是减少了颗粒的碰撞机会。

考虑到上述两种絮凝池的优缺点及絮凝效果,可以将两种絮凝池相结合。水流先经往复式隔板絮凝池,再进入回转式隔板絮凝池。

隔板絮凝池构造简单,管理方便,絮凝效果比较好。其缺点是絮凝时间较长,占地面积较大,流量变化大时效果不稳定。其适用于大中型水厂,一般处理水量的规模大于30 000 m^3/d,单个池的处理水量为1 000 ~ 10 000 m^3/d。回转式隔板絮凝池更适合对原有水池需提高处理水量时进行改造。絮凝池一般与沉淀池合建,水流经穿孔墙进入沉淀池。

(一)设计要点

(1)絮凝池一般不少于2个或分成2格。

(2)絮凝池廊道中的流速,起端为0.5 ~ 0.6 m/s,末端为0.2 ~ 0.3 m/s,一般分为4或6段确定各段的流速,流速逐渐由大到小变化。转弯处过水断面面积为廊道过水断面面积的1.2 ~ 1.5倍。

(3)为方便施工与维护,隔板间净距一般应大于0.5 m。当采用活动隔板时,适当减小。

(4)絮凝池应有2% ~ 3%的底坡,坡向排泥口,排泥管直径大于150 mm。

(5)絮凝时间一般为20 ~ 30 min。

(6)速度梯度取决于原水水质条件,一般由50 ~ 70 s^{-1}降低至10 ~ 20 s^{-1}。GT值需要达到10^4 ~ 10^5。

(7)一般往复式隔板絮凝池的总水头损失为0.3 ~ 0.5 m,回转式隔板絮凝池为0.2 ~ 0.35 m。

(二)主要计算公式

1. 絮凝池容积

絮凝池容积为

$$V = \frac{QT}{60} \tag{5-7}$$

式中 V——絮凝池容积,m^3;

Q——设计流量,m^3/h;

T——絮凝时间,min。

2. 平面面积

平面面积为

$$F = \frac{V}{nH_1} + f \tag{5-8}$$

式中 F——单池平面面积,m^2;

H_1——平均水深,m;

n——池数,个;

f——单池隔板所占面积,m^2。

3. 池子长度

池子长度为

$$L = \frac{F}{B} \tag{5-9}$$

式中 L——池长,m;

B——池子宽度,m,一般与沉淀池等宽。

4. 隔板间距

隔板间距为

$$a = \frac{Q}{3\,600 n v_n H_1} \tag{5-10}$$

式中 a——隔板间距,m;

v_n——隔板间流速,m/s。

5. 各段水头损失

各段水头损失为

$$h_n = \xi S_n \frac{v_0^2}{2g} + \frac{v_n^2}{C_n^2 R_n} l_n \tag{5-11}$$

式中 h_n——各段水头损失,m;

S_n——该段廊道内水流转弯次数;

ξ——转弯处局部阻力系数,往复式隔板为3.0,回转式隔板为1.0;

v_0——该段转弯处的平均流速,m/s;

C_n——流速系数;

R_n——廊道断面的水力半径,m;

l_n——该段的廊道总长度,m。

总损失为

$$h = \sum h_n \tag{5-12}$$

6. 平均速度梯度

平均速度梯度为

$$G = \sqrt{\frac{\gamma h}{60 \mu T}} \tag{5-13}$$

式中　G——平均速度梯度，s^{-1}；

γ——水的密度，1 000 kg/m^3；

μ——水的动力黏度，$kg \cdot s/m^2$；

h——总水头损失，m。

四、澄清池

澄清是利用原水中的颗粒和池中积聚的沉淀泥渣相互接触碰撞、混合、絮凝，形成絮凝体，与水分离，从而使原水得到澄清的过程。澄清池是将絮凝和沉淀综合在一个池内的净水构筑物。

澄清池基本上分为泥渣悬浮型和泥渣循环型两大类。

泥渣悬浮型的工作原理是絮粒既不沉淀也不上升，处于悬浮状态，当絮粒集结到一定厚度时，形成泥渣悬浮层。加药后的原水由下向上通过时，水中的杂质充分与泥渣层的絮粒接触碰撞，并且被吸附、过滤而截流下来。此种类型的澄清池常用的有脉冲澄清池和悬浮澄清池。

泥渣循环型澄清池是利用机械或水力的作用使部分沉淀泥渣循环回流，增加同原水中的杂质接触碰撞和吸附的机会。泥渣一小部分沉积到泥渣浓缩室，大部分又被送到絮凝室重新工作，如此不断循环。泥渣循环借机械抽力造成的为机械搅拌澄清池，泥渣循环借水力抽升造成的为水力循环澄清池。

选择何种类型的澄清池，主要考虑原水水质、水温，出水水质要求，生产规模和水厂总体布置、地形等因素。

下面详细介绍机械搅拌澄清池。

机械搅拌澄清池由第一絮凝室和第二絮凝室及分离室组成。池体上部是圆筒形，下部是截头圆锥形（见图 5-10）。它利用安装在同一根轴上的机械搅拌装置和提升叶轮使加药后的原水通过环形三角配水槽的缝隙均匀进入第一絮凝室，通过搅拌叶片缓慢回转，水中的杂质和数倍于原水的回流活性泥渣凝聚吸附，处于悬浮状态，然后通过提升叶轮将泥渣从第一絮凝室提升到第二絮凝室，继续混凝反应，凝结成良好的絮粒。接着从第二絮凝室出来，经过导流室进入分离区。在分离区内，由于过水断面突然扩大，流速急速降低，絮状颗粒靠重力下沉，与水分离。沉下的泥渣大部分回流到第一絮凝室，循环流动，形成回流泥渣。回流流量为进水流量的 3 ~5 倍。小部分泥渣进入泥渣浓缩斗，定时经排泥管排至室外。

机械搅拌澄清池对原水的浊度、温度和处理水量的变化适应性较强，处理效率高，较稳定。但需要一套机械搅拌设备，日常维修工作量大，维修技术要求较高。

机械搅拌澄清池的单位面积产水量较大，出水浊度一般不大于 10 NTU，适用于中型水厂。

无机械刮泥时，进水浊度一般不超过 500 NTU，短时间内不超过 1 000 NTU；有机械刮泥时，进水浊度一般为 500 ~3 000 NTU，短时间内不超过 5 000 NTU。原水浊度常年较低时，形成泥渣层困难，将影响澄清池净水效果。

机械搅拌澄清池的设计要点如下：

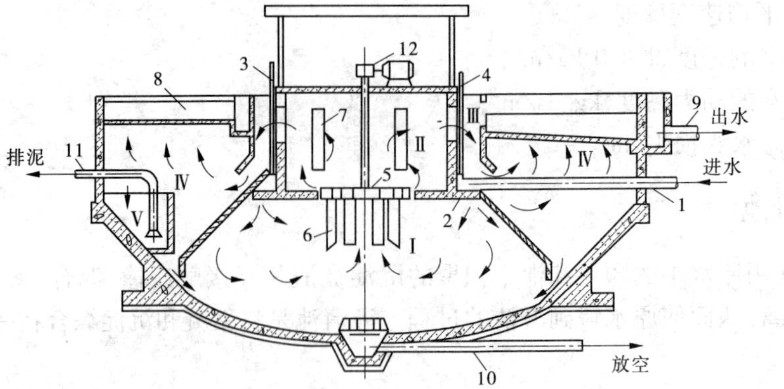

1—原水进水管;2—配水槽;3—透气管;4—投药管;5—提升叶轮;6—搅拌叶片;7—导流板;
8—集水槽;9—出水管;10—放空管;11—排泥管;12—动力装置
Ⅰ—第一絮凝室;Ⅱ—第二絮凝室;Ⅲ—导流室;Ⅳ—分离室;Ⅴ—泥渣浓缩室

图 5-10　机械搅拌澄清池剖面图

(1)水在池中的总停留时间一般为 1.2 ~ 1.5 h。第一絮凝室需 20 ~ 30 min,第二絮凝室一般为 0.5 ~ 1 min,在导流室中停留 2.5 ~ 5 min。第二絮凝室上升流速为 40 ~ 70 mm/s,导流室流速与其相同。

(2)澄清池一般不考虑备用,池数宜在 2 座以上。

(3)第二絮凝室、第一絮凝室、分离室的容积比参考值为 1∶2∶7。

(4)回流量与设计净水量之比为(3∶1) ~ (5∶1),即第二絮凝室提水流量一般为原水量的 3 ~ 5 倍。

(5)进水管流速一般为 0.8 ~ 1.2 m/s,三角槽出流流速为 0.5 ~ 1.0 m/s。

(6)为使进水分配均匀,多采用环形配水三角槽,在槽上设排气管,排除槽上空气。加药点一般设于进水管处或三角槽中。

(7)清水区高度为 1.5 ~ 2.0 m,池下部圆台坡角一般为 45°左右,池底以大于 5% 的坡度坡向中心倾斜。当装有刮泥设备时,也可以做成平底、弧形底等。泥渣回流缝流速为 100 ~ 200 mm/s,分离区上升流速为 0.9 ~ 1.2 mm/s。

(8)集水可以采用淹没孔环形集水槽或三角堰集水槽,过孔流速控制在 0.6 m/s 左右。池径较小时,采用环形集水槽;池径较大时,可考虑另加辐射槽。一般池直径小于 6 m 时,加设 4 ~ 6 条;池直径为 6 ~ 10 m 时,可加设 6 ~ 8 条。集水槽中流速为 0.4 ~ 0.6 m/s,出水管的流速为 1.0 m/s 左右。

(9)原水浊度小于 1 000 mg/L,且池径小于 24 m 时,可采用污泥浓缩斗和底部排泥相结合的排泥形式,污泥浓缩斗可酌情设置 1 ~ 3 只,污泥斗的容积一般为池容积的 1% ~ 4%,小型水池也可以只用底部排泥;原水浊度大于 1 000 mg/L 或池径大于等于 24 m 时,一般都设置机械排泥装置。

(10)机械搅拌用的叶轮直径一般按第二絮凝室内径的 0.7 ~ 0.8 倍设计,搅拌叶片边缘一般为 0.3 ~ 1.0 m/s。提升叶轮的扬程为 0.1 m 左右,提升叶轮外缘线速度为 0.5 ~ 1.5 m/s,其进口流速多在 0.5 m/s 左右。

(11)搅拌叶片总面积一般为第一絮凝室平均纵剖面面积的10% ~15%,叶片的高度为第一絮凝室叶片高度的1/3 ~1/2,叶片对称均布于圆周上。

五、滤池

水处理的过滤一般是指通过过滤介质的表面或滤层截留水体中悬浮固体和其他杂质的过程。对于大多数地面水处理来说,过滤是消毒工艺前的关键处理手段,对保证出水水质有十分重要的作用,特别是对浊度的去除。

一般认为过滤过程包括输送、附着和脱离3个阶段。影响过滤效果的因素主要有滤料的组成、滤料的冲洗方式、与滤料层截污力大小密切相关的水流方向。

滤池分类大致如下:

(1)按照滤池的冲洗方式不同,分为水冲洗滤池和气水反冲洗滤池。

(2)按照滤池的布置不同,分为普通快滤池、双阀滤池、无阀滤池、虹吸滤池、移动冲洗滤池、罩滤池、V形滤池等。

(3)按照滤池冲洗的配水系统不同,分为小阻力配水系统滤池、中阻力配水系统滤池、大阻力配水系统滤池。

下面详细介绍普通快滤池。

普通快滤池又可以称为四阀滤池,是应用历史最久和应用较广泛的一种滤池。其构造主要包括池体,滤料层,承托层,配水系统,反冲洗排水系统,每格滤池的进水管、出水管、反冲洗水管和排水管上设置阀门用以控制过滤和反冲洗交错进行。普通快滤池构造见图5-11。

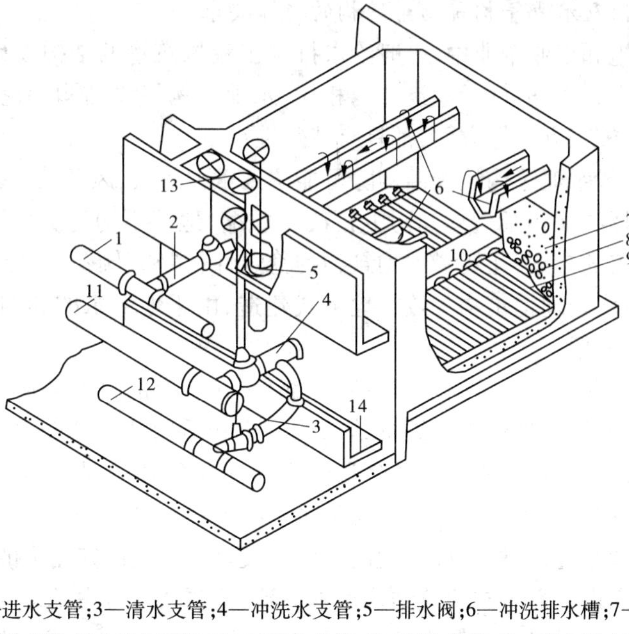

1—进水总管;2—进水支管;3—清水支管;4—冲洗水支管;5—排水阀;6—冲洗排水槽;7—滤料层;8—承托层;9—配水支管;10—配水干管;11—冲洗水总管;12—清水总管;13—浑水渠;14—废水渠

图5-11 普通快滤池构造图

普通快滤池的工作过程包括过滤和冲洗两部分。

过滤时，开启进水支管与清水支管的阀门，关闭冲洗支管阀门与排水阀，原水经进水总管、支管进入浑水渠后流入滤池，经过滤料层、承托层后，由配水系统的配水支管汇集起来，再流经配水系统干管渠、清水支渠、清水总管进入清水池。随着过滤时间的增长，滤料层中的杂质数量不断增加，滤料间的孔隙不断减小，水流阻力不断增大。当水头损失增加到一定值时，滤池的滤速降低较多，或者滤后水的水质较差不合格时，滤池进行反冲洗。

反冲洗时，关闭进水支管和清水支管的阀门，开启排水阀与冲洗支管阀门，冲洗水在压力作用下由冲洗水总管、支管，经配水系统的干管、支管及支管上的许多孔眼流出，经过承托层及滤料层，均匀地分布于整个滤池平面上，滤料层在由下而上均匀分布的水流中处于悬浮状态，滤料得到清洗。冲洗废水流入冲洗排水槽，再经浑水渠、排水管、废水渠排掉。反冲洗一直进行到滤料基本洗净为止。反冲洗结束后，过滤重新开始。

根据单池面积的大小，普通快滤池可以采用大阻力配水系统、中阻力配水系统和小阻力配水系统。冲洗可以采用单水冲洗或气水反冲洗。普通快滤池的滤料大多采用单层滤料，也可用双层滤料。根据滤池规模的大小，可以采用单排或双排布置。

普通快滤池运转效果良好，反冲洗效果能够得到保证，但是由于阀门较多，操作较其他滤池稍复杂。其适用于大、中、小型水厂，每格池面积一般不宜超过 100 m^2。

快滤池可以同沉淀池组合使用。若原水浊度较低、含藻量较少，可以直接过滤。

六、水池等构筑物结构设计的特别规定

（一）水池等构筑物结构的特殊性和结构土的作用

1. 结构的耐久性及水池等构筑物对结构的特殊要求

在城市公用设施和工业企业中，一般给水排水工程构筑物的结构设计属于土木结构工程领域的一个分支，与一般房屋建筑结构相比，水池等构筑物结构无论从使用要求、结构形式、作用荷载及施工方法等方面，都具有特殊性。

在荷载方面，一般水池等构筑物结构除可能遇到重力荷载、风荷载、雪荷载及水压力、土压力外，还常须对温差（包括湿差）作用、混凝土收缩、地基不均匀沉陷等引起的外加变形或约束进行较缜密的考虑，还要考虑构筑物的稳定性（滑移、倾覆、上浮）问题等。在空间位置方面，贮水或水处理构筑物一般按地下式建造，由于地下水的影响，特别要重视抗裂、抗渗和抗腐蚀等问题。

混凝土结构的耐久性是指结构及其各组成部分，在所处的自然环境和使用条件等因素的作用下，抵抗材料性能劣化仍能维持结构的安全和适用功能的能力。结构在正常使用条件下，不需重大维修而仍能满足安全和使用功能所延续的时间，称为使用寿命（年限），可作为表达耐久性的数量指标。水池等构筑物因体型特殊、荷载作用形式多样，大多是受力比较复杂的结构，结构构件中的内力计算较复杂。在已知内力的条件下，钢筋混凝土结构构件的截面设计方法与建筑结构基本一致，但要认真考虑结构的耐久性，因而现行规范对钢筋和混凝土材料的性能方面提出了较高的要求，这些要求包括受力钢筋混凝土保护层厚度的取值，结构构件的抗裂、抗渗、防冻、保温及防腐蚀等。

根据工程事故的调研和有关的试验、理论研究，混凝土结构的耐久性失效因素主要有

以下几类：渗透、冻融、碱－骨料反应、混凝土碳化、化学（氯盐）腐蚀和钢筋锈蚀等。其他还有疲劳、摩擦（如过水坝和路面、机场跑道）、生物腐蚀、钢筋的应力腐蚀等。

为了保证或提高新建结构的耐久性，目前采取的主要措施有：依靠工程经验合理选择项目地址，控制环境条件，改进结构设计理念（如按照规范规定选取混凝土强度等级和受力钢筋的混凝土保护层厚度等），重视结构构造处理，加强施工管理，推广高性能混凝土，提高混凝土配置技术以及控制混凝土的材料成分和施工质量以及加强对已建建（构）筑物的维护保养等。这方面的有关专题请参见相关文献。

《给水排水工程构筑物结构设计规范》（GB 50069—2002）等标准的颁布，对城镇公用设施和工业企业中一般钢筋混凝土水池等构筑物的结构设计，贯彻执行国家经济政策，达到技术先进、经济合理、安全适用、确保质量等具有非常重要的意义。同时，《混凝土结构设计规范》（GB 50010—2002）首次列入了对结构耐久性设计的规定，这些都说明国家对建（构）筑物的耐久性给予了足够的重视。在此，将水池等构筑物对结构材料的主要特殊要求作以下简述。

1）抗渗性

抗渗性是指在压力水作用下，混凝土抵抗压力水渗透的性质（或不透水性）。抗渗性是决定材料耐久性的重要指标，钢筋混凝土构筑物应该具有较好的抗渗性能，应优先以混凝土本身的密实性满足抗渗要求。混凝土的抗渗等级应根据试验确定，在工程结构设计时，其抗渗等级要求应按表 5-2 采用。具有抗渗要求的混凝土，相应的骨料应具有良好的级配，水灰比不应大于 0.50。

表 5-2　混凝土抗渗等级 S_i 的规定

最大作用水头与混凝土壁、板厚度之比值 i_m	抗渗等级 S_i
<10	S4
10～30	S6
>30	S8

注：抗渗等级 S_i 的定义是指龄期为 28 d 的混凝土试件，施加 $i\times0.1$ MPa 水压后满足不渗水指标。

材料的抗渗性常用渗透系数或抗渗等级来表示，渗透系数按下式计算

$$K_s = \frac{Qd}{AtH}$$

式中 K_s——材料的渗透系数，cm/h，K_s 值愈大，表示材料渗透的水量愈多，即抗渗性愈差；

Q——渗透水量，cm^3；

d——材料的厚度，cm；

A——渗水面积，cm^2；

t——渗水时间，h；

H——静水压力水头，cm。

贮水或水处理构筑物、地下构筑物一般宜采用钢筋混凝土结构，且混凝土强度等级不

应低于 C25。

2) 抗冻性

材料在冻融(冻结和融化)循环过程中,表面将出现裂纹、剥落等现象,造成质量损失、强度降低。抗冻性是指材料在吸水饱和状态下,能经受多次冻融循环而不破坏、强度又不降低的性质。

最冷月平均气温低于 -3 ℃的地区,外露的钢筋混凝土构筑物的混凝土应具有良好的抗冻性能,对抗冻混凝土,不得采用火山灰质硅酸盐水泥和粉煤灰硅酸盐水泥,并应按表 5-3 的要求采用。混凝土的抗冻等级应进行试验确定。

表 5-3　混凝土抗冻等级 F_i 的规定

气候条件	地表水取水头部		其他
	冻融循环次数		地表水取水头部的水位涨落区以上部位及外露的水池等
	≥100	<100	
最冷月平均气温低于 -10 ℃	F300	F250	F200
最冷月平均气温为 -3 ~ -10 ℃	F250	F200	F150

在应用表 5-3 时要注意以下 3 点:

(1)混凝土抗冻等级 F_i 是指龄期为 28 d 的混凝土试件,在进行相应要求冻融循环总次数 i 次作用后,其强度降低不大于 25%,重量损失不超过 5%。

(2)气温应根据连续 5 年以上的实测资料,统计其平均值确定。

(3)冻融循环总次数是指一年内气温从 +3 ℃以上降至 -3 ℃以下,然后回升至 +3 ℃以上的交替次数;对于地表水取水头部,还应考虑一年中月平均气温低于 -3 ℃期间,因水位涨落而产生的冻融交替次数,此时水位每涨落一次应按一次冻融计算。

配置抗渗、抗冻混凝土时,除水灰比应不大于 0.5 以外,骨料应选择良好的级配,粗骨料粒径不应大于 40 mm,且不超过最小断面厚度的 1/4,含泥量按质量计应不超过 1%。砂的含泥量及云母含量按质量计不应超过 3%。

3) 抗腐蚀性

酸、碱、盐对混凝土都有程度不同的腐蚀性。由于混凝土普遍存在小孔和裂隙,酸、碱、盐侵入后,若干湿变化频繁,则在孔隙内生成盐类结晶。随着结晶不断增大,将对孔壁产生很大的膨胀力,从而使混凝土表层逐渐粉碎、剥落。这是一种物理腐蚀过程,称为“结晶腐蚀”,这种现象在贮液池水位变化部位的混凝土池壁内表面上表现得最为突出。水池接触介质的酸碱度(pH 值)低于 6.0 时,应按国家现行有关标准或根据专门试验确定防腐措施。水池混凝土的碱含量应符合《混凝土碱含量限值标准》(CECS 53:1993)的规定。水池混凝土中可根据需要适当采用外加剂,但不得采用氯盐做防冻、早强掺合料。采用外加剂时,应符合现行国家标准《混凝土外加剂应用技术规范》(GB 50119—2003)的规定。水池混凝土用水泥宜采用普通硅酸盐水泥;受侵蚀介质影响的混凝土,应根据侵蚀性质选用合适的水泥。在给水排水工程中,混凝土的腐蚀问题主要出现在某些工业污水处理池中。工业污水中可能含有腐蚀混凝土的各种介质，其中除酸性特强的少量污水可用耐腐蚀材料建造专用小型溶液池外，一般大量工业污水的处理池仍采用钢筋混凝土结构。当介质侵蚀性很弱时，对混凝土可以不采取专门的防护措施，而用增加密实性的办法来提高混凝土的抗腐蚀能力。若介质的腐蚀性较强，则必须在池底和池壁内侧采取专门的防腐蚀措施：要求较低的可以涂刷沥青；要求较高的可以涂刷耐酸漆，也可以做沥青砂浆、水玻璃砂浆、硫磺砂浆或树脂砂浆面层等；要求更高的还可以用玻璃钢面层、聚氯乙烯塑料面板、耐酸陶瓷板、耐酸砖或耐酸石材贴面等。

此外，当地下水中含有侵蚀性介质时，埋入地下水位以下的构筑物部分，包括池壁和池底的外表面也应采取防腐措施。

2. 水池等构筑物结构上的作用

水池等构筑物结构上的作用也可分为三类，即永久作用、可变作用和偶然作用。构筑物楼面和屋面的活载及其永久值系数，应按表5-4采用。

表5-4　构筑物楼面和屋面的活载及其永久值系数 ψ_q

顺序	构筑物部位	活载标准值（kN/m^2）	准永久值系数 ψ_q
1	不上人的屋面、贮水或水处理构筑物的顶盖	0.7	0.0
2	不上人的屋面或顶盖	2.0	0.4
3	操作平台或泵房等楼面	2.0	0.5
4	楼梯或走道板	2.0	0.4
5	操作平台、楼梯的栏杆	水平向1.0	0.0

注：1. 对于水池顶盖，还应根据施工或运行条件验算施工机械设备荷载或运输车辆荷载；
2. 对于操作平台、泵房等楼面，还应根据实际情况验算设备、运输工具、堆放物料等局部集中荷载；
3. 对于预制楼梯踏步，还应按集中活荷载标准值1.5 kN验算。

水池等构筑物上面有时会有动力荷载的作用，使结构或构件产生不可忽视的加速度，此时，应按动态作用考虑，一般可将动态作用简化为静态作用乘以动力系数后按静态作用计算。

吊车荷载、雪荷载、风荷载的标准值及其准永久值系数，应按《建筑结构荷载规范》（GB 50009—2001）的规定采用。

确定水塔风荷载标准值时，整体计算的风载体型系数 μ_s 应按下列规定采用：①倒锥形水箱的风载体型系数应为 +0.7；②圆柱形水箱或支筒的风载体型系数应为 +0.7；③钢筋混凝土构架式支承结构的梁、柱的风载体型系数应为 +1.3。

关于水池结构上的作用，下面分三部分作较详细的叙述。

1）作用代表值

（1）水池结构上的作用主要可分为永久作用和可变作用两类。永久作用应包括结构自重、土的竖向压力和侧向压力、水池内的盛水压力、结构的预加应力、地基的不均匀沉降等；可变作用应包括池顶活荷载、雪荷载、地表或地下水压力（侧压力、浮托力）、结构构件的温(湿)度变化作用、地面堆积荷载等。

(2)当结构承受两种或两种以上可变作用,承载能力极限状态按作用效应基本组合计算,或正常使用极限状态按作用效应标准组合验算时,应采用标准值和组合值作为可变作用代表值,可变作用的组合值应为可变作用的标准值乘以作用组合值系数。

(3)当正常使用极限状态按作用效应准永久组合验算时,应采用准永久值作为可变作用代表值。可变作用准永久值应为可变作用的标准值乘以准永久值系数。

2)永久作用标准值

(1)结构自重的标准值,可按结构构件的设计尺寸与相应材料单位体积的自重计算确定,钢筋混凝土的自重可取25 kN/m^3;素混凝土的自重可取23~24 kN/m^3。水池梁、板上设备自重的标准值,可按设备样本提供的数据采用。在构件上设备转动部分的自重及由其传递的轴向力应乘以动力系数后作为标准值,动力系数可取2.0。

(2)作用在地下式水池上竖向土压力的标准值,应按水池顶板上的覆土厚度计算,并乘以竖向压力系数,压力系数可取1.0;当水池顶板的长宽比大于10时,压力系数宜取1.2。一般回填土的重力密度可按18 kN/m^3 采用。

(3)作用在水池上侧向的土压力标准值:对于水池位于地下水以上部分的侧压力,可按朗金公式计算主动土压力,土的重力密度可按18 kN/m^3 采用,对于水池位于地下水以下部分的侧压力,应为主动土压力与地下水静压力之和,此时土的重力密度可按10 kN/m^3采用。

(4)水池内的水压力应按设计水位的静水压力计算。对于给水处理的水池,水的重力密度可取10 kN/m^3;对于污水处理的水池,水的重力密度可取10~10.8 kN/m^3。对于机械表面曝气池内的设计水位,应计入水面波动的影响,可按池壁顶计算。

(5)施加在水池结构构件上的预加力标准值,应按预应力钢筋的张拉控制应力值扣除相应张拉工艺的各项应力损失采用。当构件按承载能力极限状态计算且预加力为不利作用时,由钢筋松弛和混凝土收缩、徐变引起的应力损失不应扣除。

(6)地基不均匀沉降引起的永久作用标准值,其沉降量及沉降差应按《建筑地基基础设计规范》(GB 50007—2002)确定。

3)可变作用标准值、准永久值系数

(1)不上人水池顶盖的活荷载标准值可取0.7 kN/m^2,准永久值系数可取0;上人水池顶盖的活荷载标准值可取2.0 kN/m^2,准永久值系数可取0.4。

(2)水池顶盖设计时,应根据施工条件验算施工机械设备的荷载,其标准值可按设备的使用重量采用,准永久值系数可取0。

(3)雪荷载标准值及其准永久值系数,应按《建筑结构荷载规范》(GB 50009—2001)的规定采用。顶盖上的活荷载与雪荷载,取两者较大者。

(4)地下水(包括上层滞水)对构筑物的作用标准值,应按下列规定采用:①水池各部位的水压力应按静水压力计算。②地下水的设计水位,应根据勘察部门提供的数据采用可能出现的最高水位和最低水位,并宜根据近期内变化和补给的趋势确定。③水压力标准值的相应设计水位,应根据对结构的不利作用效应确定取最低水位或最高水位。当取最低水位时,相应的准永久值系数应取1.0;当取最高水位时,相应的准永久值系数,对地下水可取平均水位与最高水位的比值。④地表水或地下水对结构浮托力的标准值，应按最高水位乘以浮托力折减系数确定。浮托力折减系数，对非岩质地基应取1.0；对岩石地基应按其破碎程度确定，当基底设置滑动层时应取1.0。

(5)水池构筑物的温度变化作用(包括湿度变化的当量温差)标准值，可按下列规定确定：①地下或设有保温措施的有盖水池，可不计算温度、湿度变化作用；暴露在大气中符合《给水排水工程钢筋混凝土水池结构设计规程》(CECS 138:2002)中有关变形缝构造要求的水池池壁，可不计算温、湿度变化对壁板中面的作用。②暴露在大气中的水池池壁的温度变化作用，应由池壁的壁面温差确定。③暴露在大气中的水池池壁的壁面湿度当量温差 Δt 可按10 ℃采用。④温度、湿度变化作用的准永久值系数 ψ_{qt} 宜取1.0计算。

(6)地面堆积荷载的标准值可取10 kN/m^2，其准永久值系数可取0.5。

(二)极限状态计算规定

1. 承载能力极限状态计算规定

水池等构筑物结构承载能力极限状态的计算应包括：对结构构件的承载力(包括压曲失稳)计算、结构整体失稳(滑移及倾覆、上浮)验算。结构构件的截面承载力计算，应按《混凝土结构设计规范》(GB 50010—2002)的规定执行。

对构筑物进行结构设计时，根据《工程结构可靠度设计统一标准》(GB 50153—2008)的规定，应按结构破坏可能产生的后果的严重性确定安全等级二级执行。对于重要工程的关键构筑物，其安全等级可提高一级执行，但应报有关主管部门批准或经业主认可。对结构构件进行承载力计算时，作用效应的基本组合设计值 S 应遵照《给水排水工程构筑物结构设计规范》(GB 50069—2002)中的有关规定。

对于贮水池、水处理构筑物、地下构筑物等可不计算风荷载效应，其作用效应的基本组合设计值，应按下式计算

$$S = \sum_{i=1}^{m} \gamma_{Gi} C_{Gi} G_{iK} + \gamma_{Q1} C_{Q1} Q_{1K} + \psi_c \sum_{j=2}^{n} \gamma_{Qj} C_{Qj} Q_{jK} \tag{5-14}$$

式中 G_{iK}——第 i 个永久作用的标准值；

C_{Gi}——第 i 个永久作用的作用效应系数；

γ_{Gi}——第 i 个永久作用的分项系数，当作用效应对结构不利时，对结构和设备自重应取1.2，其他永久作用应取1.27，当作用效应对结构有利时，均取1.0；

Q_{jK}——第 j 个可变作用的标准值；

C_{Q1}——第 j 个可变作用的作用效应系数；

γ_{Q1}、γ_{Qj}——第1个、第 j 个可变作用的分项系数，对地表水或地下水的作用应作为第一可变作用取1.27，对其他可变作用应取1.40；

ψ_c——可变作用的组合值系数，可取0.90。

《给水排水工程钢筋混凝土水池结构设计规程》(CECS 138:2002)还规定：按承载能力极限状态计算时，作用效应基本组合设计值应根据水池形式及其工况取不同的作用项目组合，不同项目组合可参照表5-5确定。

表 5-5　水池结构承载力计算的作用组合

水池形式及工况			永久作用						可变作用			
			结构自重 G_1	池内水压力 F_w	竖向土压力 F_{SV}	池外土侧压力 F_{ep}	预加力 F_p	不均匀沉降 Δs	顶板活载 Q	地面堆积荷载 q_m	池外水压力 q_{gw}	温(湿)度作用 F_t
地下式水池	有盖水池	闭水试验	√	√			△					√
		使用时池内无水	√		√	√	△	△	√	√	√	
	敞口水池	闭水试验	√	√			△					√
		使用时池内无水	√			√	△	△		√	√	√
地面水池	有保温设施的无盖水池	闭水试验	√	√			△					√
		使用时池内无水	√	√	√		△	△	√			
	无保温设施的无盖水池	闭水试验	√	√			△					√
		使用时池内无水	√	√	√		△	△	√			√
	敞口水池	闭水试验	√	√			△					√
		使用时池内无水	√	√			△	△				√

注:1. 表中有"√"的作用为相应池型与工况应予计算的项目,有"△"的作用为应按具体设计条件确定采用,当外土压无地下水时不计 q_{gw};

2. 表中未列入地下式有盖水池池内有水的工况,但计算地基承载力或池壁与池顶板为弹性固定时计算池顶板,须予考虑;

3. 不同工况组合时,应考虑对结构的有利情况与不利情况,分别采用分项系数。

2. 正常使用极限状态验算规定

对于正常使用极限状态,结构构件应分别按作用短期效应的标准组合或长期效应的准永久组合进行验算,并应保证满足变形、抗裂度、裂缝开展宽度、应力等计算值不超过相应的规定限值。作用效应的标准组合设计值 S_s 和作用效应的准永久组合设计值 S_d,应分别按下列公式确定:

标准组合设计值为

$$S_s = \sum_{i=1}^{m} C_{gi}G_{iK} + C_{Qi}Q_{1K} + \psi_c \sum_{j=2}^{n} C_{Qj}Q_{jK} \tag{5-15}$$

准永久组合设计值为

$$S_d = \sum_{i=1}^{m} C_{Gi}G_{iK} + \sum_{j=1}^{n} C_{Qj}\psi_{qj}Q_{jK} \tag{5-16}$$

式中　ψ_{qj}——第 j 个可变作用的准永久值系数。

《给水排水工程钢筋混凝土水池结构设计规程》(CECS 138:2002)规定:当水池结构处于轴心受拉或小偏心受拉时,应控制抗裂度,并取作用效应的标准组合。当水池结构构件处于受弯、大偏心受压或大偏心受拉时,应控制裂缝宽度,并取作用效应的准永久组合。按正常使用极限状态验算时,作用效应标准组合的设计值,应根据水池形式及其工况按不同的作用项目组合。

(三)水池等构筑物的基本构造要求

1. 一般规定

贮水或水处理构筑物一般宜按地下式建造,当按地面式建造时,严寒地区宜设置保温设施。钢筋混凝土水池等构筑物,除水槽和水塔等高架贮水池外,其壁厚、底板厚度均不宜小于 200 mm。

水池的钢筋混凝土墙(壁)的拐角及与顶、底板的交接处,宜设置腋角。腋角的边宽不应小于 150 mm,并应配置构造钢筋,一般可按墙或顶、底板截面内受力钢筋的 50% 采用。

矩形多格水池应根据具体应用条件计算,一般按间格贮水考虑,类似于连续梁活荷载最不利布置的荷载组合。

矩形水池池壁的水平向计算长度应按两端池壁的中线距离计算;圆形水池的计算半径,应为中心至池壁中线的距离。

当地基承载力较高,且池底位于最高地下水以上时,池壁基础可按独立基础设计,基底的地基反力可按直线分布计算。

2. 钢筋的混凝土保护层最小厚度要求

按照《给水排水工程构筑物结构设计规范》(GB 50069—2002)的要求,水池等构筑物各构件内,受力钢筋的混凝土保护层最小厚度(从钢筋的外缘处起),应符合表 5-6 的规定。在工程结构设计时,应注意表 5-6 下面的注 5,一般构筑物的结构设计应尽可能在构件的外表面用水泥砂浆抹面,因而可适当减小混凝土保护层厚度,增强构件的结构性能。

表 5-6　受力钢筋的混凝土保护层最小厚度

构件类别	工作条件	保护层最小厚度(mm)
墙、板、壳	与水、土接触或高湿度	30
	与污水接触或受水汽影响	35
梁、柱	与水、土接触或高湿度	35
	与污水接触或受水汽影响	40
基础、底板	有垫层的下层筋	40
	无垫层的下层筋	70

注:1. 墙、板、壳内的分布筋的混凝土净保护层最小厚度不应小于 20 mm,梁、柱内箍筋的混凝土净保护层最小厚度不应小于 25 mm;

2. 表中保护层厚度是按混凝土强度等级不低于 C25 给出的,当采用混凝土强度等级低于 C25 时,保护层厚度还应增加 5 mm;

3. 不与水、土接触或不受水汽影响的构件,其钢筋的混凝土保护层最小厚度,应按现行《混凝土结构设计规范》(GB 50010—2002)的有关规定采用;

4. 当构筑物位于沿海环境,受盐雾侵蚀显著时,构件的最外层钢筋的混凝土最小保护层厚度不应小于 45 mm;

5. 当构筑物的构件外表设有水泥砂浆抹面或其他涂料等质量确有保证的保护措施时,表中要求的受力钢筋的混凝土保护层厚度可酌量减小,但不得低于处于正常环境的要求。

3. 变形缝和施工缝

矩形水池的长度、宽度较大时，应设置适应温度变化作用的伸缩缝，伸缩缝的最大间距可按表5-7的规定采用。当构筑物的地基土有显著变化或承受的荷载差别较大时，应设置沉降缝加以分割。构筑物的伸缩缝或沉降缝应做成贯通式，在同一剖面上连同基础或底板断开。变形缝的宽度可按计算确定。伸缩缝的缝宽不宜小于20 mm。沉降缝的缝宽不应小于30 mm。当对构筑物整体不能连续浇筑时，应预先选定适当部位设置施工缝。施工缝优先考虑设在伸缩缝和沉降缝处。

表5-7 矩形构筑物伸缩缝的最大间距 （单位：mm）

结构类别	岩基		土基	
	露天	地下式或有保温措施	露天	地下式或有保温措施
装配整体式	20	30	30	40
现浇	15	20	20	30

注：1. 对地下式或有保温措施的水池，施工闭水外露时间较长时，应按露天条件设置伸缩缝。
2. 当在混凝土中加掺合料或设置混凝土后浇带以减少收缩变形时，伸缩缝间距可根据经验确定，不受表中数值限制。

钢筋混凝土矩形水池的伸缩缝和沉降缝的构造，应符合下列要求：

（1）一般情况下，变形缝处的防水构造应由止水带、嵌缝板、嵌缝密封材料三部分组成，以形成止水带及密封材料两道止水防线。

（2）止水板材宜采用橡胶或塑料止水带，止水带与构件混凝土表面的距离不宜小于止水带埋入混凝土内的长度。当构件的厚度较小时，宜在缝的端部局部加厚，并宜在加厚截面的突缘外侧设置可压缩性板材。

（3）填缝材料应采用具有适应变形功能的板材。

（4）嵌缝材料应采用具有适应变形功能、与混凝土表面黏结牢固的柔性材料，并具有在环境介质中不老化、不变质的性能。

位于岩石地基上的构筑物，其底板与地基间应设置可滑动层构造。

混凝土或钢筋混凝土构筑物的施工缝设置，应符合下列要求：

（1）施工缝宜设置在构件受力较小的截面处。

（2）施工缝处应有可靠的措施保证先后浇筑的混凝土间良好固结，必要时宜加设止水构造。

4. 水池的抗倾覆稳定、抗滑稳定、抗浮稳定验算规定

当水池池壁采用独立基础，池壁按挡土（水）墙设计时，应符合下列规定：

池壁基底的地基反力按直线分布计算时，基底边缘的最小压力不宜出现负值（拉力），并应进行抗倾覆稳定验算。验算时作用均取标准值，倾覆抗力系数不应小于1.5。

当池壁基础与底板间设置变形缝时，应进行抗滑稳定验算。验算时荷载均取标准值，抵抗力只计算永久作用，滑动抗力系数不应小于1.3。

当水池承受地下水（含上层滞水）浮力时，应进行抗浮稳定验算。验算时作用均取标准值，抵抗力只计算不包括池内盛水的永久作用和水池侧壁上的摩擦力，抗浮抗力系数不

应小于1.05。水池内设有支承结构时,还须验算支承区域内局部抗浮。

教学单元三　典型水处理构筑物设计实例

【例5-1】 已知某城市污水处理厂的最大设计流量 $Q_{max}=0.6\ m^3/s$,日设计流量 $Q_p=30\ 000\ m^3/d$,最小设计流量 $Q_{min}=0.3\ m^3/s$,求沉砂池各部分尺寸。

解:平流式沉砂池计算简图见图5-12。

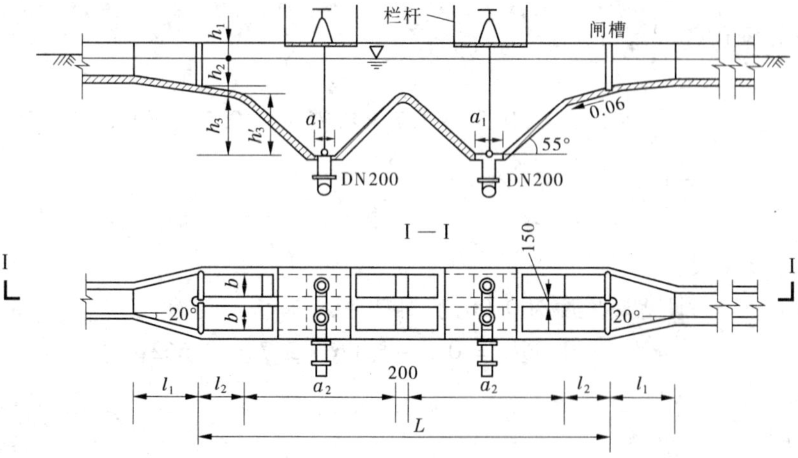

图5-12　平流式沉砂池计算简图　(单位:mm)

(1)池子长度。

设 $v=0.20\ m/s, t=40\ s$

$$L=vt=0.20\times40=8(m)$$

(2)水流断面面积。

$$A=\frac{Q_{max}}{v}=\frac{0.6}{0.20}=3.0(m^2)$$

(3)池总宽度。

设有效水深 $h_2=1.0\ m$,则

$$B=\frac{A}{h_2}=\frac{3.0}{1.0}=3.0(m)$$

共分为4格,每格宽为

$$b=\frac{3.0}{4}=0.75(m)$$

(4)沉砂斗所需容积。

设 $T=2\ d, X=30\ m^2/(10^6\ m^3)$

$$V=\frac{Q_pXT}{10^6}=\frac{30\ 000\times30\times2}{10^6}=1.8(m^3)$$

(5)每个沉砂斗容积。

设每一分格有2个沉砂斗,每个沉砂斗的容积为

$$V_1 = \frac{V}{4 \times 2} = \frac{1.8}{4 \times 2} = 0.225(\text{m}^3)$$

(6)沉砂斗各部分尺寸及容积。

设沉砂斗底的长和宽均为 $a_1 = 0.5$ m，上口宽为 $a_2 = 1.2$ m，斗壁与水平面的倾角为55°，则斗高为

$$h'_3 = \frac{1.2 - 0.5}{2}\tan 55° = 0.499\ 8 \approx 0.5(\text{m})$$

$$V_0 = \frac{1}{3}h'_3(f_1 + f_2 + \sqrt{f_1 f_2}) = \frac{1}{3} \times 0.5 \times [0.5^2 + 1.2 \times 0.75 + \sqrt{0.5^2 \times (1.2 \times 0.75)}] = 0.27(\text{m}^3)$$

符合要求。

(7)沉砂室高度。

采用重力排砂，设池底坡度为0.06，坡向砂斗，沉砂室高度为

$$h_3 = h'_3 + 0.06l_2 = 0.5 + 0.06 \times 2.7 = 0.662(\text{m})$$

(8)池总高度。

设超高 $h_1 = 0.3$ m，则

$$H = h_1 + h_2 + h_3 = 0.3 + 1.0 + 0.662 = 1.962(\text{m})$$

(9)验算最小流速。

在最小流量时，只用2格工作($n_1 = 2$)，则最小流速为

$$v_{\min} = \frac{Q_{\min}}{n_1 w_{\min}} = \frac{0.3}{2 \times (1.0 \times 0.75)} = 0.2(\text{m/s}) > 0.15\ \text{m/s}$$

符合要求。

【例5-2】 设计水量为64 200 m^3/d(包括自用水量)，设计往复式隔板絮凝池。

解：絮凝池设2个，每个絮凝池的设计流量为

$$\frac{64\ 200}{2} = 32\ 100(\text{m}^3/\text{d}) = 1\ 337.5\ \text{m}^3/\text{h}$$

絮凝时间 $T = 20$ min，絮凝池有效容积为

$$V = \frac{QT}{60} = \frac{1\ 337.5 \times 20}{60} = 445.8(\text{m}^3)$$

池内平均水深 $H_1 = 1.94$ m，池超高 $H_2 = 0.3$ m。每池净平面积为

$$F' = \frac{V}{H_1} = \frac{445.8}{1.94} = 229.8(\text{m}^2)$$

取230 m^2。

池宽按照沉淀池的宽度采用，$B = 12.6$ m(见图5-13)。

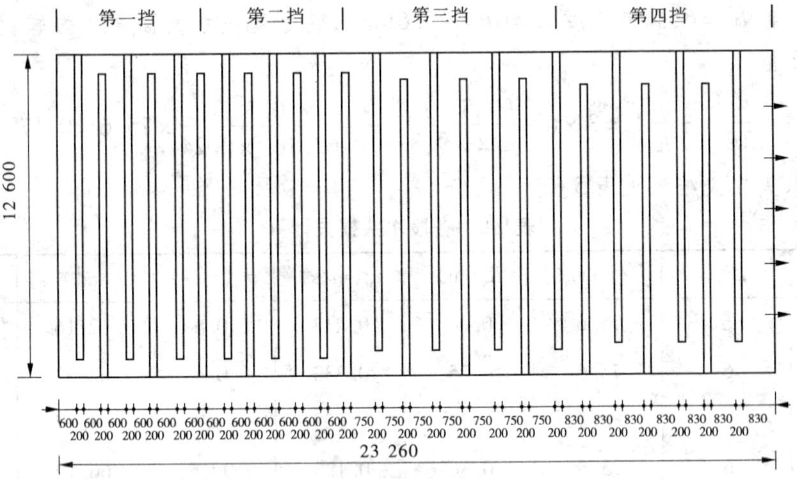

图 5-13 往复式隔板絮凝池 （单位:mm）

池长(隔板间净距之和)为

$$L' = \frac{230}{12.6} = 18.26(\mathrm{m})$$

廊道内流速采用 4 挡:$v_1 = 0.5\ \mathrm{m/s}, v_2 = 0.4\ \mathrm{m/s}, v_3 = 0.25\ \mathrm{m/s}, v_4 = 0.15\ \mathrm{m/s}$。隔板间距分成 4 挡,第一挡隔板间距为

$$a_1 = \frac{Q}{3\,600 v_1 H_1} = \frac{1\,337.5}{3\,600 \times 0.5 \times 1.94} = 0.38(\mathrm{m}) < 0.5\ \mathrm{m}$$

不合适。取 $a_1 = 0.6\ \mathrm{m}$,则水深 $h_1 = 1.24\ \mathrm{m}$。

按照上述计算得:

$a_2 = 0.68\ \mathrm{m}, h_2 = 1.55\ \mathrm{m}$;

$a_3 = 0.75\ \mathrm{m}, h_3 = 1.98\ \mathrm{m}$;

$a_4 = 0.83\ \mathrm{m}, h_4 = 3.0\ \mathrm{m}$。

第一挡间隔采用 6 条,第二挡间隔采用 6 条,第三挡间隔采用 7 条,第四挡间隔采用 7 条。水流转弯 25 次,隔板厚 0.2 m,池子总长为

$$L = 18.26 + 0.2 \times 25 = 23.26(\mathrm{m})$$

水头损失计算:

絮凝池采用钢筋混凝土及砖组合结构,外用水泥砂浆抹面,粗糙系数 $n = 0.013$。按照廊道内分为 4 段计算,第一段:

$$R_1 = \frac{a_1 h_1}{a_1 + 2h_1} = \frac{0.6 \times 1.24}{0.6 + 2 \times 1.24} = 0.24(\mathrm{m})$$

$$\begin{aligned} y_1 &= 2.5\sqrt{n} - 0.13 - 0.75\sqrt{R_1}(\sqrt{n} - 0.10) \\ &= 2.5\sqrt{0.013} - 0.13 - 0.75\sqrt{0.24} \times (\sqrt{0.013} - 0.10) \\ &= 0.15 \end{aligned}$$

$$C_1 = \frac{R_1^{y_1}}{n} = \frac{0.24^{0.15}}{0.013} = 62.16(\mathrm{m}^{1/2}/\mathrm{s})$$

转弯次数 $S_1=6$，廊道长度 $l_1=6B=75.6(\mathrm{m})$，转弯处过水断面面积为廊道过水断面面积的1.2倍。

$$h_1=\xi S_n\frac{v_0^2}{2g}+\frac{v_n^2}{C_n^2R_n}l_n=3\times6\times\frac{(0.5\div1.2)^2}{2\times9.81}+\frac{0.5^2}{62.16^2\times0.24}\times75.6=0.179(\mathrm{m})$$

各段水头损失结果见表5-8。

表5-8　各段水头损失计算

段数	S_n	$l_n(\mathrm{m})$	$R_n(\mathrm{m})$	$v_0(\mathrm{m/s})$	$v_n(\mathrm{m/s})$	$C_n(\mathrm{m^{1/2}/s})$	$h_n(\mathrm{m})$
1	6	75.6	0.24	0.417	0.5	62.16	0.179
2	6	75.6	0.25	0.333	0.4	62.53	0.114
3	7	88.2	0.32	0.208	0.25	64.77	0.050
4	6	75.6	0.36	0.125	0.15	66.19	0.018
$h=\sum h_n=0.361(\mathrm{m})$							

GT 值计算，即

$$G=\sqrt{\frac{\gamma h}{60\mu T}}=\sqrt{\frac{1\,000\times0.361}{60\times1.029\times10^{-4}\times20}}=54.07(\mathrm{s}^{-1})$$

$$GT=54.07\times20\times60=64\,884$$

符合范围。

池底坡度为

$$i=\frac{0.361}{23.26}=1.55\%$$

小　结

本项目介绍了水处理工艺的特点和分类情况，分析了水处理构筑物的类型和构造、适用条件，重点介绍了典型水处理构筑物的构造、设计基本原理。要求在学习过程中了解熟悉基本的知识，掌握简单的计算。

复习题

1. 水处理工艺有哪些？分别有何作用？
2. 水池等构筑物的构造要求有哪些？

项目六　水土保持工程

学习目标

了解水土保持工程基础知识及挡土墙、淤地坝、排水工程、护岸护滩工程的类型、特点和构造等内容，熟悉相关计算方法，重点掌握挡土墙的土压力计算和挡土墙设计实例。

教学单元一　概　述

一、水土保持工程的研究对象和目的

水土保持工程的研究对象是山丘区和风沙区保护、改良与合理利用水土资源，防止水土流失的工程措施。水土流失的形式包括土壤侵蚀及水的损失。土壤侵蚀除雨滴溅蚀、片蚀、细沟侵蚀、浅沟侵蚀、切沟侵蚀等典型的土壤侵蚀形式外，还包括河岸侵蚀、山洪侵蚀、泥石流侵蚀以及滑坡侵蚀等形式。

水土保持工程的目的在于充分发挥山丘区和风沙区水土资源的生态效益、经济效益和社会效益，改善当地农业生态环境，为发展山丘区、风沙区的生产和建设，整治国土，治理江河，减少水、旱、风沙灾害等服务。

二、水土保持工程措施

水土保持工程措施是小流域水土保持综合治理措施体系的重要组成部分，主要的工程措施有山坡防治工程、山沟治理工程、山洪排导工程、小型蓄水用水工程等。

山坡防治工程的作用在于用改变地形的方法防止坡地水土流失，将雨水和雪水就地拦蓄，使其渗入农地、草地或林地，减少或防止形成坡地径流，增加农作物、牧草以及林木可利用的水分。同时，将未能就地拦蓄的坡地径流引入小型蓄水工程。在有发生重力侵蚀危险的坡地上，可以修筑排水工程或支撑建筑物防止滑坡作用。属于山坡防治工程的措施有梯田、拦水沟埂、水平沟、水平阶、水簸箕、鱼鳞坑、山坡截留沟、水窖、蓄水池以及稳定斜坡下游的挡土墙等。

山沟治理工程的作用在于防治沟头前进、沟床下切、沟岸扩张，减缓沟床纵坡，调节山洪洪峰流量，减少山洪或泥石流的固体物质含量，使山洪安全的排泄，对沟口冲击堆不造成灾害。主要措施有沟头防护工程、谷坊工程、以拦蓄调节泥沙为主要目的的各种拦沙坝，以拦泥淤地、建设基本农田为目的的淤地坝及沟道护岸工程等。

小型蓄水用水工程的作用在于将坡地径流和地下潜流拦蓄起来，减少水土流失危害，灌溉农田，提高作物产量。工程措施有小水库、蓄水塘坝、淤滩造田、引洪漫地、引水上山等。

水土保持工程措施的洪水设计标准根据工程的种类、防护对象的重要性来确定。坡面工程均按5～10年一遇24 h最大暴雨标准设计。治沟工程及小型蓄水工程防洪标准根据工程种类、工程规模确定。淤地坝、拦沙坝、小型水库一般按10～20年一遇的洪水设计,50～100年一遇的洪水校核。引洪漫地工程一般按5～10年一遇的洪水设计。

三、水土保持工程设计原则

为了有效地保护、改良与合理利用水土资源,在开展水土保持工程综合治理时,要遵循以下原则:

(1)把防止与调节地表径流放在首位。应设法提高土壤透水性及持水能力,在斜坡上建造拦蓄径流或安全排导的小地形,利用植被调节、吸收或分散径流的侵蚀能力。以预防侵蚀发生为主,使保水和保土相结合。

(2)提高土壤的抗蚀能力。应当采用整地、增施有机肥料、种植根系固土作用强的作物,施用土壤聚合物等。

(3)重视植被的环境保护作用。营造水土保持林,调节径流,防止侵蚀,改善小气候,保护生物多样性。

(4)因地制宜,采用综合措施防止水土流失。针对不同的水土流失类型区的自然条件制定不同的综合措施,提出保护、改良与合理利用水土资源的合理方案。

(5)生态－经济效益兼优的原则。在设计水土保持综合治理措施体系过程中,应当提出多种方案,选用生态－经济效益兼优的方案。在确定水土保持综合治理方案中,全面估计方案实施后的生态效益及经济效益,预测水土保持工程措施对保土作用及环境因素的影响。使发展生产与改善生态环境标准相结合,实现持续发展。

(6)以"可持续发展"的理论指导区域(或流域)的综合整治与经营,是某一区域(或流域)的经济发展建立在区域生态环境不断得以改善的基础上,采用综合措施综合经营区域内(流域内)以水、土为主的各种自然资源,建立优化的区域人工生态经济系统。

教学单元二　挡土墙

挡土墙是指支承路基填土或山坡土体、防止填土或土体变形失稳的构造物。在挡土墙横断面中,与被支承土体直接接触的部位称为墙背,与墙背相对的、临空的部位称为墙面,与地基直接接触的部位称为基底,与基底相对的、墙的顶面称为墙顶,基底的前端称为墙趾,基底的后端称为墙踵。

一、挡土墙的类型

(一)按挡土墙的设置位置分类

根据挡土墙的设置位置不同,分为路肩墙、路堤墙、路堑墙和山坡墙等。设置于路堤边坡的挡土墙称为路堤墙;墙顶位于路肩的挡土墙称为路肩墙;设置于路堑边坡的挡土墙称为路堑墙;设置于山坡上,支承山坡上可能坍塌的覆盖层土体或破碎岩层的挡土墙称为山坡墙。

(二)按挡土墙的结构类型分类

1. 常见的挡土墙的结构形式

1)重力式挡土墙

重力式挡土墙靠(见图6-1(a))自身重力平衡土体,一般形式简单、施工方便、工程量大,对基础要求也较高,通常适用于高度不大的情况。

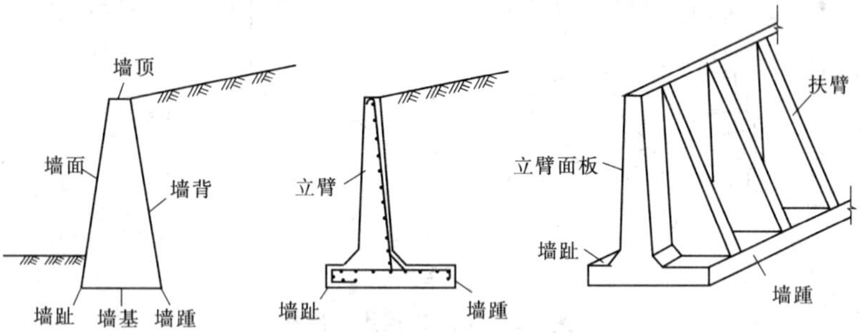

图6-1 常见的挡土墙的结构形式

2)悬臂式挡土墙

悬臂式挡土墙(见图6-1(b))用钢筋混凝土建造,一般有三个悬臂板组成,即立臂、墙趾悬臂和墙踵悬臂,其稳定性靠墙踵悬臂上的土重来维持,优点是结构尺寸小、自重轻、构造简单,适用于墙高为6~10 m的情况。

3)扶臂式挡土墙

扶臂式挡土墙(见图6-1(c))用钢筋混凝土修建,它由直墙、扶臂及底板三部分组成,利用扶臂和直墙共同挡土,并可利用底板上的填土维持稳定,适用于墙高大于10 m的坚实或中等坚实的地基上的情况。

2. 新型挡土结构形式

目前,国内外对各种挡土结构进行研究,成功地运用了多种新型挡土结构,采用这些挡土结构可以节省材料、缩短工期、降低成本。以下对几种其他形式的挡土结构作一简要介绍。

1)拉锚式挡土墙

拉锚式挡土墙包括锚定板挡土墙和锚杆式挡土墙。

锚定板挡土墙由面板、钢拉杆和埋在土中的锚定板组成,图6-2为锚定板挡土墙的两种基本形式。

锚定板挡土墙所受土压力完全由面板传给拉杆和锚定板。图6-2(a)所示的锚定板挡土墙的面板为断续式,结构轻便且有柔性;图6-2(b)是另一种形式的锚定板挡土墙,其面板为上下一体的钢筋混凝土板。锚定板挡土墙的锚定板和拉杆是在填土施工中埋入填土内,并将其与面板有效连接使其成为整体,所以锚定板挡土墙主要用于填土中的挡土结构,也常用于基坑围护结构。挡土墙的稳定性完全取决于锚定板的抗拔力。

锚杆式挡土墙由预制的钢筋混凝土立柱及挡土面板构成墙面,与水平或倾斜的钢锚杆共同组成挡土墙。锚杆的一端与立柱连接,另一端被固定在边坡深处的稳定岩层或土

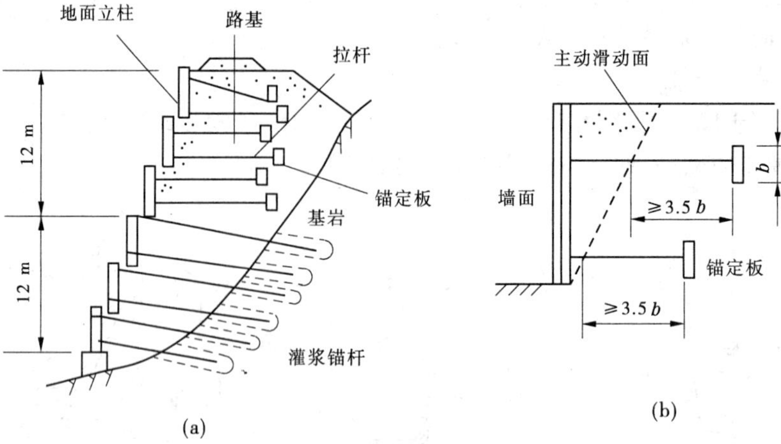

图 6-2 锚定板挡土墙结构

层中，墙后土压力由挡土板传给立柱，由锚杆与稳定层间的锚固力（即锚杆的抗拔力）使墙壁获得稳定，一般多用于路堑挡土墙。在土方开挖的边坡支护中常用喷锚支护形式，喷锚支护是用钢筋网配合喷混凝土代替锚杆挡土墙的面板，形成喷锚支护挡土结构，工程中也称为土钉墙。

2）加筋土挡土墙

加筋土挡土墙有刚性筋式和柔性筋式两种，前者用加筋带或刚性大的土工格栅做加筋，后者用土工织物做加筋建成。

刚性加筋土挡土墙由面板及拉筋条与填土共同组成，如图 6-3 所示。在垂直墙方向，按一定间隔和高度水平布置拉筋材料，压实后通过土与拉筋的摩擦作用，把作用在面板上的土压力传给拉筋和填土，靠稳定的填土维持挡土结构的稳定。拉筋材料通常为镀锌薄钢带、铝合金、增强塑料及合成纤维等，墙面板多为钢筋混凝土预制板或半圆形铝板。加筋挡土墙属柔性结构，对变形的适应性强、结构简单、经济，适用于高度大的路基。

此外，工程中常用加筋土处理陡坡，其作用相当于挡土结构。图 6-4 所示是加筋土处理陡坡的一种形式。用土工织物做筋材，坡面处将土工织物折回包裹，长度不短于 1 m，当坡面很陡时可利用堆土袋、模架等支持坡面。

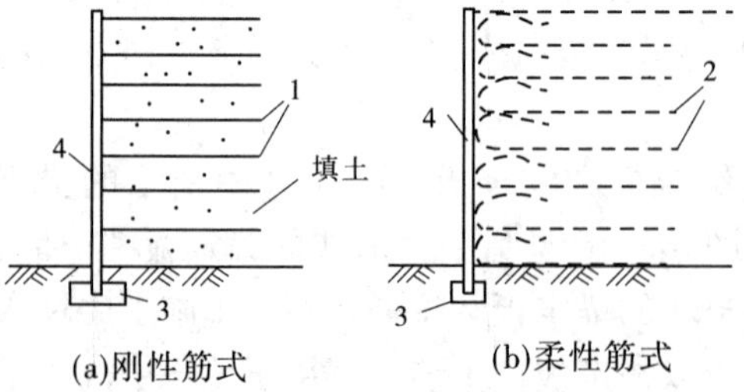

1—拉筋；2—土工织物；3—基础；4—面板

图 6-3 加筋土挡土墙

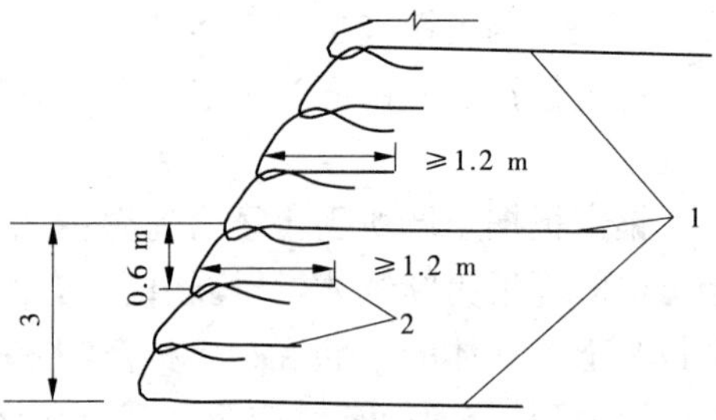

1—主筋；2—辅筋；3—可变化距离

图 6-4 加筋土陡坡

3) 其他挡土墙

柱板式挡土墙，在沿河路堤及基坑开挖中常用。

桩板式挡土墙，在基坑开挖及抗洪中使用。

垛式挡土墙，又称为框架式挡土墙。

二、挡土墙的土压力

（一）土压力类型

实践证明，挡土结构的使用条件不同，其土压力的性质、大小都不同。土压力的大小主要与挡土墙的位移、墙后填土的性质以及挡土墙的刚度等因素有关。根据挡土墙位移方向的不同，土体有三种不同的状态，即静止状态、主动状态和被动状态。根据挡土结构物位移方向和大小可将土压力分为静止土压力、主动土压力、被动土压力三种类型，如图6-5所示。其中，主动土压力和被动土压力都是极限平衡状态时的土压力，分别是土体处于主动极限平衡状态和被动极限平衡状态下的土压力。

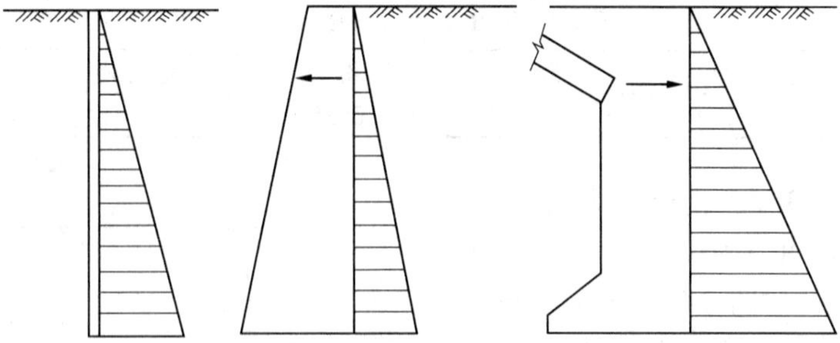

图6-5　土压力与挡土墙位移的关系

1. 静止土压力

当挡土墙保持相对静止状态时，墙后填土处于相对静止状态，此状态下的土压力称为静止土压力。静止土压力强度用 p_0 表示，作用在每米长挡土墙上的静止土压力合力用 E_0 表示。

2. 主动土压力

当挡土墙由于某种原因引起背离填土方向的位移时，填土处于主动推墙的状态，称为主动状态。随着挡土墙位移的增大，作用在挡土墙的土压力逐渐减小，即挡土墙对土体的反作用力逐渐减小。挡土墙对土的支持力小到一定值后，挡土墙后填土就失去稳定而发生滑动。挡土墙后填土即将滑动的临界状态称为填土的主动极限平衡状态，此时作用在挡土墙上的土压力最小，称为主动土压力。主动土压力强度（简称主动土压力）用 p_a 表示，主动土压力的合力用 E_a 表示。

3. 被动土压力

当挡土墙在外荷载作用下产生向填土方向的位移时，挡土墙后的填土就处于被动状态。随着墙内填土方向位移的增大，填土所受墙的推力就越大，此时土对墙的反作用也就越大。当挡土墙对土的作用力增大到一定值后，墙后填土就失去稳定而滑动，墙后填土即将滑动的临界状态称为填土的被动极限平衡状态，此时作用在挡土墙上的土压力称为被动土压力。被动土压力强度(简称被动土压力)用 p_p 表示,合力用 E_p 表示。由图 6-5 及三种土压力的概念可知:$E_a < E_0 < E_p$。

(二)土压力的计算

由于挡土墙一般都是条形构筑物,计算土压力时可以取一米长的挡土墙进行分析。挡土墙受静止土压力作用时,墙后填土处于弹性平衡状态。由于墙体不动,土体无侧向位移,其土体表面下任一深度 z 处的静止土压力强度 p_0 可按弹性力学公式计算侧向应力得到,即

$$p_0 = K_0\sigma_z = K_0\gamma z \tag{6-1}$$

式中 γ——土的重度,kN/m³;

σ_z——计算深度 z 处的竖直方向的有效应力,kPa;

K_0——静止土压力系数,与泊松比 μ 有关。

我国《公路桥涵地基与基础设计规范》(JTJ 024—85)给出了静止土压力系数 K_0 参考值,见表 6-1。

表 6-1　静止土压力系数 K_0 值

土名	砾石、卵石	砂土	粉土	粉质黏土	黏土
K_0	0.2	0.25	0.35	0.45	0.55

由式(6-1)可知,静止土压力 p_0 与深度 z 成正比,即静止土压力强度在同一土层中呈直线分布,如图 6-6 所示。静止土压力强度分布图形的面积即是合力 E_0 的大小,合力通过土压力图形的形心,作用于挡土墙背上。

$$E_0 = \frac{1}{2}\gamma H^2 K_0 \tag{6-2}$$

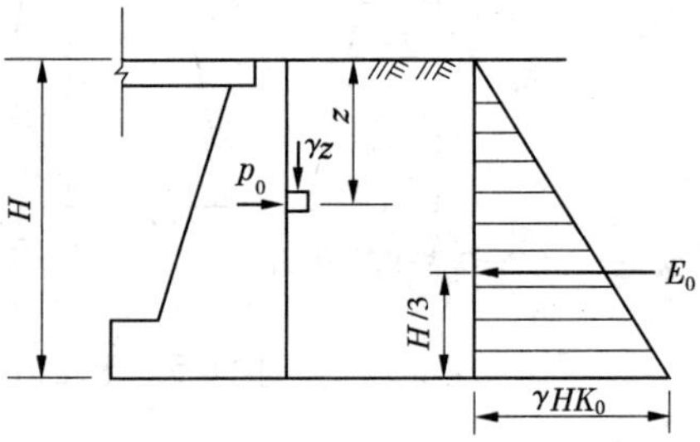

图 6-6　静止土压力分布

式中 H——挡土墙高度,m。

当填土中有地下水存在时,水下透水层应采用浮重度计算土压力,同时考虑作用在挡土墙上的静止水压力。当填土为成层土和有超载情况时,静止土压力强度可按下式计算

$$p_0 = K_0\sigma_z = K_0(\sum \gamma_i h_i + q) \tag{6-3}$$

式中 q——填土表面的均布荷载,kPa;

γ_i、h_i——第 i 层土的有效重度和厚度。

对于主动土压力和被动土压力的计算,目前多以朗肯土压力理论和库仑土压力理论两个古典土压力理论为依据进行计算,详细计算可以参阅有关《土力学》书籍。

(三)影响土压力的因素

1. 墙背的影响

挡土墙墙背的形状、粗糙程度等因素对土压力有一定的影响。墙背粗糙程度是通过外摩擦角 δ 来反映的。δ 愈大,主动土压力愈小,而被动土压力愈大。δ 值最好由试验确定,但在实际工程中多按经验选用 δ 值,因此造成土压力计算值与实际值的出入。

墙背的形状和倾斜程度对土压力也有很大的影响。若挡土墙墙背较平缓，其倾角 ε 大于某一临界值 ε_{cr}，则土楔体可能不再沿墙背滑动，而产生第二滑动面，此种挡土墙称为坦墙，如图 6-7(a)所示。此时土压力 E 将作用在第二滑动面上，其摩擦角应是 φ 而不是 δ。土体 ABA' 与墙形成整体，可视为挡土墙的一部分，因此作用在墙上的土压力应该是土体 ABA' 的自重与力 E 的合力。通常当挡土墙与墙踵边线的倾角 ε 超过 20°～25°时，即应考虑有无可能产生第二滑动面，如图 6-7(b)。

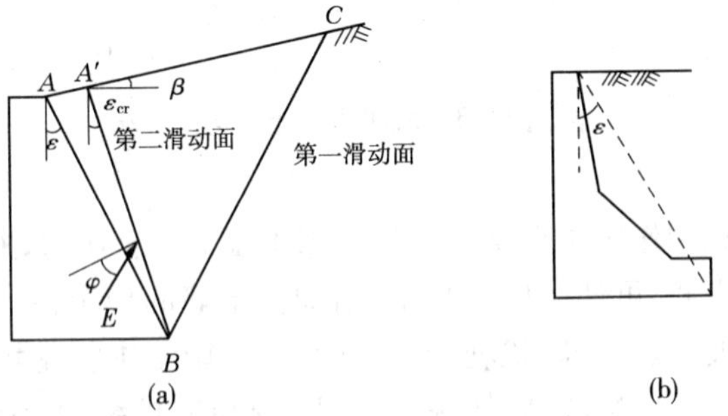

图 6-7　产生第二滑动面的坦墙

2. 填土条件影响

库仑土压力理论适用于墙后填土为水平或倾斜的平面，非平面的其他情况可以采用库尔曼图解法求解。填土的物理、力学性质指标对土压力也有较大的影响。如重度 γ 的增大常引起土压力的增大，因此工程中可以通过减小 γ 来减小土压力；φ 越大的土对挡土墙的主动土压力越小，因此主动土压力可以通过选用 φ 大的材料来达到目的。工程中正确确定有关指标很重要，但有效地控制各种指标更重要。如选择合适的填料，加强土体排水都是减小土压力的有效措施。

(四)减小主动土压力的措施

减小主动土压力就可以减小墙身的设计断面，从而减少工程造价。工程中常采用以下措施来减小主动土压力，而具体采取哪一种措施要结合工程实际情况进行选择。

1. 选择合适的填料

工程中在条件允许时，可以选择内摩擦角大的土料，如粗砂、砾、块石等，可以显著降低主动土压力；有时也可选择轻质填料，如炉渣、矿渣等，这些填料的内摩擦角不会因浸水而降低很多，同时也利于排水。

对于黏性土，其黏聚力会因浸水而降低，所以黏性土的黏性极不稳定，因此在计算土压力时常不考虑其拉应力。但如果有措施能保证填土符合规定要求，也可以计入黏聚力的影响。

2. 改变墙体结构和墙背形状

改变墙背的几何形状可以达到减小主动土压力的目的，如采用中间凸出的折线形墙背，或在墙背上设置减压平台，也可以采用悬臂式的钢筋混凝土结构以增大墙体的稳定性，如图 6-8 所示。

当地基强度不高，而挡土墙高度较大时，也常采用空箱式挡土墙，如土基上的桥台、水闸边墩外侧挡土墙等常采用空箱式挡土结构。

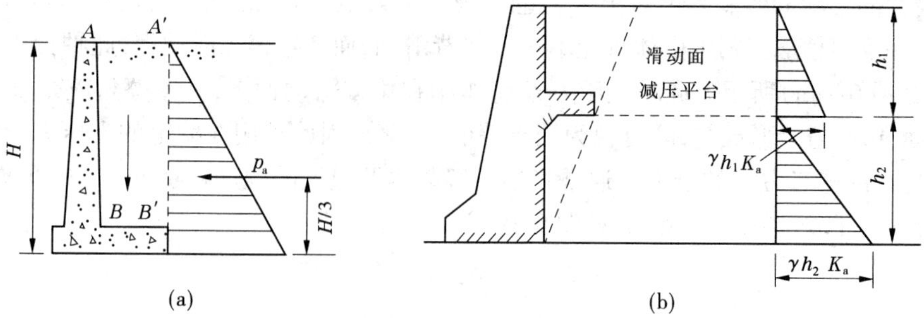

图 6-8　减小主动土压力

3. 减小地面堆载

由于填土表面荷载的作用常会增大作用在挡土墙上的土压力，所以减小地面荷载，将不必要的堆载远离挡土墙，可使土压力减小，增加挡土墙的稳定性。因此，工程中对挡土墙上部的土坡进行削坡，做成台阶状利于边坡的稳定；施工中将基坑弃土、施工用材料以及设备等临时荷载远离基坑堆放，以便减小作用于基坑支护结构上的土压力，也利于基坑边坡的稳定。

此外，由于挡土墙后有地下水时，会增加外荷载，减小挡土墙的稳定性，所以工程中常在挡土墙上设置排水孔、挡土墙后设置排水盲沟来加强排水，降低地下水对挡土墙的影响，以增加挡土墙的稳定性，如图 6-9 所示。

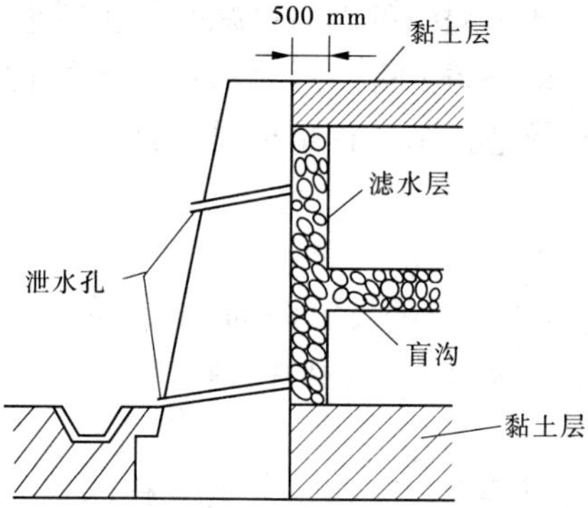

图 6-9　挡土墙的排水设施

教学单元三　淤地坝

淤地坝是指在水土流失地区各级沟道中，以拦泥淤地为目的而修建的坝工建筑物，其拦泥淤成的地叫坝地。在流域沟道中，用于淤地生产的坝叫淤地坝或生产坝。

一、淤地坝的组成、分类与作用

（一）淤地坝的组成

淤地坝由坝体、溢洪道、放水建筑物三个部分组成，其布置形式如图 6-10 所示。

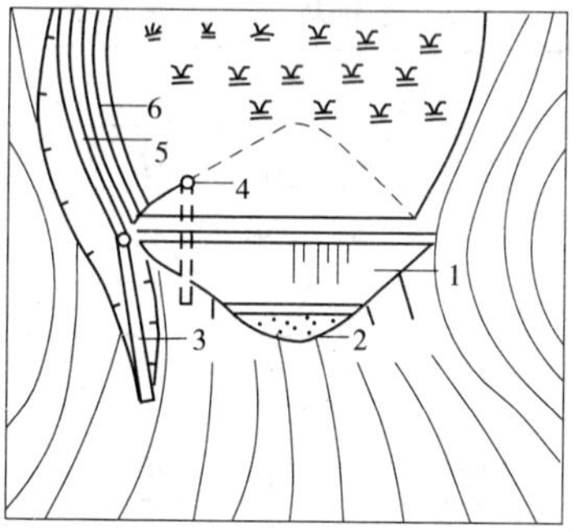

1—坝体；2—排水体；3—溢洪道；4—竖井；
5—排洪渠；6—防洪堤

图6-10　淤地坝示意图

坝体是横拦沟道的挡水拦泥建筑物，用以拦蓄洪水，淤积泥沙，抬高淤积面。溢洪道是排泄洪水建筑物，当淤地坝洪水位超过设计高度时，就由溢洪道排出，以保证坝体的安全和坝地的正常生产。放水建筑物多采用竖井式和卧管式，沟道常流水，库内清水等通过放水设备排泄到下游。反滤排水设备是为了排除坝内地下水，防止坝地盐碱化，增加坝坡稳定性而设置的。

（二）淤地坝的分类

淤地坝按筑坝材料分土坝、石坝、土石混合坝、堆石坝、干砌石坝、浆砌石坝等；按坝地用途分为缓峰骨干坝、拦泥生产坝等；按施工方法分夯碾坝、水力冲填坝、定向爆破坝等。

（三）淤地坝的作用

淤地坝在拦截泥沙、蓄洪滞洪、减蚀固沟、增地增收、促进农村生产条件和生态环境改善等方面发挥了显著的生态效益、社会效益和经济效益。它的作用可归纳为以下几个方面：

（1）拦泥保土，减少入黄泥沙。

（2）淤地造田，提高粮食产量。

（3）防洪减灾，保护下游安全。

（4）合理利用水资源，解决人畜饮水问题。

（5）优化土地利用结构，促进退耕还林还草和农村经济发展。

二、淤地坝的分级标准和设计洪水标准

淤地坝一般根据库容、坝高、淤地面积、控制流域面积等因素分级。参考水库分级标准，可分为大、中、小三级。表6-2为黄河中游水土保持治沟骨干工程技术规范所列分级标准，表6-3和表6-4为黄河中游水土保持治沟骨干工程技术规范提出的淤地坝和拦洪坝设计洪水标准，供参考。

表6-2　淤地坝分级标准

分级标准	库容（万 m^3）	坝高（m）	单坝淤地面积（亩）	控制流域面积（km^2）
大型	500～100	>30	>150	>15
中型	100～10	150～30	150～30	15～1
小型	<10	<30	>30	<1

表 6-3　淤地坝设计洪水标准

分级标准		大型	中型	小型
洪水重现期（年）	正常（设计）	30～20	20～10	10
	非常（校核）	300～200	200～100	100～50
设计淤积年限（年）		15～10	10～5	5～2

表 6-4　拦洪坝设计洪水标准

总库容（万 m^3）		500～100	100～50
洪水重现期（年）	正常（设计）	50～30	30～20
	非常（校核）	500～300	300～200
设计淤积年限（年）		30～20	20～10

三、淤地坝的坝址选择

坝址的选择在很大程度上取决于地形和地质条件，但是如果单纯从地质条件好坏的观点出发去选择坝址却是不够全面的。选择坝址必须结合工程枢纽布置、坝系整体规划、淹没情况和经济条件等综合考虑。一个好的坝址必须满足拦洪或淤地效益大、工程量小和工程安全3个基本要求。在选定坝址时，要提出坝型建议。坝址选择一般应考虑以下几点：

（1）坝址在地形上要求河谷狭窄、坝轴线短，库区宽阔容量大，沟底比较平缓。

（2）坝址附近应有宜于开挖溢洪道的地形和地质条件。最好有鞍形岩石山凹或红黏土山坡，还应注意到大坝分期加高时，放、泄水建筑物的布设位置。

（3）由于建筑材料的种类、储量、质量和分布情况影响到坝的类型和造价，因此坝址附近应有良好的筑坝材料（土、沙、石料），取用容易，施工方便。

（4）坝址地质构造稳定，两岸无疏松的坍土、滑坡体，断面完整，岸坡不大于60°。坝基应有较好的均匀性，其压缩性不宜过大。岩层要避开活断层和较大裂隙，尤其要避开有可能造成坝基滑动的软弱层。

（5）坝址应避开沟岔、弯道、泉眼，遇有跌水应选在跌水上方。坝扇不能有冲沟，以免洪水冲刷坝身。

（6）库区淹没损失要小，应尽量避免村庄、大片耕地、交通要道和矿井等被淹没。

（7）坝址还必须结合坝系规划统一考虑。有时单从坝址本身考虑比较优越，但从整体衔接、梯级开发上看不一定有利，这种情况需要注意。

四、设计资料收集

进行工程规划设计时，一般需要收集和实测如下资料。

（一）地形资料

地形资料包括流域位置、面积、水系、所属行政区、地形特点。

(1)坝系平面布置图。在 1∶10 000 的地形图上标出。

(2)库区地形图。一般采用 1∶5 000 或 1∶2 000 的地形图。等高线间距为 2 ~5 m,测至淹没范围 10 m 以上。它可以用来计算淤地面积、库容和淹没范围,绘制高程与地面积曲线和高程与库容曲线。

(3)坝址地形图。一般采取 1∶1 000 或 1∶500 的实测现状地形图,等高线间距为 0.5 ~1 m,测坝顶以上 10 m。用此图规划坝体、溢洪道和泄水洞,估算大坝工程量,安排施工期土石场、施工导流、交通运输等。

(4)溢洪道、泄水洞等建筑物所在位置的纵横断面图。横断面图用 1∶100 ~1∶200 比例尺,纵断面图可用不同比例尺。这两种图可用来设计建筑物,估算挖填土石方量。

上述各图在特殊情况下,可以适当放大和缩小。规划设计所用图表,一般均应统一采用 1956 年黄海高程系和国家颁布的标准图式。

(二)流域、库区和坝址地质及水文地质资料

(1)区域或流域地质平面图。

(2)坝址地质断面图。

(3)坝址地质结构、河床覆盖层厚度及物质组成、有无形成地下水库条件等。

(4)沟道地下水、泉逸出地段及其分布状况。

(三)流域内河、沟水化学测验分析资料

流域内河、沟水化学测验分析资料包括总离子含量、矿化度(mL/g)、总硬度、总碱度及 pH 值在区域的变化规律,为预防坝地盐碱化提供资料。

(四)水文气象资料

水文气象资料包括暴雨、洪水、径流、泥沙情况,气温变化和冻结深度等。

(五)天然建筑材料的调查

天然建筑材料的调查包括土、沙、石、砂砾料的分布,结构性质和储量等。

(六)社会经济调查资料

社会经济调查资料包括流域内人口、经济发展现状、土地利用现状、水土流失治理情况。

(七)其他条件

其他条件包括交通运输、电力、施工机械、居民点、淹没损失、当地建筑材料的单价等。

五、淤地坝水文计算

设计暴雨量、设计洪峰流量、设计洪水总量以及洪水过程线推算等淤地坝水文计算内容,参见《水文学》有关内容。

六、淤地坝坝高的确定

淤地坝除拦泥淤地外,还有防洪的要求。所以,淤地坝的库容由两部分组成:一部分为拦泥库容,另一部分为滞洪库容。而相应于该两部分库容的坝高,即为拦泥坝高和滞洪坝高。

另外,为了保证淤地坝工程和坝地生产的安全,还需增加一部分坝高,称为安全超高。

因此,淤地坝的总坝高等于拦泥坝高、滞洪坝高及安全超高之和(见图 6-11)。

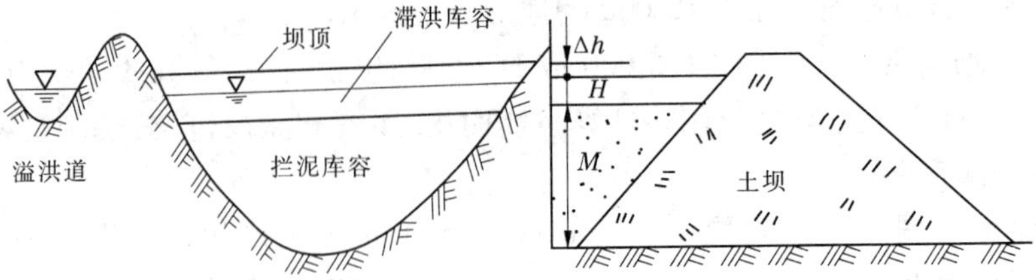

图 6-11　淤地坝坝高与库容关系示意图

（一）拦泥坝高的确定

设计时，首先分析该坝的坝高—淤地面积—库容关系曲线，初步选定经济合理的拦泥坝高，由其关系曲线中查得相应坝高的拦泥库容。其次由初拟坝高加上滞洪坝高和安全超高的初估值，作为全坝高来估算其坝体的工程量。根据施工方法、工期和社会经济情况等，判断实现初选拦泥坝高的可能性。最后由该坝所控流域内的年平均输沙量求得淤平年限。

（二）滞洪坝高的确定

为了保证淤地坝工程安全和坝地的正常生产，必须修建防洪建筑物（如溢洪道）。由于防洪建筑物不可能修的很大，也不可能来多少洪水就排泄多少洪水，这在经济上是极不合理的。所以，在淤地坝中除有拦泥（淤地）库容外，必须有一个滞洪库容，用以滞蓄由防洪建筑物暂时排泄不走的洪水，为此，需进行调洪演算。调洪演算的任务是根据设计洪水的大小，确定防洪建筑物的规模和尺寸，确定滞洪库容和相应的滞洪坝高。

（三）安全超高的确定

淤地坝的安全超高主要取决于坝高的大小，根据各地经验可采用表 6-5 的数值。

表 6-5　淤地坝安全超高

坝高（m）	<10	10～20	>20
安全超高（m）	0.5～1.0	1.0～1.5	1.5～2.0

淤地坝的大坝设计、溢洪道设计、放水建筑物设计可参照前面讲的坝工建筑物相关内容进行设计。

教学单元四　排水工程

排水工程可减免地表水和地下水对坡体稳定性的不利影响，一方面能提高现有条件下坡体的稳定性，另一方面允许坡度增加而不降低坡体稳定性。排水工程包括排除地表水工程和排除地下水工程。

一、排除地表水工程

排除地表水工程的作用，一是拦截病害斜坡以外的地表水，二是防止病害斜坡内的地表水大量渗入，并尽快汇集排走。它包括防渗工程和水沟工程。

防渗工程包括整平夯实和铺盖阻水，可以防止雨水、泉水和池水的渗透。当斜坡上有松散易渗水的土体分布时，应填平坑洼和裂缝并整平夯实。铺盖阻水是一种大面积防止地表水渗入坡体的措施，铺盖材料有黏土、混凝土和水泥砂浆；黏土一般用于较缓的坡。坡上的坑凹、陡坎、深沟可堆渣填平（若黏土丰富，最好用黏土填平），使坡面平整，以便夯实铺盖。铺土要均匀，厚度为 1 ~ 5 m，一般为水头的 1/10。有破碎岩体裸露的斜坡，可用水泥砂浆勾缝抹面。水上斜坡铺盖后，可栽植植物以防水流冲刷。坡体排水地段不能铺盖，以免阻挡地下水外流造成渗透水压力。

水沟工程包括截水沟和排水沟（见图 6-12）。截水沟布置在病害斜坡范围外，拦截旁引地表径流，防止地表水向病害斜坡汇集。

排水沟布置在病害斜坡上，一般呈树枝状，充分利用自然沟谷。在斜坡的湿地和泉水出露处，可设置明沟或渗沟等引水工程将水排走。当坡面较平整，或治理标准较高时，需要开挖集水沟和排水沟，构成排水沟系统。集水沟横贯斜坡，可汇集地表水，排水沟比降较大，可将汇集的地表水迅速排出病害斜坡。水沟工程可采用砌石、沥青铺面、半圆形钢筋混凝土槽、半圆形波纹管等形式，有时采用不铺砌的沟渠，其渗透和冲刷较强、效果差些。

二、排除地下水工程

排除地下水工程的作用是排除和截断渗透水。它包括渗沟、明暗沟、排水孔、排水洞、截水墙等。

渗沟的作用是排除土壤水和支撑局部土体，比如可在滑坡体前缘布设渗沟。有泉眼的斜坡上，渗沟应布置在泉眼附近和潮湿的地方。渗沟深度一般大于 2 m，以便充分疏干土壤水。沟底应置于潮湿带以下较稳定的土层内，并应铺砌防渗。渗沟上方应修挡水埂，防止坡面上方水流流入，表面成拱形，以排走坡面流水（见图 6-13）。

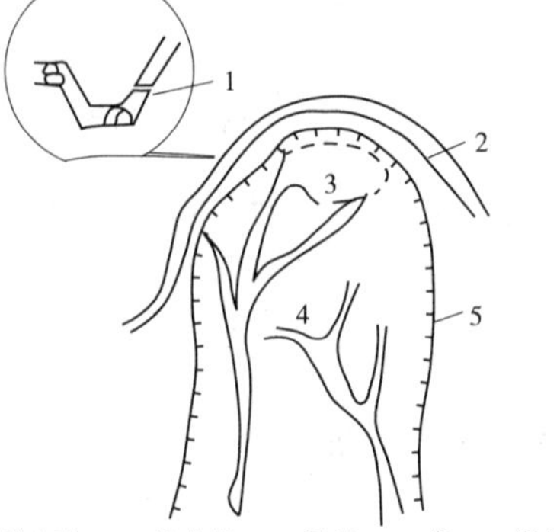

1—泄水孔；2—截水沟；3—湿地；4—泉；5—滑坡周界

图 6-12　滑坡区的水沟工程

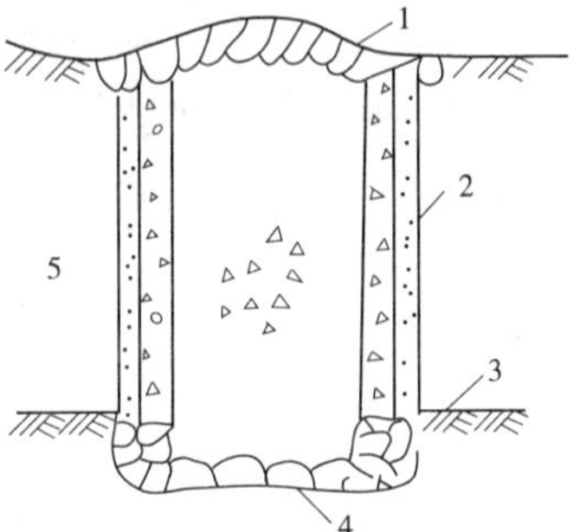

1—干砌片石表面砂浆勾缝；2—反滤面；3—较干燥稳定土层上界线；4—浆砌石；5—不稳定土层

图 6-13　渗沟结构示意图

排除浅层（约 3 m 以上）的地下水可用暗沟和明暗沟。暗沟分为集水暗沟和排水暗沟。集水暗沟用来汇集浅层地下水，排水暗沟连接集水暗沟，把汇集的地下水作为地表水排走。暗沟结构参见图 6-14，其底部布设有孔的钢筋混凝土管、波纹管、透水混凝土管或石笼，底部可铺设不透水的杉皮、聚乙烯布或沥青板，侧面和上部设置树枝及砂砾组成的过滤层，以防淤塞。

明暗沟即在暗沟上同时修明沟，可以排除滑坡区的浅层地下水和地表水。

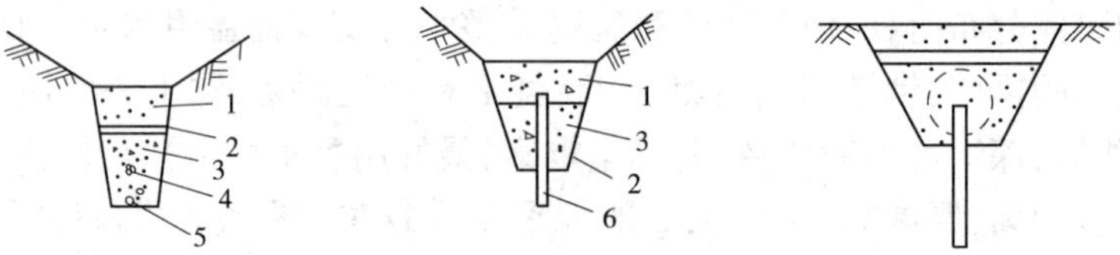

(a)暗沟　　(b)树枝包捆暗沟　　(c)石笼暗沟

1—回填土；2—树枝；3—砂砾；4—卵石、块石；5—泄水孔；6—桩

图 6-14　暗沟横截面图

排水孔是利用钻孔排除地下水或降低地下水位。排水孔又分垂直孔、仰斜孔和放射孔。

垂直孔排水是钻孔穿透含水层，将地下水转移到下伏强透水岩层，从而降低地下水位。如图 6-15 所示，是钻孔穿透滑坡体及其下面的隔水层，将地下水排至下面强透水层。

仰斜孔排水是用接近水平的钻孔把地下水引出，从而疏干斜坡（见图 6-16）。仰斜孔

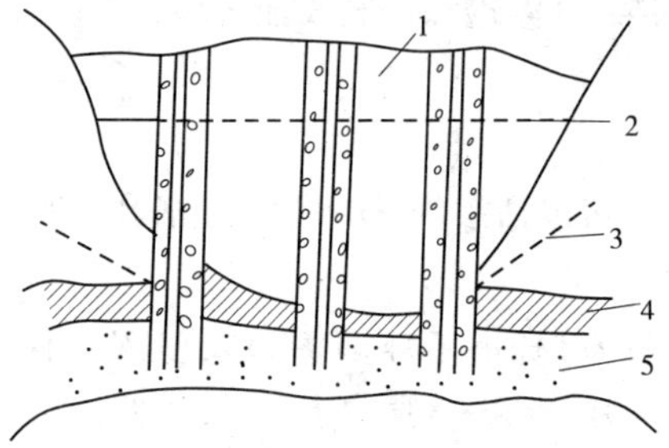

1—滑坡体；2—原地下水位；3—现地下水位；4—隔水层；5—强隔水层

图 6-15　滑坡区垂直孔排水

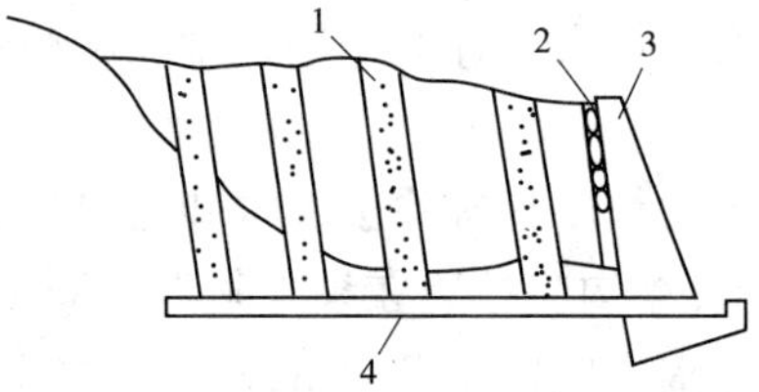

1—沙井；2—砂砾滤层；3—挡墙；4—仰斜排水孔

图 6-16　仰斜孔排水

施工方便、节省劳力和材料、见效快，当含水层透水性强时效果尤为明显。根据含水类型、地下水埋藏状态和分布情况等布置钻孔，钻孔要穿透主要裂隙组，从而汇集较多的裂隙水。钻孔的仰斜角为 10° ~ 15°，根据地下水位确定。若钻孔在松散层中有塌壁堵塞可能，应用镀锌钢滤管、塑料滤管或加固保护孔壁。对含水层透水性差的土质斜坡（如黄土斜坡），可采用沙井和仰斜孔联合排水（见图 6-17），即用沙井聚集含水层的地下水，仰斜孔穿连沙井底部将水排出。

放射孔排水即排水孔呈放射状布置，它是排水洞的辅助措施。

排水洞的作用是拦截和疏导深层地下水。排水洞分截水隧洞和排水隧洞。截水隧洞修筑在病害斜坡外围，用来拦截旁引补给水；排水隧洞布置在病害斜坡内，用于排泄地下水。滑坡的截水隧洞洞底应低于隔水层顶板，或在坡后部滑动面之下，开挖顶线必须切穿含水层，其衬砌拱顶又必须低于滑动面，截水隧洞的轴线应大致垂直于水流方向。排水隧洞洞底应布置在含水层以下，在滑坡区应位于滑动面以下，平行于滑动方向

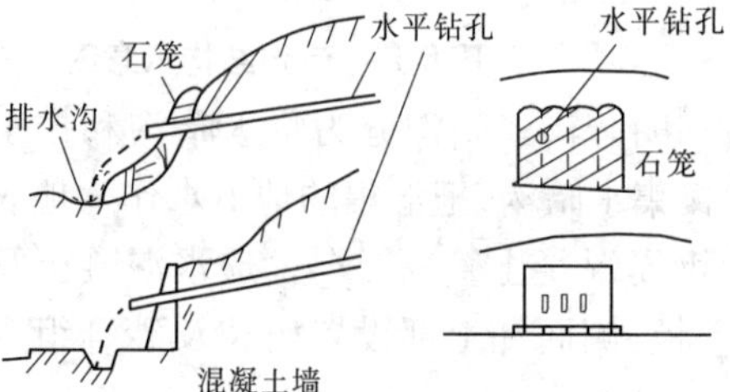

图 6-17　沙井和仰斜孔联合排水

布置在滑坡前部，根据实际情况选择渗井、渗管、分支隧洞和仰斜排水孔等措施进行配合使用。排水隧洞边墙及拱圈应留泄水孔和填反滤层。

如果地下水沿含水层向滑坡区大量流入，可在滑坡区外布设截水墙，将地下水截断，再用仰斜孔排出(见图6-18)。注意不要将截水墙修筑在滑坡体上，因为可能诱导发生滑坡。修筑截水墙有两种方法：一是开挖到含水层后修筑墙体，二是灌注法。含水层较浅时用第一种方法，当含水层在2～3 m以下时采用灌注法较经济。灌注材料有水泥浆和化学药液，当含水层大孔隙多且流量、流速小时，用水泥浆较经济，但因黏性大，凝固时间长，压入小孔隙需要较大的压力，而灌注速度大时则可能在凝固前流失，因此，有时与化学药液混合使用。化学药液可以单独使用，其胶凝时间从几秒到几小时，可以自由调节，黏性也小。具体灌注方法可参阅有关资料。

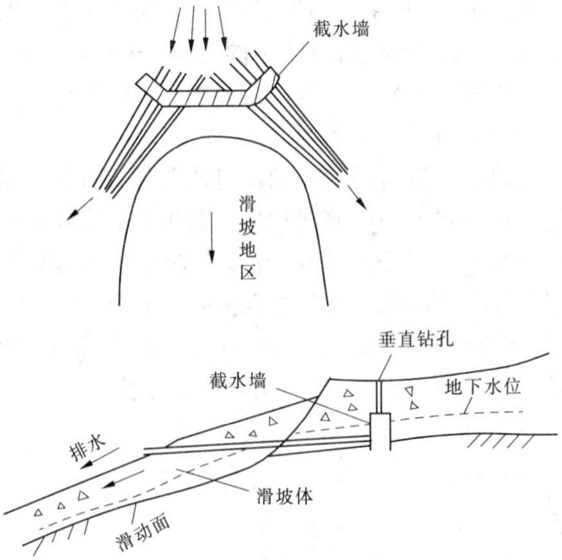

图6-18　截水墙布置图

教学单元五　护岸治滩造田工程

各种类型的河段，在自然情况或受人工控制的条件下，由于水流与河床的相互作用，常造成河岸崩塌而改变河势，危及农田及城镇村庄的安全，破坏水利工程的正常运用，给国民经济带来不利影响。修筑护岸与治河工程的目的，就是为了抵抗水流冲刷，变水害为水利，为农业生产服务。

一、护岸工程

(一)护岸工程的目的及种类

防治山洪的护岸工程与一般平原、河流的护岸工程并不完全相同，主要区别在于横向侵蚀使沟岸崩坏后，由于山区较陡，还可能因下部沟岸崩坍而引起山崩，因此护岸工程还必须起到防止山崩的作用。

1. 护岸工程的目的

沟道中设置护岸工程，主要用于下列情况：

(1)由于山洪、泥石流冲击使山脚遭受冲刷而有山坡崩坍危险的地方。

(2)在有滑坡的山脚下，设置护岸工程兼起挡土墙的作用，以防止滑坡及横向侵蚀。

(3)用于保护谷坊、拦沙埂等建筑物。谷坊或淤地坝淤沙后，多沉积于沟道中部，山洪遇堆积物常向两侧冲刷，如果两岸岩石或土质不佳，就需设置护岸工程，以防止冲塌沟岸而导致谷坊或拦沙坝失事。在沟道窄而溢洪道宽的情况下，如果过坝的山洪流向改变，也可能危及沟岸，这时也需设置护岸工程。

(4)沟道纵坡陡急、两岸土质不佳的地段，除修谷坊防止下切外，还应修护岸工程。

2. 护岸工程的种类

护岸工程一般可分为护坡与护基(或护脚)两种工程。枯水位以下称为护基工程，枯水位以上称为护坡工程。根据其所用材料的不同，又可分为干砌片石、浆砌片石、混凝土板、铁丝石笼、木桩排、木框架与生物护岸等。此外，还有混合型护岸工程，如木桩植树加抛石护岸工程、抛石植树加梢捆护岸工程等。

为了防止护岸工程被破坏，除应注意工程本身质量外，还应防止因基础被冲刷而遭受破坏。因此，在坡度陡急的山洪沟道中修建护岸工程时，常需同时修建护基工程；如果下游沟道坡度较缓，一般不修护基工程，但护岸工程的基础，需有足够的埋深。

护基工程有多种形式，最简单的一种是抛石护基，即用比施工地点附近的石块更大的石块铺到护岸工程的基部进行护底(见图6-19(a))，其石块间的位置可以移动，但不能暴露沟底，以使基础免受洪水冲刷淘深，且较耐用并有一定挠曲性，是较常用的方法。在缺乏大石块的地区，可采用梢捆护基(见图6-19(b))。

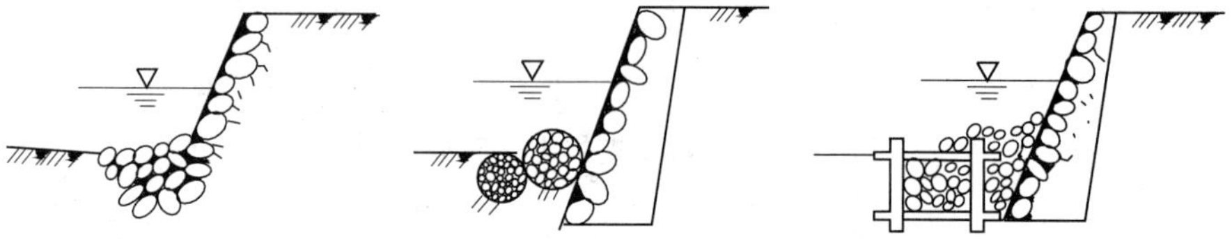

(a)抛石护基　　(b)梢捆护基　　(c)木框装石护基

图6-19　护基工程示意图

(二)护岸工程的设计原则

(1)在进行护岸工程设计之前，应对上下游沟道情况进行调查研究，分析在修建护岸工程之后，下游或对岸是否会发生新的冲刷，确保沟道安全。

(2)为避免水流冲毁基础，护岸工程应大致按地形设置，并力求形状没有急剧的弯曲。此外，还应注意将护岸工程的上游及下游部分与基岩、护基工程及已有的护岸工程连接，以免在护岸工程的上下游发生冲刷作用。

(3)护岸工程的设计高度，一方面要保证山洪不致漫过护岸工程，另一方面应考虑护岸工程的背后有无崩塌的可能。若有崩塌的可能，则应预留出堆积崩塌沙石的余地，即使护岸工程距崩塌处有一定的距离并有足够的高度，如不能满足高度的要求，可沿岸坡修建向上成斜坡的横墙，以防止背后侵蚀及坡面的崩塌。

（4）在弯道段凹岸水位较凸岸水位高，因此凹岸护岸工程的高度应更高一些，凹岸水位比凸岸水位高出的数值（ΔH）可近似地按下式计算

$$\Delta H = \frac{v^2 B}{gR} \tag{6-4}$$

式中 ΔH——凹岸水位高于凸岸水位的数值，可作为超高计算，m；

v——水流流速，m/s；

B——沟道宽度，m；

R——弯道曲率半径，m；

g——重力加速度，m/s^2。

（三）护脚（基）工程

护脚工程的特点是常潜没于水中，时刻都受到水流的冲击和侵蚀作用。因此，在建筑材料和结构上要求具有抗御水流冲击和推移质磨损的能力；富有弹性，易于恢复和补充，以适应河床变形；耐水流侵蚀的性能好，以及便于水下施工等。

常用的护脚工程有抛石、沉枕、石笼等。

1. 抛石护脚工程

设计抛石护脚工程应考虑块石规格、稳定坡度、抛护范围和厚度等几个方面的问题。

护脚块石要求采用石质坚硬的石灰岩、花岗岩等，不得采用风化易碎的岩石。块石尺寸以能抵抗水流冲击，不被冲走为原则，可根据护岸地点洪水期的流速、水深等实测资料，用一般起动流速进行略估，块石直径一般取 20 ~ 40 cm，并可掺和一定数量的小块石，以堵塞大块石之间的缝隙。

抛石护脚的稳定坡度，除应保证块石体本身的稳定外，还应保证块石体能平衡土坡的滑动力。因此，必须结合块石体的临界休止角和沟岸土质在饱和情况下的稳定边坡来考虑。块石体在水中的临界休止角可定为 1∶1.4 ~ 1∶1.5，沟岸土质在饱和情况下的稳定边坡可参考实测资料确定，对于沙质沟床约为 1∶2。抛石护脚工程的设计边坡应缓于临界休止角，等于或略陡于饱和情况下的稳定边坡，一般情况下，应不陡于 1∶1.5 ~ 1∶1.8（水流顶冲愈严重，越应取较大比值）。

抛石厚度对于工程的效果和造价关系极为密切。目前，一般规定厚度为 0.4 ~ 0.8 m，相当于块石粒径的 2 倍（见图 6-20）。在接坡段紧接枯水位处，为稳定边坡，加抛顶宽为 2 ~ 3 m 的平台。如沟坡陡峻（局部坡度陡于 1∶1.5，重点险段坡度陡于 1∶1.8），则需加大抛石厚度。

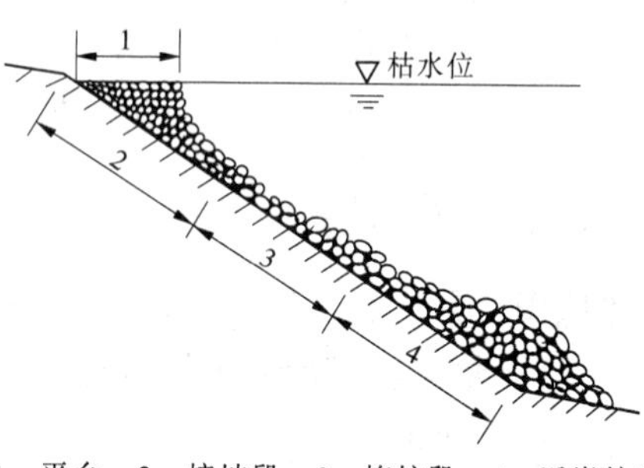

1—平台；2—接坡段；3—掩护段；4—近岸护底段

图 6-20　抛石护脚工程横断面

2. 石笼护脚工程

石笼护脚多用于流速大、边坡陡的地区。石笼是用铅丝、铁丝、荆条等材料做成各种网格的笼状物体，内填块石、砾石或卵石。其优点是具有较好的强度和柔性，不需较大的石料，在高含沙山洪的作用下，石笼中的空隙将很快被泥沙淤满而形成坚固的整体

护层，增强了抗冲能力，缺点是笼网日久会锈蚀，导致石笼解体（一般使用年限：镀锌铁丝笼为8～12年，普通铁丝为3～5年）。另外，在沟道有滚石的地段，一般不宜采用。

笼的网格大小以不漏失填充的石料为限度，一般做成箱形或圆柱形，铺设厚度为0.4～0.5 m，其他设计与抛石护脚工程相同。图6-21为各种石笼结构图。

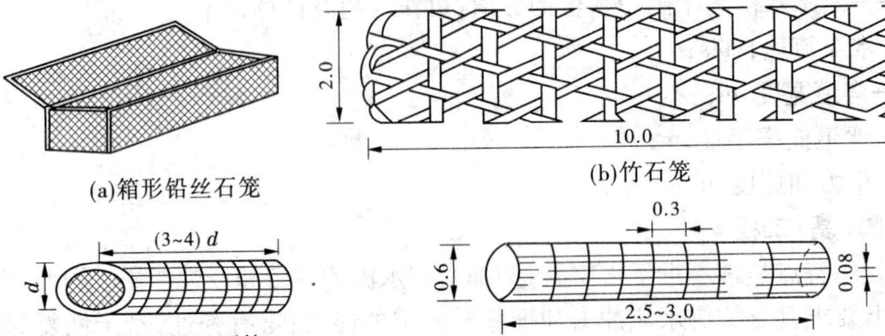

(a)箱形铅丝石笼　(b)竹石笼　(c)圆形铅丝石笼　(d)荆条石笼

图6-21　石笼结构图　（单位：m）

3. 护坡工程

护坡工程又称护坡堤，可采用砌石结构，也可采用生物护坡。砌石护岸堤可分单层干砌块石、双层干砌块石和浆砌石3种。对于山洪流向比较平顺、不受主流冲刷的防护地点，当流速为2～3 m/s时，可采用单层干砌块石；当流速为3～4 m/s时，可采用双层干砌块石；在受到主流冲刷、山洪流速大（≥4～5 m/s）、挟带物多、冲击力猛的防护地点，则采用浆砌石。

（四）护岸堤修筑时，需注意的问题

（1）基础要挖深，慎重处理，防止掏空。一般情况下，当冲刷深度在4 m以内时，可将基础直接埋在冲刷深度以下0.5～1.0 m处，并且基础底面要低于沟床最深点以下1 m左右。

（2）沟岸必须事先平整，达到规定坡度后再进行砌石。

（3）护岸片石必须全部丁砌，并垂直于坡面。

片石下面要设置适当厚度的垫层，随岸坡土质不同，垫层一般采用砂砾卵石或粗中砂卵石混合垫层组成，若岩坡土质与垫层材料相类似，则可设垫层。

二、治滩造田工程

治滩造田就是通过工程措施，将河床缩窄、改道、裁弯取直，在治好的河滩上，用引洪放淤的办法，淤垫出能耕种的土地，以防止河道冲刷，变滩地为良田。

治滩造田是小流域综合治理的一个组成部分，而流域治理的好坏又直接影响治滩造田工程的标准和效益，因此治滩造田工程不能脱离流域治理规划单独进行。

（一）治滩造田的类型

治滩造田的类型主要有束河造田、改河造田、裁弯造田、堵叉造田、箍洞造田。

1. 束河造田

在宽阔的河滩上，修建顺河堤等治河工程束窄河床，将腾出来的河滩改造成耕地（见

图 6-22)。

2. 改河造田

在条件适宜的地方开挖新河道,将原河改道,在老河床上造田(见图 6-23)。

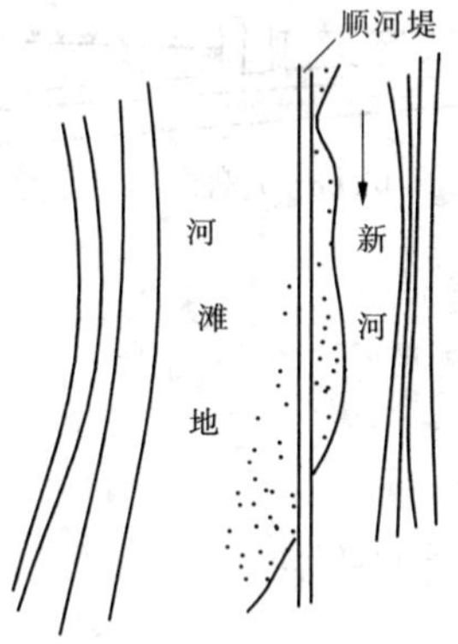

图 6-22　束河造田示意图

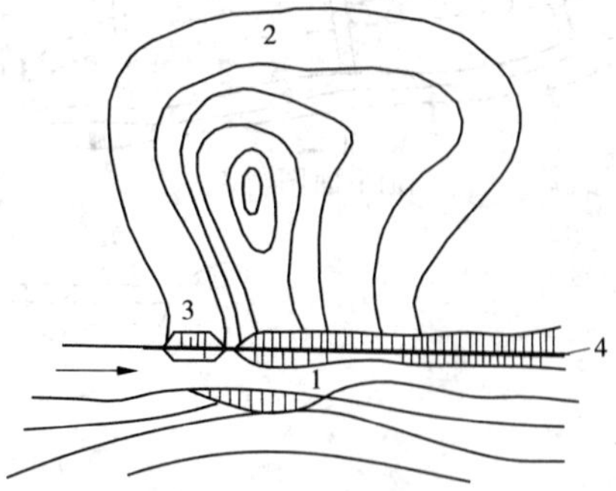

1—新河;2—老河;
3—老河进口拦河坝;4—新河堤

图 6-23　改河造田示意图

3. 裁弯造田

过分弯曲的河道往往形成河环,在河环狭窄处开挖新河道,将河道裁弯取直,在老河湾造田(见图 6-24)。

4. 堵叉造田

在河道分叉处,选留一叉,堵塞某条支叉,并将其改造为农田(见图 6-25)。

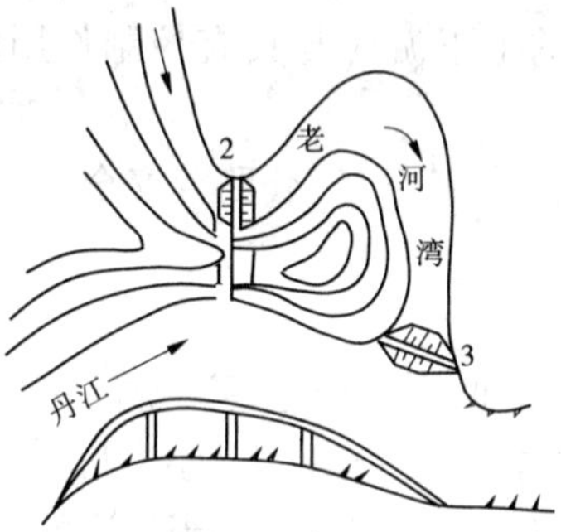

1—新河;2—老河湾进口拦河坝;3—老河湾出口拦河坝

图 6-24　裁弯造田示意图

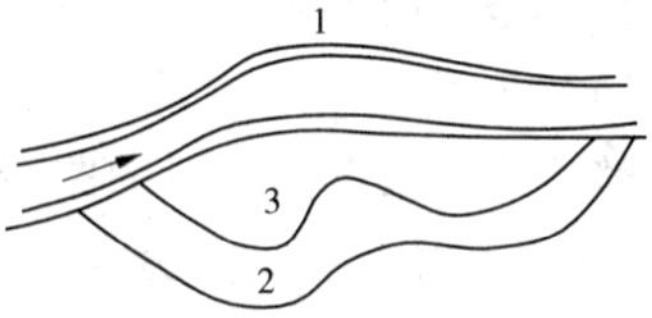

1—顺河堤;2—老叉道;3—江心洲

图 6-25　堵叉造田示意图

5. 箍洞造田

在小流域的支沟内顺着河道方向砌筑涵洞,宣泄地面来水,在涵洞上填土造田(见图 6-26)。

(二)整治线的规划

整治线(又称治导线)是指河道经过整治以后,在设计流量下的平面轮廓,它是布置整治建筑物的重要依据。因此,整治线规划设计得是否合理,往往决定着工程量和工程效益的大小,甚至决定工程的成败。

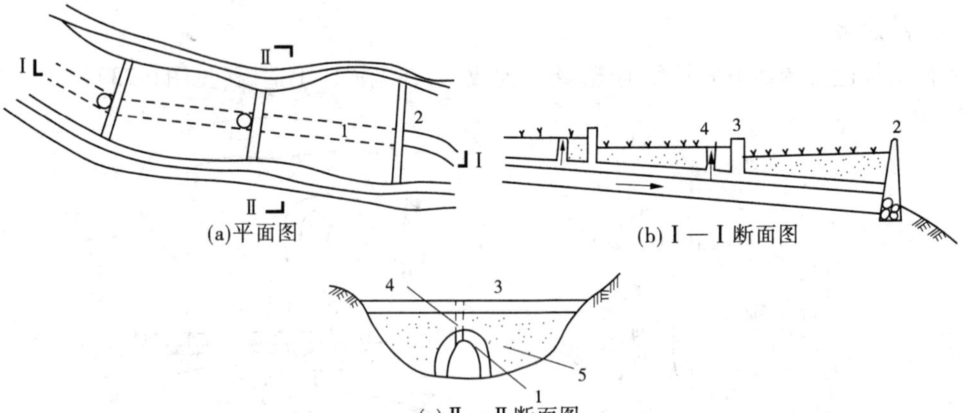

(a)平面图　(b) Ⅰ—Ⅰ断面图

(c) Ⅱ—Ⅱ断面图

1—造地涵洞;2—闸沟埂;3—地边埂;4—天窗;5—回填土

图 6-26　箍洞造田示意图

1. 整治线的布置原则

整治线的布置,应根据河道治理的目的,按照因势利导的原则来确定,应能很好地满足国民经济各有关部门的要求。

(1)多造地和造好地,新河应力求不占耕地或少占耕地,造出的地耕种条件应较好,最好能成片相连,以做到“河靠阴,地向阳”。

(2)因势利导。充分研究水流、泥沙运动的规律及河床演变的趋势。顺其势、尽其利,应尽量利用已有的整治工程和长期比较稳定的深槽及较耐冲的河岸,力求上、下游呼应;左、右岸兼顾;洪、中、枯水统一考虑。整治线的上下游应与具有控制作用的河段相衔接。

(3)应照顾原有的渠口、桥梁等建筑物,不要危及村镇厂矿、公路等安全。

2. 整治线的形式

1)蜿蜒式

整治线一般都是圆滑的曲线。这种曲线的特点是曲率半径是逐渐变化的。从上过渡段起,曲率半径开始为无穷大,由此往下,逐渐变小,在弯曲顶点处最小,过此后又逐渐增大,至下过渡段又达到无穷大(见图 6-27),在曲线与曲线之间连以适当长度的直线。

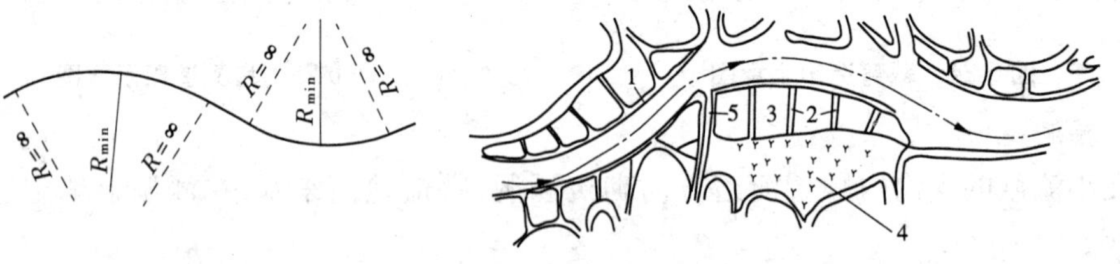

(a)整治线曲线特性　(b)蜿蜒式整治线

1—顺河石堤;2—格堤; 3 —新造河滩地;4—原耕地; 5 —大支沟

图 6-27　整治线示意图

这种曲线形式的整治线，比较符合河流的水流结构特点与河床演变规律，不仅水流平顺、滩槽分明，且较稳定。但河道占地面积大，造出的新田不能连成大片，不利于机械化。一般适用于流域面积大，河谷宽阔，中、枯水历时较长的河流。

2）直线式

这种整治线基本上把新河槽设计成直线，根据河势和地形，自上游到下游分段取直（见图6-28）。

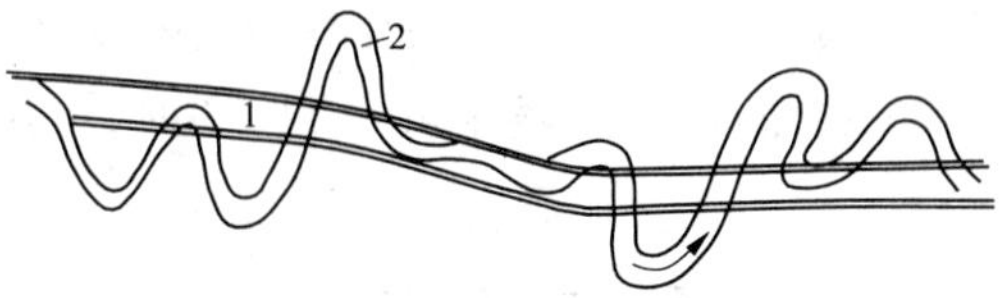

1—新河道；2—老河道

图6-28　直线式整治线示意图

直线式整治线可缩短河长，增加造地面积，使耕地连片，且新河槽中洪水流动顺畅，阻力小，减小对凹岸的横向冲刷，但河长的缩短，增大了河床比降，势必增强流水对河床的冲刷作用。因此，不仅要求在两岸修建导流堤，且要求对治河建筑物进行防护或将老河全部填平，沿山脚另开河，在老河上造地。

3）绕山转式

这种整治线是将新河槽挤向山脚一侧，河道环绕山脚走向流动，或将老河全部填平，沿山脚另开新河，在老河上造地（见图6-29）。

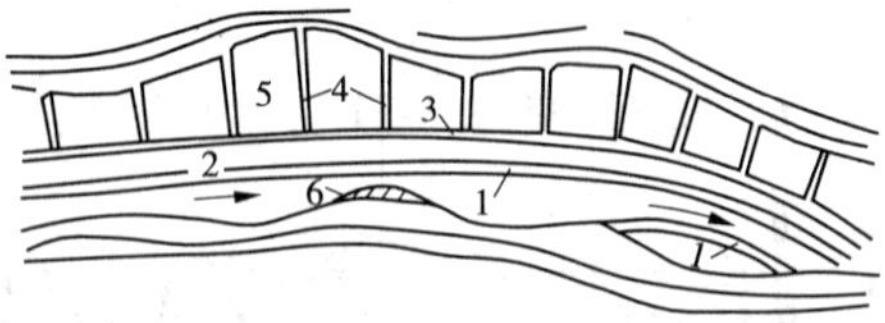

1—顺河堤；2—公路；3—渠道；4—格坝；
5—新造滩地；6—切除山嘴

图6-29　绕山转式整治线示意图

绕山转式整治线占地少，有利于土地连片。但对原来的水流运动规律改变较大，整治线难以防护，此外，山脚处一般地势较高，可能使新河槽床面较高，河床难以冲深，加之山脚一带山嘴、石崖较多，造成河槽宽窄不一，水流紊乱。因此，为达到新河槽的设计断面，必须平顺水流，挖深河床，在凹段还要修建顺河堤工程，实施困难，一般适用于小河流。

3. 整治线的曲率半径

整治线的曲率半径和宽度，应根据河流的水文、地理及地质条件来确定。

在缺乏资料时，曲率半径可按式（6-5）确定

$$R = KB \qquad (6\text{-}5)$$

式中　R——曲率半径（见图6-30）；

K——系数，一般可取4～9；

B——直线段河宽。

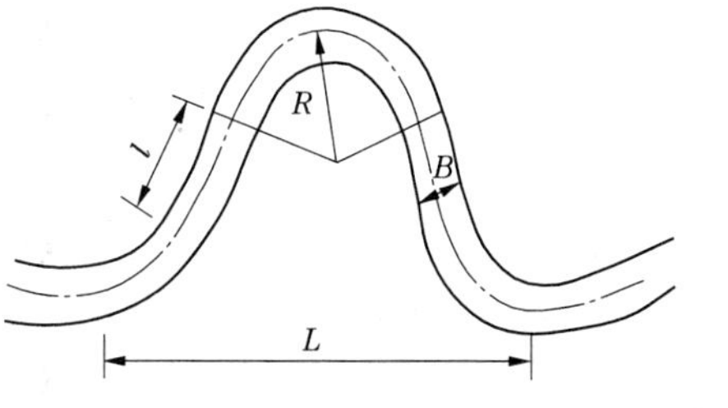

图6-30　弯道水流

整治线两反面之间的直线段长度 l 应适当。l 过短则在过渡段的某些断面上产生反向环流，造成交错浅滩；l 过长则可能加重过渡段的淤积。一般按式(6-6)确定

$$l = (1 \sim 3)B \tag{6-6}$$

整治线两同向弯顶之间的距离 L，可参照式(6-7)确定

$$L = (12 \sim 14)B \tag{6-7}$$

(三)新河槽断面设计

新河槽的断面设计主要指确定新河槽的水深及整治线的宽度。

当某河段在一定防洪标准下的最大洪峰流量 Q_{mp} 已知时，可用均匀流流量公式进行计算，即

$$Q_{mp} = AC\sqrt{Ri}$$
$$C = \frac{1}{n}R^{1/6} \tag{6-8}$$

当河道为宽浅式断面时，可用式(6-9)计算

$$Q_{mp} = \frac{1}{n}BH^{5/3}i^{1/2} \tag{6-9}$$

式中 B——水面宽度，m；

H——过水断面平均水深，m；

n——河床糙率；

i——河床比降。

H 与 B 可用试算法求得。

有些地方将河槽设计成复式断面（见图6-31），这种断面由于两边滩地与主槽的水

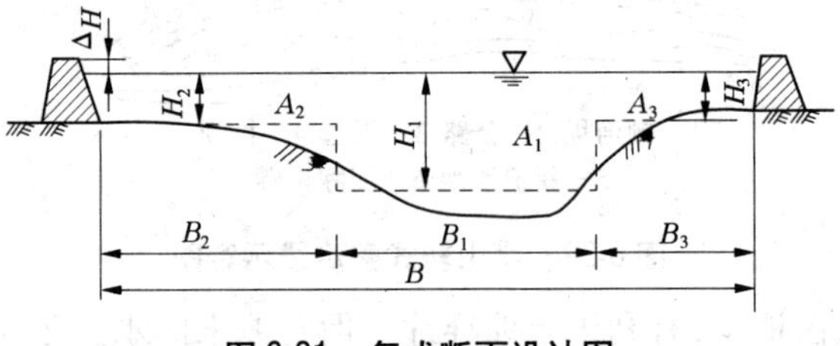

图6-31 复式断面设计图

深、糙率和流速均不相同，所以计算时应将断面分为 A_1、A_2、A_3 三部分进行，这三部分面积之和应与原过水断面面积相等，滩、槽坡降可取相同值，然后根据式(6-10)~式(6-13)进行计算

$$Q_0 = Q_1 + Q_2 + Q_3 \tag{6-10}$$

$$Q_1 = \frac{1}{n_1}B_1H_1^{5/3}i^{1/2} \tag{6-11}$$

$$Q_2 = \frac{1}{n_2}B_2H_2^{5/3}i^{1/2} \tag{6-12}$$

$$Q_3 = \frac{1}{n_3}B_3H_3^{5/3}i^{1/2} \tag{6-13}$$

式中 Q_0——设计洪峰流量，m^3/s；

Q_1、Q_2、Q_3——通过主槽 A_1 及左、右两滩地 A_2、A_3 的流量，m^3/s；

n_1、n_2、n_3——河床主槽及左、右两滩地的糙率系数；

B_1、B_2、B_3 及 H_1、H_2、H_3——河床主槽及左、右滩地的宽度及平均水深，B、H 的计算仍用试算法。

应该指出的是，河道是水流与河床长期相互作用下的产物，在一定的边界条件下，在一定的来沙来水的作用下，就会塑造出一定形态的河床。根据这个道理，通过大量调查分析发现，河床形态因素（如河宽、水深、曲率半径等）之间，或这些因素与水力、泥沙因素（如流量、比降、泥沙粒径等）之间具有某种关系，这种关系通常称为“河相关系”。

河道的整治涉及河床的稳定性，而河床的稳定性与这种“河相关系”是密切相关的。因此，在进行新河断面设计时，应重视这种关系，以防河床失稳。

（四）整治建筑物设计

在整治线确定之后，根据不同类型整治线的要求，可采用不同类型的整治建筑物，以保证整治线的实施。整治建筑物的类型很多，治滩造地工程中常用的有丁坝、顺河坝等。

值得提出的是，修筑了某些治河造田工程以后，束窄了天然河道，改变了原来的水流状态，使流速增大，一般能引起河床纵深方向的冲刷。因此，在修筑治河工程的同时，还应根据建筑物和河道的情况，设置护底工程。

（五）河滩造田的方法

为了把治滩后造成的土地建成高产稳产的基本农田，必须做好滩地的园田化建设，其内容包括建设灌溉排水系统、营造防护林、平滩垫地、引洪漫地、改良土壤等内容。常见的河滩造地的方法有以下几种。

1. 修筑格坝

根据滩地园田化的规划，首先应当在河滩上用砂卵石或土料修成与顺河坝相垂直的，把滩地分成若干条块的横坝，叫做格坝，它是河滩造地中的一项重要工程。

格坝的主要作用是将格坝地与原有滩地分划成若干小块，形成许多造田单元，可以使平整土地及垫土的工程量大大减小，当顺河坝局部被冲毁时，格坝可发挥减轻洪灾的作用。

格坝间距的大小主要取决于河滩地形条件和河滩坡度的大小，坡度愈大，间距愈小。另外，布置格坝时要尽量与道路、排灌系统、防护林网协调一致，格坝间距一般为 30 ~ 100 m。

格坝高度与间距有着密切的关系，见图 6-32。

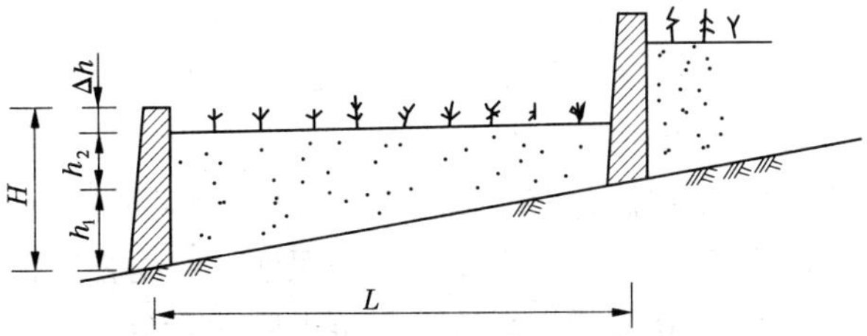

图 6-32　格坝的高度与间距

当格坝间距 L 确定后，格坝的高度可用下式计算

$$H = h_1 + h_2 + \Delta h \tag{6-14}$$

$$h_1 = iL \tag{6-15}$$

式中 H——格坝高度,m;

h_1——两格之间河滩地面的高差,m;

i——河滩的纵比降;

h_2——新造河滩地所需要的最小垫土厚度,根据各地经验,第一次垫土厚度要 40 cm 左右才能种植作物,以后逐年增加土层厚度达 80 cm 时,才能高产稳产;

Δh——格坝超高,一般高出河滩新地面 20 ~ 30 cm。

根据试验,格坝的高度一般以 1.0 ~ 1.5 m 为宜。过高,则费工费时,而且稳定性差;过低,则格坝过密,田块太小,减少土地利用率。

格坝的形式和修筑方法视河滩实际情况而定。当为沙质河滩时,格坝可由河沙堆筑,其形式为梯形,顶宽一般为 1.5 ~ 2.0 m,边坡为 1∶1.5 ~ 1∶2.0。在卵石河滩上修筑格坝时,可用河滩上较大的卵石垒砌而成,若高度较高,可筑成浆砌石格坝,格坝的基础应在原地面 0 ~ 40 cm 处,用卵石或块石垒砌的格坝,其顶宽为 0.6 ~ 0.8 m,边坡为 1∶0.2 ~ 1∶0.5,基础底宽为 1 ~ 2 m,当格坝与道路、排灌渠道统一布置时,应加大格坝断面尺寸和提高修筑质量。

2. 引洪漫淤造地

在洪水季节,把河流中含有大量泥沙的洪水引进河滩,使泥沙沉积下来后再排走清水,这种造地方法叫做引洪漫淤造地或引洪淤灌。

1) 引洪淤灌的好处

引洪淤灌是我国劳动人民在长期与洪水斗争中所积累的一项宝贵经验,在我国北方一些丘陵山区已有近 2 000 年的历史,主要有以下两方面的好处:

(1) 充分利用山洪中的水、肥、土资源,变"洪害"为"洪利"。

①在缺水的山区和半山区,洪汛时期正是"卡脖旱"的时节,玉米、谷子等大田作物需水量很大,这时引洪淤灌,正好满足作物需水要求,对增产有显著作用,"一年淤灌,两年不旱",因为洪水中的泥沙落淤后,具有"铺盖"与截断土壤毛细管的作用,保墒能力较强。

②洪水中含有大量的牲畜粪便、腐殖质和无机肥料,对增强地力、改良土壤有很大的作用,据张家口地区通桥墩河的调查:洪水落淤后,淤泥中的养分含量百分数氮为 0.206%,磷为 0.17%,钾为 0.802%,有机质为 3.8%。据化验结果计算,每亩地淤 1 cm 厚的泥相当于同时施用硫酸铵 63 kg、过磷酸钙 62.5 kg、硫酸钾 97 kg、马牛粪 1 450 kg。

③利用洪水淤灌,可增加土壤耕作层厚度,改善土壤团粒结构,据张家口地区调查,一次灌水 30 cm 深,淤泥厚就有 5 ~ 10 cm。

(2) 为洪水和泥沙找到了出路,有效地保持了水土。引洪淤灌还可把对水库有害的泥沙变为对农业有利的土壤,大大减小了输入水库的泥沙量。据张家口全区估计,每年可拦蓄洪水 2 亿 m^3,落淤泥沙 4 000 万 m^3,延长了下游水库的寿命。

2) 引洪淤灌的建筑物

在小面积河滩上引洪漫淤造地,可以在河堤上开口,直接引洪水入滩造地,引洪口沿河堤布置,每隔 80 ~ 150 cm 布置一个,或者每一引洪口负责漫淤 1 ~ 2 块河滩地,引洪口的布置一般与水流方向呈60°夹角，尺寸的大小可根据引洪漫淤面积和一次引洪量多少而定，一般小河滩上多采用宽高各1 m的方形口，底部高程应高出河床80～150 cm。

在较大的河滩上引洪淤地，则需要布置引洪渠系，渠系的设计可参考有关资料，由于山区河道洪水涨落快、历时短、出现次数少，且含沙量大，所以在设计中又有不同于清水灌区之处。

（1）引洪干渠的比降一般以1/300～1/500为宜，断面尺寸大小应根据引洪流量的大小而定，一般渠取深1.0～1.5 m，底宽1～2 m，断面为梯形，边坡系数为1∶1～1∶1.5，渠顶宽为2～2.5 m，引洪支、毛渠的比降大于1/300，以便将洪水迅速流到地里。

（2）与清水灌溉相同，渠口设置进水闸与泄水闸，对于无坝引水的渠口还需设引水坝；对于有坝引水的渠口，则多用滚水坝代替引水坝，也有在泄水闸之间加入一段引水坝的（见图6-33）。

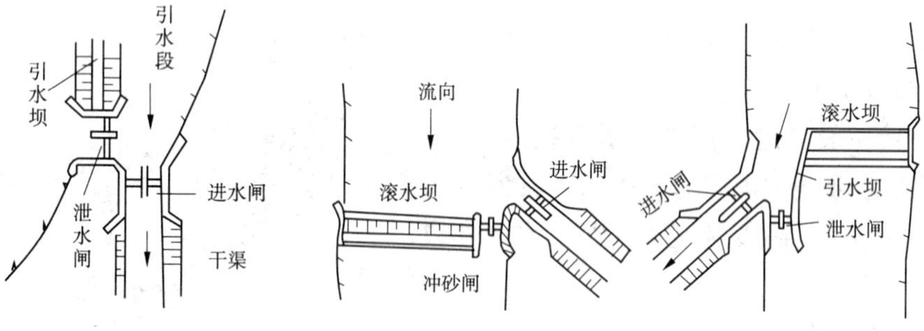

(a)无坝引水　(b)有坝引水(1)　(c)有坝引水(2)

图6-33　渠口三大件示意图

水闸的结构、布置与形式，可参见有关资料，由于洪水灌区闸的过流量大、流速高，河流主槽易变，因此在闸的结构设计上一般要求“基深、底板厚、无消力池”。

①闸基：洪水渠道的闸多是由于淘基倾变而发生破坏，闸在过洪时，流速有时可达到3～4 m/s，因此闸基前后的河床处于不稳定状态，常发生淘刷。为此，需加大闸基埋深，根据群众经验，一般要求“闸基到河底，闸多高、基多深”，在张家口地区，闸的基础深度一般都在河槽以下2.0～2.5 m。

②闸墩：宽度一般为0.8～1.0 m，长度为3～4 m。

③闸底板：厚一般为0.5～1.0 m，后齿墙一般与闸墩基础同深，前齿墙可稍浅一些。

图6-34为通桥河引洪渠一个典型的进水闸设计剖面图。

（3）引水坝的布置常分成软硬两部分，以适应大小不同洪水情况，具体做法是“根硬、头尖、腰子软，保证坝口不出险”（见图6-35）。

①坝梢。是整个引水坝最先迎水的地方，要求结构坚固，一般用河卵石干砌，并用铅丝笼护脚，坝梢高度基本与设计引洪流量的水面平齐。

②薄弱段。在坝梢与坝身的连接部分常做一段薄弱段，其作用是在小洪水时可引洪入渠，大洪水时可牺牲局部，保存整体，洪水可由此段漫越而过，冲开缺口，保证整个引水坝安全。薄弱段迎水面一般用卵石干砌，背面用砂砾石堆积而成。

③坝身。常用浆砌块石做成，或卵石干砌，用卵石时一般内坡为1∶1，外坡为1∶2，顶

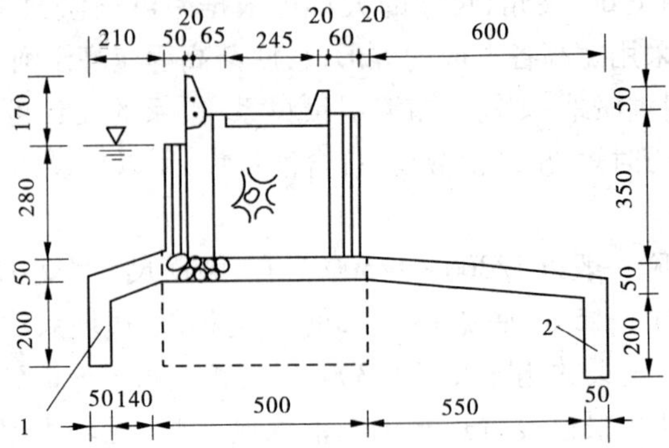

1—前齿墙;2—后齿墙

图6-34　进水闸剖面图　(单位:cm)

宽2~4 m。坝身高度与坝梢高度确定方法相同,但应增加超高0.5~1.0 m。

④坝根,一般与泄水闸外边墩直接相连,多用浆砌石筑成,坝根内坡多为1:0.5,外坡为1:1,顶宽为2~4 m。其高度及基础深与泄水闸外边墩相同。

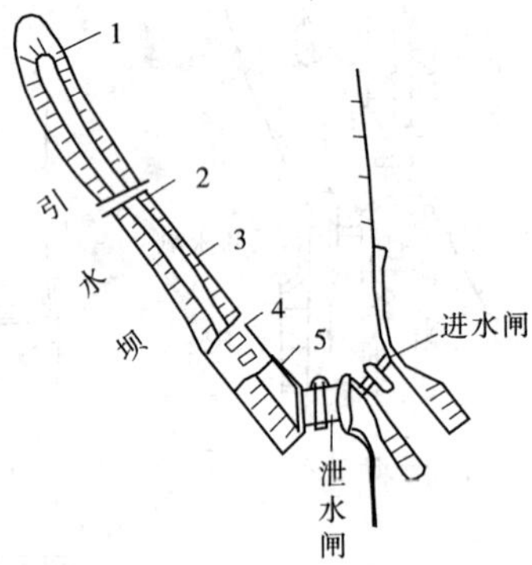

1—坝梢;2—薄弱段;3—坝身;
4—放水孔;5—坝根

图6-35　引水坝平面图

3)引洪漫淤的方法

(1)"畦畦清"漫淤法。

在地形平坦的河滩上,每块畦田设进、退水口,直接由引洪渠引洪入畦田,水流呈斜线形,每畦自引自排互不干扰。此法因进水口与退水口在畦田内呈对角布置,流程长,落淤效果好(见图6-36)。

(2)"一串串"漫淤法。

在比降较大的河滩上引洪漫淤,多采用此种方法,洪水入畦后,呈"S"形流动,一串到头,进、出口呈对角线布置(见图6-37)。

【例6-1】　试设计一重力式挡土墙,墙高4.0 m。墙身用浆砌块石砌筑,水泥砂浆用C10混凝土,底板用C15混凝土。墙身填土与墙顶齐平,回填土为砂壤土,内摩擦角φ=28°,土壤容重$\gamma=17.6\ kN/m^3(1.8\ t/m^3)$,饱和容重$\gamma_{饱}=19.6\ kN/m^3(2.0\ t/m^3)$,浮容重$\gamma_{浮}=9.8\ kN/m^3(1.0\ t/m^3)$,基础与地基之间的摩擦系数$f=0.38$。地基容许承载力为$156.8\ kN/m^2(16\ t/m^2)$。

解:计算均取墙的纵向长度为1 m。

1.断面尺寸拟定

计算前,根据墙高先初步拟定墙断面尺寸,本例题采用墙顶宽0.5 m,盖顶0.2 m×0.53 m,突出墙面3 cm;墙身底宽2.0 m,为墙高的0.5倍;底板宽3.0 m,为墙高的0.75

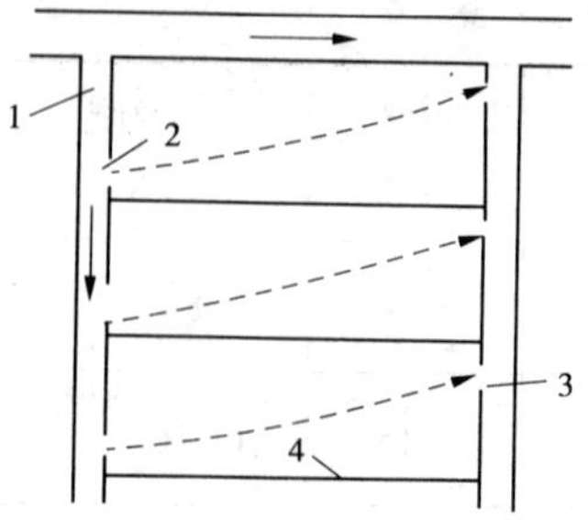

1—引洪渠；2—进水口；3—退水口；4—畦埂

图 6-36 “畦畦清”漫淤法

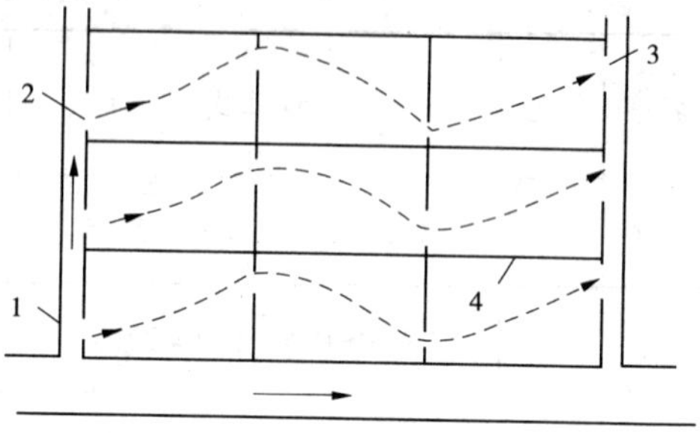

1—引水渠；2—进水口；3—退水口；4—畦埂

图 6-37 “一串串”漫淤法

倍，厚 0.5 m，并加一 0.5 m 的深齿墙。所有尺寸详见图 6-38。

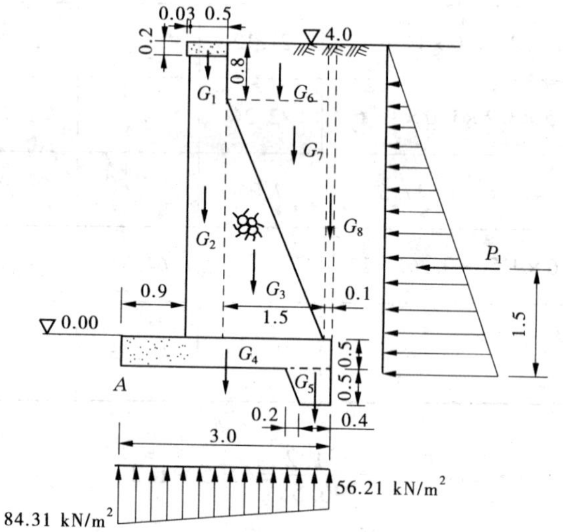

图 6-38 例 6-1 的计算简图 （单位：m）

2. 主动土压力系数

采用朗肯公式计算

$$K_a = \tan^2(45° - \frac{\varphi}{2})$$

所以
$$K_a = \tan^2(45° - \frac{28°}{2}) = 0.361$$

为了简便计算，土压力只算至底板底面，在计算中，不考虑齿墙的作用。而实际上，齿墙对墙的稳定是有作用的。

3. 稳定计算

(1) 完建期。墙后填土到顶、墙后地下水位较低，可以忽略不计，现将所有的力以及这些力对 A 点的力矩计算如下，见表 6-6。

表 6-6　对 A 点求距

名称	符号	计算式	作用力(kN)		力臂(m)	力矩(kN·m)	
			↓	←			
盖顶	G_1	$0.2\times0.53\times1.0\times23.5$	2.49		1.135	2.83	
墙身	G_2	$3.8\times0.5\times1.0\times22.5$	42.75		1.15	49.16	
	G_3	$\frac{1}{2}\times3.2\times1.5\times1.0\times22.5$	54.00		1.9	102.60	
底板	G_4	$0.5\times3.0\times1.0\times23.5$	35.25		1.5	52.88	
	G_5	$\frac{1}{2}\times(0.4+0.6)\times0.5\times1.0\times23.5$	5.88		2.75	16.17	
土重	G_6	$1.5\times0.8\times1.0\times17.6$	21.12		2.15	45.41	
	G_7	$\frac{1}{2}\times1.5\times3.2\times1.0\times17.6$	42.24		2.4	101.38	
	G_8	$0.1\times4.0\times1.0\times17.6$	7.04		2.95	20.77	
土压力	P_1	$\frac{1}{2}\times17.6\times4.5^2\times0.361\times1.0$		64.33	1.50		96.5
Σ			210.77	64.33		391.2	96.5
						294.7	

抗倾安全系数　　$K_0=\dfrac{391.2}{96.5}=4.05>1.3$

抗滑安全系数　　$K_c=\dfrac{0.38\times210.77}{64.33}=1.25>1.15$

抗倾、抗滑均满足要求。

$$e_0=\frac{B}{2}-\frac{\sum M_A}{\sum G}=\frac{3.0}{2}-\frac{294.7}{210.77}=1.5-1.4=0.1(\text{m})$$

合力偏向墙面一边。

地基应力为

$$\sigma_{\max}=\frac{\sum G}{B}\left(1\pm\frac{6e}{B}\right)$$

$$=\frac{210.77}{3.0}\times\left(1\pm\frac{6\times0.1}{3.0}\right)=70.26\times(1\pm0.2)$$

$$=\frac{84.31}{56.21}(\text{kN/m}^2)\left(\frac{8.60}{5.73}\text{t/m}^2\right)<[\sigma]=156.8\ \text{kN/m}^2$$

(2)运用期。按最不利情况，墙前最高水位▽3.5 m，墙后水位▽3.2 m 计算。作用荷载除增加水重、水压力外，还要增加浮托力及渗透压力。墙后土压力在墙后水位以下，用浮容重计算。作用荷载见图 6-39，所有的力以及这些力对 A 点的力矩，见表 6-7。

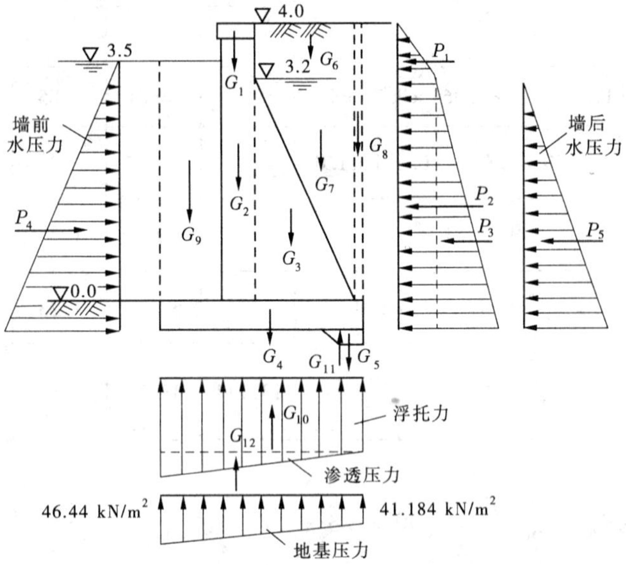

图 6-39　运用期计算图

表 6-7　对 A 点求矩

名称	符号	计算式	作用力(kN)		力臂 (m)	力矩 (kN·m)	
			↓	←			
墙自重	$G_4 \sim G_5$		140.37			223.64	
土重	G_6	$1.6\times0.8\times1.0\times17.6$	22.53		2.2	49.57	
	G_7	$\frac{1}{2}\times1.5\times3.2\times1.0\times19.6$	47.04		2.4	112.90	
	G_8	$0.1\times3.2\times1.0\times19.6$	6.27		2.95	18.50	
墙前水重	G_9	$0.9\times3.5\times1.0\times9.8$	30.87		0.45	13.89	
浮托力	G_{10}	$3.7\times3\times1.0\times9.8$	−108.78		1.5		163.17
	G_{11}	$\frac{1}{2}\times(0.4+0.6)\times0.5\times1.0\times9.8$	−2.45		2.75		6.74
渗透压力	G_{12}	$\frac{1}{2}\times0.3\times3\times1.0\times9.8$	−4.41		1.0		4.41
土压力	P_1	$\frac{1}{2}\times17.6\times0.8^2\times0.361\times1.0$		2.03	3.97		8.06

续表 6-7

名称	符号	计算式	作用力(kN)		力臂(m)	力矩(kN·m)	
			↓	←			
	P_2	$17.6\times0.8\times0.361\times3.71\times1.0$		18.81	1.85		34.80
	P_3	$\frac{1}{2}\times9.8\times3.7^2\times0.361\times1.0$		24.22	1.23		29.79
墙前水压力	P_4	$\frac{1}{2}\times9.8\times4.0^2\times1.0$		-78.4	1.33	104.27	
墙后水压力	P_5	$\frac{1}{2}\times9.8\times3.7^2\times1.0$		67.08	1.23		82.51
Σ			131.44	33.74		522.77	329.48
						193.29	

抗倾安全系数 $K_0=\dfrac{522.77}{329.48}=1.59>1.3$

抗滑安全系数 $K_c=\dfrac{0.38\times131.44}{33.74}=1.48>1.15$

抗倾与抗滑均满足要求。

$$e_0=\frac{3.0}{2}-\frac{193.29}{131.44}=1.5-1.47=0.03(\mathrm{m})$$

合力偏向墙面一边。

地基应力为

$$\begin{matrix}\sigma_{max}\\ \sigma_{min}\end{matrix}=\frac{131.44}{3.0}\times(1\pm\frac{6\times0.03}{3.0})=43.8\times(1\pm0.06)$$

$$=\begin{matrix}46.44\\ 41.18\end{matrix}(\mathrm{kN/m^2})<[\sigma]$$

4. 强度计算

(1)墙身应力计算。首先以墙身与底板交界处的断面，按完建期末放水，墙身填土到顶为最不利情况，核算墙身拉应力是否满足要求，取脱离体如图 6-40 所示，并列计算结果于表 6-8。

$$e_0=\frac{B}{2}-\frac{\sum M_A}{\sum G}=\frac{2}{2}-\frac{87.44}{162.6}=1-0.54=0.46(\mathrm{m})$$

合力偏向墙面一边

$$\sigma_{拉}=\frac{\sum G}{B}(\frac{1-6e_0}{B})=\frac{162.6}{2}\times(1-\frac{6\times0.46}{2})=81.3\times(1-1.38)$$

$$=-30.89(\mathrm{kN/m^2})=-0.031\ \mathrm{MPa}$$

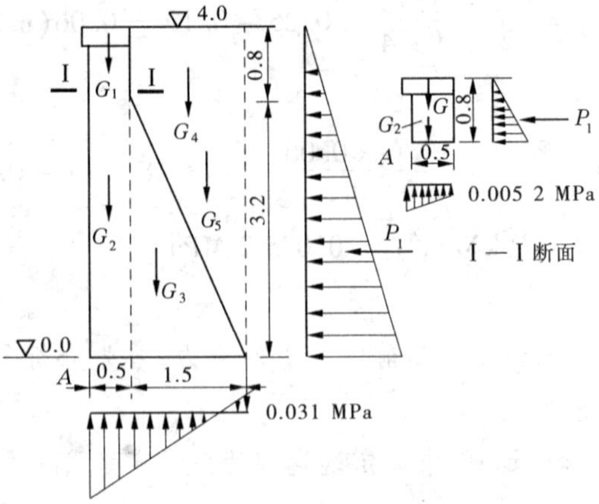

图 6-40 强度验算 （单位:m）

表 6-8 对 A 点求矩

名称	符号	计算式	作用力(kN) ↓	作用力(kN) ←	力臂(m)	力矩(kN·m)	
盖顶	G_1	$0.2\times0.35\times1.0\times23.5$	2.49		0.235	0.59	
墙身	G_2	$3.8\times0.5\times1.0\times22.5$	42.75		0.25	10.69	
	G_3	$\frac{1}{2}\times3.2\times1.5\times1.0\times22.5$	54.00		1.0	54.00	
土重	G_4	$1.5\times0.8\times1.0\times17.6$	21.12		1.25	26.4	
	G_5	$\frac{1}{2}\times1.5\times3.2\times1.0\times17.6$	42.24		1.5	63.36	
土压力	P_1	$\frac{1}{2}\times17.6\times4.0^2\times0.361\times1.0$		50.83	1.33		67.6
Σ			162.6	50.83		155.04	67.6
						87.44	

负值表示是拉应力，因数值不大，未超过 MU10 号浆砌块石的容许弯曲拉应力 $[\sigma_{WL}]=0.16$ MPa。

另外对 I — I 断面进行核算，见表 6-9。

表 6-9 对 A 点求矩

名称	符号	计算式	作用力(kN) ↓	作用力(kN) ←	力臂(m)	力矩(kN·m)	
盖顶	G_1	$0.2\times0.53\times1.0\times23.5$	2.49		0.235	0.59	
墙身	G_2	$0.5\times0.6\times1.0\times22.5$	6.75		0.25	1.69	
土压力	P_1	$\frac{1}{2}\times17.6\times0.8^2\times0.361\times1.0$		2.03	0.27		0.55
Σ			9.24	2.03		2.28	0.55
						1.73	

$$e_0 = \frac{0.5}{2} - \frac{1.73}{9.24} = 0.25 - 0.19 = 0.06(\text{m})$$

合力偏向墙面。

$$e_{拉} = \frac{9.24}{0.5} \times (1 - \frac{6 \times 0.06}{0.5}) = 18.48 \times (1 - 0.72)$$
$$= 5.17(\text{kN/m}^2) = 0.005\ 2\ \text{MPa}$$

正值表示是压应力,不产生拉应力。

(2)底板应力计算。主要是验算前趾底板的应力,首先分析什么时期前趾承受的荷载为最大,因此以完建期计算。

将前趾底板作为悬臂板计算,求固定端端部的最大弯矩,即

$$M_{max} = 64.13 \times 0.9 \times \frac{0.9}{2} + \frac{1}{2} \times (72.56 - 64.13) \times 0.9 \times \frac{2 \times 0.9}{3}$$
$$= 25.97 + 2.28 = 28.25(\text{kN} \cdot \text{m})$$

$$\sigma = \frac{M}{W} = \frac{28.25}{\frac{1 \times 0.5^2}{6}} = 678(\text{kN/m}^2) = 0.678\ \text{MPa}$$

由规范知,C15 号混凝土的容许弯曲拉应力[σ_{WL}]为 0.64 MPa,略有超过,可考虑不改,也可以考虑加厚底板或配置钢筋。

从本例题的计算结果可以看出,抗滑安全系数还可以减小一些,墙身应力还可以提高一些,对初步拟定的断面尺寸还可进一步修改。因此,对墙宽和底板宽都可稍微缩小,以减小挡土墙的工程量。

小　结

水土保持工程的研究对象是山丘区和风沙区保护、改良与合理利用水土资源,防止水土流失的工程措施。水土保持工程的目的在于充分发挥山丘区和风沙区水土资源的生态效益、经济效益和社会效益,改善当地农业生态环境,为发展山丘区、风沙区的生产和建设,整治国土,治理江河,减少水、旱、风沙灾害等服务。

挡土墙是指支承路基填土或山坡土体、防止填土或土体变形失稳的构造物。介绍了挡土墙的类型和土压力的计算,对挡土墙的设计通过实例进行了详细的分析。

淤地坝是指在水土流失地区各级沟道中,以拦泥淤地为目的而修建的坝工建筑物,既能拦截泥沙、保持水土,又能淤地造田、增产粮食的水土保持工程措施。从淤地坝的分类、组成、资料收集、坝高确定进行了介绍,淤地坝大坝的设计、溢洪道的设计、放水建筑物的设计可参考前面章节的介绍进行设计。

另外,介绍了排水工程、护岸护滩工程的类型、特点和构造等内容,通过对比掌握每种工程措施的特点、作用和分类,以及设计内容。

复习题

1. 水土保持工程的研究对象和目的是什么?
2. 水土保持工程设计的原则是什么?
3. 挡土墙的类型有哪些?影响挡土墙土压力计算的因素是什么?
4. 淤地坝的定义、组成、作用是什么?
5. 如何进行淤地坝的坝址选择?淤地坝坝高如何确定?
6. 护岸工程的目的是什么,要遵循哪些设计原则?
7. 治滩造田有哪些类型?

项目七　水生态治理工程

学习目标

熟悉橡胶坝的特点、坝址选择和布置，掌握橡胶坝的类型、适用条件及运行维护；了解水力自控翻板闸门的发展历程，熟悉其工作原理、特点及注意问题；了解河道整治建筑分类，熟悉常见河道整治建筑物类型和构造、适用条件。

随着经济的发展、城市化进程的加快、人民生活水平的改善，人们对生活环境要求日益提高，更讲求生活质量，对生存、生态环境有了更高的追求，对城市水利建设有了更高的要求。水域在整个城市系统中起到增加城市视觉空间和提供游憩场所的作用。水域在当前国内外的城市规划中备受重视，充足的水量和良好完善的水生态环境不仅为城市居民提供了优美、和谐的生活环境，而且已作为城市居住适宜度评价的重要指标。目前，许多城市正在通过在穿越其中及周边河流上修建橡胶坝、水力自动翻板闸及整治建筑物等水生态治理工程实现宜居生活环境。

教学单元一　橡胶坝

橡胶坝是用高分子合成材料按要求的尺寸，锚固于底板上形成封闭状，用水（气）充胀形成的袋式挡水坝，也可起到水闸的作用，见图 7-1。橡胶坝可升可降，既可充坝挡水，又可坍坝过流；坝高调节自如，溢流水深可以控制；起闸门、滚水坝和活动坝的作用，其运用条件与水闸相似，用于防洪、灌溉、发电、供水、航运、挡潮、地下水回灌以及城市园林美化等工程中。它是 20 世纪 50 年代末，随着高分子合成材料工业的发展而出现的一种新型水工建筑物。橡胶坝具有结构简单、抗震性能好、可用于大跨度、施工期短、操作灵活、工程造价低等优点。因此，橡胶坝很快在许多国家得到了应用和发展，特别是日本，从 1965 年至今已建成 2 500 多座，我国从 1966 年至今也建成了 400 余座。已建成的橡胶坝高度一般为 0. 5 ~3. 0 m，最高已达 5. 0 m。

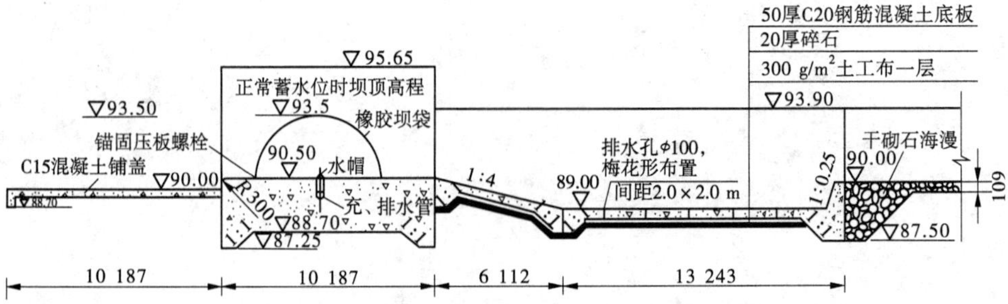

图 7-1　橡胶坝剖面图　（单位：高程，m；尺寸，mm）

一、橡胶坝的构造特点

橡胶坝由高强度的织物合成纤维受力骨架与合成橡胶构成，锚固在基础底板上，形成密封袋形，充入水或气，形成水坝。橡胶坝主要由基础土建部分、挡水坝体、充排水（气）设施及控制监测系统等部分组成。与传统的土石、钢、木相比，橡胶坝具有以下特点：

（1）造价低。橡胶坝的造价与同规模的常规闸相比，一般可以减少投资 30% ~70%，造价较低，这是橡胶坝的突出优点。

（2）节省三材。橡胶坝袋是以合成纤维织物和橡胶制成的薄柔性结构，代替钢木及钢筋混凝土结构，由于不需要修建中间闸墩、工作桥和安装启闭机具等钢、钢筋混凝土水上结构，并简化水下结构，因此三材用量显著减少，一般可省钢材 30% ~50%、水泥 50%左右、木材 60%以上。

（3）施工期短。橡胶坝袋是先在工厂生产，然后到现场安装，施工速度快，一般 3 ~15 d 即可安装完毕，整个工程结构简单，三材用量少，工期一般为 3 ~6 个月，多数橡胶坝工程是当年施工、当年受益。

（4）抗震性能好。橡胶坝的坝体为柔性薄壳结构，富有抗冲击弹性 35%左右，伸长率达 600%，具有以柔克刚的性能，故能抵抗强大地震波和特大洪水的波浪冲击。

（5）不阻水，止水效果好。坝袋锚固于底板和岸墙上，基本能达到不漏水。坝袋内水泄空后，紧贴在底板上，不缩小原有河床断面，无需建中间闸墩、启闭机架等结构，故不阻水。

根据室内测试资料和工程实践，可初步判定橡胶坝的使用寿命为 15 ~25 年。

另外，橡胶坝还具有坝袋坚固性差；橡胶材料易老化，要经常维修，易磨损，不宜在多泥沙河道上修建等特点。

二、橡胶坝的类型和适用范围

橡胶坝主要按照坝袋应力条件和结构形式的不同分为：①袋式（单袋和多袋），充水和充气；②帆式，如船帆，没有封闭的空腔；③刚柔结合式，利用钢和胶布的性能特点组合的结构形式。这里主要介绍袋式橡胶坝。

袋式橡胶坝适用于低水头、大跨度的闸坝工程，主要用于改善环境、灌溉和防洪。

（1）用于水库溢洪道上的闸门或活动溢流堰，以增加库容及发电水头，工程效益十分显著。从水力学和运用条件分析，建在溢洪道或溢流堰上的橡胶坝，坝后紧接陡坡段，无下游回流顶托现象，袋体不易产生颤动。在洪水季节，大量推移质已在水库沉积，过流时不致磨损坝袋，即使有漂浮物流过坝体，因为有过坝水层保护堰顶急流，也不易发生磨损。

（2）用于河道上的低水头溢流坝或活动溢流堰、平层河道的特点是水流比较平稳，河道断面较宽，宜建橡胶坝，它能充分发挥橡胶坝跨度大的优点。

（3）用于渠系上的进水闸、分水闸、节制闸等工程在建渠系的橡胶坝，由于水流比较平稳，袋体柔软、止水性能好，能保持水位和控制坝高来调节水位和流量。

（4）用于沿海岸做防浪堤或挡潮闸。由于橡胶制品有抗海水侵蚀和海生生物影响的性能，不会像钢、铁那样因生锈引起性能降低。

（5）用于船闸的上下游闸门。实践表明，闸门适用于跨度较小的孔口，而坝袋则适用于跨度较大的孔口。

(6)用于施工围堰或活动围堰。橡胶活动围堰有其特殊优越之处，如高度可升可降，并且可从堰顶溢流，解决在城市取土的困难；不需取土筑堰可保持河道清洁，节省劳力和缩短工期。

(7)用于城区园林工程。橡胶水坝造型优美、线条流畅，尤其是彩色橡胶坝更为园林建设增添一道优美的风景。

三、橡胶坝的坝址选择

橡胶坝坝址宜选在过坝水流流态平顺及河床岸坡稳定的河段，这不仅避免发生波状水跃和折冲水流、防止有害的冲刷和淤积，而且使过坝水流平稳，减轻坝袋振动及磨损，延长坝袋使用寿命。据调查和实际工程观测在河流弯道附近建橡胶坝，过坝水流很不平稳，坝袋易发生振动，加剧坝袋磨损，影响坝袋使用寿命。如果在河床、岸坡不稳定的河段建坝，将增加维护费用。因此，在选择坝址时，必须在坝址上下游均有一定长度的平直段。同时，要充分考虑到河床或河岸的变化特点，估计建坝后对于原有河道可能产生的影响。

四、橡胶坝的布置

工程规模应根据水文水利计算研究确定，具体计算可参照《水利水电工程水文计算规范》(SL 278—2002)和《水利工程水利计算规范》(SL 104—95)的规定进行。

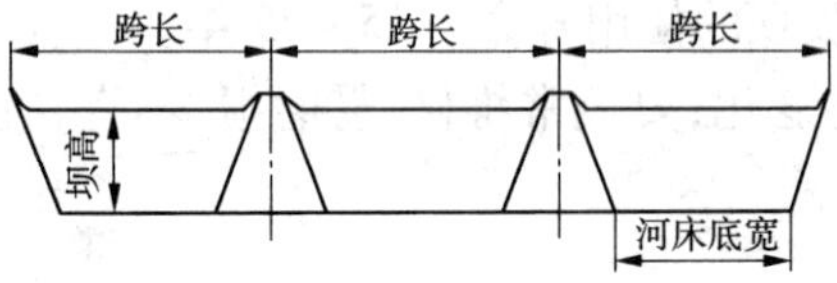

图 7-2　橡胶坝坝高及坝长示意图

橡胶坝工程规模主要是指坝的高度和长度。

设计坝高是指坝袋内压为设计内压，坝上游水位为设计水位，坝下游水位为零时的坝袋挡水高度(见图 7-2)。确定设计坝高时应考虑坝袋坍肩和褶皱处溢水的影响。坝长是指两岸端墙之间坝袋的距离，若为直墙连接，则是直墙之间的距离；两岸为斜坡连接，则指坝袋达设计坝高时沿坝顶轴线上的长度。多跨橡胶坝的边墙和中墩若为直墙，则跨长为边墙和中墩或中墩与中墩的内侧之间的净距；若边墙和中墩为斜坡，则跨长如图 7-2 所示，这也与日本橡胶坝技术标准中的跨长定义相同。

橡胶坝枢纽是以橡胶坝为主体的水利枢纽，一般由橡胶坝、引水闸、泄洪闸、冲沙闸、水电站、船闸等组成。橡胶坝枢纽布置应根据坝址地形、地质、水流等条件，以及该枢纽中各建筑物的功能、特点、运用要求等确定，做到布局合理、结构简单、安全可靠、运行方便、造型美观，组成整体效益最大的有机联合体。这是橡胶坝枢纽布置的依据和要求。橡胶坝(闸)整个工程结构是由以下三部分(见图 7-3)组成的：

(1)基础土建部分。包括基础底板、边墩(岸墙)、中墩(多跨式)、上下游翼墙、上下游护坡、上游防渗铺盖或截渗墙、下游消力池、海漫等。其作用是将上游水流平稳而均匀地引入并通过橡胶坝，要保证水流过坝后不产生淘刷。固定橡胶坝袋的基础底板要能抵抗通过锚固传递到底板的推力，使坝体得到稳定。

(2)挡水坝体。包括橡胶坝袋和锚固结构，用水(气)将坝袋充胀后即可起挡水作用、调节水位和控制流量。

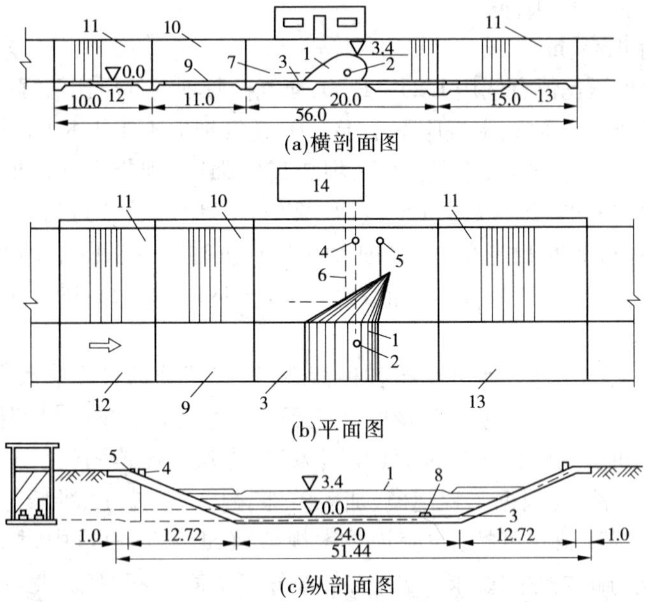

1—闸袋;2—进、出水口;3—钢筋混凝土底板;4—溢流管;5—排气管;6—泵吸排水管;
7—泵吸排水口;8—水冒;9—钢筋混凝土防渗板;10—钢筋混凝土板护坡;
11—浆砌石护坡;12—浆砌石护底;13—铅丝石笼护底;14—泵房

图 7-3 橡胶水闸布置图 （单位:m）

(3)控制和安全观测系统。包括充胀和坍落坝体的充排设备、安全及检测装置。充水式橡胶坝的充排设备有控制室、蓄水池或集水井、管路、水泵、阀门等,充气式橡胶坝的充排设备是用空气压缩机(鼓风机)代替水泵,不需要蓄水池。观测设备有压力表、水封管、U 形管、水位计或水尺等。

五、橡胶坝设计

(一)坝(闸)袋

坝(闸)袋有单袋、多袋、单锚固和双锚固等形式(见图 7-4),按充胀介质可分为充水式、充气式。具体形式应按运用要求、工作条件经技术经济比较后确定。作用在坝袋上的主要设计荷载为坝袋外的静水压力和坝袋内的充水(气)压力。

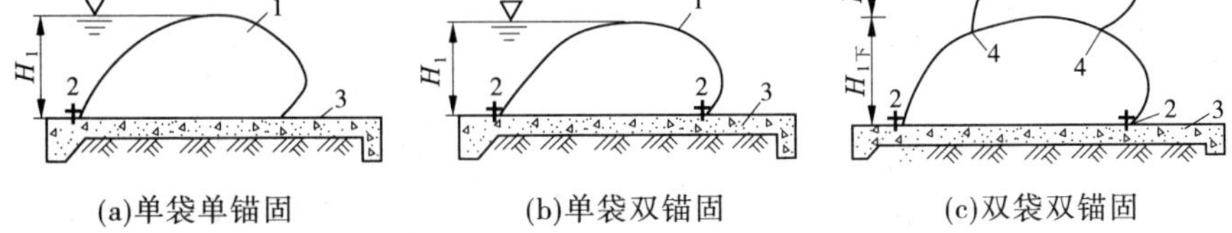

1—闸袋;2—锚固点;3—混凝土底板;4—锚接点

图 7-4 橡胶坝袋的形式

设计内外压比值 α

$$\alpha = H_0/H_1 \tag{7-1}$$

式中　H_0——坝袋内压水头，m；

　　　H_1——设计坝高，m。

充水橡胶坝内外压比值宜选用1.25～1.60，充气橡胶坝内外压比值宜选用0.75～1.10。

坝袋强度设计安全系数充水坝应不小于6.0，充气坝应不小于8.0。坝袋袋壁承受的径向拉力应根据薄膜理论按平面问题计算，坝袋袋壁强度、坝袋横断面形状、尺寸及坝体充胀容积的计算，可按《橡胶坝技术规范》（SL 227—98）中附录B进行。坝袋胶布除必须满足强度要求外，还应具有耐老化、耐腐蚀、耐磨损、抗冲击、抗屈挠、耐水、耐寒等性能。坝袋使用的胶布应符合《橡胶坝技术规范》（SL 227—98）中附录C的技术要求。

（二）锚固结构

橡胶坝依靠充胀的袋体挡水并承担各种荷载，这些荷载通过坝袋胶布传递给设置在基础底板上的锚固系统。锚固系统是橡胶坝能否安全稳定运行的关键部件之一。

锚固结构形式可分为螺栓压板锚固（见图7-5）、楔块挤压锚固（见图7-6）以及胶囊充水锚固（见图7-7）三种，应根据工程规模、加工条件、耐久性、施工、维修等条件，经过综合经济比较后选用。锚固结构可按《橡胶坝技术规范》（SL 227—98）中附录D计算。锚固构件必须满足强度与耐久性的要求，锚固线布置分单锚固线和双锚固线两种。采用岸墙锚固线布置的工程应满足坍坝时坝袋平整不阻水，充坝时坝袋格皱较少的要求。

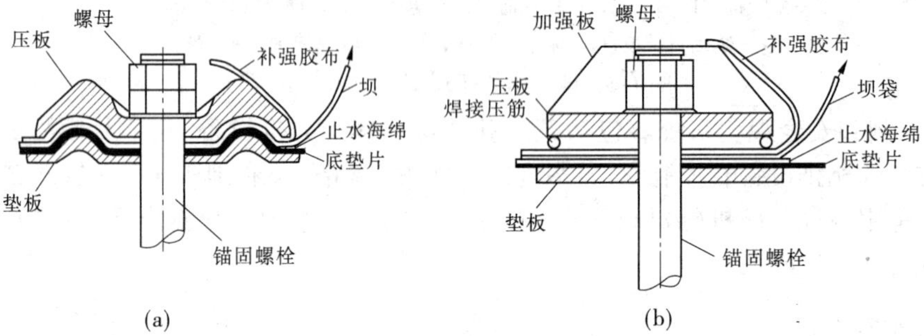

图7-5　螺栓压板锚固（穿孔锚固）

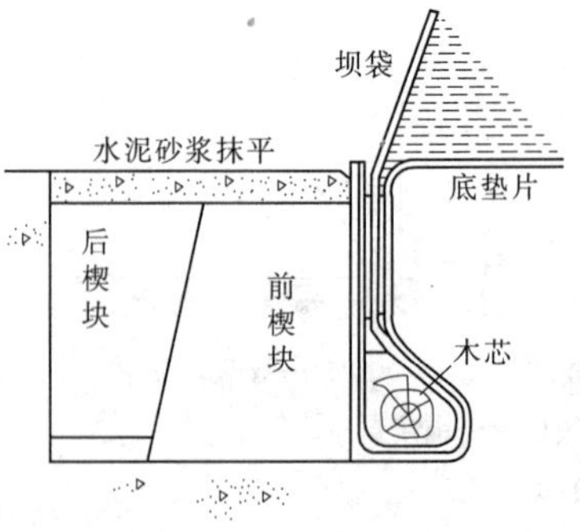

图7-6　楔块挤压锚固

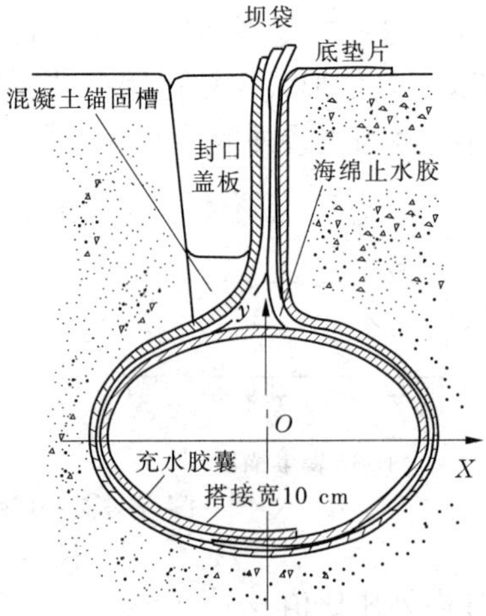

图7-7　胶囊充水锚固

六、橡胶坝的运行和维护

（一）运行

自动控制运行的橡胶坝通常可根据上下游水位进行自动控制与运行。半自动化橡胶坝不能自动充气，需要通过定期检查来检验橡胶坝的运行情况，采用可携带式鼓风机给坝体充气。

橡胶坝充气容易，不需专门技术，易于掌握。人工打开排气阀就可实现放气。通常，在0.5～1 h（甚至更短时间）即可完成坝体的充、放气工作。

（二）维修

橡胶坝几乎不需要维修。唯一的一个机械部件是球网系统，它被用于控制坝的放气，不需要经常维修，因此橡胶坝几乎是免维修结构。黏土和废渣可能会黏附在坝体上，使坝外观难看。用清洁水洗刷表面，即可把坝体清洗干净。当河水受到诸如生铁废渣的严重污染时，可将橡胶坝放气，以将拦蓄的水与污染物同时排泄掉，坝上游面的清洗可由身穿防护服的人员进行。坝体下游面的清洗可在对坝进行重新充气的同时实施。

七、橡胶坝的耐久性和可靠性

由于氧和臭氧引起断链和（或）聚合物的交联，这将对合成橡胶起到破坏作用并改变其网状结构。随着天然橡胶的老化，断链的作用会导致橡胶软化并黏着。大多数其他合成橡胶由于交联作用而变脆、变硬，而且受热、紫外线以及诸如铜、钴和锰这些金属均会加速橡胶的氧化，应力也会加速橡胶坝的氧化。通过在坝体表面用氯磺酰化聚乙烯合成橡胶（氯锡酸盐聚乙烯橡胶）做涂层，可增强抵抗阳光照射的能力。根据纤维试样大量的试验数据以及对坝的实际性能进行的监测已证实了橡胶材料的耐久性。在实验室的条件下进行的加速橡胶纤维老化试验结果表明，橡胶纤维的设计使用年限至少有40年。

实践证明，橡胶坝是可靠的。可靠的原因之一是充、放气装置的失灵率很低，这是由于装置的构造简单；此外，坝易于养护，不需要定期喷漆与加润滑油，因为它们不依赖于像滑动门这样的构件。所进行的大多数维修工作与漏气有关，并且修理起来很简单，通过厂家提供配备的修理工具及备料，即可处理大部分的漏气问题。对于重大的修理问题，很容易得到制造厂家的技术支持。

现代化的橡胶坝工程可通过安装闭路电视系统对橡胶坝安装地点进行监视，以保证安全运行。将大功率、可遥控摄像机安装在方便有利的地方，这样对橡胶坝群的监控将更为有效。

八、需要注意的问题

（一）坝的损坏

（1）人为破坏造成的损坏。橡胶坝容易受到尖利和有尖角物体的损坏，在容易遭受到由于无知或恶意破坏而造成严重的重复损伤的地方不应安装橡胶坝。通过筑起栅栏把靠近橡胶坝的地面隔护起来，可以减少上述情况的发生；或将橡胶坝设置在被封闭起来的区域内，进入该区域的通路只限于允许出入的工作人员。

(2)洪水过后的残骸造成的损坏。由于洪水过后遗留的各种残骸，诸如民用设施与建筑材料这类尖利的物体很可能对坝体的上游面造成损伤。微小处的漏气易于修复，然而，如果漏气面积很大，例如建筑物的碎石造成的漏气，修复起来比较困难。

(3)放气造成的损坏。放气期间，橡胶坝体可能会由于紧靠坝下游面的尖利物体而被刺破。

(4)磨损造成的损伤。坝体的振动，坝与河床、两岸的摩擦以及漂浮的各种垃圾都可能导致坝的磨损。

(5)火造成的损坏。火也许是对橡胶坝最为不利的潜在危害因素。火可引起大范围的坝体损坏，而修复大面积的坝体有时是不可能的。对于很重要的坝，可行的办法是提供备用橡胶坝，以便在出现严重损坏时，能迅速替换。

(二)气体漏损

人们也许会对橡胶本身也可透气感到惊奇，而实际上，无论坝安装的有多么好，仍将渗漏掉一些气体，这是因为气体分子可通过橡胶膜而逸出，这种损失几乎是感觉不到的。因此，橡胶坝需反复充气以维持坝内的气压。

交联、刺伤、管道连接缺陷，以及紧固系统不严也可能引起气体损失。

施工质量和其他因素的影响导致漏气。就平均情况而言，每个月均应进行充气以保持其内压。

(三)易风化

正如前面所述，合成橡胶易风化。现已使用像乙烯、丙烯、二烯这样的单分子橡胶以及氯磺酰化聚乙烯合成橡胶(氯锡酸盐丙烯橡胶)以提高橡胶坝的耐久性。

(四)冷凝水的聚集

频繁地充气和放气引起坝内气压的变化，引发坝体内冷凝水的积聚，会导致放气时间延长。因此，需定期打开排放口以排放冷凝水。这种操作很简单，只需人工打开排水阀。

(五)放气后坝体上的碎石堆积

在放气期间，淤泥有时是漂砾，堆积在放气后的坝体上，再次充气前，必须将它们清除掉。这个问题可通过分阶段给坝充气加以克服。

(六)放气失败

偶尔，由于排水管堵塞，将坝内气体完全放光可能是困难的。这种情况的发生是坝体内过量的冷凝水堵塞着空气排放系统所致。

教学单元二　水力自控翻板闸门

水力自控翻板闸门是在水压力和闸门自重的作用下，利用力矩平衡原理使闸门绕水平铰轴转动，不需另加外力，能自动启闭。这类闸门常用于拦河闸上，在正常蓄水位时，闸门关闭拦蓄河水，起到壅高水位的作用，以满足城市景观、灌溉、发电及航运等的需要。

当上游来水量增加或暴发洪水时，水位迅速抬高，闸门能自动开启(倾倒)，水流从门顶、门底部同时宣泄，确保上游和两岸免受淹没。洪水过后，上游水位降落至一定程度时，闸门又自动关闭，重新拦蓄河水。翻板闸门在国内外已有较长的应用历史，但由于早期的门型存在的问题较多，一度未能推广应用。我国水力自控翻板闸门技术发展较快，20 世纪 70 年代初，就陆续涌现出了一批新型的水力自控翻板闸门，在闸门结构形式、调节性能以及运行方式上都有了较大发展。20 世纪 80 年代，连杆滚轮式和连杆滑块式水力自控翻板闸门的出现使翻板闸门的结构形式和调节性能日臻完善。

水力自控翻板闸门经历了几个不同的发展阶段，从非连续铰式发展为连续铰式。非连续铰式包括单轴铰式、双轴铰式和多轴铰式等，连续铰式包括曲线轴式、连杆滚轮式和连杆滑块式等。

单铰轴式是在门高的 1/3 处设一水平铰轴，该种闸门调节性能差，开门倾倒时，瞬时下泄流量形成“溃坝式”波浪，对下游消能防冲颇为不利；闸门突开突关的运行方式，会产生很大的撞击力，易撞坏门体和支墩。

为改善闸门的运行条件，设计者采用了各种措施，如在闸门底部加上一定配重，或在门体下部采用密度较大的材料以使门能较及时地关闭，或将支墩后部适当垫高，使闸门开启后不至于倒平，有利于增加关门力矩。但这些措施并没有从根本上解决单铰翻板门的缺点。

双铰轴加油压减震器式翻板闸门（见图 7-8），采用较矮的支墩，并在支墩上设高低铰位。即在每一个门铰上设置上下两个轴，因此闸门的开关过程就有一个变换支承轴的过程，使闸门的开关过程分两步进行，这对减小闸门启用时的撞击和开关不及时等问题有了一定的改善。另外，在门体与支墩之间装设油压减震器，减缓启闭的速度，消耗门叶旋转过程中的大部分动能，较好地解决了翻板门在回关时撞击门坎的问题，使门体和门坎免遭破坏。

多铰翻板闸门（见图 7-9）是在双铰翻板闸门实践的基础上，对闸门的构造作进一步的改造而设计出来的，该种闸门具有多个铰轴位和开度，提高了闸门的调节精度，使闸门能随水位的涨落而逐渐启闭，既能调节过闸流量，又能避免闸门突开、突关所引起的震动或撞击。多铰翻板闸门的构造特点是在门体后加一框架式支腿，支腿后设有铰座，铰座上设置有倾斜的轴槽座，轴槽座上又具有与铰轴相应的轴槽。当闸门支承在某一铰位上时，闸门的工作原理同样是力矩平衡，但是闸门的启闭过程为逐次翻倒或逐次关闭，并逐次支承于不同的铰位的过程。

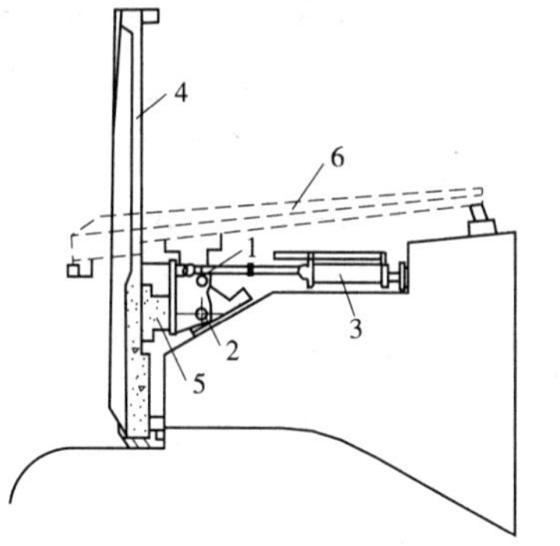

1—上轴；2—下轴；3—油压减震器；
4—带肋面板；5—主梁；6—闸门全开区位置

图 7-8　双铰轴加油压减震器式翻板闸门

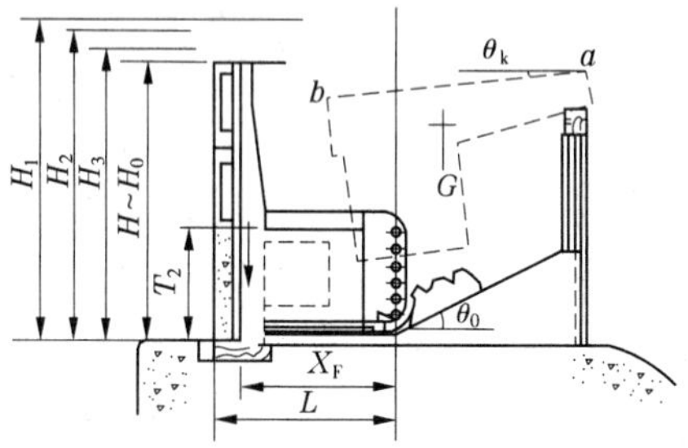

图 7-9　多铰轴翻板闸门的主要尺寸及特征水位

将多铰改造成由无数铰组成的“连续铰”，用一完整的曲线形铰代替多铰的作用，并取消门叶后的支腿，就成为曲线铰式翻板闸门（见图 7-10）。曲线铰由铰板和曲线支座组成，铰板设置在门叶后，曲线形支座设置在支墩上，相当于多铰的轴槽。与单铰相比，曲线铰式翻板闸门的调节性能比单铰好，能较灵敏地以多种开度来适应上游来水量或水位的变化，而且使闸门基本实现逐渐开启和逐渐关闭。但是多铰闸门的支腿及铰轴、轴槽的结构仍相当复杂，铰轴的防污问题及调节的精度有待于解决和提高。但由于其随遇平衡的工作特点，使闸门抵御外来干扰力的能力较差，如波浪、动水压力、下游水流的紊动等都可能使闸门改变开度位置，从而使闸门产生来回摆动徐开徐关，甚至还有"拍打"现象，严重时会使闸门及闸底坎遭受破坏，这在淹没出流情况下尤为严重。此外，这种闸门漏水严重。

在 20 世纪 80 年代初，连杆滚轮式水力自控翻板闸门问世。该闸门由面板、支腿、支墩、导轨、滚轮、连杆等部件组成（见图 7-11）。这种闸门在启闭过程中，门叶完全由连杆和滚轮支承，连杆和滚轮设计得当时，门叶的瞬时转动中心（以下简称瞬心）能随门叶向开启方向转动，向门顶方向移动（开门），也能随门叶向关闭。当上游水位升高，水压合力增大且重力与水压合力作用线高于瞬心时，方向转动向门底方向移动（关门）。产生的转动力矩使门叶向开启方向转动，随着瞬心上移使水压转动力矩减少。

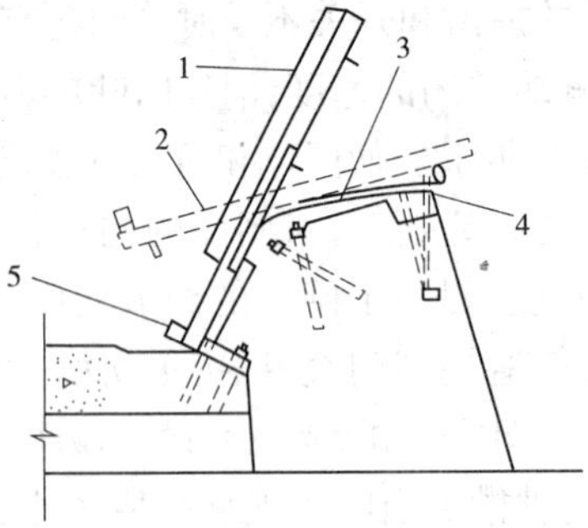

1—闸门门体；2—闸门开启位置；3—链带支座面；
4—可调螺栓；5—平衡配重

图 7-10　曲线铰式翻板闸门

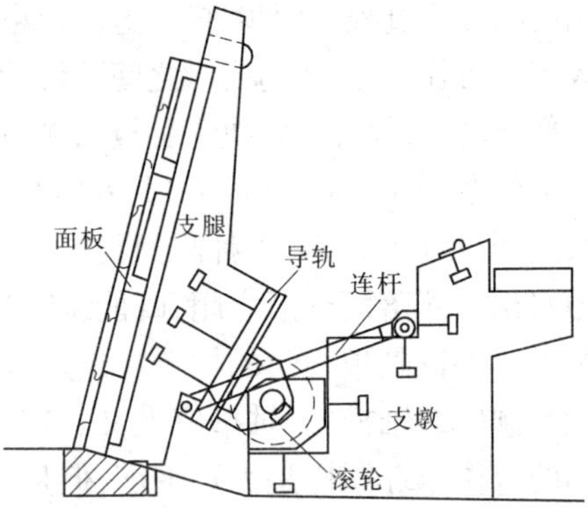

图 7-11　连杆滚轮式水力自控翻板闸门

对于某一水位，当门叶转动到某一特定位置，使门叶转动的摩阻力矩与相应位置的转动力矩平衡时，门叶将稳定于此特定位置或开度。同样在关闭过程中，由于上游水位下降，重力与水压合力作用线低于瞬心，形成使门叶向关闭方向转动的力矩。当门叶转动到某一特定位置，门叶转动的摩阻力矩与相应位置的转动力矩平衡时，门叶将稳定于此特定位置或开度。由于实际工程的水位涨落都经历一定的时程，因而门叶的开度能平稳地随着水位的变化而变化。因此，该闸门除具备多支铰闸门水位控制准确的优点外，在解决闸门运行稳定性这一难题上取得了较大进展，得到了较快的推广使用。

连杆滚轮式水力自控翻板闸门利用连杆的阻尼作用，使闸门的稳定性有了极大的改善，这种闸门的连杆和滚轮设计得当时，基本不会发生拍打现象。但仍有可能在某些不利的水位组合下产生拍打，特别是在高淹没度运行时，门体受到外力干扰就会产生拍打。

更新型的水力自控翻板闸门是连杆滑块式水力自控翻板闸门（见图 7-12），与连杆滚轮式翻板闸门相比，这种闸门在理论上取得了突破性进展，解决了闸门稳定性差、震动严重这一久攻不克的难题，经模型试验和多处工程实例证明，具有在较为复杂的水力条件下安全运行的能力，能广泛运用于水利水电、水运、城市环保等领域。

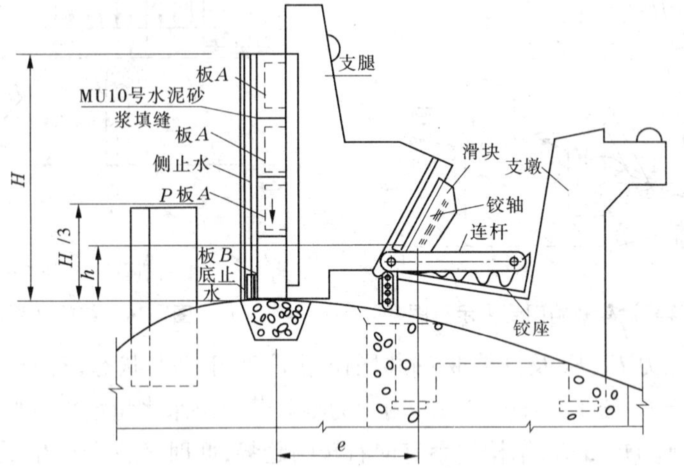

图 7-12　连杆滑块式水力自控翻板闸门

近年来，对连杆滑块式水力自控翻板闸门的广泛应用表明，连杆滑块式水力自控翻板闸门在水利水电工程上应用，具有很好的社会经济效益，同时克服了连杆滚轮式水力自控翻板闸门的某些局限，即在某些不利的水位组合下可能产生拍打，而连杆滑块式翻板闸门具有在较为复杂的水力条件下安全稳定运行的性能，因此宜推广使用。

一、水力自控翻板闸门的工作原理

按照水力自控翻板闸门的工作状态，可分为静态和动态两种。前者是指闸门在某一开度上静止不动，作用在闸门上的诸力构成一静定平衡力系的状态。此时，闸下出流量与实际来水相符，闸的上下游水位也稳定不变。后者是当实际来水改变时，闸门的开度也随之变化，闸门随来水的变化从某一开度过渡到另一开度，称之为闸门的动态过程。处于动态过程中运动着的闸门，作用在闸门上的诸力是变化的，而且并不平衡。

按照闸门在静态时门上诸力的大小和它们之间的平衡关系来分析闸门的工作状态，称之为闸门的静态工作原理。按照闸门在运动过程中所受的力和这些力在运动过程中的变化来分析闸门在运动过程中的工作状态，称之为闸门的动态工作原理。下面以连杆滚轮式水力自控翻板闸门为例，介绍其工作原理，分析其受力和运动。

（一）闸门的静态工作原理

按照静态工作原理，水力自控翻板闸门在某一开度固定不动时，作用在门上的诸力形成一平衡力系。作用在门上的荷载有闸门自重 W，门叶上游面、下游面、底缘和顶缘所受水压合力 P_{12}、P_{34}、P_5、P_6，滚轮的支承力 N，连杆的内力 T，以及橡皮侧止水摩擦力 F_1，滚轮与导轨之间的综合摩擦力 F_2。闸门各开度都能自动地保持平衡，要求各力对铰座的力矩之和为零。受力示意见图 7-13。为了说明连杆的作用及阻尼原理，将结构体系进行简化，见图 7-14。

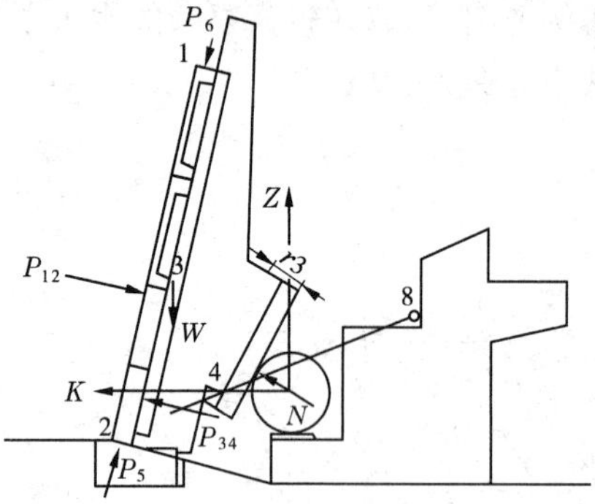

图7-13　连杆滚轮式闸门受力示意图

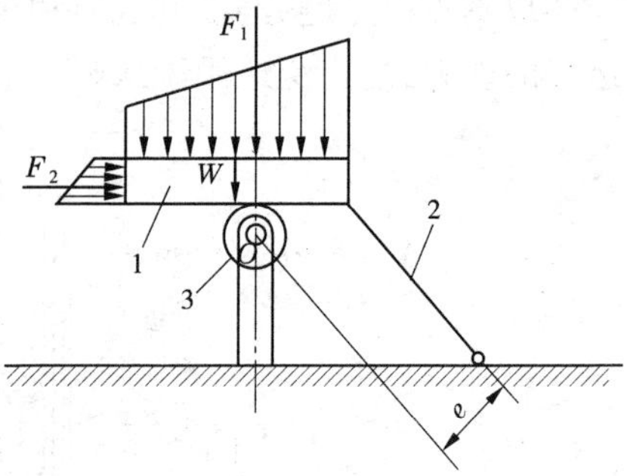

1—门体;2—连杆;3—滚轮

图7-14　结构体系简图

闸门在水压力 F_1、F_2 及自重 W 的共同作用下，处于平衡状态，对 O 点的力矩总和为零，即 $M_F + M_W = 0$。这时连杆不受力，内力为零。若上游来水量增加，则水压力增加一增量 ΔF，相应增加力矩 ΔM_F，结构体系有向右转的趋势，此时连杆会产生反力 R，形成阻抗力矩 $M_R = Re$ 来阻止其运转。M_R 随着来水量的增加而逐渐增大，当 M_R 达到最大值时，结构体系将处于向右转动前的极限平衡状态。这时的静力平衡方程式为

$$(M_F + \Delta M_F) - M_W - M_R = 0 \tag{7-2}$$

相反，当上游来水量减小时，则增加反向力矩 ΔM_F，连杆将产生拉力，其极限平衡状态时的静力平衡方程式为

$$(M_F - \Delta M_F) - M_W + M_R = 0 \tag{7-3}$$

由式(7-2)和式(7-3)可见，当来水量变化时，连杆所产生的力矩 M_R 能使结构体系重新维持稳定，但是由于是连杆结构，不能保证结构不变形，当 ΔF 增(减)至一定值时，连杆结构就会发生变位，闸门将增加(减小)开度，从而使 ΔF 又发生改变，结构在新的位置，通过新的 M_R 重新维持稳定。因此，连杆的内力不是不变的，而是以不断改变的量来使闸门在新的变量中维持稳定。同时，由于连杆的存在，缓冲了闸门的转动速度，使闸门必须克服 M_R 的最大值才能转到新的开度。这样就保证了闸门的开启和关闭达到相对稳定。

(二)闸门的动态工作原理

水力自控翻板闸门是以上游控制水位的方式来运行的，当门前来水量改变时，将引起门前水位的改变，改变后的水位与此情况下平衡时的预定水位有一偏差，这一偏差所产生的不平衡力使得闸门进行运动。在闸门的运动过程中，随着闸下过流量的改变，门前水位也随之改变，运动中的闸门将受到水流作用于它的惯性阻力、运动阻力以及连杆阻尼力的作用。当阻尼因素足以维持闸门的稳定运行时，经过一阵波动，所控制的水位将最后趋近于在新的平衡位置时的预定水位值，而作用在闸门上的诸力又趋于平衡，闸门在新的开度位置上平衡不动。这就是水力自控翻板闸门的过渡过程。

为说明水力自控翻板闸门的运转机理，假设闸门的初始状态是稳定状态，闸门的开度用闸门的倾斜角 θ 表示，上游的来水量等于闸门的泄量，即 $Q_{来} = Q_{泄}$，上游水位为 $H_{上}$。

当上游来水量有一增量 ΔQ 时，因闸门不能立即开启至某一开度来适应 ΔQ 的变化，造成来水量大于泄水量，即 $Q_{来} + \Delta Q_{来} > Q_{泄}$，引起门前水位暂时壅高 ΔH，从而使门前水压

力增大，相应地作用于闸门上的力矩也增加一开门力矩 $\Delta M_{开}$。当 $\Delta M_{开}$ 大于摩擦力矩时，闸门开度有一增量 $\Delta\theta$，闸门进入新的状态。其开度为 $\theta+\Delta\theta$，相应地有一下泄增量 $\Delta Q_{泄}$，如果上游来水量不再变化，在新的状态下闸门是否稳定并维持新的上游水位，取决于以下两个条件：

（1）来水量与泄水量是否相适应。如果来水量与泄水量相适应，即 $Q_{来}+\Delta Q_{来}=Q_{泄}+\Delta Q_{泄}$，也就是 $\Delta Q_{来}=\Delta Q_{泄}$，使新开度与新来水量相适应，闸门仍维持在 $H_{上}$ 不变，处于稳定运行状态。如果 $\Delta Q_{来}\neq\Delta Q_{泄}$，新开度与新来水量不相适应，则自动调整开度，重复上述过程。

（2）下游水面的衔接是否合理。下泄量增加后，对于不同的流量，下游有不同的水位情况，就可能出现不同的水面形式。一般来说，如果闸下是自由出流，下游水位不影响闸门，对闸门的稳定性基本无影响。若是淹没出流或者是波状水跃或者门顶水舌与下部孔流水面间形成负压，则都可能使紊动的水流波及闸门，影响泄流，从而反馈于闸前水位。

需要说明的是，当开门力矩增量 $\Delta M_{开}$ 小于摩擦力矩时，闸门的开度不变化，闸门是否稳定，仍取决于来水量与泄水量是否相适应和下游水面衔接是否合理这两个条件。

当上游的来水量减少时，与来水量增加的分析类似。

（三）水力自控翻板闸门受力情况及运动分析

如图 7-13 所示。按照作用于闸门上的各力相对于转轴的合力矩平衡原理进行分析，水力自控翻板闸门应能保证在预定的水位条件下保持平衡。

当门叶在某一开度 θ 处于平衡状态时，其平衡方程为

$$\sum K=0$$

即

$$-(P_{12}-P_{34})\cos(\varphi-\varphi_{A})+(P_{6}-P_{5})\sin(\varphi-\varphi_{A})+N\cos\varphi+F\sin\varphi-T\sin\varphi_{T}=0 \tag{7-4}$$

$$\sum Z=0$$

即

$$-(P_{12}-P_{34})\sin(\varphi-\varphi_{A})-(P_{6}-P_{5})\cos(\varphi-\varphi_{A})+N\sin\varphi-F\cos\varphi+T\cos\varphi_{T}-W=0 \tag{7-5}$$

各作用力对滚轮与导轨的接触点的矩

$$\sum M=0$$

即

$$P_{12}l_{12}+P_{34}l_{34}+P_{5}l_{5}-P_{6}l_{6}-Wl_{T}+Tl_{T}=0 \tag{7-6}$$

式中 P_{12}、P_{34}、P_{5}、P_{6}——门叶上游、下游、底缘、顶缘所承受的水压力的合力；

φ——Y 轴与 Z 轴的夹角；

φ_{A}——Y 轴与门叶上游平面的夹角；

T——连杆内力，受拉为正、受压为负；

φ_{T}——连杆与 Z 轴的夹角；

W——门体自重；

l_{12}、l_{34}、l_5、l_6——P_{12}、P_{34}、P_5、P_6 作用线至滚轮与导轨接触点的距离。

具体计算时将 P_{12}分解成三角形部分 P_1 和矩形部分 P_2，将 P_{34}分解成三角形部分 P_3 和矩形部分 P_4，设 l_1、l_2、l_3、l_4 分别为 P_1、P_2、P_3、P_4 作用线至滚轮与导轨接触点的距离。

稳定性分析中忽略机械摩擦力的影响，结果偏于安全，且一般机械摩擦力远小于水流的作用力，故忽略不计，由式(7-4)～式(7-6)三式联立求解得

$$T = \frac{W\cos\varphi + (P_6 - P_5)\cos\varphi_A - (P_{12} - P_{34})\sin\varphi_A}{\cos(\varphi_T - \varphi)} \tag{7-7}$$

$$l_T = Z_8\sin\varphi_T + K_8\cos\varphi_T - r_2\cos(\varphi_T - \varphi) \tag{7-8}$$

$$M_T = Tl_T \tag{7-9}$$

$$N = (P_{12} - P_{34})\cos(2\varphi - \varphi_A) + (P_6 - P_5)\sin\varphi_A - T\sin(\varphi - \varphi_T) + W\sin\varphi \tag{7-10}$$

二、水力自控翻板闸门的特点及需注意的问题

(1)启闭灵敏，不需要人工或机械操作，且可保持相对稳定的上游水位，保证发电水头和水深；改善城市河道景观、净化水质、汛期还可冲淤，山区、丘陵地区及平原均可采用，适用范围广。

(2)施工方便，可在工厂预制，然后运往工地组装，节省工期，投资少，与常规的平板提升钢闸门和弧形闸门(含启闭设备、附属建筑物)相比，一般可节省投资30%～45%。

(3)闸门的支承结构均在门后水上部分的下游侧，维修较为方便。

(4)闸门开启后，泥沙可从闸门底部泄走，起冲沙作用。

(5)当上游来水量较大时，阻碍洪水的断面较小，对上游不允许淹没的地区颇为有利。

(6)对闸址地质条件要求较低。

(7)当下游水位较高时，运转稳定性差，会出现拍打现象。

(8)汛期杂草、树枝、树根等漂浮物较多，闸门会被卡住，水位降落后翻板门回关不到位，影响正常运行。汛后清除这些杂物也很困难，需要用千斤顶、吊车或滑轮把闸门开启起来清除，给管理工作带来很大麻烦。

正是由于水力自控翻板闸门的上述特点，故应根据当地的具体情况进行认真的分析，精心设计、精心施工，并注意以下几点：

(1)水力自控翻板闸门的宽高比宜控制在2～3.5，这样有利于闸门运转的稳定性。若门高定得太高，全开水位也较高，不仅会淹没农田，还会影响泄洪；若门高定得太低，又会无谓地损失水量及水头。

(2)启动水位应高于门顶，若启动水位低于门顶，门前将会积存来自上游的漂浮物等，启动后大部分水流挟带漂浮物从门底经过，易堵塞，影响运行。为防止漂浮物堵塞闸门，可在铰座四周加设拦污设施，以防污物缠绕铰座。

(3)水力自控翻板闸门全开水位时的门顶水深宜控制在(0.18～0.2)H(H为门高)，以免影响闸门的稳定与泄流。

(4)水力自控翻板闸门是借助水力和重力作用，在一定的水位条件下自动启闭的，它

不能随意控制泄量和开度，倘若要提前排放泄量，需有专门机具或人工操作拉开闸门。

(5)水力自控翻板闸门施工时，要严格控制其重量、尺寸及材料配比，以防水力自控翻板闸门活动部分的重心位置和重量直接影响关门力矩。

(6)水力自控翻板闸坝应避免修建在河流的弯道处，必要时需经模型试验验证。

教学单元三　河道整治建筑物

治理河道的目标，需要通过工程措施和工程建筑物来实现，凡是以河道整治为目的的所修筑的建筑物，称为河道整治建筑物，简称整治建筑物，又常称河工建筑物。

一、整治建筑物的类型和作用

从不同的角度出发，整治建筑物有不同的分类。

按照建筑材料和使用年限，可分为轻型的(或临时性的)整治建筑物和重型的(或永久性的)整治建筑物。凡用竹、木、苇、梢等轻型材料所修建的，抗冲和抗朽能力差、使用年限短的建筑物，均称为轻型的(或临时性的)整治建筑物。凡用土料、石料、金属、混凝土等重型材料所修建的，抗冲和抗朽能力强、使用年限长的建筑物，均称为重型的(或永久性的)整治建筑物。轻型的整治建筑物与重型的整治建筑物的选择应综合考虑以下的条件：①对整治工程的要求；②必须使用的最低年限；③修建地点的水流及泥沙情况；④材料来源；⑤施工季节和施工条件等。

按照与水位的关系，可分为淹没的整治建筑物和非淹没的整治建筑物。在各种水位下都可能遭受淹没的建筑物称为淹没的建筑物，而在各种水位下都不被淹没的，则称为非淹没的整治建筑物。淹没的整治建筑物或非淹没的整治建筑物选择，应对水流条件、整治工程的要求综合考虑。

按照建筑物的作用及其与水流的关系，可以分为护坡、护底整治建筑物，环流整治建筑物，透水的整治建筑物与不透水的整治建筑物。护坡、护底整治建筑物是用抗冲材料直接在河岸、堤岸、库岸的坡面、坡脚和基础上做成连续的覆盖保护层，以抗御水流的冲刷，属于一种单纯性防御工事。环流整治建筑物，是用人工的方式激起环流，用以调整水、沙运动方向，达到整治目的的一种建筑物。其本身透水的称为透水的整治建筑物，本身不允许透水的称为不透水的整治建筑物。建筑物的选用主要考虑整治目的和建材的来源。

各种不同类型的建筑物常做成护岸、垛、坝等形式，结构基本相同，只是由于它们的形状各异，故所起的作用不同。

(一)丁坝

丁坝是一端与河岸相连，另一端伸向河槽的坝形建筑物，在平面上与河岸连接如丁字形。丁坝能起到挑流、导流的作用，故又名挑水坝。根据丁坝的长短和对水流的作用，可分为长丁坝、短丁坝、透水丁坝、不透水丁坝、淹没丁坝与非淹没丁坝。凡坝的长度较长，不仅能护岸、护坡，而且能将主流挑向对岸的为长丁坝；凡坝的长度较短，只能局部将主流挑离岸边，起到护岸、护坡作用的为短丁坝。根据阿尔图宁的研究，凡坝长 $L>0.33B_W\cos\alpha$ 称为长丁坝，凡坝长 $L<0.33B_W\cos\alpha$ 称为短丁坝，如图 7-15 所示。凡用透水

材料修筑的称为透水丁坝,其主要作用是缓流落淤,如编篱坝、透水柳坝等。凡用不透水材料修建的丁坝称为不透水丁坝,主要起挑流和导流作用。淹没丁坝与非淹没丁坝,则主要根据其作用而定。一般非淹没的多修筑成下挑丁坝,淹没丁坝可修建成上挑形式,在水流有正逆向流动的河段,如河口地区多修建成正挑形式。

图 7-15　长丁坝与短丁坝

(二)顺坝

顺坝是坝身顺着水流方向,坝根与河岸相连,坝头与河岸相连或留有缺口的整治建筑物。顺坝亦分淹没顺坝和非淹没顺坝。坝顶高程和丁坝一样,视其作用而异。若系整治枯水河床,则坝顶略高于枯水位;若系整治中水河床,则坝顶与河漫滩平;若系整治洪水河床,则坝顶略高于洪水位。顺坝的作用主要是导流和束狭河床,有时也用做控制工程的联坝。

(三)锁坝

锁坝是一种横亘河中而在中水位和洪水位时允许水流溢过的坝。其主要用做调整河床,堵塞支汊,如修筑在堤河、串沟,则可加速堤河、串沟的淤积。由于锁坝是一种淹没整治建筑物,因此对坝顶应进行保护,可以用石料铺筑或植草的办法加以保护。

(四)潜坝

坝顶高程在枯水位以下的丁坝、锁坝均称潜坝。潜锁坝常建在深潭处,用以增加河底糙率、缓流落淤、调整河床、平顺水流。潜丁坝可以保护河底、保护顺坝的外坡底脚及丁坝的坝头等免受冲刷破坏。在河道的凹岸,因河床较低,有时在丁坝、顺坝的下面做出一段潜丁坝,以调整水深及深泓线,如图 7-16 所示。

以上各种坝型,有的单独使用,有的联合使用,如图 7-17 所示即为多种坝型联合使用的情况。

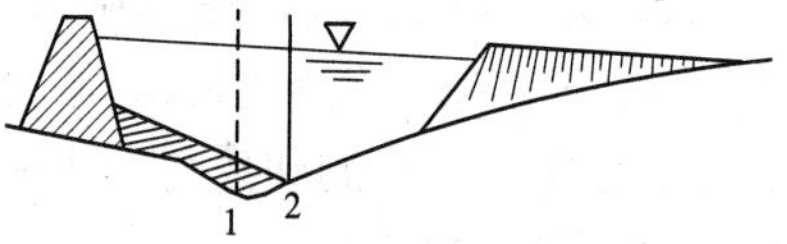

1—原深泓线;2—调整后深泓线

图 7-16　与顺坝相联调整深泓线的潜丁坝

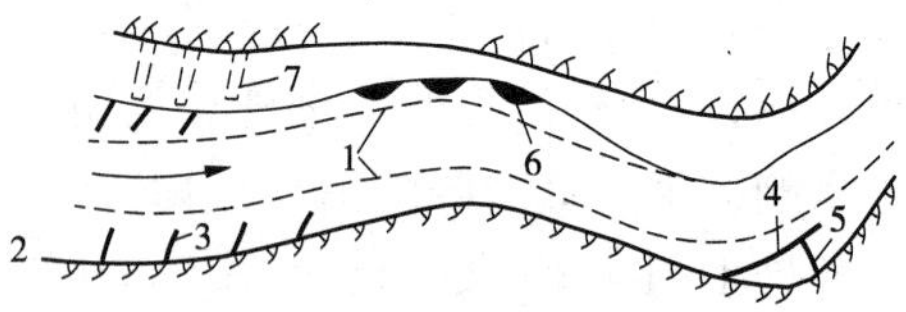

1—整治线;2—大堤;3—丁坝;4—顺坝;
5—格坝;6—柳石垛;7—活柳坝

图 7-17　多种坝型联合布置

二、丁坝的平面形式与剖面结构

(一)坝的平面形式

丁坝平面上各部位的名称如图 7-18 所示。坝与堤或滩岸相连的部位称为坝根,伸入河中的前头部分为坝头,坝头与坝根之间称为坝身。在不直接遭受水流淘刷的坝根及坝身的后部，仅修土坝即可，在可能被水流淘刷的坝头及坝身的上游面需要围护，以保证坝体的安全。坝头的上游拐角部分为上跨角，从上跨角向坝根进行围护的迎水部分称为迎水面，坝头的前端称前头，坝头向下游拐角的部分称为下跨角。

坝头的平面形状对水流和坝身的安全都有一定的影响，研究坝头的平面形状在生产上有重要意义。过去，由于历史原因和条件限制，坝头形状较为复杂。目前，采用的坝头形式主要有圆头形坝、拐头形坝和斜线形坝三种，如图7-19所示。三种不同的坝头形式各有优缺点。圆头形坝的主要优点是能适应各种来流方向，施工简单；缺点是控制流势差，坝下回流大。拐头形坝的主要优点是送流条件好，坝下回流小；但对来流方向有严格的要求，坝上游回流大是其主要缺点。斜线形坝的优缺点介于以上两者之间。一般情况下，圆头形坝修筑在一处工程的首部，以发挥其适应各种来流方向的优点；而拐头形坝布置在工程的下部，用做关门坝；斜线形坝多用在工程的中部以调整水流。这种扬长避短布设各种坝头的形式，将收到良好的效果。

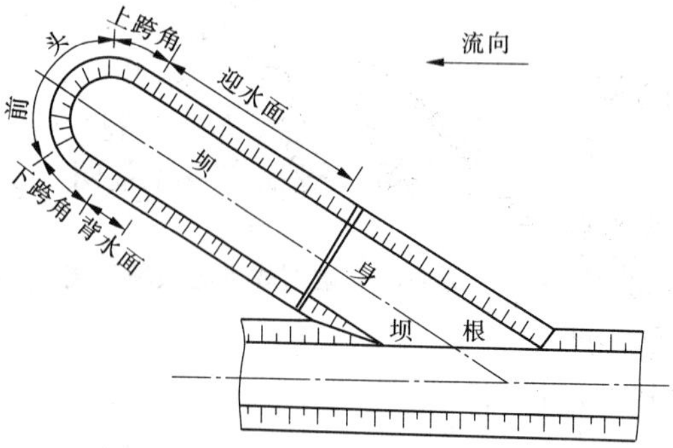

图7-18　丁坝平面各部位名称

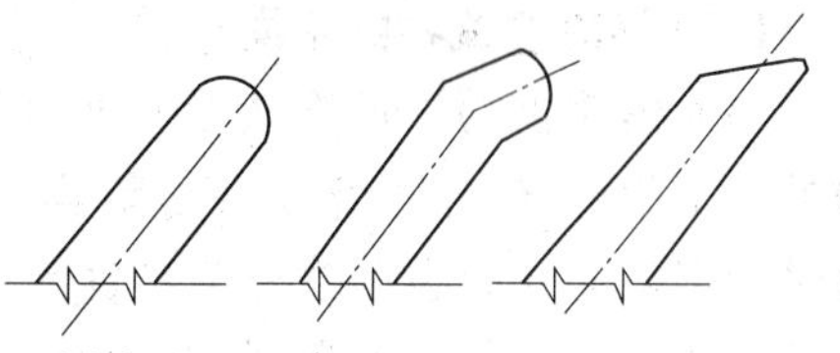

图7-19　坝头的平面形状

（二）坝的剖面结构

丁坝由坝体、护坡及护根三部分组成。坝的剖面形式如图7-20所示。坝体是坝的主体，亦称土坝基，一般用土筑成。护坡是防止坝体遭受水流淘刷的，而在外围用抗冲材料加以裹护的部分。护根是为了防止河床冲刷，维持护坡的稳定而在护坡以下修筑的基础工程，亦称根石，一般用抗冲性强、适应基础变形的材料来修筑。

护坡的结构常采用以下三种。

（1）散抛块石护坡。在已修好的坝体外，按设计断面散抛块石而成，如图7-20所示。这种护坡形式具有坡度缓，坝坡稳定性好，能适应基础的变形，险情易于暴露，便于抢护，施工简单，易于管理等优点。但有坝面粗糙，经常需要维修加固等缺点。

（2）护坡式砌（扣）石坝。是用石料在坡面随坡砌筑或扣筑而成，如图7-21所示。这种形式的护坡其主要优点是，坡度较缓，坝体稳定性较好，抗冲能力强，用料较省，水流阻力小等。其主要缺点是对基础要求高，一旦出险抢护困难，施工技术要求高等。

（3）重力式砌石坝。是用石料砌垒而成的实体挡土墙。它凭借自身的重量来承受坝体的土压力和抵抗水流的冲刷，如图7-22所示。重力式砌石坝的主要优点是坡度陡，易于抛石护根，坝面平整，抗冲力强，砌筑严密整齐美观；缺点是对基础的承载能力要求高，坝体大、用料多，施工技术复杂等。

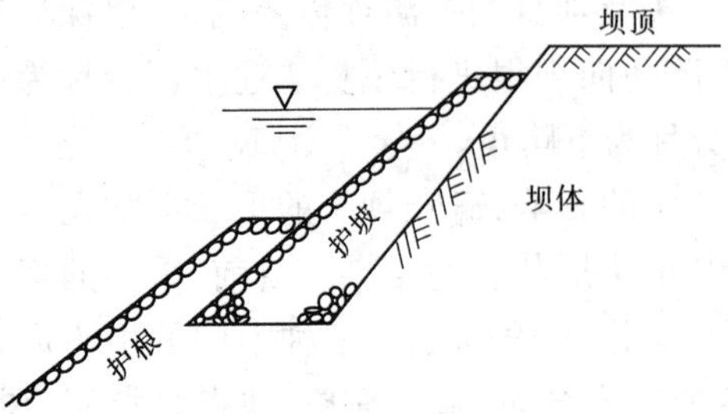

图 7-20　散抛块石坝断面图

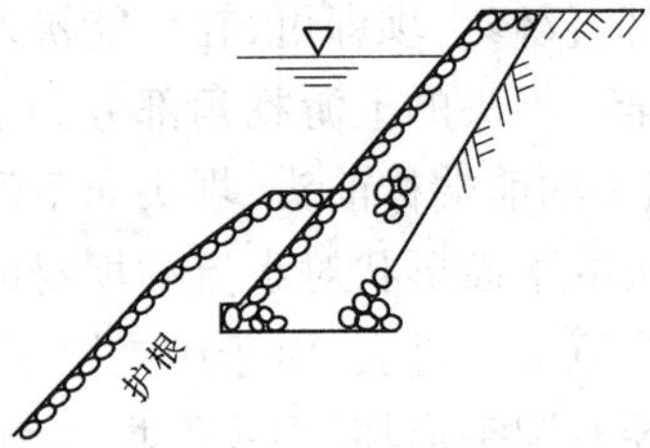

图 7-21　护坡式砌(扣)石坝断面图

上述三种护坡形式各有其优缺点,一般情况下,新修坝的基础变形大,多采用散抛块石坝。当经过一定的施工性抢险,坝基础已达稳定冲刷深度时,可根据基础承载能力的大小,改建为护坡式砌(扣)石坝或重力式砌石坝。

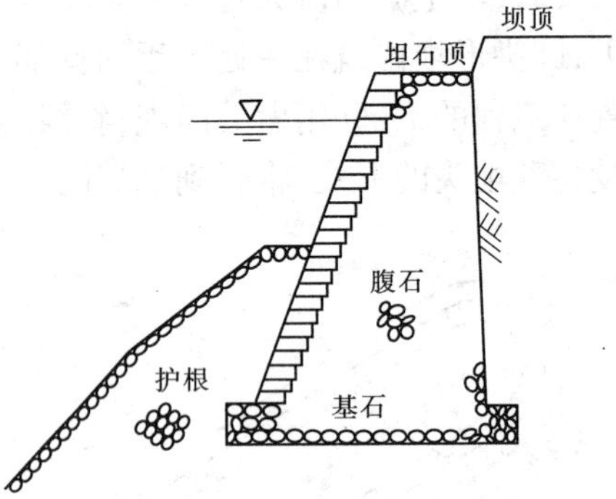

图 7-22　重力式砌石坝断面图

三、整治建筑物的平面布置和设计高程

(一)整治建筑物的平面布置

整治建筑物的平面布置是根据工程位置线确定的。工程位置线是指整治建筑物头部的联线。这是依据整治线而确定的一条复合圆弧线,呈一凹八型布局形式。工程位置线的布设,一般采用"上平、下缓、中间陡"的原则,如图 7-23 所示。

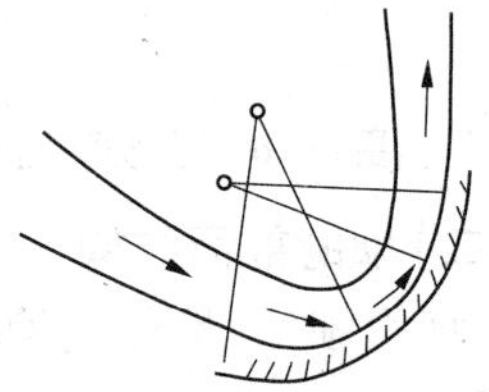

图 7-23　整治工程位置线示意图

在设计工程位置线时,首先要研究河势变化,分析靠流部位和可能上提下挫的范围,结合整治线而确定工程布设的范围,然后分段确定工程位置线。为防止水流抄工程后路,工程位置线上段的曲率半径宜尽量大些,必要时甚至可以采用直线,以利于引流入湾;中段的曲率半径应当小一些,以利在较短的曲线段内调整水流,平顺地送至工程的下段;工程位置线下段的曲率半径应比中段略大,比上段略小一些,以利于送流出湾。

在工程位置线上布设整治建筑物,主要有坝、垛和护岸。坝、垛的间距及护岸长度,是建筑物布设中的一个重要问题。

坝的间距与坝的数量之间有密切联系。如果坝的间距大了,坝的数量可以减少,但各坝之间起不了相互掩护的作用;如果坝的间距小了,坝的数量相应增多,又造成不必要的浪费。合理的间距须满足下面两个条件:①绕过上一丁坝的水流扩散后,其边界大致达到下一个丁坝的有效长度末端,以保证充分发挥坝的作用;②下一个丁坝的壅水刚好达到上一个丁坝,保证坝间不发生冲刷。

根据以上条件,从图 7-24 的几何关系可以得出坝的间距 L 应为

$$L = L_1\cos\alpha_1 + L_1\sin\alpha_1\cot(\beta + \alpha_2 - \alpha_1) \tag{7-11}$$

式中　L——坝的间距,m;

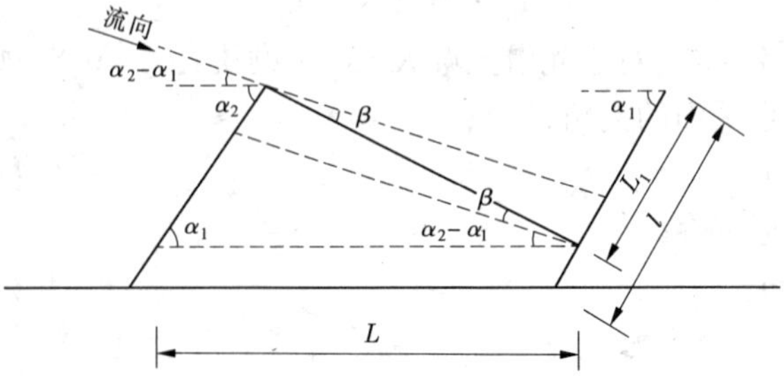

图 7-24　坝的间距与坝长的几何关系

L_1——坝的有效长度，m；

α_1——坝的方位角，(°)；

α_2——水流方向与坝轴线的夹角，(°)。

β——水流扩散角，(°)。

坝的有效长度一般为坝长的2/3，即

$$L_1 = \frac{2}{3}l \tag{7-12}$$

将式(7-12)代入式(7-11)，并采用$\beta = 9.5°$，即得

$$L = \frac{2}{3}l\cos\alpha_1 + \frac{2}{3}l\sin\alpha_1\frac{6\cot(\alpha_2 - \alpha_1) - 1}{\cot(\alpha_2 - \alpha_1) + 6} \tag{7-13}$$

从式(7-13)可以看出，影响坝的因素为坝长、坝的方位角和水流方向。当坝的方位和坝长不变时，来流方向角度愈陡，间距应越小一些；当坝的方位角和来流方向角度不变时，坝愈长，间距亦相应增大；当坝的长度和来流方向不变时，坝的方位角愈大，间距亦可越大些，但此时 α_2 应小于 90°。

(二)整治建筑物的设计高程

根据河道整治目的来确定整治建筑物的设计高程。若以防洪为整治目的，则整治建筑物的高程略低于防洪堤顶高程，一般 Z 为

$$Z = H_{洪} + a + C \tag{7-14}$$

式中　Z——整治建筑物设计高程，m；

$H_{洪}$——设计防洪水位，m；

a——波浪壅高，m；

C——安全超高，一般取 0.5 ~ 1.0 m。

若以控制中水河槽为整治目的，则整治建筑物高程一般略高于滩坎或与滩地平，常采用 Z 为

$$Z = H_{中} + \Delta h + a + C \tag{7-15}$$

式中　$H_{中}$——设计中水流量时相应的水位，m；

Δh——弯道壅水高，m；

其他符号意义同前。

波浪的壅高和弯道壅水高分别用下列公式计算

$$a = 3.2Kh_b\tan\alpha \tag{7-16}$$

$$h_b = 0.208v^{5/4}L^{1/3} \tag{7-17}$$

式中 K——坡面糙率系数，对于光滑土壤 $K=1$，干砌块石 $K=0.8$，抛石 $K=0.75$；

α——边坡与水平面的夹角，(°)；

h_b——浪高，m；

v——最大风速，m/s；

L——吹程，km。

弯道壅水高的计算公式为

$$\Delta h = \frac{BU^3}{gR} \tag{7-18}$$

式中 B——河弯的弯道宽度，m；

U——设计流量时流速，m/s；

g——重力加速度，m/s²；

R——河弯的曲率半径，m。

四、坝、垛的稳定冲刷坑深度

修建坝、垛之后，改变了局部水流条件，在坝、垛的迎水面一侧形成壅水，使坝、垛附近产生折向河床的复杂环流，破坏了原有水流与河床的相对平衡。在坝头附近由于环流的作用，将形成椭圆状的漏斗式冲刷坑。若在冲刷坑内不能及时填充、加固，将导致建筑物遭受破坏。由于上述原因，所以在设计坝、垛等建筑物时，应正确地估计冲刷坑的稳定深度及宽度。此外，由于坝、垛的根基并非施工阶段即能形成，而是随着水流不断淘刷逐步加固的，因此估计可能达到的冲刷坑范围，对于确定坝头的防护措施也是十分必要的。

实际资料表明，影响冲刷坑的主要因素有流量、坝长、来流方向与坝轴线的夹角，以及坝头边坡系数。流量愈大，流速愈大，冲刷愈严重，冲刷坑愈大；坝长愈长，拦截水流愈多，进入冲刷坑的流量愈大，冲刷坑亦愈大；来流方向与坝轴线的夹角陡（指来流方向与坝轴线正交），壅水高度大，同样冲刷坑亦大；坝头的边坡影响水流折向河底的冲刷力，显然，边坡愈陡，向下的冲刷力愈大，冲刷坑亦愈大。以上是对冲刷坑的定性分析。虽然国内外学者对冲刷深度作了不少的研究工作，但还没有比较可靠地确定冲刷深度的计算公式。当河床组成较细时，可采用安德列也夫从能量损失的角度研究得出的计算冲刷坑的公式，即式(7-19)。图 7-25 为冲刷坑示意图。

$$\Delta h = \frac{2.8U^2}{\sqrt{1+m^2}}\sin^2\alpha \tag{7-19}$$

则冲刷坑处水深为

$$h = h_0 + \frac{2.8U^2}{\sqrt{1+m^2}}\sin^2\alpha \tag{7-20}$$

式中 Δh——冲刷坑深度，m；

h——坝头冲刷坑的水深，m；

h_0——行近水流的水深，m；

U——坝头处的行近流速，m/s；

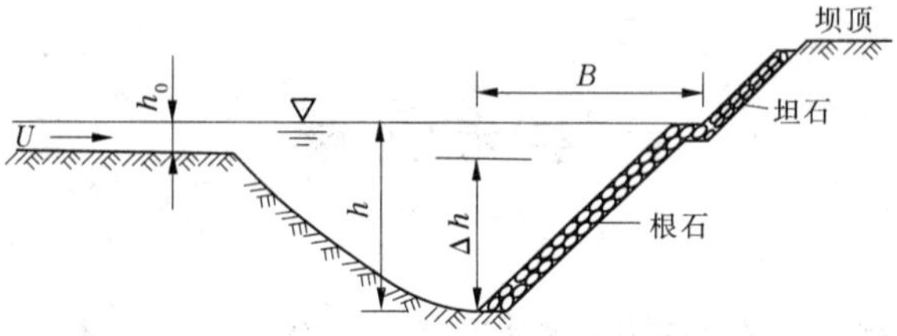

图 7-25　根石及冲刷坑深度示意图

α——来流方向与坝轴线的交角,(°);

m——坝头的边坡系数。

最大冲刷坑深度 Δh 确定后,坝前护根范围 B 可按式(7-21)计算

$$B = (h_0 + \Delta h) m_0 \tag{7-21}$$

式中　m_0——河床土壤水下的边坡稳定系数;

其余符号意义同前。

应当说明,一般还应统计相邻河段类似坝的实测资料,作为设计依据。

小　结

本项目介绍了橡胶坝的类型、特点、坝址选择和布置适用条件及运行维护;介绍了水力自控翻板闸门的发展历程、工作原理、特点和注意问题;介绍了河道整治建筑物分类、构造、适用条件。

复习题

1. 简述橡胶坝的特点。
2. 橡胶坝工程的适用条件如何?
3. 橡胶坝工程由哪几部分组成? 各自作用是什么?
4. 橡胶坝锚固结构形式有哪几种?
5. 橡胶坝使用需要注意哪些问题?
6. 水力自控翻板闸门经历了哪几个不同的发展阶段? 各有何特点?
7. 简述水力自控翻板闸门的工作原理。
8. 水力自控翻板闸门有何特点?
9. 水力自控翻板闸门应用需要注意哪些问题?
10. 河道整治建筑物类型有哪些?
11. 丁坝护坡常采用的结构形式有哪些? 各自优缺点是什么?

参考文献

[1] 杨邦柱. 水工建筑物[M]. 北京:中国水利水电出版社,2001.

[2] 赵文华,陈德亮,颜其照,等. 渡槽[M]. 北京:水利电力出版社,1988.

[3] 胡荣辉,张五禄. 水工建筑物[M]. 北京:中国水利水电出版社,2001.

[4] 务新超. 土力学[M]. 郑州:黄河水利出版社,2003.

[5] 王礼先. 水土保持工程学[M]. 北京:中国林业出版社,2006.

[6] 陈德亮. 水工建筑物[M]. 北京:中国水利水电出版社,2005.

[7] 周金全. 地表水取水工程[M]. 北京:化学工业出版社,2005.

[8] 刘福臣. 水资源开发利用工程[M]. 北京:化学工业出版社,2006.

[9] 冷爱国. 水工建筑物实训指导[M]. 北京:中国水利水电出版社,2008.

[10] 杨开. 水资源开发利用与保护[M]. 长沙:湖南大学出版社,2005.

[11] 李广贺,刘兆昌,张旭. 水资源利用工程与管理[M]. 北京:清华大学出版社,1998.

[12] 高本虎. 橡胶坝工程技术指南[M]. 2 版. 北京:中国水利水电出版社,2006.

[13] 沈长松,王世夏,林益才,等. 水工建筑物[M]. 北京:中国水利水电出版社,2008.

[14] 陆吾华,侯作启. 橡胶坝设计与管理[M]. 北京:中国水利水电出版社,2005.

[15] 国家质量技术监督局,中华人民共和国建设部. GB 50296—99 管井供水技术规范[S]. 北京:中国计划出版社,1999.

[16] 黄敬文,等. 城市给排水工程[M]. 郑州:黄河水利出版社,2008.

[17] 张韬. 钢筋混凝土与水工程结构[M]. 上海:同济大学出版社,2008.

[18] 尹士君,等. 水处理构筑物设计与计算[M]. 北京:化学工业出版社,2004.

[19] 柳学振,等. 治河与防洪[M]. 北京:中国水利水电出版社,1991.